서툴고, 두렵지만
우리 예쁜 아기를 위해
자, 모두 파이팅!

레시피팩토리는 행복 레시피를
만드는 감성 공작소입니다.
레시피팩토리는 모호함으로 가득한
세상 속에서 당신의 작은 행복을 위한
간결한 레시피가 되겠습니다.

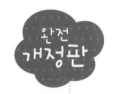

완전
개정판

아기가 잘 먹는

이유식은 따로 있다

{ PROLOGUE }

이유식을 처음 시작하거나

이유식을 하고 있는

많은 엄마들이

제가 그랬던 것처럼 좀 더 즐겁게

이유식을 만들 수 있었으면 좋겠습니다.

엄마가 즐거워야 맛있는 음식이 되고,

아기도 행복해지니까요.

이 책으로 이유식을 성공적으로 해낸 많은 엄마들 덕분에

더 알찬 개정판이 나올 수 있었습니다

아기가 처음 태어났을 때 많은 엄마들은 모유 수유에 목숨을 걸지요. 저 역시 그랬답니다. 하지만 비슷한 시기에 아기를 낳은 친구들이 완모(완전 모유 수유)를 하고 있을 때, 저는 젖의 양이 턱없이 부족했고 아기가 제 젖을 거부하기까지 했어요. 누구나 한 번쯤 경험한다는 산후 우울증에, 엄마 젖만 보면 싫다고 울어대는 아기, 남편도 가족도 나를 이해하지 못한다고 느꼈던 그 추운 겨울날, 이 상태로는 미칠 것만 같아서 집 앞 놀이터로 가출했어요. 나가도 갈 데가 없더라고요. 눈물을 펑펑 쏟고 미친 듯 소리를 지르고 나니 한 꺼풀 벗은 기분이 들었답니다. 그 후 아기가 만 4개월이 지나 이유식을 시작할 수 있게 되었을 때, 내가 모유 대신 아기에게 해줄 수 있는 것이 이유식이라는 생각에 최선을 다했습니다.

저희 아이 이름은 장지민이에요. 다른 아이들처럼 잘 먹는 날도 있고 잘 먹지 않은 날도 있는 평범한 아이로 자랐습니다. 하지만 이유식을 잘 먹인 덕분인지 편식은 하지 않는답니다. 된장찌개, 멸치, 콩은 기본이고 당근, 파프리카, 브로콜리 등 모든 종류의 채소를 다 좋아해요. 고기도 가리지 않고 잘 먹고요, 향신료에도 거부감이 없어서 처음 접하는 다른 나라 음식들을 두려워하기보다 호기심 가득한 얼굴로 맛을 본답니다. 병치레도 심하게 하지 않았고 감기에 걸려도 금방 낫지요. 전 이 모든 것이 이유식을 잘 먹인 덕분이라고 생각해요. 잘 먹인다는 건 아무거나 무엇이든 먹이는 건 아니랍니다. 개월 수에 맞게 적합한 재료와 조리법으로 엄마의 정성이 가득 담긴 이유식을 만들어 주는 것은 정말 중요한 일이에요. 아기의 컨디션과 상황에 맞춰 능동적으로 내 아기에게 딱 맞는 이유식을 만드는 것은 엄마만이 할 수 있는 일이니까요. 내 아기를 위해 좋은 것을 먹이고 싶다는 마음만 가지고 있으면 누구나 아기가 잘 먹는 이유식을 만들 수 있습니다.

혹자는 엄마가 직접 만들지 않은 이유식을 먹이면 큰일 나는 것처럼 말하는데 저 또한 인스턴트 이유식은 그리 권하지 않지만, 엄마도 사람인지라 많이 힘들면 한 번씩은 시판 이유식을 사 먹일 수도 있다고 말해주고 싶습니다. 가끔은 꾀를 부려도 괜찮아요. 그리고 실컷 열심히 만들었는데 아기가 안 먹어서 화가 나는 일이 생겨도 좌절하지 마세요. 하지만 엄마가 지친다는 이유로 아기에게 져서 이유식보다 간식이나 과자, 사탕 같은 것들을 덥석 손에 쥐여주는 시기는 최대한 미루세요. 그런 것은 늦게 알수록 좋습니다.

〈아기가 잘 먹는 이유식은 따로 있다〉가 어느덧 '국민 이유식책'이라는 애칭으로 불리게 되었습니다. "아기가 정말 잘 먹어요" 라는 후기를 볼 때면 참 뿌듯하고 행복하답니다. 그래서 이번 개정판을 만들면서 이유식을 시작하는 서툴고 두려운 엄마들을 위해 처음부터 다시, 좀 더 세심하고 자세한 책을 만들려고 노력했습니다. 더 멋진 책이 나올 수 있도록 함께 고생한 레시피팩토리 스태프와 언제나 나에게 힘이 되어주는 가족, 무엇보다 〈아기가 잘 먹는 이유식은 따로 있다〉로 이유식을 해낸 많은 엄마들에게 감사의 말씀을 전합니다.

마더스고양이 김정미

{ CONTENTS }

Basic Guide

초보 엄마들을 위한 이유식 가이드

초기 이유식
만 4~6개월

초기 간식

{ CoNTENTS }

중기 이유식
만 6~8개월

중기 간식

후기 이유식

만 8~12개월

후기 간식

{ CONTENTS }

완료기 이유식

만 12개월 이상

완료기 간식

책 속에 등장하는 이유식 재료의 { 영양 & 고르는 법 }

* 손질법은 레시피마다 자세하게 소개되어 있어요.

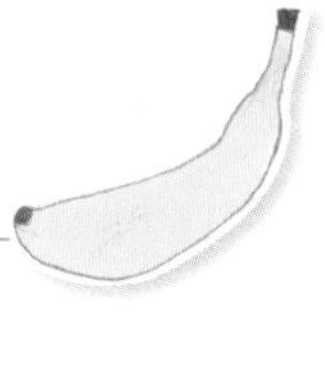

이유식을 따라 하기 전에 먼저 읽어주세요!

이유식에 대한 에피소드 & 생생한 영양 정보

마더스고양이가 이유식을 만들면서 겪은 요리에 대한 에피소드와 재료의 영양학적인 측면을 일목요연하게 정리했습니다. 입맛 없는 아기를 위한 이유식, 변비에 좋은 이유식, 보양 이유식 등 상황에 맞는 이유식은 별도로 표시했습니다.

먹이는 순서대로 배열한 메뉴

이 책의 메뉴는 미음부터 진 밥까지, 이유식을 시작할 때부터 끝낼 때까지 아기에게 먹이는 순서대로 배열했어요. 별도의 식단을 소개했지만, 목차대로 이유식을 따라 해도 됩니다. 또한 간식으로 소개한 메뉴도 한 끼 이유식을 대체할 수 있으니 더 다양하게 먹이고 싶을 때 활용해보세요.

상태를 확인할 수 있는 완성컷

이유식의 농도나 상태 등을 최종 확인할 수 있도록 레시피 그대로 만들어 완성 사진을 찍었습니다. 단, 레시피대로 만들어도 농도가 책과 다를 수 있는데 그 이유는 아무래도 이유식은 소량씩 만들게 되므로 재료의 수분 함량이나 불 세기 등에 따라 쉽게 달라질 수 있기 때문입니다. 그럴 때는 끓인 물이나 육수로 내 아기가 잘 먹을 수 있는 농도가 되게 조절하세요.

상황별 추천 이유식 아이콘

아기에게 딱 맞는 이유식을 만들어 주세요. 이유식에 들어가는 재료의 영양과 조리법 등을 기준으로 상황별로 먹이면 좋은 이유식 아이콘을 표기했습니다.

중기

애호박 바나나 사과수프

애호박은 장을 편안하게 하고 바나나와 익힌 사과는 묽은 변을 정상 변으로 만들어주는데 도움을 주는 재료랍니다. 그래서 이 수프는 평소에 먹여도 좋지만 아기가 속이 좋지 않아서 묽은 변을 볼 때 좋은 이유식이에요. 먹기에 부담도 없고 달콤한 맛이 나는 이유식이라 컨디션이 좋지 않은 아기나 입맛이 없는 아기에게 먹이면 좋습니다.

변이 묽을 때 좋아요

144 아기가 잘 먹는 이유식은 따로있다

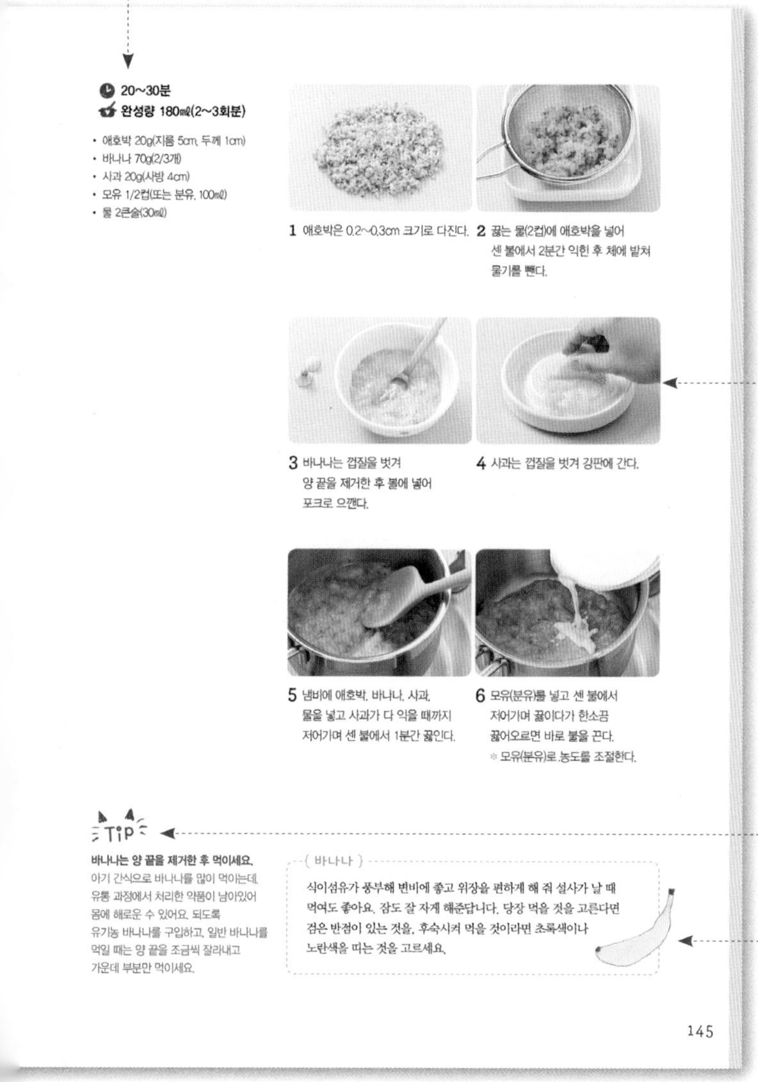
20~30분
완성량 180㎖(2~3회분)

- 애호박 20g(지름 5cm, 두께 1cm)
- 바나나 70g(2/3개)
- 사과 20g(사방 4cm)
- 모유 1/2컵(또는 분유, 100㎖)
- 물 2큰술(30㎖)

1 애호박은 0.2~0.3cm 크기로 다진다.
2 끓는 물(2컵)에 애호박을 넣어 센 불에서 2분간 익힌 후 체에 밭쳐 물기를 뺀다.
3 바나나는 껍질을 벗겨 양 끝을 제거한 후 볼에 넣어 포크로 으깬다.
4 사과는 껍질을 벗겨 강판에 간다.
5 냄비에 애호박, 바나나, 사과, 물을 넣고 사과가 다 익을 때까지 저어가며 센 불에서 1분간 끓인다.
6 모유(분유)를 넣고 센 불에서 저어가며 끓이다가 한소끔 끓어오르면 바로 불을 끈다.
※ 모유(분유)로 농도를 조절한다.

Tip

바나나는 양 끝을 제거한 후 먹이세요.
아기 간식으로 바나나를 많이 먹이는데, 유통 과정에서 처리한 약품이 남아있어 몸에 해로운 수 있어요. 되도록 유기농 바나나를 구입하고, 일반 바나나를 먹일 때는 양 끝을 조금씩 잘라내고 가운데 부분만 먹이세요.

{ 바나나 }
식이섬유가 풍부해 변비에 좋고 위장을 편하게 해 줘 설사가 날 때 먹여도 좋아요. 잠도 잘 자게 해준답니다. 당장 먹을 것을 고른다면 검은 반점이 있는 것을, 후숙시켜 먹을 것이라면 초록색이나 노란색을 띠는 것을 고르세요.

145

정확하게 계량한 재료 리스트

- 제시한 재료로 이유식을 만들면 1~4회 먹일 분량이 만들어집니다.
- 계량스푼에는 재료를 담은 후 윗면을 평평하게 깎아야 정확하게 계량됩니다. 집에 있는 밥숟가락은 표준 계량스푼보다 양이 작으니 조금 위로 수북이 담으면 됩니다.
  * 보다 자세한 계량법 27쪽 참고
- 계량컵 1컵의 분량은 200㎖입니다. 종이컵이나 분유 병을 활용해도 쉽게 계량할 수 있습니다.
  * 다양한 계량도구 소개 27쪽 참고
- 재료 중량은 대부분 손질 후의 무게입니다. 씨와 껍질 등을 제거한 후의 재료 무게만 재서 조리하세요.

따라 하기 쉬운 풍성한 과정컷

- 만드는 과정을 한눈에 알아볼 수 있게 사진으로 자세히 실었습니다. 농도나 덩어리 크기를 확인할 수 있어 쉽게 이유식을 만들 수 있습니다.
- 레시피 속에 등장하는 '한소끔 끓인다'는 '한 번 부르르 끓어오르면 불을 끈다'는 의미입니다.

이유식을 만만하게 해주는 정보

각 이유식에 대한 팁과 마더스고양이의 노하우를 소개한 곳입니다. 만들기 포인트, 남은 재료 활용법 등 아주 요긴한 정보들이니 레시피를 따라 하기 전에 꼭 확인하세요.

재료 소개와 고르는 법

이유식에 가장 많이 쓰이는 재료 49가지에 대한 영양 정보, 고르는 법, 보관법 등이 곳곳에 소개되어 있어요. 장볼 때 아주 유용하답니다.
* 소개된 재료 리스트 9쪽 참고

※ 이 책에서 말하는 아기의 개월 수는 만 기준입니다.
※ 이 책에서 제시한 이유식 농도나 덩어리의 크기는 어디까지나 평균을 기준으로 한 것이니, 아기가 받아들이는 정도를 살펴 엄마가 조절해주세요.

이유식의 시작은 떨리고 걱정되고 두근거리기도 하지요.
잘 할 수 있을까, 아기가 잘 먹을까, 실수하면 어쩌지… 이런 걱정은 접어두세요.
실력은 늘기 마련이고 시행착오는 누구나 겪는 일입니다. 내 아기를 위하는 엄마의 마음만 있으면 그것으로 충분합니다. 첫 번째 장에서는 육아도 요리도 초보인 엄마들을 위해 이유식과 조리법에 대해 최대한 자세하게 알려드릴테니, 꼼꼼히 읽어보세요!

Basic Guide

초보 엄마들을 위한 이유식 가이드

1 이유식의 이해

2 이유식 조리법의 이해

3 외출 · 여행 시, 바쁜 엄마나 워킹맘을 위한 이유식 준비 요령

4 소아청소년 전문의에게 묻는다! 이유식 궁금증

5 마더스고양이에게 묻는다! 시시콜콜 궁금증

엄마들이 꼭 알아두어야 할 이유식 기본 지식 7가지

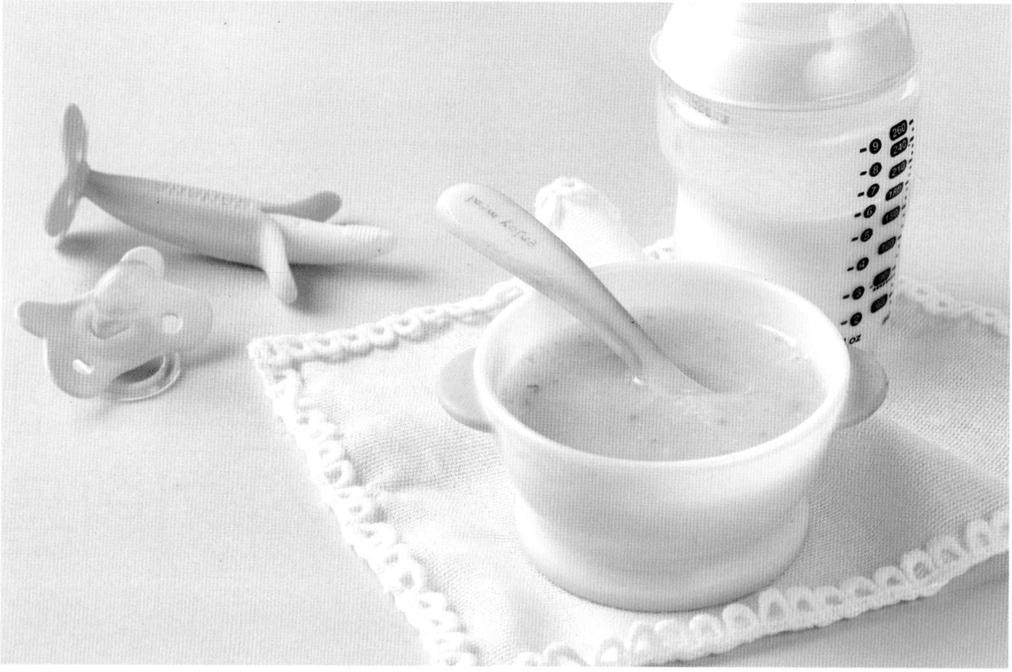

1 이유식이란?

이유식은 지금까지 아기가 먹어온 모유나 분유가 아닌, 고형으로 된 음식을 먹는 연습을 하는 과정입니다. 평생 먹을 음식과 천천히 친해지는 시기라고 할 수 있지요. 그러니 이유식만으로 배를 채우려고 하지 마세요. 잘 먹는 날도 있고 잘 먹지 않는 날도 있으니, 하루 하루 한 끼 한 끼에 연연하지 말고 아기를 지켜보며 천천히 아기에게 맞춰 먹이세요.

2 그래도 첫돌까지 주식은 이유식이 아닌 모유나 분유입니다.

첫돌까지 주식은 모유나 분유입니다. 이유식을 주식으로 먹여서는 안 됩니다. 모유나 분유만으로 또는 이유식만으로 필요한 영양분을 다 섭취할 수는 없어요. 그래서 두 가지를 함께 먹여야 하는 것이지요. 돌까지는 적어도 하루에 600㎖의 모유나 분유를 먹이세요. 돌 무렵이 되었을 때 이유식을 먹는 양이 점점 늘어나면서 모유의 양은 줄어들게 되고 돌 이후 젖이나 분유를 끊으면 그 이후에는 아기가 자연스럽게 밥만으로도 충분한 영양분을 공급받게 됩니다.

이유식은 아기가 음식과 천천히 친해지는 연습의 과정입니다. 또한 모유나 분유만으로 부족한 영양분을 채우고 건강한 식습관도 길러주는 시기이지요. 그래서 이유식 시기에는 다양한 식재료를 접하게 하는 것이 아주 중요해요. 다양한 재료를 골고루 먹어본 아기들은 커서도 편식을 하지 않는 아이로 자란답니다.

3 이유식이 왜 중요할까요?

- **영양 보충을 해주어야 해요!**

  생후 6개월까지는 모유나 분유만으로도 충분한 영양 섭취가 가능합니다. 그러나 만 6개월 이후부터는 모유나 분유만으로 성장에 필요한 영양분을 모두 섭취하기가 힘들어집니다. 아기는 태어날 때 6개월 분량의 철분을 가지고 태어나지요. 하지만 6개월 이후에는 엄마 젖만으로는 철분을 보충할 수 없고, 모유에서도 면역력에 필요한 아연이 부족해지기 때문에 철분과 아연 등의 영양소 공급을 위해 만 6개월 이후부터는 고기를 먹여야 합니다. 또한 만 6개월 이후의 아기는 전분과 당질을 분해하여 에너지를 만드는 힘도 생기지요. 그렇기 때문에 앞으로 먹어야 하는 고형식 연습을 하면서 부족한 영양분도 보충하기 위해 이유식이 꼭 필요합니다.

- **건강한 식습관을 길러줄 수 있어요!**

  이유식을 하면서 밥 먹는 습관을 함께 길러주는 게 중요해요. 식사 예절은 물론 적당한 양만큼 먹기, 잘 씹어 먹기, 편식하지 않기 등의 식습관이 이유식을 하면서 많이 훈련됩니다. 아기 이는 보통 6개월 전후로 앞니부터 나기 시작하지만, 사실 이가 나는 시기와 속도는 아기마다 큰 차이가 있어요. 이가 늦게 나더라도 잇몸으로 음식을 으깨 먹을 수 있으므로 이유식을 하면서 씹고 삼키는 연습을 할 수 있어요. 고형식이 아닌 유동식으로 된 이유식은 씹는 연습을 방해하므로 꼭 덩어리 음식으로 이유식을 해야 합니다. 씹는 훈련이 잘 된 아기는 뇌가 자극을 받아 머리도 좋고, 얼굴 근육과 골격이 잘 발달해 얼굴형도 예쁘답니다. 또한 이유식 시기부터 식사 예절을 잘 잡아주는 것이 중요한데요, 밥그릇을 들고 아기를 따라 다니면서 먹이면 앞으로도 쭉 따라 다니면서 밥을 입에 넣어주어야 해요. 아기가 커서 어린이집이나 유치원 등 기관에 갔을 때 좋지 않은 식사 습관을 지적받을 수도 있지요. 그러니 정해진 자리에서 숟가락으로 먹이도록 하세요.

마더스고양이의 이유식 Tip

"과일은 너무 빨리 먹이지 마세요!"

만 4개월 이전에는 모유나 분유 이외에 다른 것은 먹이지 마세요. 과일도 안 됩니다. 첫 음식을 과일로 시작한 아기는 알레르기를 일으킬 위험이 있고, 단맛에 익숙해져서 심심한 이유식을 먹지 않으려고 합니다. 단맛은 최대한 천천히 알게 해주는 것이 좋습니다. 서양에서는 첫 이유식을 배로 하지만 그 배는 단맛이 거의 없는 서양배(pear)로 우리나라의 배와는 다릅니다. 시판 주스나 과일주스도 최대한 늦게 먹이는 것이 좋아요.

4 이유식은 언제 시작하는 게 좋은가요?

- 아기가 가족들이 밥을 먹는 것을 빤히 쳐다보며 관심을 보일 때
- 음식을 보며 침을 흘릴 때
- 체중이 출생시 몸무게의 2～2.5배가 되었을 때(6kg 이상)
- 입을 오물오물 거리며 먹는 것을 따라 할 때
- 음식을 자기 입으로 가져가려고 할 때
- 목을 가누고 의자에 앉아 있을 수 있을 때

위의 반응을 보이지 않았어도 영양 보충을 위해서 만 6개월이 되었으면 먹는 것에 관심을 보이도록 유도하며 이유식을 꼭 시작해야 합니다. 이유식 먹이는 것이 늦어지면 덩어리 있는 음식에 대한 거부감이 생겨 영양 실조가 올 수 있습니다. 그리고 모유나 분유 같이 액체로 된 음식만 좋아해 비만이 될 수도 있지요. 더불어 손을 사용하는 등의 소근육 발달이 늦어질 수도 있고, 알레르기 반응이 증가할 수 있습니다.

5 이유식, 어떤 순서로 먹여야 하나요?

초기 이유식은 쌀미음부터 시작합니다. 잘 먹으면 쌀미음에 채소를 더하고, 이어 고기를 더해 만들어 먹입니다. 마지막으로 고기와 채소를 함께 섞은 미음을 먹이면 됩니다. 그런데 만 6개월이나 그 이후에 이유식을 시작하면, 매일 고기를 먹여야 한다는 생각에 자칫 조급한 마음이 생길 수 있어요. 그럴 때는 쌀→채소 한두 가지→고기→고기＋채소→과일 순으로 이유식을 진행하며 채소 미음 먹이는 기간을 줄이세요. 고기＋채소 이유식은 채소 넣은 초기 이유식 레시피에 고기만 더해 만들면 됩니다. 또한 처음 먹이는 재료는 한 번에 한 가지씩만 첨가하세요. 그래야 알레르기 반응을 일으켰을 때 어떤 식재료에서 나타난 반응인지 알 수 있기 때문입니다.
돌 이전에는 간을 하지 마세요. 아기는 아직 신장 기능이 발달하지 못해서 나트륨을 배출하기가 힘듭니다. 그리고 한 번 간을 한 음식을 먹기 시작한 아기는 간을 하지 않은 심심한 이유식은 먹으려고 하지 않습니다. 평생의 식습관이 정해지는 이유식 시기에 달고 짠 자극적인 음식이 아니라 싱겁고 몸에 좋은 음식을 먹는 습관을 길러주세요. 이유식을 통해 온 가족의 나트륨 섭취량을 줄이는 계기가 될 수도 있습니다.

마더스고양이의 이유식 Tip

"지금 알레르기를 일으킨 재료라고 해서 앞으로도 계속 먹일 수 없는 건 아니에요!"

제 친구 아들은 이유식 초기에 쇠고기 알레르기를 일으켰지만 후기부터는 괜찮았어요. 이렇듯 아기가 크면서 알레르기 반응이 호전되기도 합니다. 알레르기 유발 가능성이 높은 재료라고 돌 전이나 해당 개월 수 전에 먹이면 절대 안되는 것은 아닙니다. 먹고 난 후 별 이상 반응이 없다면 괜찮은거예요. 다만 짜고, 달고, 새콤한 자극적인 음식은 일찍 먹이지 않는 것이 좋습니다.

이유식 먹이는 순서

쌀 → 채소 → 고기 → 고기＋채소 → 과일

6 이유식, 어떻게 해야 잘 먹나요?

- **아기가 기분이 좋고 배가 조금 고플 때 먹이세요!**

  보통 초기와 중기에는 오전 10시경 이유식을 먹이는데요, 그 이유는 이 시간쯤 아기의 컨디션이 좋기 때문입니다. 혹 오전에 이유식을 잘 먹지 않으려 한다면 밤중 수유를 끊어보세요. 밤중 수유로 아침까지 배가 부를 수 있으니까요. 또한 수유를 수시로 하거나 간식 등으로 하루 종일 배가 불러있는 상태를 만들어도 이유식을 먹이기 어려워요. 하지만 이것도 아기에 따라 다르니 아기가 언제 컨디션이 좋은지 살펴보고 시간을 정해 이유식을 먹이면 됩니다.

- **먹을 때와 먹지 않을 때가 명확해야 해요!**

  이유식을 먹인 후 붙여서 바로 모유나 분유 수유를 하세요. 한 번에 넉넉히 먹는 습관도 길러지고 뱃골(위)도 커지게 할 수 있습니다. 이렇게 먹을 때와 먹지 않을 때의 경계를 확실히 해주어야 이유식을 잘 먹게 됩니다. 하루 종일 조금씩 계속 먹이는 경우 아기는 한 번에 잘 먹지 않는 아기가 될 수 있습니다. 아기가 이유식 후 배가 불러 수유를 거부하면 억지로 먹이지 말고 아기의 의사를 존중해주세요.

- **이유식을 잘 먹지 않는다면, 간식을 주지 마세요!**

  간식을 먹기 시작한 중기 이후에는 간식만 먹으려고 하고 이유식과 모유나 분유를 잘 먹지 않으려 하는 경우가 있어요. 이럴 때는 간식을 과감하게 끊어야 합니다.

- **가급적 시간을 정해 규칙적으로 먹이는 것이 좋아요!**

  규칙적으로 정해진 시간에 이유식을 진행하는 것이 아기의 식습관을 잡는 데 좋습니다. 물론 아기를 키우다 보면 정해진 시간에 먹이는 것이 쉽지 않지요. 정확한 시간을 지키기 힘들지만 아기가 모유나 분유를 먹는 시간, 아기가 컨디션이 좋은 시간은 비교적 규칙적이니 아기에게 맞춰 이유식 먹는 횟수와 시간을 정하세요. 아기의 컨디션과 리듬에 맞춰서 이유식을 먹여야 아기도 엄마도 즐겁게 이유식을 할 수 있어요.

7 아기가 아플 때, 이유식을 어떻게 해야 하나요?

장염에 걸린 경우 이유식을 중단하거나 그 동안 먹였던 재료로 더 묽게 덩어리 없이 이유식을 만들어 먹이세요. 감기에 걸렸을 때도 목이 부었거나 콧물이 넘어가 이유식을 먹고 싶어 하지 않을 수 있습니다. 그럴 때는 이유식을 억지로 먹이지 말고 쉬게 하세요. 탈수증상이 올 수 있으니 소변량이나 입술이 마르는지 확인하고 모유나 분유로 수분을 보충하세요.

마더스고양이의 이유식 Tip

"이유식 숟가락을 혀로 밀어낼 때는 이런 의미예요!"

초기에는 이유식을 한두 숟가락 먹이는 것도 쉽지 않습니다. 숟가락이 익숙하지 않아 자꾸만 혀로 밀어내기 때문인데요, 이런 행동은 젖이나 젖병을 빠는데 익숙해서 그런 것이지 이유식이 싫어서는 아니랍니다. 숟가락이 익숙해지면 혀로 밀어내지 않고 오물오물 잘 먹게 되지요. 오히려 숟가락이나 손으로 직접 퍼서 먹겠다고 해서 깔끔하게 먹이는 일이 쉽지 않게 됩니다. 숟가락에 익숙해진 이후에 이유식을 먹다가 숟가락을 혀나 손으로 밀어낸다면, 그만 먹고 싶다는 신호이니 몇 번 더 시도해보고 그래도 싫다고 하면 아쉽겠지만 그만 먹이도록 하세요.

이유식, 월령별 특징 이해하기

초기 만 4~6개월 • 하루 이유식 1회

아토피, 알레르기를 일으킬 위험 요소가 적은 쌀미음부터 시작하세요. 쌀미음을 먹이다가 초기 이유식에 먹여도 되는 채소를 한 번에 한 가지씩 쌀미음에 첨가해 먹이면서 아기의 반응을 살피세요. 물로만 끓여야 되고 고기 육수나 사골국물, 멸치 국물, 다시마 물 등 채소 국물을 제외한 물 이외의 다른 것으로 이유식을 끓이면 절대 안 됩니다. 분유 수유를 하는 아기의 경우 빠르면 만 4개월부터 이유식을 시작할 수 있어요. 모유 수유하는 아기나 아토피, 알레르기가 있는 아기는 만 6개월부터 이유식을 시작하면 됩니다. 하지만 만 6개월부터는 매일 고기를 먹여야 하기 때문에 아토피나 알레르기가 없으면 가급적 만 5개월 반 이전부터 이유식을 시작하세요. 2주 동안 채소 진도를 조금 나갈 수 있어서, 바로 고기를 먹여야 한다는 부담감이 줄고, 고기 이유식을 먹이는 시기도 빨라 질 수 있어요.

중기 만 6~8개월 • 하루 이유식 2~3회, 간식 1회

초기 이유식을 빨리 시작한 아기는 중기 이유식을 6개월쯤 들어갈 수 있습니다. 6개월부터는 고기를 매일 먹여야 합니다. 쇠고기나 닭고기 육수도 사용할 수 있어요. 물로 끓이는 것보다 육수를 넣어서 끓이는 게 영양도 풍부하고 더 맛있기 때문에 아기가 잘 먹어요. 중기 이유식부터는 조금씩 덩어리진 음식을 먹는 연습을 시키세요. 이가 아직 나지 않았더라도 잘게 썰거나 으깨주면 잇몸으로 씹어 먹을 수 있습니다. 어른 밥알은 먹이지 마세요.
아직은 아기가 소화하기 힘들 뿐만 아니라 잘못하다간 지금까지 열심히 해온 이유식의 노력이 무너질 수도 있어요. 아기가 숟가락을 잡으려 하면 숟가락을 손에 쥐어주세요. 이때부터 컵 사용하는 법을 알려주세요. 스트로우 타입, 컵 타입, 스파우트 타입 등 어떤 타입의 컵이든 순서는 그리 중요하지 않습니다. 아기가 쉽게 마실 수 있는 것으로 골라서 주세요.

이유식 시기는 편의상 분류인 것이지, 이 시기대로 딱 맞춰 진행되어야 하는 것은 아닙니다. 아기들마다 이유식 시작 시점과 진행 속도가 다 다르기 때문에 아기에게 맞춰 진행하되, 농도와 덩어리 크기를 늘려가며 돌 이후에는 진 밥을 먹이는 것을 목표로 이유식을 진행하세요.

후기 만 9~12개월 • 하루 이유식 3회, 간식 1~2회

중기 후반이나 후기 초반쯤 되면 아기들은 뭐든 손으로 잡으려고 합니다. 손의 소근육을 키워주는 연습을 하기 좋은 시기이니 핑거푸드를 만들어주고 숟가락을 사용하게 해주세요. 후기 이유식에 들어서면 아기에 따라 숟가락이나 죽을 거부하는 경우도 있습니다. 그럴 때는 부드럽게 덩어리진 음식을 만들어 아기가 즐겁게 집어 먹을 수 있게 해주세요. 이유식을 잘 안 먹으면 간을 안 해서 맛없어서 그렇다는 말을 많이 듣게 되는데, 간을 좀 해서라도 아기에게 이유식을 먹이고 싶겠지만 간을 한 음식을 받아먹는 것은 잠깐입니다. 아기가 잘 먹게 하려고 점점 더 간을 세게 하는 악순환이 반복될 수 있어요. 굳이 간을 한다면 육수(만들기 38쪽 참고)나 천연 조미료(만들기 40쪽 참고)를 조금만 이용하세요. 물은 꼭 컵에 주고, 젖병으로 물을 먹이지 마세요.
중기 이후에는 어른 식사시간에 이유식을 같이 먹게 하는 것도 좋습니다. 물론 엄마는 힘들겠지만 가족과 함께 맛있게 식사하는 시간이 아기에게는 이유식을 맛있고 행복한 것이라는 인식을 갖게 합니다.

완료기 만 12개월 이상 • 하루 이유식 3회, 간식 2회

첫돌이 지났다고 해서 아기가 어른들과 같은 밥을 먹을 수 있는 것은 아닙니다. 하지만 어른과 비슷한 음식을 좀더 작게 자르고 무르게 조리해서 간을 하지 않은 형태로 먹일 수 있어요. 이때도 영양 균형을 맞춰 골고루 먹이도록 해야 합니다. 하지만 여전히 죽만 먹으려고 하거나 덩어리가 조금 큰 음식은 싫어하는 아기도 있고, 죽 종류는 절대 안 먹는 아기도 있을 거예요. 어떤 아기는 엄청 잘 먹고, 어떤 아기는 여전히 엄마 젖이나 분유만을 좋아하기도 하고요. 아기마다 다 다릅니다. 특히 돌 전후 일시적으로 먹는 양이 줄어들고, 심한 병치레도 한 번쯤은 합니다. 거의 모든 아기들이 겪는 일이니 너무 걱정하지 마세요.
아기가 잘 안 먹는다고 간식으로 배를 채우는 것은 이유식을 안 먹는 악순환을 가져오니, 아기가 이유식을 잘 안 먹을 때는 과감하게 간식을 끊으세요. 대부분의 경우 배가 고프면 이유식을 먹기 마련입니다.

마더스고양이의 이유식 Tip

"다음 단계 이유식으로 넘어가는 기준은 아기의 씹고 삼키는 능력이에요!"
아기가 먹는 양보다는 이유식 덩어리 크기와 농도를 받아들이는 과정을 살펴본 후 진행하세요.

"아기 숟가락은 둥근 모양의 실리콘 재질을 추천해요!"
중기 이유식을 할 때는 아기가 숟가락을 스스로 잡고 먹으려고 합니다. 그리고 이가 하나둘씩 날 무렵이기 때문에 숟가락을 씹는 경우가 있어요. 딱딱한 플라스틱이나 쇠, 도자기로 된 숟가락은 잇몸을 다치게 할 수 있으니 모서리가 둥근, 실리콘 재질로 된 숟가락을 사용하세요.

월령별 수유하기 & 이유식 먹이기

단계		초기 초반	초기	중기
개월 수		만 4~5개월	만 5~6개월	만 6~8개월
수유	1일 양	800~1000㎖		700~800㎖
이유식	1일 횟수	1회		2회 + 간식 1회
	이유식 잘 먹는 시간	오전 9~10시		이유식은 오전 9~10시, 오후 1~2시(혹은 5~6시) 간식은 이유식과 이유식 사이에
	1회 이유식 분량 (간식 분량)	한두 숟가락에서 서서히 늘림	30~80㎖(40㎖)	60~120㎖(70㎖)
상태와 묽기		마시는 플레인 요구르트 정도의 미음		살짝 갈린 걸쭉한 죽
쌀		 주르륵 흘러내리는 묽은 수프 정도의 묽기		 덩어리가 조금 있고 뚝뚝 떨어지는 정도의 묽기
애호박, 브로콜리 등 덩어리 있는 채소		 껍질을 제거하고 삶아 체에 내려 알갱이가 없는 수프 상태		 0.1~0.3cm로 곱게 다져 아주 작은 알갱이가 있는 상태
청경채, 비타민 등 잎채소		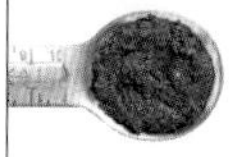 잎 부분만 삶아서 체에 내리기		 잎 부분만 삶아서 절구에 넣어 으깨거나 0.3cm로 다져 절구에 넣어 으깬 상태
고기		 삶은 후 다져서 체에 내리거나 믹서에 곱게 간 고기 국물 상태		 0.3cm로 다진 후 절구에 넣고 으깨거나 더 곱게 다진 상태
달걀		먹이지 않음		 완숙으로 삶아서 노른자만 체에 내린 상태

이유식 묽기나 덩어리 크기는 아기 개월 수와 아기가 받아들이는 정도를 고려해 엄마가 조절하세요.
또한 각 단계 안에서도 초·중·후기로 나눠 크기를 조금씩 키워주세요. 하지만 아기가 덩어리를 힘들어하면 언제든지 전 단계로 돌아가 다시 시작하세요.

단계		후기	완료기
개월 수		만 9~12개월	만 12개월 이후
수유	1일 양	600~700㎖	400~600㎖
이유식	1일 횟수	3회 + 간식 1~2회	
	이유식 잘 먹는 시간	아침 9~10시, 점심 1~2시, 저녁 6~7시(혹은 가족 식사시간에 함께) 간식은 이유식과 이유식 사이에	
	1회 이유식 분량 (간식 분량)	100~150㎖(110㎖)	120~180㎖(130㎖)
상태와 묽기		밥알이 그대로 보이는 되직한 죽과 무른 밥 상태 작은 사이즈의 핑거푸드	어른 밥과 비슷하지만 밥은 질고 반찬은 작고 부드러운 상태
쌀		 밥알의 형태가 보이면서 숟가락과 잇몸으로 으깰 수 있는 죽 정도의 묽기	 물기가 많은 진 밥 상태
애호박, 브로콜리 등 덩어리 있는 채소		 0.3~0.5cm로 다지기 덩어리가 있으나 부드러워서 쉽게 으깨지는 상태	 0.5~1cm로 다지기 부드러운 상태
청경채, 비타민 등 잎채소		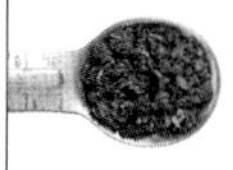 0.5cm로 다지기 아기에 따라 줄기도 사용함	 0.5~1cm로 다지기 어른들이 먹는 나물보다는 부드럽게 익힌 상태
고기		 0.3~0.5cm로 다져 덩어리를 느낄 수 있는 상태	 0.5cm 크기로 다져 이로 씹을 수 있는 상태
달걀		 노른자만 풀어서 사용하거나 완숙 노른자를 약간 덩어리지게 으깬 상태	 흰자, 노른자 모두 사용함

월령별 먹여도 좋은 식품 VS. 주의해야 할 식품

식품		초기	중기
곡류		**가능** 쌀, 찹쌀 ❗ 오트밀은 5개월 이후에 먹인다.	**가능** 보리, 수수, 옥수수, 차조, 현미 ❗ 알레르기가 있는 경우 보리, 수수, 옥수수는 돌 이후에 먹인다.
채소류		**가능** 감자, 고구마, 단호박, 브로콜리, 비타민, 애호박, 양배추, 오이, 청경채, 콜리플라워	**가능** 당근, 무, 배추, 버섯류, 비트, 시금치, 아욱, 양파, 연근
과일류		**가능** 바나나, 배, 사과 ❗ 바나나는 양 끝은 잘라내고 가운데 부분만 초기 중반 무렵부터 먹인다.	**가능** 멜론, 블루베리, 수박, 아보카도, 자두
육류		**가능** 만 6개월 정도부터 닭고기, 쇠고기 ❗ 닭가슴살, 닭안심, 쇠고기 안심을 사용한다.	**가능** 쇠고기, 닭고기, 쇠고기 육수, 닭고기 육수 ❗ 닭고기 육수용은 닭다리를, 쇠고기 육수용은 양지머리, 사태를 사용한다.
어패류		**가능** 없음. ❗ 절대 먹이면 안 됨.	**가능** 없음. ❗ 잘못 먹이면 알레르기를 유발한다.
말린 과일, 견과류 및 유지류		**가능** 없음.	**가능** 건자두, 건포도(7개월 이후), 대추, 구기자(7개월 이후)
유제품		**가능** 없음. ❗ 우유는 돌 이후에 먹인다.	**가능** 없음.
난류		**가능** 없음.	**가능** 노른자(완전히 익힌다.) ❗ 흰자는 알레르기 위험이 있어 먹이지 않는다. 알레르기가 있다면 노른자도 두 돌 이후에 먹인다.
콩류	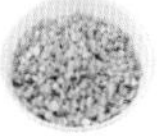	**가능** 완두콩	**가능** 강낭콩, 검은콩, 대두, 두부류, 밤콩 등 ❗ 두부, 두유는 7개월 이후에 가능하나 첨가물을 확인하고 GMO프리 제품인지 확인한다.
해조류		**가능** 없음. ❗ 다시마 물로 이유식을 만들면 안 된다. 초기 이유식은 생수로만 만들어야 한다.	**가능** 다시마(육수용), 미역(중기 후반), 생 김 ❗ 다시마는 염분이 있으니 많이 사용하지 않는다. 조미되지 않은 생 김을 중기 후반부터 구워 먹인다.
면류		**가능** 없음.	**가능** 없음.
기타 식품		**가능** 없음.	**가능** 뻥튀기, 생과일 주스, 쌀과자, 아기용 과자 ❗ 설탕, 과당, 소금, 첨가물 함유 여부를 확인하고 먹인다. 과일 주스는 생과일로 만들어 먹인다.

알레르기에 안전한 재료라도 아기에 따라 알레르기를 일으킬 수 있어요. 새로운 재료는 아기가 민감한 반응을 보이는지 알기 위해 하나씩만 추가하세요. 개월 수에 맞지 않은 재료라도 먹은 후 문제가 없다면 알레르기를 일으키지 않는 재료지만 개월 수에 맞지 않는 재료는 알레르기를 일으킬 위험이 높으니 재료는 신중히 선택하세요.

식품	후기	완료기
곡류	**가능** 녹두 등 대부분의 곡류 ❗ 알레르기가 없으면 밀가루 가능. 식빵은 달걀, 설탕, 버터 등이 함유되지 않은 것을 먹인다.	**가능** 율무, 팥 등 대부분의 곡류 ❗ 혼합 잡곡은 24개월 이후에 먹인다.
채소류	**가능** 도라지, 숙주, 우엉, 콩나물 등 대부분 채소 ❗ 파프리카는 후기 후반(첫돌 무렵)부터, 토마토는 돌 이후에 먹인다.	**가능** 고사리, 깻잎, 냉이, 부추, 쑥, 치커리, 토마토, 토란
과일류	**가능** 귤즙, 살구, 참외, 포도즙 ❗ 신맛이 나는 과일은 첫돌 무렵부터 먹인다.	**가능** 딸기, 망고, 복숭아, 오렌지, 키위, 파인애플, 홍시 등 대부분 과일 ❗ 알레르기가 있다면 딸기, 복숭아, 토마토는 두 돌 이후에 먹인다.
육류	**가능** 닭고기, 쇠고기 ❗ 기름기와 힘줄을 제거한다.	**가능** 돼지고기 등 대부분의 육류 ❗ 기름기 많은 부위는 피한다.
어패류	**가능** 가자미, 갈치, 대구 등 흰살 생선, 잔멸치 간 것 ❗ 소금 뿌린 생선은 금지. 새우, 전복, 조갯살 등은 알레르기 없으면 가능하나 첫돌 무렵부터 먹인다.	**가능** 게살, 낙지, 등푸른 생선, 새우, 오징어, 장어, 조개류 등 대부분 어패류, 멸치 육수 ❗ 알레르기가 있다면 게, 등푸른 생선, 새우 등은 나중에 먹인다.
견과류	**가능** 깨, 밤, 올리브유 소량, 참기름, 포도씨유 사용 ❗ 땅콩 등 견과류는 먹지 않도록 주의한다. 콩기름은 GMO 프리 확인하고 되도록이면 쓰지 않는다.	**가능** 대부분의 견과류 및 유지류 ❗ 땅콩은 알레르기를 유발할 우려가 있으므로 되도록 나중에 먹인다.
유제품	**가능** 아기용 무설탕 플레인 요구르트, 아기용 치즈 ❗ 염분, 설탕, 과당, 첨가물 확인. 알레르기인 경우 돌 이후에 먹인다. 액상 요구르트는 먹이지 않는다.	**가능** 버터, 생크림, 우유, 크림치즈 ❗ 우유는 수유 끝난 후 먹인다. 설탕, 과당, 염분의 양, 첨가물을 확인. 액상 요구르트는 먹이지 않는다.
난류	**가능** 노른자(완전히 익힌다.) ❗ 흰자는 알레르기를 유발할 수 있으므로 돌 이후에 먹인다.	**가능** 노른자, 흰자 모두 가능 ❗ 알레르기가 있는 경우 달걀은 두 돌 이후에 먹인다.
콩류	**가능** 대부분의 콩류	**가능** 대부분의 콩류 가능, 유부 ❗ 유부는 뜨거운 물에 한 번 데쳐 기름기를 제거한 후 먹인다.
해조류	**가능** 다시마, 미역, 조미하지 않은 김, 파래 ❗ 파래는 짠맛을 주의한다.	**가능** 대부분의 해조류
면류	**가능** 소면, 쌀국수, 파스타 ❗ 어른들 것보다 많이 무르게 푹 삶는다. 유기농 제품이나 우리 밀 제품을 사용한다.	**가능** 우동 등 대부분의 면류 ❗ 알레르기가 있는 경우 밀가루가 들어간 면류는 되도록 나중에 먹인다.
기타 식품	**가능** 떡, 식빵, 아가베시럽 ❗ 백설기는 아주 작게 잘라 먹인다. 찰떡은 목에 걸릴 수 있으니 두 돌 이후 먹인다. 식빵은 작게 잘라 구워 먹인다.	**가능** 과일, 채소를 건조시켜 만든 과자, 과일 주스 ❗ 꿀은 돌 전에 먹이지 않는다. 시판 과일 주스는 첨가물과 과당이 들어 있지 않은 것을 먹인다.

엄마들이 꼭 기억해야 할 이유식 조리 원칙 10가지

1 이유식 조리 도구는 아기용으로 따로 준비하세요.

어른들이 사용하던 조리 도구를 그대로 사용하지 마세요. 아기들은 면역력이 약하기 때문에 외부 감염으로부터 자신을 지키는 힘이 부족합니다. 어른들이 사용한 도구들은 고춧가루나 마늘, 된장 등의 향신 재료들의 냄새가 배어 있어서 아기의 식욕을 떨어뜨릴 뿐 아니라 아기가 아플 수 있습니다. 식기류도 아기용으로 따로 준비하고 플라스틱 제품 등의 환경호르몬 위험이 있는 제품은 사용하지 마세요. 스테인리스나 도자기로 된 이유식기를 사용하세요.

2 도마와 칼은 고기·생선용, 채소·과일용으로 따로 준비하세요.

어른들도 고기·생선용과 채소·과일용 도마는 따로 사용하는 게 좋습니다. 생고기나 생물 생선을 썬 도마와 칼은 기생충이나 병균에 감염될 위험이 있으므로 조심해야 합니다. 같이 사용할 경우에는 종이 포일을 이용하거나 손질한 후 세제로 깨끗하게 씻어내고 끓는 물을 부어 소독해주세요. 도마는 특히 세균 번식의 우려가 있으므로 씻은 후 햇볕에 자주 말리는 게 좋습니다.

3 이유식 묽기 조절을 위해 처음에는 각 재료들을 따로 익히세요.

쌀죽에 들어가는 이유식 재료는 미리 삶은 다음 죽에 넣습니다. 그 이유는 익히지 않은 재료를 넣고 다 익을 때까지 끓이면 쌀이 덜 익을 수 있으며 죽이 되직해질 수 있기 때문입니다. 초기 이유식 이후에는 쌀알이 점점 커지기 때문에 쌀이 익는 시간도 오래 걸리므로 후반으로 갈수록 재료를 함께 넣고 끓여도 됩니다. 고기의 경우 다진 생고기를 넣어 익히면 고기의 크기를 가늠하기가 힘들기 때문에 익힌 다음 적당한 크기로 다져 이유식에 넣고 조리합니다.

4 단계에 맞춰 크기를 조절하기 위해 고기는 덩어리째 구입하세요.

고기는 덩어리로 구입하세요. 이유식용 다짐육은 고기의 크기가 일정하기 때문에 단계에 맞게 크기 조절이 힘듭니다. 그리고 물에 담궈서 핏물을 제거할 때 자른 단면이 많아 고기의 감칠맛까지 다 빠져나가게 되므로 덩어리를 구입한 후 집에서 손질해서 사용하는 것이 더 좋습니다.

이유식에 대해 충분히 이해했다면, 이제 이유식 조리법에 대해 배워볼까요? 먼저 육아도 이유식도 초보인 엄마들을 위해 이유식을 조리하거나 보관할 때 꼭 기억해야 할 내용들부터 하나씩 짚어드릴게요.

5 남은 이유식 재료는 손질해서 냉동 보관하세요.

제철에 난 신선한 재료로 이유식을 만드는 것이 가장 좋지만 재료가 남았다면 재료가 신선할 때, 편리한 보관을 위해 재료를 삶거나 데쳐서 보관했다가 사용하세요. 이유식 시기에 따라 적당한 크기로 다진 다음, 한 번 만들 분량 만큼 나눠서 냉동실에 보관하세요. 냉동실에서는 7~10일(5일 이내로 먹이는 것이 좋아요), 냉장실에서는 2일 정도 보관이 가능합니다. 단, 너무 오래 두고 먹이지 마세요.

6 해동한 재료는 바로 사용하고 남은 재료는 다시 얼리지 마세요.

냉동실에서 꺼낸 재료는 해동된 상태로 2일 정도 냉장 보관 가능합니다. 되도록이면 해동 후 바로 조리하고 바로 조리하기 힘든 상황이면 냉장고에서 해동시키세요. 한 번 해동된 재료는 맛도 떨어지고 세균 감염의 우려가 있으므로 다시 냉동하지 마세요.

7 맛 본 숟가락은 다시 사용하지 마세요.

이유식을 만들다 보면 이유식 재료의 품종, 수분 정도에 따라서 만드는 시간이나 쌀이 퍼지는 시간이 달라질 수 밖에 없습니다. 그래서 이유식이 다 만들어졌는지 확인하기 위해 맛을 보게 되는데, 이때 어른 입에 들어간 숟가락이나 주걱 등은 다시 이유식에 넣으면 안 됩니다. 이유식이 쉽게 상하는 원인이 될 뿐만 아니라 면역력이 약한 아기가 질병에 걸릴 위험이 생길 수도 있습니다. 어른 입에 한 번 들어간 숟가락이나 음식으로 이유식을 먹일 경우 충치균이 옮아 이가 썩을 수도 있으니 주의해야 합니다.

8 이유식은 중탕으로 데우세요.

만들어두었던 이유식을 데워서 아기에게 먹일 때는 묽기가 되직해져 있으니, 물이나 육수 등으로 아기에게 맞춰 농도를 조절하세요. 데울 때는 냄비에 이유식 용기를 넣고 물을 용기의 반 정도 깊이까지 부은 다음 물을 끓이면서 중탕으로 이유식을 데우세요. 이때 물이 너무 많아 이유식에 물이 들어가는 일이 생기지 않게 주의해야 합니다. 전자레인지로 데우는 경우에는 골고루 데워지지 않고 차가운 부분과 뜨거운 부분으로 나눠질 수 있으니 잘 섞어서 먹이세요.

냉동실에서 꺼내 바로 끓는 물에 넣으면 유리병이 깨질 수도 있어요. 미리 실온에 꺼내 두거나 찬물에 담가 살짝 녹인 후 중탕하세요.

이유식을 데울 때는 도자기나 유리로 된 이유식기를 사용해야 환경호르몬의 위험으로부터 안전합니다. 아기에게 먹이기 전, 골고루 한 번 섞고 너무 뜨겁지는 않은지 확인하고 먹이세요. 냉동 이유식을 데우는 경우에는 냉동실에서 꺼내 바로 뜨거운 물에 넣으면 용기가 깨질 수 있으니 냉장고나 실온에 두어 살짝 자연 해동해서 데우세요. 시간이 없을 때는 용기 안에 물이 들어가지 않게 뚜껑을 잘 닫은 후 찬물에 담가 해동한 후 데우세요.

이유식을 냉장했다면
2일내 먹이도록 하고,
냉동했다면 5~7일내 먹이세요.

9 이유식은 뚜껑을 닫아서 냉장 보관하고, 2일 이내에 먹이지 못할 것 같다면 냉동 보관하세요.

이유식은 절대 실온에 보관하지 마세요. 간을 하지 않았기 때문에 어른들의 음식보다 더 잘 상합니다. 뚜껑을 덮어 냉장이나 냉동 보관하세요. 또한 먹던 이유식을 다시 먹이지도 마세요. 아기들은 면역력이 약하므로 위생에 특히 주의해야 합니다. 먹던 이유식을 다시 보관하고 싶다면 한 번 가열한 다음 냉장 보관하세요. 한 번에 많은 분량의 이유식을 만들어 2일 안에 먹이지 못할 경우 만들자마자 이유식 용기에 담아 냉동 보관하세요. 냉동 보관할 때 이유식의 이름과 날짜를 적어서 보관하면 편해요. 냉동실에서는 5~7일, 냉장실에서는 2일 이내로 보관이 가능합니다.

10 이유식기와 조리 도구는 어른들의 식기류와 분리해 친환경 세제로 씻고 세제 잔여물이 남지 않게 깨끗하게 헹구세요.

이유식기를 세척할 때는 어른 그릇과 분리해서 세척하거나 어른들이 사용한 조리 도구를 세척하기 전에 먼저 세척하세요. 씻은 그릇도 어른들 식기류와 분리해서 건조, 보관하세요. 싱크대 한 칸을 깨끗이 정리하고 소독한 다음 아기용으로 사용하면 좋아요. 이유식 전용으로 별도로 수세미도 준비하세요. 아기가 사용하는 그릇과 도구는 친환경 세제로 세척하세요. '젖병 전용 세제라니 괜찮지 않을까?' 라고 막연히 생각하지 말고 성분을 꼭 확인해야 합니다. 화학성분이나 화학계 계면활성제가 들어 있지 않은지 먼저 확인하세요. 친환경 세제라 해도 여러 번 헹궈 세제 잔여물이 남지 않게 신경쓰세요. 이유식기나 조리 도구는 굳이 열탕소독할 필요는 없으며 열탕소독을 하고 싶더라도 플라스틱으로 된 제품은 열탕소독이 환경호르몬 검출을 불러일으켜 더 나쁘다는 것을 기억하세요.

마더스고양이의 이유식 Tip

"이유식용으로 작은 스테인리스 냄비와 팬을 구입했다면?

그대로 쓰면 지저분하니 먼저 식용유를 묻혀 키친타월로 전체를 싹 닦으세요. 까만 연마제가 많이 묻어나와 깜짝 놀라실 거예요. 안에 베이킹소다를 넣고 식초를 부으면 부글부글 거품이 일어나요. 수세미로 박박 닦고 물을 부어 바글바글 끓인 후 씻어내면 깨끗해져요.

조리의 시작, 계량법 이해하기

요리 초보를 위한 필수 기본 가이드. 기본 재료와 양념을 정확히 계량해야 레시피의 맛을 똑같이 낼 수 있기 때문에 레시피를 보고 따라하기 전 궁금할 수 있는 기초 계량법을 모두 모아 꼼꼼하게 알려드립니다.

재료를 계량할 때 쓰는 여러 가지 도구들

- 전자저울
- 계량스푼
- 계량컵
- 종이컵 : 계량컵과 용량이 비슷해요.
- 물약병 : 눈금이 적혀 있어 편리해요.
- 분유스푼 : 분유통에 용량이 적혀 있어요.

컵은 계량컵, 종이컵, 전기밥솥 컵, 분유병으로 계량하기

종이컵은 계량컵과 용량이 거의 비슷하므로 대신 써도 됩니다. 전기밥솥 살 때 주는 계량컵에 용량이 적혀 있다면 그 컵을 활용해도 좋습니다. 눈금이 있는 분유병으로도 계량할 수 있어요.

- 계량컵 1컵 = 종이컵 1컵 = 200㎖

큰술, 작은술 등은 계량스푼이나 밥숟가락으로 계량하기

계량도구로 계량할 때는 재료를 가득 담은 후 윗면을 깎아 평평하게 해야 합니다. 밥숟가락으로 계량을 한다면, 밥숟가락은 표준 계량스푼보다 작기 때문에 조금 더 수북하게 담아야 합니다.

- 계량스푼 1 큰술 = 15㎖
- 밥숟가락 1 큰술 = 10~12㎖
- 계량스푼 1 큰술 = 밥숟가락 1과 1/3큰술

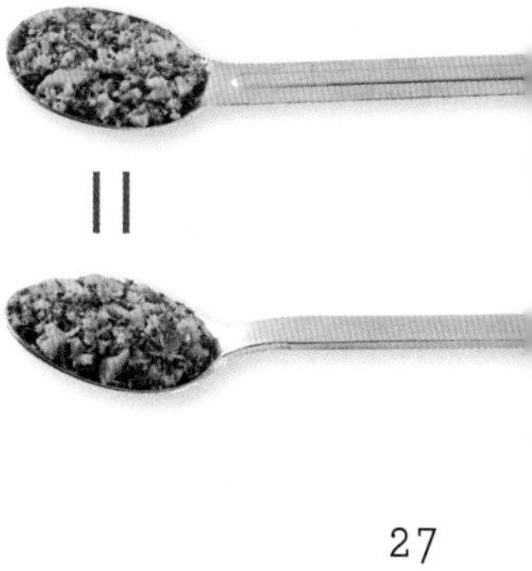

이유식 도구들, 꼼꼼히 살펴보고 구입하기

편리한 이유식 조리 도구가 있으면 이유식 만드는 일이 훨씬 수월합니다. 꼭 필요한 몇 가지만을 구입해도 괜찮아요. 엄마가 즐겁게 만들어야 맛있는 음식이 되고 아기도 행복해진다는 사실을 잊지 마세요.

이유식 조리기(강판, 체, 절구, 즙짜개)
조리기를 세트로 구입해도 되고 낱개로 하나씩 따로 구입해도 상관없습니다. 도자기로 된 제품이나 유리, 스테인리스 재질을 추천합니다.

컵
아기에게 먹이는 물이나 음료, 주스 등은 컵을 사용해야 합니다. 양손으로 잡을 수 있는 손잡이가 있는 컵이 편리하지요. 스파우트형, 컵형, 빨대형 등이 있는데, 잘 깨지지 않고 열탕 소독이 가능한 플라스틱이나 스테인리스 소재로 된 제품을 사용하되 성분을 꼭 확인하세요.

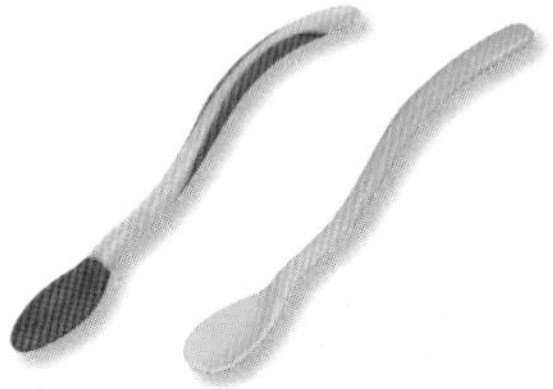

이유식 숟가락
깊이가 깊지 않으며 아기 입에 쏙 들어가는 사이즈로 고르세요. 처음에는 작은 숟가락으로 시작해서 점점 큰 숟가락을 사용합니다. 아기들은 숟가락을 씹기도 하므로 실리콘으로 된 숟가락이나 부드러운 재질로 된 숟가락을 사용하세요.

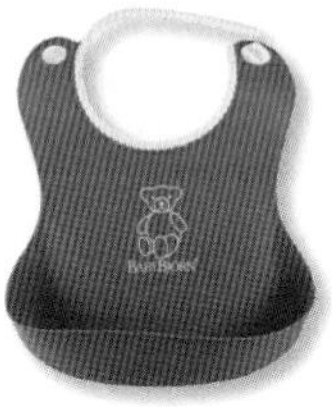

아기 턱받이
처음에는 가제수건도 가능하지만 아기가 조금 더 커 혼자 먹겠다고 하면 턱받이가 필요합니다. 부드러운 재질로 된 고무나 플라스틱, 실리콘 제품을 구입하세요. 단, 고무 재질은 잘 말리지 않으면 곰팡이가 생기니 주의하세요. 목에 너무 끼지 않으면서 무겁지 않은 것으로 하세요.

이유식 보관용기
투명한 밀폐용기가 좋아요. 선명한 눈금이 있으면 아기가 먹는 양을 정확히 알 수 있어 편리하답니다. 유리나 스테인리스 또는 열탕 소독이 가능한 플라스틱 소재를 추천합니다.

이유식기
스테인리스 재질로 된 제품이나 도자기로 된 제품을 사용하세요. 스테인리스는 열전도율이 높아 위험하므로 겉이 플라스틱이나 이중으로 된 제품을 사용해야 안전합니다. 플라스틱 제품을 사용할 때는 성분을 확인하고 뜨거운 음식은 되도록이면 담지 않는 게 좋습니다.

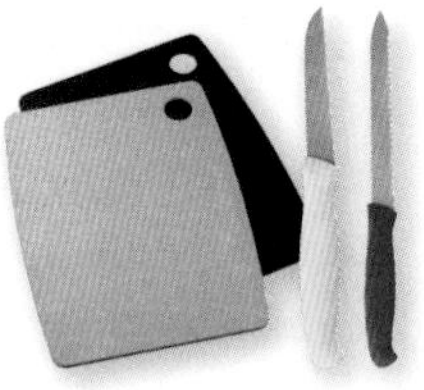

도마와 칼
이유식용으로 따로 준비하세요. 채소·과일용과 고기·생선용을 분리해서 사용하면 좋아요. 도마는 세균 번식의 우려가 아주 많으므로 친환경 세제로 잘 세척하고 잔여 세제가 남지 않게 헹군 후, 뜨거운 물을 부어서 살균하고 일주일에 한 번 정도 햇볕에 말리세요.

계량스푼
계량스푼이 없다면 어른용 밥숟가락으로도 측정이 가능하지만 하나쯤 가지고 있으면 유용합니다. 양쪽으로 큰술, 작은술을 잴 수 있는 제품은 가운데 손잡이 부분에 눈금자가 있어서 길이를 잴 때 편리합니다.

계량컵
스테인리스 재질로 된 계량컵이 하나쯤 있으면 편리합니다. 아기를 위한 베이킹을 할 때나 물량을 조절할 때 등 요긴하게 사용됩니다.

저울
전자저울을 사용하면 편리해요. 요즘은 저렴한 가격대의 전자저울도 많이 나와 있어서 부담이 적어요. 나중에 빵을 만들 때도 요긴하게 사용 가능합니다.

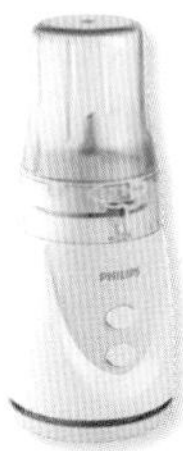

미니 믹서
초기부터 후기까지 쌀을 갈 때 사용합니다. 적은 양도 잘 갈리므로 쌀알 크기 조절을 위해 이유식 필수품입니다. 불린 쌀을 절구에 넣어 으깨기도 하는데, 초기에는 특히 번거롭고 손도 많이 갑니다. 집에 이미 미니 믹서가 있다면 아기용으로 컵만 따로 주문하세요. 주스 등을 만들 때도 요긴해요.

조리용 주걱
실리콘 재질로 된 주걱이 가장 좋습니다. 손잡이가 나무로 된 제품은 곰팡이가 생길 위험이 크므로 세척 후 잘 말려야 합니다. 나무 주걱도 많이 사용하는데, 칠이 된 제품은 사용하지 마세요. 또한 오래 사용하면 끝이 마모되면서 이유식에 들어갈 수 있으니 물에 강하고 좋은 나무로 만든 것을 쓰세요.

냄비
이유식은 저으면서 만들어야 하므로 편수냄비가 좋습니다. 작은 사이즈로 사되 후반으로 갈수록 많은 양을 만들기 때문에 1ℓ 정도 크기의 냄비가, 육수를 낼 때는 2ℓ 정도 크기의 냄비가 적당합니다. 바닥이 두꺼운 스테인리스 냄비가 가장 안전하고 좋습니다.

채소 다지기
이유식 재료 다질 때 큰 도움이 돼요. 아기 낳고 약해진 관절 때문에 칼질하기 힘든 분들이 사용하면 좋아요. 이유식을 한꺼번에 많이 만들 때도 사용하면 편해요. 이유식 시기가 끝난 후에도 볶음밥, 동그랑땡 등을 만들 때 요긴하게 사용 가능합니다.

요구르트 제조기
시판되는 플레인 요구르트는 첨가물이나 설탕 등이 들어 있는 경우가 대부분입니다. 집에서 직접 만들어 먹이는 게 좋은데, 돌 전까지는 플레인 요구르트로 먹이고, 돌 이후 단맛을 첨가하고 싶으면 아가베시럽이나 과일을 섞어주세요.

식탁 의자
아기가 떨어질 위험이 없도록 가드와 벨트가 있는 제품을 골라야 합니다. 부피가 크지 않고 높이 조절이 가능해 활용 기간이 길며, 제품이 견고하고 A/S가 잘 되어야 합니다. 식판 분리가 가능해 어른 식탁에서 함께 음식을 놓고 먹을 수 있는 제품을 구입하면 좋습니다.

이유식 조리법, 하나하나 배우기

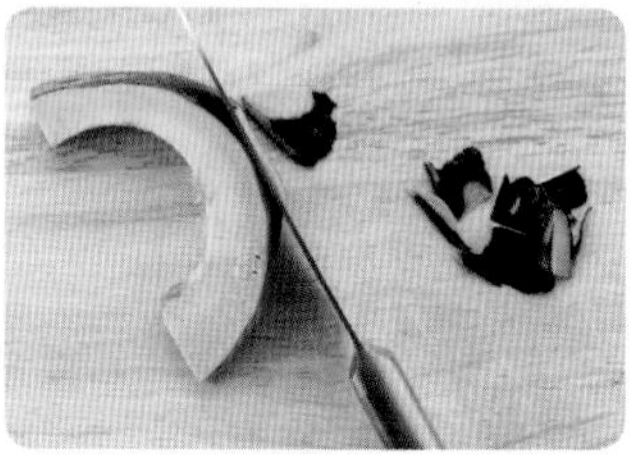

껍질 벗기기 & 씨 제거하기

초기에는 오이, 애호박, 사과, 단호박 등도 칼이나 필러로 껍질을 벗겨 조리하세요. 단호박은 전자레인지에 20초간 익히면 껍질 부분만 익어서 벗기기 수월해요. 배는 가운데 노란 씨 부분까지 모두 제거하세요. 토마토는 꼭지 반대쪽에 열십(+)자로 칼집을 낸 후 뜨거운 물에 데치면 껍질이 잘 벗겨집니다(342쪽 참고).

다지기

재료를 삶은 다음 다지거나, 다진 후 삶는 두 가지 방법이 있습니다. 다질 때는 먼저 채 썬 후 다지세요. 크기는 아기의 개월 수를 고려하되(20쪽 참고) 내 아기가 받아들이는 정도에 맞추어야 합니다. 초기에는 껍질을 벗기고 삶은 후 재료를 굵게 다져 체에 내려야 합니다.

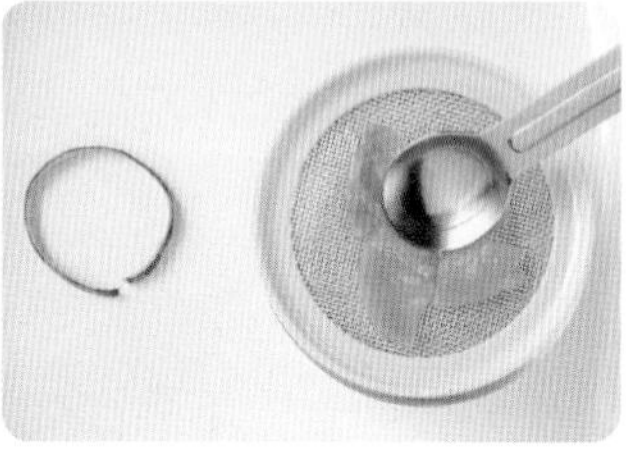

초기 껍질 벗긴 후 삶아 굵게 다진 후 체에 내리기

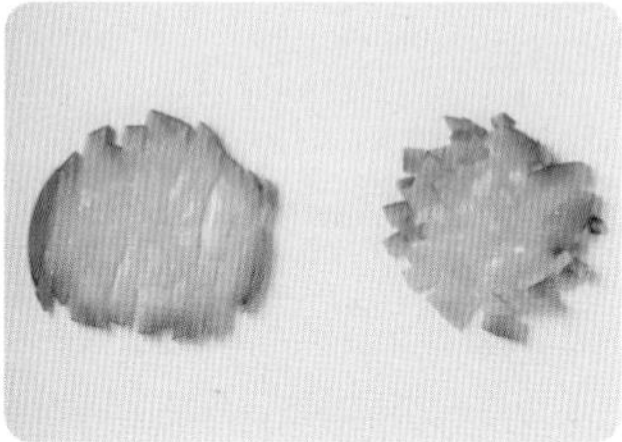

중기 삶아 0.1~0.3cm 크기로 다지기

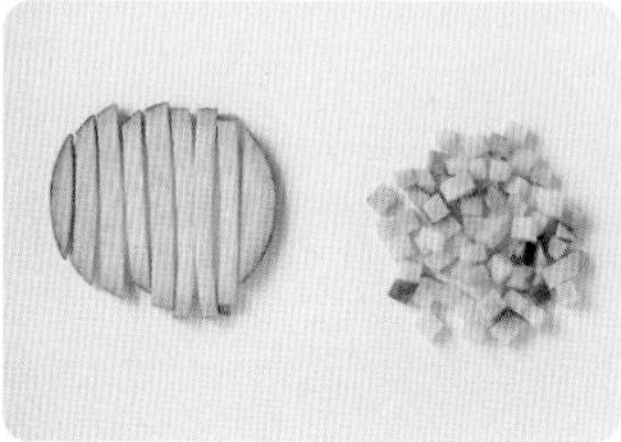

후기 0.3~0.5cm 크기로 다지기

완료기 0.5~1cm 크기로 썰기

굽기 & 볶기

스테인리스 팬이 가장 안전하지만 초보가 쓰기에는 잘 눌어붙고, 기름의 양도 조절하기 쉽지 않으니 코팅이 잘 되어있는 팬을 사용해도 됩니다. 이유식에는 기름 대신 물로 볶는 경우가 많아요.

이유식을 만들 때 가장 많이 쓰는 조리법을 모아서 소개합니다. 처음에는 어렵고 번거롭게 느껴져 시간이 오래 걸릴 수도 있지만, 점점 요령이 생기면서 이유식을 만드는 속도도 빨라질 거예요.

삶기 & 데치기

아기가 먹을 이유식 재료는 어른들 것보다 조금 더 무르게 삶아야 해요. 속까지 푹 익혀야 합니다.

뿌리채소 익히는 시간이 오래 걸리므로 작게 썰어서 삶거나 통째로 찐 다음 필요한 분량만큼 덜어 쓰세요. 감자는 아린 맛과 전분이 많으니 찬물에 넣고 끓이세요. 연근은 식촛물에 담가 떫은 맛을 없앤 후 조리하세요.

잎채소 잎 부분만 끓는 물에 데쳐요. 후기 이후 줄기 부분과 같이 조리할 경우 줄기 부분에 섬유소가 더 많기 때문에 줄기부터 넣어서 데치세요.

고기 기름기를 제거하고 필요한 분량 만큼 썰어서 속까지 익힌 다음 건져내서 다지세요. 이때 물에 뜨는 불순물은 숟가락이나 체로 제거합니다.

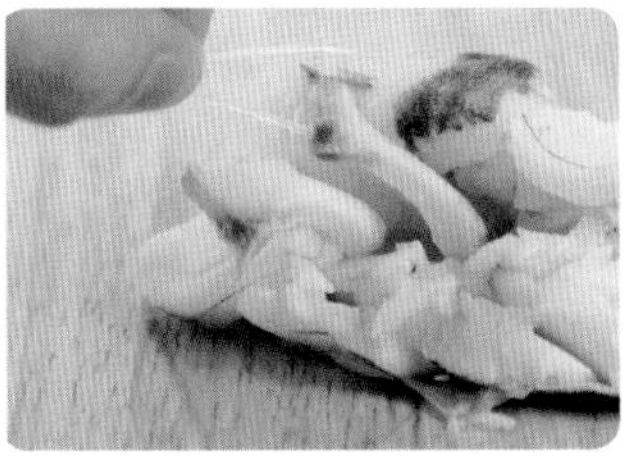

생선 생선을 통째로 찔 경우 속까지 익도록 푹 찐 다음 껍질과 가시를 제거하세요. 포 뜬 생선을 데치는 경우, 끓는 물에 데치고 위로 뜨는 불순물을 제거하세요. 생선에 가시가 남아있지 않도록 주의하며 손질해야 합니다.

찌기

찌는 조리법은 영양소 파괴가 적고 재료도 부드럽게 익어 좋아요.

＊ 찜기(또는 찜통)를 사용하거나 냄비에 체를 올려서 찌세요.

마더스고양이의 이유식 Tip

"재료를 데치거나 삶은 후 그대로 식혀야 영양소 파괴가 적어요"

채소를 데친 후 식히기 위해 찬물에 헹구는 경우가 있는데, 이렇게 되면 수용성 영양분이 빠져 나갈 수 있어요. 체에 펼쳐 담아 물기도 빼고 식히면 영양소 파괴를 줄일 수 있답니다. 재료를 손질해 얼릴 때는 한 김 식힌 후 얼리세요.

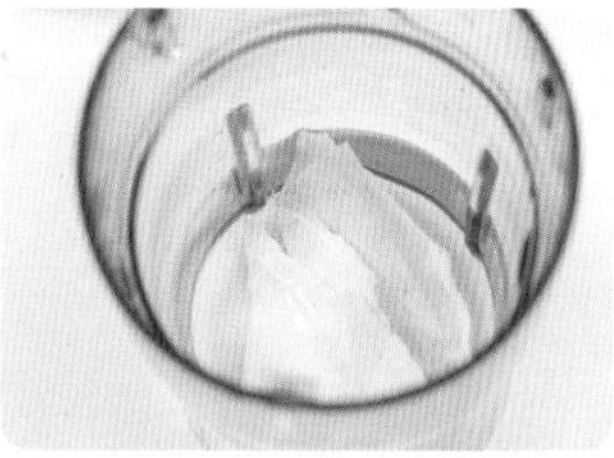

갈기

믹서·분쇄기에 갈기 물기가 많은 재료를 갈거나 많은 양을 갈 때 편리해요. 감자, 당근, 호박, 사과, 바나나 등은 믹서에 갈았을 때 비타민이 쉽게 파괴되는 반면, 양파, 무, 토마토, 양배추, 귤 등은 믹서로 갈았을 때 비타민이 쉽게 파괴되지 않아요.
말린 표고버섯, 말린 새우, 다시마, 멸치 등 마른 재료를 곱게 갈아서 천연 조미료로 사용하세요. * 천연 조미료 만들기 40쪽 참조
강판에 갈기 과일, 감자, 고구마, 당근 등을 가는데 사용해요. 주로 초기에 사용되며 비타민의 파괴가 적은 조리법이에요.

으깨기

포크, 숟가락, 절구, 주걱, 칼 등으로 으깨는 방법이 있어요. 후기에는 이유식을 끓이면서 감자 으깨는 도구(매셔)나 주걱 등을 이용해 이유식 크기를 조절하세요.

즙짜기

즙 짜개(스퀴저)를 이용하면 귤, 오렌지 레몬 등 감귤류의 즙을 짤 때 편리해요.

체에 내리기

주로 초기에 많이 사용해요. 아기가 잘 소화시키지 못하는 채소의 섬유질을 제거하기 위해 체에 내리기도 해요. 재료를 통째로 푹 익힌 다음 스테인리스 숟가락을 써서 체에 내리면 편해요.

죽 쑤기

쌀미음이나 죽은 밥으로 만드는 것보다 쌀로 끓이는 것이 더 맛있습니다. 쌀은 20분 이상 불리고 쌀을 불릴 시간이 없을 때는 물의 양을 조금 더 넣으세요.
이유식 초기에는 체에 한 번 내리고 중기 이유식부터는 덩어리 있게 먹입니다. 육수를 쓰면 더 맛있어 아기들이 잘 먹으니 중기 이후부터는 육수를 활용하세요.
＊육수 만들기 38쪽 참고

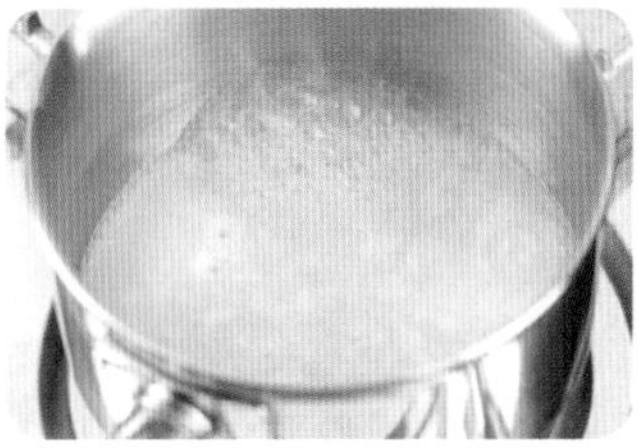

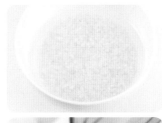

쌀로 죽 만드는 법

쌀 1큰술, 물 1과 3/4컵(350㎖)

1 쌀은 찬물에 씻어서 20분~1시간 정도 불린다.
2 믹서에 쌀, 물(1/4컵)을 넣고 이유식 시기에 맞춰 쌀알의 크기를 조절해 간다. 후기나 완료기에 접어들면 거의 갈지 않아도 된다.
3 냄비에 간 쌀과 분량의 물을 붓고 센 불에서 끓어오르면 약한 불로 줄여 쌀이 퍼질 때까지 계속 저어가면서 끓인다.

마더스고양이의 이유식 Tip

"어른 밥 만들며 아기용 진 밥 쉽게 만들기"

이유식 후반에 들어서면 가족들이 모두 진 밥을 먹어야 하는 일이 생기게 마련이죠. 아기 밥을 따로 하기는 힘들고 가족들 밥에 아기를 맞추자니 아기가 먹기 힘들 것 같고…. 그럴 때는 밥을 지을 때 쌀의 높이를 달리해서 경사지게 밥을 지으면 한쪽은 진 밥, 다른 한쪽은 보통 밥을 지을 수 있어요.

밥으로 죽 만드는 법

밥 1큰술, 물 1컵(200㎖)

1 절구에 밥을 넣고 이유식 시기에 맞춰 밥알을 으깬다. 후기나 완료기에 접어들면 으깨지 않아도 된다.
2 냄비에 으깬 밥과 물을 넣고 주걱으로 저어가며 끓인다.
＊매셔(감자 으깨는 도구)가 있다면 냄비에 밥과 물을 넣고 매셔로 으깨가며 끓여도 된다.

이유식 재료, 냉동 & 갈무리하기

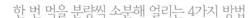

냉동

1

2

3

4

한 번 먹을 분량씩 소분해 얼리는 4가지 방법

1 이유식용 큐브에 얼리기 : 다진 재료, 육수, 이유식

2 뚜껑 있는 얼음틀에 얼리기 : 다진 재료

3 지퍼백에 담아 1회분씩 칼집 넣어 얼리기 : 감자, 고구마, 단호박 으깬 것

4 금속 트레이에 올려 뚜껑이나 랩을 덮어 냉동한 후 지퍼백에 옮겨 담기 : 육류, 생선, 덩어리 채소

* 금속 트레이에 올려 냉동하면 급속 냉동할 수 있어요.

* 고기의 경우, 냉동 후 종이 포일이나 친환경 랩으로 싸서 지퍼백에 담아야 빛, 공기를 차단하고 건조해지는 것도 막을 수 있어요.

재료를 냉동할 때 주의점

- 한 번에 사용할 분량씩 나눠 냉동하세요. 큰 덩어리로 얼리면 속까지 냉동하는 데 시간이 오래 걸려 재료가 변질될 수 있고, 해동이 힘들어요.
- 뚜껑이나 지퍼를 꼭 닫아 공기 접촉을 최소화해야 변질을 막을 수 있어요.
- 재료명과 냉동 날짜를 적어 두세요. 아기가 먹는 재료인 만큼 5~7일, 길어도 10일 이내에는 먹이고, 그 기간이 지난 재료는 어른들 요리에 활용하세요.
- 완성한 이유식과 매시나 퓌레 등 간식의 경우 한 끼 분량씩 밀폐 용기에 나눠 담아 냉동하고 10일 이내에 먹이세요.

해동

2

3

4

맛과 영양의 손실 없게 해동하는 4가지 방법

1 전날 미리 냉장실에 넣어 해동하기 : 고기, 육수, 이유식

2 물에 담가 해동하기 : 고기, 해산물

3 중탕으로 해동하기 : 이유식

4 그대로 볶거나 끓이기 : 채소, 육수, 이유식

* 해동 후 재가열 시에는 육수나 물을 넣어가며 농도를 맞추세요.

냉동 재료를 해동할 때 주의점

- 실온에서 해동하는 방법은 음식이 상할 수 있으므로 조심하세요.
- 전자레인지로 해동하면 영양소가 파괴될 우려가 있으므로 권장하지 않습니다.
- 냉동과 해동을 반복하면 세균 번식의 우려가 있으니 재냉동하지 마세요.
- 으깨거나 다져서 냉동한 재료는 해동 없이 볶거나 끓이는 이유식이나 간식을 만들 때 바로 사용해도 됩니다.

어른 입맛에도 금방 만든 음식이 맛있듯 아기도 금방 만든 이유식을 맛있어 합니다. 그렇지만 매번 방금 만든 이유식이나 간식을 주기란 쉽지 않죠. 그래서 미리 만들거나 재료를 손질해 냉동 보관해두면 아주 유용하게 활용할 수 있어요. 재료가 신선할 때 잘 갈무리해 조금씩 나눠 냉동 보관하면 음식 낭비도 줄일 수 있지요.

{ 고기 }

- 쇠고기는 기름기가 적은 안심을 사용하는 것이 좋습니다. 이유식의 육수는 양지나 사태를 사용하고 육수를 끓여 완전히 차게 식혀 기름을 제거하세요. 간혹 육수를 내는데 사용하고 남은 양지나 사태를 아기 이유식 고기로 사용해도 되냐는 질문을 받는데 그건 적합하지 않습니다. 이유식에 들어가는 고기는 안심으로 따로 준비하세요.
- 안심 익힌 물을 육수로 사용하는 경우도 있는데 그 물을 사용해서 끓인 이유식과 육수를 따로 내서 끓인 이유식은 맛의 차이가 아주 크게 납니다. 간을 하지 않고도 어른들이 먹어도 맛있는 이유식은 육수의 차이에 있습니다. 조금 귀찮아도 육수를 따로 만들어서 사용하세요.
- 다짐육으로 판매하고 있는 쇠고기의 경우 여러 부위가 섞여 있어 기름기가 많고 힘줄도 있을 수 있으므로 추천하지 않습니다. 조금 번거롭더라도 아기 이유식 진도에 따라 덩어리의 크기를 조절해가며 집에서 직접 다지는 것이 좋습니다.
- 고기는 기름기를 제거하고 1회 분량씩 손질해 금속 트레이에 올린 후 뚜껑이나 랩을 덮어 냉동한 후 종이 포일이나 친환경 랩으로 싸서 지퍼백에 옮겨 담아 냉동하세요. 랩으로 감싼 후 금속 트레이에 올려 냉동해도 됩니다. 고기를 다져서 얼리면 해동하면서 육즙이 많이 빠져 나와 맛이 없어지니 가급적 덩어리째 얼리세요. 해동할 때는 냉장고에서 살짝 해동한 후 종이 포일이나 랩을 벗기고 물에 담가 핏물을 제거한 후 사용하세요. 그대로 찬물에 담가 핏물을 빼면서 해동해도 됩니다.
- 육수는 끓여서 식힌 다음 굳은 기름을 걷어내고 한 끼 분량 만큼 덜어서 냉동 보관하세요. 냉동 보관이라도 일주일 안에는 먹이세요. 식힌 육수는 입구가 넓은 통에 담아 보관하거나 모유 저장팩, 친환경 지퍼백 등에 넣어 겉면에 날짜를 적어서 보관하면 편리합니다.

육수는 끓인 후 차게 식혀 위에 뜬 응고된 기름을 고운 체나 숟가락으로 걷어낸 후 얼리세요.

마더스고양이의 이유식

Tip

"쇠고기 핏물을 제거해야 아기가 잘 먹어요!"

핏물을 제거하는 이유는 쇠고기의 누린내를 최대한 없애기 위해서입니다. 냄새나 맛에 민감한 아기의 경우 처음에 이 냄새 때문에 고기 이유식을 거부하는 경우가 있거든요. 고기의 핏물을 제거하는 방법은 찬물에 담가 두거나 키친타월로 감싸 제거하면 됩니다. 다짐육도 키친타월로 감싸 핏물을 제거하세요.

{ 생선 }

- 비늘이 살아있고 살이 탱탱하며 윤기가 도는 것을 고르세요. 아가미는 선홍색이고 눈알은 맑아야 싱싱한 생선이에요.
- 생선은 내장을 제거해 깨끗이 손질한 후 한 번에 조리할 분량씩 나눠 냉동 보관하세요.
- 이유식용 흰살 생선 냉동된 것을 구입한 경우에는 해동 후 재냉동하지 않아야 합니다.

{ 채소 }

- 잎과 줄기에 상처가 없는 싱싱한 것을 고르세요. 물기가 닿으면 쉽게 물러지니 필요한 만큼만 씻어서 사용합니다. 당근과 시금치는 구입 후 바로 사용하세요.
- 채소는 삶거나 데친 후 아기의 개월 수에 맞는 크기로 손질해 1회 분량씩 나눠서 냉동 보관합니다. 냉동 보관할 때는 꼭 뚜껑을 닫아서 보관하세요.
- 얼린 재료들은 별도의 해동 과정 없이 이유식을 끓일 때 그대로 넣어서 만들면 됩니다.

채소별 냉동법

1 **시금치 · 비타민 · 청경채 등의 잎채소** _ 손질해 삶거나 데쳐 아기 개월 수에 맞게 다져 조금씩 나눠 담은 후 한 김 식혀 냉동하세요. 얼음틀이나 작은 큐브에 넣어 얼릴 경우 물이나 육수를 조금 넣고 얼려야 큐브 형태가 잘 유지되며 쉽게 빼서 사용할 수 있어요.

2 **브로콜리 · 콜리플라워** _ 1회 분량씩 썰어 데친 후 체에 밭쳐 물기를 빼고 한 김 식혀 금속 트레이에 올린 후 뚜껑이나 랩을 덮어 급속 냉동한 후 지퍼백에 옮겨 담아 보관하세요. 또는 잎채소처럼 익혀서 다진 후 한 번 먹을 분량씩 얼음틀이나 작은 큐브에 담아 냉동하세요.

3 **토마토** _ 꼭지를 도려내고 끓는 물에 데쳐 껍질을 제거한 후 랩으로 하나씩 감싸 지퍼백에 넣어 냉동하세요.

4 **옥수수** _ 삶아서 한 김 식힌 후 랩으로 싸서 통째 얼리거나 알만 따로 분리해 지퍼백에 넣어 냉동하세요.

채소를 얼릴 때 물이나 육수를 조금 넣어 얼려야 모양도 잘 유지되고 쉽게 빼서 쓸 수 있어요.

{ 단호박 · 감자 · 고구마 }

- **단호박**은 수입산이 많으니 겉에 상처가 없고 깨끗한 것을 골라야 해요. **감자**를 고를 때는 껍질이 얇게 벗겨져 있는 포슬포슬한 분감자를 고르면 좋습니다. 껍질에 푸른 부분이 있거나 싹이 있는 건 오래된 것이니 절대 아기 이유식용으로 쓰면 안 됩니다. **고구마**는 섬유질이 많은 것은 피하고, 섬유질이 많을 경우 체에 한 번 내린 후 조리하세요.
- 이유식에 가장 많이 쓰이는 재료인 만큼 한꺼번에 익혀 뜨거울 때 으깬 후 조금씩 나눠 이유식용 큐브에 담아 얼리거나, 지퍼백에 넣어 평평하게 펼친 후 한 번 먹을 분량만큼 칼등으로 칼집을 넣어 냉동하면 한 조각씩 잘라 사용하기 편리해요.

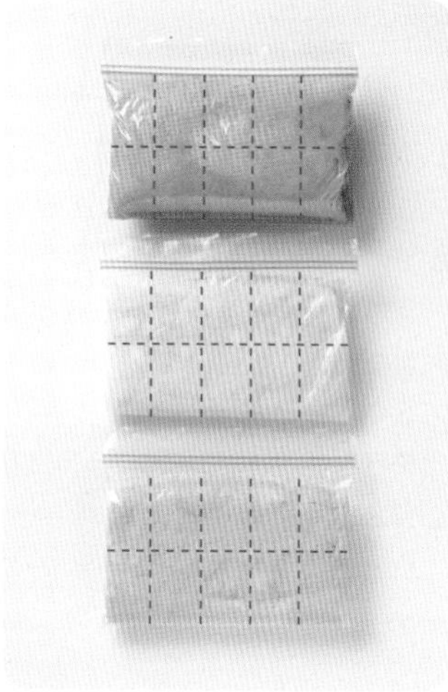

{ 과일 }

- 과일은 반드시 신선할 때 냉동해야 해동 후에도 맛있어요. 얼린 과일은 해동하면 물기가 많아지기 때문에 스무디나 주스 만들 때 사용하는 것이 좋아요. 사과, 배 등 갈변되기 쉬운 과일은 냉동하지 마세요.

과일별 냉동법

1 **바나나** _ 껍질을 벗기고 양 끝을 제거한 후 랩으로 하나씩 감싸 지퍼백에 담아 냉동하세요. 1회 먹일 분량씩 썰어서 얼려도 좋아요.

2 **멜론 · 살구 · 복숭아** _ 껍질과 씨를 제거하고 먹기 좋은 크기로 썰어 지퍼백에 넣고 평평하게 펼쳐서 얼리거나, 금속 트레이에 올려 뚜껑이나 랩을 덮어 얼린 후 지퍼백에 옮겨 담아 보관하세요.

3 **딸기 · 키위** _ 딸기는 씻어서 꼭지를 제거한 후 물기를 없애고 큰 것은 반으로 잘라요. 키위는 껍질을 제거하고 먹기 좋은 크기로 잘라요. 모두 금속 트레이에 올려 얼린 후 지퍼백에 옮겨 담아 냉동하세요.

4 **귤** _ 껍질을 벗겨 알을 하나씩 분리하고 지퍼백에 담아 냉동하세요.

5 **포도** _ 알갱이를 떼어 깨끗이 씻고 물기를 없앤 후 지퍼백에 담아 냉동하세요.

6 **블루베리** _ 깨끗이 씻어 물기를 없앤 후 지퍼백에 담아 냉동하세요.

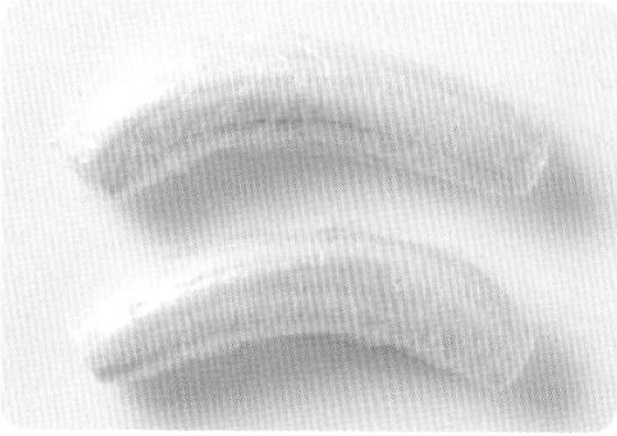

이유식용 육수 만들기

쇠고기 육수

쇠고기(양지 혹은 사태) 100g, 양파 1/4개(50g), 물 8컵(1.6ℓ)

1 쇠고기는 기름기를 제거한 후 찬물에 15분 정도 담가 핏물을 뺀다.
2 냄비에 모든 재료를 넣고 센 불에서 끓어오르면 약한 불로 줄여 고운 체 또는 숟가락으로 불순물을 걷어가며 1시간 정도 끓인다.
3 육수가 우러나면 쇠고기와 양파는 건져내고 국물은 한 김 식혀 냉장실에 넣어 기름을 응고시킨다.
4 응고된 기름을 고운 체나 숟가락으로 걷어내고 체에 한 번 더 내려 작은 병이나 통에 나눠 담는다. * 완성된 육수는 5~6컵이며 250~350㎖ 통에 나눠 담으면 편리해요.

닭고기 육수

닭다리 2개(약 200g), 양파 1/4개(50g), 물 8컵(1.6ℓ)

1 닭다리는 껍질과 기름기를 제거한 후 찬물에 10분 정도 담가 핏물을 뺀다.
2 냄비에 모든 재료를 넣고 센 불에서 끓어오르면 약한 불로 줄여 고운 체 또는 숟가락으로 불순물을 걷어가며 1시간 정도 끓인다.
3 육수가 우러나면 닭다리와 양파는 건져내고 국물을 한 김 식혀 냉장실에 넣어 기름을 응고시킨다.
4 응고된 기름을 고운 체나 숟가락으로 걷어내고 체에 한 번 더 내려 작은 병이나 통에 나눠 담는다. * 완성된 육수는 5~6컵이며 250~350㎖ 통에 나눠 담으면 편리해요.

마더스고양이의 이유식 Tip

중기 이유식용 육수를 만들 때 양파를 추가하면 감칠맛이 더 살아나요. 후기 이유식용 육수에는 대파를 추가해 끓여보세요.

중기부터는 육수를 사용해서 이유식을 만들어주세요. 육수를 내는 일이 번거롭긴 하지만 육수로 만든 이유식과 물로 만든 이유식은 영양은 물론 맛에 있어서도 차이가 많이 난답니다. 육수는 만든 날짜와 이름을 써서 1회 분량 만큼 나눠 담아 냉동 보관하세요. 보관 기간은 15일간 가능합니다.

다시마 물

다시마 10g(5×5cm), 물 5컵(1ℓ)

1 다시마를 흐르는 물에 깨끗이 씻고
냄비에 물과 함께 넣어 30분~1시간 정도 우려낸다.

2 ①의 냄비를 약한 불에서 끓인다.

3 물이 끓어오르면 다시마를 건져내고 고운 체 또는
숟가락으로 불순물을 깨끗이 제거한 후 중간 불에서
5분간 끓인다. 작은 병이나 통에 나눠 담는다.

＊완성된 다시마 물은 3~4컵이며 250~350㎖ 통에
나눠 담으면 편리해요.

＊쇠고기가 들어간 이유식에는 쇠고기 육수를,
닭고기가 들어간 이유식에는 닭고기 육수를 주로 사용하고
다시마 물은 육수를 대신해서 어떤 이유식에서든
모두 사용 가능합니다.

구기자 물

말린 구기자 5g(1큰술), 물 4컵(800㎖)

1 말린 구기자는 깨끗이 씻어 냄비에 넣는다.
물을 붓고 실온에서 20분간 우린 후 센 불에서 끓인다.

2 ①의 냄비가 끓어오르면 아주 약한 불로 줄여
30~40분간 끓인 후 체에 거른다.

＊완성된 구기자 물은 2와 1/2컵(500㎖)입니다.

＊만 7개월 이후부터 사용하세요.
모든 이유식에 사용 가능합니다.

이유식용 천연 조미료와 소스 만들기

다시마가루(중기 이후)

국, 볶음, 조림 등에 활용하세요.

만들기 젖은 행주로 다시마 표면의 이물질과 염분을 닦아낸 후 기름 없는 팬에 볶아 수분을 날린다. 손질한 다시마를 분쇄기에 곱게 간다.

표고버섯가루(중기 이후)

말린 표고버섯은 칼슘의 흡수를 돕는다는 비타민 D가 풍부하고 항암효과가 높습니다. 국, 볶음, 조림 등에 활용하세요.

만들기 표고버섯 밑동과 갓을 분리한 다음 채반에 넣고 펼쳐 햇볕에 말린다. 젖은 행주로 말린 표고버섯의 이물질과 먼지 등을 닦아낸 다음 마른 팬에 바짝 굽거나 오븐에 넣어 건조시킨다. 손질한 말린 표고버섯을 분쇄기에 넣고 곱게 간다.

＊천연 조미료는 냉동 보관하세요.

새우가루(후기 이후)

해물 요리, 국, 찌개, 나물 무침 등에 활용하세요.

만들기 말린 새우는 다리와 수염을 떼어낸 후 찬물에 헹구고 채반에 넣고 펼쳐 말리거나 마른 팬에 바싹 볶아 비린내를 없앤 다음 분쇄기에 곱게 간다.

멸치가루(완료기 이후)

칼슘이 풍부하게 들어 있어 성장기 아기들에게 좋지만 짠맛이 강하므로 이유식 완료기 후반 이후에 사용하세요. 국, 찌개, 볶음, 조림 등 다양하게 사용할 수 있으며 비린내 제거를 위해 바싹 말려서 갈아주세요.

만들기 멸치의 머리와 내장을 제거한 후 마른 팬에 바싹 볶거나 전자레인지에 돌려서 물기와 비린내를 제거한 다음 분쇄기에 곱게 간다.

천연 조미료를 만들어 활용하면 감칠맛이 도는 이유식을 만들 수 있어요. 국물이나 볶음 등에 활용하세요. 완료기 이후부터 유아식까지 토마토케첩, 마요네즈, 버터 등도 믿을 수 있는 재료로 첨가물 없이 직접 만들어 먹이면 좋습니다.

토마토케첩

토마토 1개, 아가베시럽 1큰술, 식초 약간, 소금 약간

1 토마토는 꼭지 반대쪽에 열십(+)자로 칼집낸 후 끓는 물에 30초간 데친다.
2 칼집을 넣은 부분의 껍질이 일어나면 건져내 껍질을 벗긴다.
3 껍질을 벗긴 토마토를 믹서에 넣어 간 후 체에 내린다.
4 냄비에 모든 재료를 넣고 수분이 날아갈 때까지 끓인다. * 반드시 냉장 보관하고, 보관 기간은 1주일입니다.

마요네즈

두유 1/2컵(100㎖), 포도씨유 1컵,(200㎖) 레몬즙 1큰술

1 믹서에 두유를 넣고 포도씨유를 조금씩 부어가며 간다.
2 되직해지면 레몬즙을 넣고 조금 더 간다. 되직해졌다고 해서 절대 뭉쳐지지 않는다. 레몬즙을 넣어야 마요네즈 같은 묽기가 나온다. * 반드시 냉장 보관하고, 보관 기간은 2주일입니다.

버터

생크림 1팩(500㎖)

1 생크림을 믹서에 넣고 지방과 물이 분리될 때까지 간다.
2 유지방을 체로 걷어낸 다음 면포에 담아 나머지 물을 꼭 짠다.
3 작은 덩어리로 나눠 담아 냉동실에 보관한다. * 냉동 보관시 장기간 보관 가능합니다. 휘핑크림과 생크림은 다릅니다. 첨가물이 들어 있지 않은 유지방 100%의 생크림으로 구입하세요. 완료기 이후 볶음밥 등을 만들 때 사용하세요.

외출할 때, 여행갈 때 이유식 준비하기

외출할 때 이유식 준비법

휴대용 보온밥통이나 보온병에 이유식을 담아가면 바로 먹일 수 있어 편리해요. 부피가 부담되면 작은 유리병에 담으면 좋아요. 이때 작은 보온·보냉 가방에 넣어가는 것이 좋습니다. 작은 유리병에 담았을 때는 식당 등에서 뜨거운 물에 담가 중탕하거나, 전자레인지에 데워 달라고 부탁하세요.
꼭 따뜻하게 데워 먹이지 않아도 되는 간식류의 이유식을 외출시 가지고 나가는 것도 편리합니다. 퓌레나 매시류, 핑거푸드 이유식, 푸딩, 요구르트 등을 챙겨 나가면 부담 없이 한 끼 이유식을 먹일 수 있어요. 삶은 고구마나 감자, 바나나 등을 가지고 나가는 것도 방법입니다. 변질의 위험이 있는 계절이나 날씨에 맞춰 보온이나 보냉 가방에 넣어서 다니세요.

5~6일 이내의 여행을 갈 때 이유식 준비법

여행가기 전날 혹은 당일, 여행 기간에 맞춰서 미리 이유식을 만드세요. 배달 이유식의 경우 미리 날짜에 맞춰서 주문하세요. 아이스박스나 보온·보냉 가방에 이유식과 아이스 팩을 넣고, 여행지에 도착하자마자 냉동실에 넣어서 보관한 후 때에 맞춰서 데워 먹이세요.
여행지에서 이동이 많을 때는 오전에 냉동실에서 꺼낸 이유식을 작은 보온·보냉 가방에 넣어두면 이동 중 해동되어서 식당 등에서 바로 데워 먹일 수 있습니다. 장시간 이동할 때에는 보온·보냉 가방 안에 작은 아이스 팩을 함께 넣으면 변질의 우려가 적습니다. 시판 레토르트 이유식 등을 준비해갈 경우 여행 전 아기에게 미리 먹여보고 알레르기 반응 등을 체크한 후 가져가세요. 해외 여행의 경우 사전에 기내 이유식을 신청할 수도 있어요. 액상 혹은 가루 분유, 아기용 주스, 이유식 등 다양해요. 항공사에 따라 다르니 여행 전 확인 후 미리 신청하세요.
또한 이유식이나 분유 등 아기용 음식은 기내 반입도 가능하니 아이스박스에 넣어 집에서부터 가져가도 됩니다.

아이스크림 등을 포장해주는 은박 보냉팩에 이유식을 담으면 부피가 줄어 가방에 쏙 들어가요.

바쁜 엄마나 워킹맘을 위한 이유식 준비하기

주말이나 공휴일을 이용해 일주일 분량의 이유식을 미리 만들어 둡니다. 보관 용기 겉면에 날짜와 이유식 이름을 적은 다음 바로 냉동실에 넣으세요. 채소와 고기를 한 끼 분량씩 손질해 얼려 둔 다음, 쌀 또는 밥과 함께 끓이는 것도 간단한 방법입니다.

초기 한두 숟가락 먹이는 것부터 시작하기 때문에 많이 만들어서 저장할 수 없어요. 2일치 정도 저장 용기에 담아 냉장 보관한 후 먹일 때는 끓인 물을 부어 농도를 조절해 먹이세요. 아기가 좀 더 먹기 시작하면 위의 방법으로 미리 며칠 분량을 만들어서 소분 후 냉동 보관하면 됩니다.

중기 주말에 A, B, C 세 종류의 이유식을 만들어 둡니다. 월요일에 A·B 이유식을, 화요일에 A·C 이유식, 수요일에 B·C 이유식. 이런 식으로 이유식을 먹이면 같은 이유식을 계속 먹이지 않아도 됩니다. 주말에 3종류의 이유식을 만들었다면 한 종류당 2일치 분량을 만들면 됩니다. 좀 더 다양하게 먹이고 싶다면 몇 가지 종류를 더 만들어도 됩니다. 알레르기 반응이 있는 아기라면 처음 먹이는 재료는 하루 두 끼 다 같은 재료로 만든 이유식을 먹이세요. 그래야 어느 재료에서 알레르기 반응을 일으켰는지 알 수 있습니다.

후기 후기 이후에는 좀 더 융통성을 발휘할 수 있습니다. 밥을 경사지게 지어 진 밥과 된 밥을 짓는 방법으로 어른밥 아기 이유식 준비를 같이 할 수도 있고(33쪽 참고), 어른 음식을 만들면서 아기 이유식 재료는 따로 덜어내어 이유식을 만들 수도 있습니다. 매일 혹은 매끼 다른 걸 먹이겠다고 생각하면 이유식을 만드는 일이 너무 힘들어집니다. 그렇다고 같은 재료로 너무 많이 만들지는 마세요. 고형식을 연습하는 기간이기도 하지만, 다양한 맛을 느끼고 배워가는 기간이기도 하기 때문입니다.

완료기 덮밥 소스, 국은 미리 끓여 냉동 보관하세요. 약밥을 만들어 소분 후 냉동하면 이유식이나 간식으로 활용할 수 있습니다. 볶음밥 재료를 미리 볶아 식힌 후 냉동해두고 밥에 넣어 볶아 먹여도 되고 볶음밥을 만들어 냉동해도 됩니다. 전류나 동그랑땡 등도 미리 만들어 냉동해 둔 후 익혀 먹거나 익혀서 냉동 보관해 두었다가 데워 먹여도 됩니다. 완료기 중반 이후에는 반찬들을 미리 만들어 냉장했다가 진 밥과 함께 먹이면 됩니다.

마더스고양이의 이유식 Tip

"배달 이유식을 먹일 때 이런 걸 신경쓰세요!"

매번 엄마가 다 만들어서 먹이려고 하지 말고 힘들거나 바쁠 때는 배달 이유식도 활용하세요. 엄마가 만든 이유식과 배달 이유식을 병행해도 됩니다. 엄마가 행복해야 아기도 행복합니다. 다만 배달 이유식을 이용하는 경우에는 쌀에 비해 고기와 채소의 비율이 부족할 수도 있으니 고기, 채소의 섭취에 조금 더 신경쓰세요.

소아청소년 전문의 서지영 선생님에게 묻는다!

엄마들이 가장 많이 묻는 이유식 질문들

Q — 이유식을 너무 안 먹으려고 하는데 늦게 시작해도 될까요?

입맛이 까다로운 아기(picky eater)들이 있습니다. 이런 경우 이유식 진행이 매우 어려울 수 있는데 조금씩이라도 계속 이유식을 먹이려 시도하는 것이 중요합니다. 평생 분유나 모유만 먹는 아기는 없으므로 언젠가는 먹습니다. 하지만 늦어도 만 6개월 부터는 이유식을 시작하도록 하세요.

Q — 이유식을 하고 변이 달라졌어요.

먹는 음식이 달라지면 변이 달라지는 것은 당연한 일입니다. 변비, 설사가 생기기도 하고 재료들이 소화가 되지 않고 변에 섞여 나오기도 하는데요, 아기의 소화능력이 개선되면서 좋아지게 되니 너무 걱정마세요. 황금색 변만 좋은 것은 아니고 녹색 변이라도 해도 괜찮습니다. 하지만 묽은 변을 자주 보거나 심한 변비를 보인다면 음식이 맞지 않아서 그럴 수도 있으니 이유식 종류를 바꿔 먹여보세요.

Q — 개월 수별로 먹여도 되는 식품과 먹이면 안 되는 식품이 나눠져 있는 것은 왜 그런가요?

막 태어난 아기는 소화 기능을 포함한 모든 신체 기능이 미숙하기 때문에 당연히 먹일 수 있는 것이 제한적입니다. 그러다가 아기가 성장함에 따라 소화 기능이 점차 성숙되고 이에 따라 먹일 수 있는 것들이 점점 늘어나게 됩니다. 이것을 기존에 여러 학자, 의사들이 연구를 통해 가이드라인을 정해 알려드리고 있습니다. 따라서 나라나 학회마다 채택한 가이드라인이 조금씩 다르기도 하지만 기본적인 원칙은 비슷하답니다.

Q — 알레르기나 아토피가 있을 때는 이유식을 어떻게 하나요?

아기마다 알레르기 반응을 보이는 음식이 다르므로 원칙은 한가지씩 추가하여 며칠간 반응을 보고 이상이 없으면 다른 음식을 추가하는 식으로 서서히 진행해야 합니다. 일반적으로 쌀미음은 안전하므로 쌀미음부터 시작하고 채소, 쇠고기, 사과, 배, 등 비교적 안전한 재료들을 한 가지씩 추가하여 서서히 반응을 봅니다. 최근에는 알레르기 유발 가능성이 높은 음식이라도 아기마다 반응이 다르므로 이유식에 조금씩 첨가하여 시도하는 것이 오히려 향후 알레르기 반응을 줄여주는 것으로 가이드라인이 바뀌고 있습니다. 걱정 된다면 피검사로 알레르기 유발 물질 60여 가지 확인이 가능합니다.

Q — 이유식은 먹고 모유(혹은 분유)는 안 먹어요.

두 돌 이전 아기는 이유식이나 밥만으로는 하루 필요한 영양분을 다 보충할 수 없습니다. 돌 전이라면 하루 600~800㎖ 정도로 모유나 분유를 섭취해야 하고, 돌 이후라도 하루 400~600㎖ 정도는 우유로 보충해야 합니다.

Q — 아기가 혀로 음식을 자꾸 밀어내요.

처음 이유식을 시작할 때는 아기가 낯선 음식에 대한 두려움 때문에, 또는 젖 빨던 버릇 때문에 혀를 내밀 수 있어요. 강요하지 말고 꾸준히 반복해서 이유식과 친해지게 해 주면 어느 순간 받아들일 수 있습니다. 만약 잘 먹던 아기가 혀를 내민다면 배가 부르거나, 맛이 없어서 그럴 수 있어요. 이때는 먹이는 간격을 조절해 보거나, 이유식의 종류를 바꾸어 보세요.

Q — 고기는 언제부터 먹여야 할까요?

철분 보충을 위해 고기 이유식은 보통 만 6개월 이후에 시작하는 것이 좋은데, 돌 전에는 10~20g, 돌 이후에는 30~40g, 2~3세부터는 40~50g 정도를 먹이면 됩니다. 물론 아기에 따라 조금 더 먹는 것도 괜찮습니다. 단, 아기가 이유식 먹는 양이 적은 편이라면 이유식내 고기의 비율을 늘려 부족하지 않도록 해주세요. 그리고 육수만 먹이지 말고 고기 자체를 먹이는 것이 중요해요. 이유식을 시작한 후 쌀미음을 잘 먹으면 기름기 없는 쇠고기를 조금씩 곱게 갈아 이유식에 섞어 먹일 수 있습니다. 7개월쯤 되면 약간의 덩어리가 있는 고기를 먹여도 됩니다.

Q — 아기가 빈혈이 있는데, 어떤 걸 먹여야 할까요?

쇠고기, 달걀노른자, 시금치, 우유, 건포도, 브로콜리 등에 철분이 많이 포함되어 있습니다. 하지만 빈혈 정도가 심하다면 아기가 먹는 양이 많지 않으므로 철분제를 같이 복용해야 합니다. 의사와 미리 상의하세요.

Q — 이유식을 먹지 않고 입 안에만 물고 있어요.

아기가 이유식을 먹다가 다른 장난감이나 놀이에 집중했을 때, 또는 이유식 알갱이가 너무 굵거나 질겨서 삼키지 못할 때, 너무 많은 양을 입에 넣어 주었을 때 그럴 수 있어요. 가급적 삼키도록 하되, 안 되면 그냥 뱉도록 하세요.

Q — 아기가 밥을 돌아다니면서 먹으려고 해요.

처음부터 습관이 잘 못 든 경우인데 고치기가 쉽지 않습니다. 될 수 있으면 식탁이나 밥상에 앉아서 먹도록 유도해 보세요. 잘 고쳐지지 않더라도 너무 스트레스 받을 필요는 없습니다. 결국 늦더라도 자리에 앉아서 밥을 먹는 법을 배우게 되니까요. 돌아다니면서 밥 먹는 어른 보셨나요?

Q — 과일은 언제, 어떤 과일로 시작하는 게 좋을까요?

이유식 초기에 가장 먼저 시도할 수 있는 과일은 사과, 배 입니다. 보통 사과나 배는 거의 알레르기를 일으키지 않으므로 안전한 편이지만, 조금씩 반응을 보면서 먹이는 것이 좋습니다. 너무 달거나 신맛이 강한 과일은 늦게 시작하는 것이 좋습니다. 사과, 배를 잘 먹으면 바나나, 수박도 가능합니다. 과일은 즙을 짜서 주는 것보다 긁거나 갈아서 식이섬유까지 같이 먹을 수 있도록 하는 것이 좋습니다. 다만 단맛에 익숙해진 아기들은 채소를 잘 안먹으려고 하기 때문에 채소나 고기를 잘 먹으면 그 이후에 과일을 먹이세요.

Q — 시판 주스는 언제부터 얼마나 먹여야 할까요?

과일을 먹이고 싶으면 주스보다는 과일 식이섬유 자체까지 먹을 수 있도록 주는 것이 좋습니다. 먹이는 양은 정해져 있지 않으나 주스를 좋아하기 시작하면 달지 않은 음식은 잘 먹지 않게 되므로 조금만 주는 것이 좋습니다. 주스는 합성색소나 첨가물이 없는 순수 과일즙으로만 만든 것이 좋습니다. 다양한 제품들이 있으나, 가급적 돌 무렵부터 줄 것을 권합니다.

Q — 우유는 언제부터 얼마나 먹여야 할까요?

우유는 돌이 지난 후에 시작하는 것이 좋습니다. 만 12개월이 지난 후부터 하루 400~600㎖ 정도 먹여도 되지만 너무 많이 마시면 다른 음식을 잘 먹지 않고, 오히려 빈혈을 유발하기도 하니 참고하세요.

Q — 우유 대신 두유를 먹여도 될까요?

분유에 알레르기를 보이는 아기들은 콩을 주원료로 하는 소이분유(Soy milk)를 먹이기도 하지만, 정상아의 경우 우유 대체로 두유를 추천하지는 않습니다. 특히나 요즘엔 두유에 유사 여성 호르몬이 함유되어 있어 매일 많은 양의 두유를 먹는 것은 성조숙증을 유발할 가능성도 있습니다. 가끔 조금씩 먹는 것은 괜찮습니다. 당류나 식품첨가물이 들어 있지 않은 두유를 고르도록 하세요.

Q — 사골국물을 줘도 될까요?

사골국물에는 인 성분이 많은 편이라 신장 기능이 미숙한 어린 아기에게는 좋지 않습니다. 보통은 만 36개월(세 돌) 이후에 먹이는 것이 좋습니다만, 돌 이후부터는 조금씩 먹여도 괜찮습니다.

Q — 치즈와 요구르트는 언제부터 먹이면 될까요?

짜지 않은 유아용 치즈와 달지 않은 플레인 요구르트는 만 8개월 이후 조금씩 먹일 수 있습니다. 알레르기가 있는 아기의 경우에는 돌 전에는 먹이지 마세요.

Q — 밥을 물에 말아줘도 되나요?

어쩌다 한번 기분 전환용으로는 괜찮은데 습관적으로 물에 말아먹게되면 소화액이 희석되어 좋지 않습니다. 또 밥이 불어서 양이 많아져서 결국 먹는 양이 줄어들게 됩니다. 덩어리 씹는 연습을 위해서라도 밥은 물에 말아 먹이지 마세요.

Q — 어른 밥을 먹여도 될까요?

아기에 따라 죽이나, 진 밥을 싫어하고 어른 밥을 선호하는 경우가 있는데 돌 전에 밥알 몇 개 정도를 씹는 연습 겸 주는 것은 괜찮습니다. 단, 잡곡밥은 소화가 되지 않으므로 피하시고 본격적으로 어른 밥을 먹는 것은 돌 이후가 좋습니다.

Q — 언제부터 간을 하면 될까요?

돌 이후부터 아주 약하게 간을 한 음식을 주셔도 되고 이후 점차 간의 농도를 늘려나가시면 됩니다. 단, 아기들은 신장 기능이 미숙하므로 짜게 먹이는 것은 좋지 않습니다.

Q — 아기에게 김치를 줘도 될까요?

돌 이후 간이 약한 백김치 정도는 먹이셔도 됩니다. 아니면 물에 씻어서 맵지 않은 김치는 괜찮습니다. 너무 많이 익힌 김치는 유산균 함량도 떨어지고 신맛이 강하므로 좋지 않습니다.

Q — 돌 전에 절대 먹이면 안 되는 음식은 무엇이 있을까요?

절대적으로 안되는 것은 사실 없는데 알레르기 유발 가능성이 높은 음식(달걀 흰자, 생 우유, 조개류, 견갑류, 꿀)은 피하시는 것이 좋습니다. 또한 맛이 너무 강한 음식(매운 음식, 짠 음식, 너무 달거나 신 음식)도 늦게 시작하시는 것이 좋습니다만 아기마다 개인차가 있습니다.

엄마들의 궁금증에 답변을 해주신 서지영 박사님은
서울대학교 의과대학를 졸업하고 현재 을지병원 모자보건센터에서 소아청소년과 전문의로 일하며 많은 엄마들을 만나고 있습니다. 두 아이의 엄마이며 이유식부터 유아식, 청소년식까지 아이들의 건강 먹거리에 관심을 갖고 꾸준히 연구하고 있습니다.

마더스고양이에게 묻는다!

엄마들이 가장 많이 묻는 시시콜콜 궁금증들

Q — 이유식은 모두 유기농으로 만들어야 하나요?

재료를 구입할 때 유기농보다 훨씬 더 중요한 건 재료의 신선도입니다. 친환경 제품을 구입하는 것은 아기의 건강만의 문제가 아니라 지구환경을 지키는 중요한 실천 중 하나라고 생각합니다. 그렇다고 제가 100% 친환경 재료만 쓰는 것은 아니랍니다. 함께 노력하는 것이지요.

Q — 쇠고기는 어떤 부위, 어떤 등급을 먹여야 할까요?

가장 부드럽고 기름기가 적은 부위인 안심을 먹이면 됩니다. 국내 쇠고기 등급은 1++, 1+, 2, 3등급으로 나누어져 있어요. 1++등급이 가장 맛있는 등급이긴 하나, 기름기가 많을 수 있어요. ABC로 나누어져 있는 것은 소 한 마리를 도축했을 때 얼마나 많은 양의 고기가 나오는지에 따라 매겨지는 등급이니 숫자로 표기된 것만 신경쓰면 됩니다. 쇠고기 이력제를 활용하면 믿을 수 있는 쇠고기를 구입할 수 있어요.

Q — 이유식을 너무 안 먹어서 걱정이에요.

아기들은 잘 먹다가 잘 안 먹다가 하기 때문에 안 먹는 시기에는 일단 지켜보라고 할 수 밖에 없어요. 하지만 몇 가지 체크는 해볼 수 있답니다. 이유식 시기가 너무 빠르지는 않았는지, 아기 컨디션이 나쁠 때 먹이지는 않았는지, 배가 부를 때 먹이지는 않았는지, 아기가 너무 배가 고플 때 먹이지 않았는지, 이유식 농도가 너무 되직하지는 않았는지, 이유식 덩어리가 너무 크지는 않았는지, 아기가 아프거나 목이 부어 있지는 않은지, 아기가 이가 나고 있지는 않은지, 아기가 새로운 것(배밀이, 잡고 서기 등의 행동발달)을 하고 있지는 않은지, 변비가 있는 것은 아닌지, 이유식 시간이 너무 지루하지는 않은지, 입 안에 가득 차게 이유식을 먹이는 것은 아닌지, 빈혈이 있는 것은 아닌지, 중기 이후라면 육수를 쓰지 않고 맹물이나 고기 데친 물로 이유식을 만들어 먹이지는 않았는지 등 여러 상황이 있어요. 아기가 잘 먹다가 안 먹으면 이유식 덩어리를 작게 해주세요. 전 단계 이유식 농도와 크기로 돌아가 다시 시작하는 마음으로 만들어주면 됩니다. 또한, 가끔 이유식을 너무 많이 먹어서 걱정이라는 엄마들이 있는데, 잘 먹는 시기에는 무조건 많이 먹이세요.

Q — 이유식을 먹다가 자꾸 딴 짓을 해요.

아기들은 집중력이 아주 짧아요. 이유식을 먹는 동안 처음부터 끝까지 이유식에 집중하면 좋겠지만, 집중해서 먹는 날도 있고 집중하지 못하는 날도 있답니다. 이유식을 먹는 동안 즐겁게 말도 걸어주고 다양한 표정을 연출하면서 집중을 시키는 것도 한 방법입니다. 손에 숟가락을 쥐어줘서 아기도 같이 떠 먹을 수 있도록 해주세요. 식탁과 바닥은 엉망이 되겠지만 그것도 자라는 과정 중 하나입니다. 책을 보면서 이유식을 먹이세요. 손으로 누르거나 가지고 놀 수 있는 장난감을 주는 것도 좋아요. 소리가 나는 장난감이면 효과는 더 좋습니다. 이 방법을 매 번 쓸 수는 없어요. 그냥 먹이기도 하고 여러 가지 방법을 동원하기도 하는 거예요. 이유식의 길은 멀고도 험하고 많은 인내를 필요로 합니다.

Q — 아기들 물은 무엇으로 먹여야 할까요?

생수 같은 맹물이나 끓인 물을 먹여도 되고, 유기농 보리차나 유기농 루이보스티를 먹여도 됩니다. 차가운 물보다 약간 미지근한 물을 주는 게 좋아요. 주스를 먹일 때는 집에서 과일즙을 직접 내서 그냥 주거나 희석해서 주는 게 가장 좋습니다. 시판 주스를 먹일 때에는 첨가물이 들어 있는지, 설탕이나 감미료가 들어 있는지 확인하고 먹이세요.

Q — 이유식을 먹고 구강관리는 어떻게 해야 할까요?

젖만 먹는 아기들도 자기 전 목욕할 때 가제수건 등으로 입 안을 닦아줘야 합니다. 입 안을 닦아주는 가제수건 만큼은 유기농 제품을 사용해주세요. 왜냐하면 형광표백 물질이 가제수건, 천기저귀에도 다량 검출되는데, 아무리 삶아도 없어지지 않기 때문입니다. 이가 1~2개 정도 나면 손가락 칫솔을 사용하세요. 이가 날 때 잇몸이 근질근질한데, 이때 마사지를 해주는 것도 좋습니다. 본격적으로 이가 나기 시작하면 아기용 치실(일회용)을 사용하세요. 이 사이에 음식물이 끼면 이가 썩는답니다. 그리고 구강 티슈를 사용해주세요. 일회용 포장이라서 위생적이고, 특히 외출할 때 아주 편해요. 단, 제품을 고를 때는 성분 표시를 확인하고 엄마가 먼저 써보고 아기에게 사용하세요. 유통기한을 확인해 제조일이 빠른 것을 구입하세요. 치약은 아기가 잘 뱉지 못하고 먹기 때문에 불소와 계면활성제 성분이 들어 있지 않고, 단맛이 나지 않는 유기농 제품으로 구입하는 게 좋습니다. 치약은 보통 후기 이유식 들어갈 무렵인 9개월 이후부터 사용합니다.

Q — 초유나 비타민, 홍삼, 한약 등은 언제 먹여야 할까요?

밥 잘 먹는 아기라면 세 돌까지 먹지 않아도 된다고 하지만 엄마 마음은 또 그렇지 않지요. 영양제를 먹이면 이유식이나 밥을 잘 먹고 아프지도 않고 잘 큰다고 해서 저도 아기 때부터 먹였어요. 아기들이 먹는 영양제는 초유, 산양유, 유산균, 비타민제, 프로폴리스, 홍삼 등이 있습니다. '초유와 산양유'는 신생아 때부터 먹을 수 있는데, 가루로 된 것은 분유에 타서 먹이거나 이유식을 만들 때 넣기도 해요. 씹어 먹는 츄어블 형태로 된 초유는 10개월 무렵, 이가 났을 때 먹일 수 있어요. '유산균'은 꼭 먹이지 않아도 되지만 변비가 있거나 밥을 잘 안 먹는 아기에게 먹이면 좋아요. 액상형이나 가루로 된 것은 분유에 타서 먹이거나 숟가락에 담아 먹일 수 있어요. 츄어블 형태는 역시 10개월 무렵, 이가 났을 때 먹일 수 있어요. '비타민제'도 츄어블 형태는 이가 나면서부터 먹일 수 있지만, 보통 첫돌 지나서 먹이기 시작합니다. 비타민제에 합성감미료나 첨가물이 들어 있지는 않은지 확인하고 먹이세요. 꿀에서 추출한 '프로폴리스'는 면역력 강화는 물론 감기 걸렸을 때 먹이면 좋지만 꿀 성분 때문에 돌 지나서 먹여야 합니다. 액상형과 츄어블 형태가 있는데, 어른용은 너무 써서 먹을 수 없으니 아기용으로 구입하세요. 너무 많이 먹이면 내성이 생기므로 과용하면 안 됩니다. '홍삼'은 빠르면 두 돌 이후 먹이기 시작해요. 15~20㎖ 정도 들어 있는 한 포는 아기들이 다 먹기에 양이 너무 많으므로 하루에 1/2포만 먹이기도 합니다. 홍삼도 첨가물이 들어 있는 것이 많으니 성분을 확인하고 제품마다 맛이 다르므로 아기가 잘 먹는 것으로 먹이세요. 한약은 돌 지나서 먹이는데, 아기들은 일반 한약이 아니라 한약 향이 살짝 나는 정제수를 먹입니다. 한의원마다 의견이 분분하니 판단은 엄마가 하세요.

Q — 빨대컵, 스파우트컵이란 뭔가요? 아기에게 어떤 걸 어떻게 줘야 하나요?

중기 이유식 들어가면서 혹은 초기 이유식 후반부터 빨대컵 연습을 시작합니다. 빨대컵은 말 그대로 빨대가 달린 컵이고, 스파우트컵은 입구가 튀어나와있고 부드러운 재질로 되어있어서 젖병처럼 빨아먹는 형태입니다. 순서는 스파우트컵 → 빨대컵 → 일반 컵이라고 하지만 사실 순서는 중요하지 않습니다. 저희 아기는 일반 컵 → 빨대컵 → 스파우트컵 순으로 접했는데, 스파우트컵은 싫어하더라고요. 하지만 어떤 아기는 스파우트컵을 선호하기도 합니다. 빨대컵 연습은 엄마가 시범을 보여주거나 물이 나온다는 것을 알려주면 본능적으로 빨 수 있는데, 컵의 종류에 따라 빨대의 굵기나 형태 등이 다 다르므로 사용 후기를 찾아보고 아기에게 적당한 것으로 구입하세요. 보통 1개로 끝까지 가지는 못하고, 최소한 2개는 사게 됩니다. 플라스틱 빨대컵에는 뜨거운 물은 담지 마시고 재질은 PP재질이나 스테인리스를 구입하세요.

Q — 간식으로 빵, 카스텔라 같은 것을 먹여도 될까요?

아기 개월 수가 어떻게 되느냐에 따라 다르지만 안 먹이는 게 가장 좋아요. 시판되는 빵에는 유화제나 방부제 등의 식품첨가물뿐만 아니라 돌전에 먹으면 알레르기를 일으킬 수 있는 달걀흰자도 들어 있어요. 설탕과 버터, 쇼트닝도 다량 들어 있습니다. 만일 먹이신다면 우리밀로 된 빵이나 유기농 혹은 쌀로 만든 제품을 구입하세요. 되도록이면 달지 않은 제품으로 먹이세요. 가장 좋은 방법은 믿을 수 있는 재료로 집에서 직접 만들어주는 거랍니다.

Q — 채소 다지기는 어떤 것을 써야 할까요?

전기를 사용하는 믹서 형태와 전기 없이 수동으로 사용하는 것이 있는데, 믹서 형태로 채소를 다지면 비타민이 파괴된다고 합니다. 수동으로 사용하는 것은 채칼, 원형으로 된 몸통 위쪽에 손잡이가 달려있어 위에서 아래로 내려치는 방식, 손잡이를 돌려서 다지는 방식, 손잡이를 잡아당기면 원심력에 의해 칼날이 돌아가면서 채소를 다지는 방식, 전동으로 다지는 방식 등이 있습니다. 채칼은 음식이 칼날에 묻지 않아서 편리하지만 익숙해질 때까지는 손을 다치기도 합니다. 내려치는 방식은 채소 다지기 용도가 아니라 원래 샐러드 잎을 다지는 용도라고 하는데, 손목이 아프고 세척을 깔끔하게 하기 힘들어요. 손잡이를 돌리는 방식은 시끄럽지 않고 재료의 크기도 균일하게 갈리지요. 마늘 다짐 캡을 넣으면 좀 더 작게 갈 수 있어요. 하지만 적은 양을 갈 때는 옆에 붙어 버리는 게 더 많아 후기 · 완료기 이후에 많은 양을 만들 때 쓰면 좋아요. 단점은 다양한 사이즈 조절이 안 돼서 시기별로 굵기를 정확하게 하기 힘들다는 점입니다. 손잡이가 달린 끈을 잡아당기면 채소가 갈리는 방식은 소음이 있어요. 끈을 몇 번 잡아당기느냐에 따라 아주 작게도 갈리는데, 모양이 일정하지 않아 음식을 했을 때 예쁘지는 않아요. 좀 크게 다지고 싶을 때는 끈을 몇 번 당기지 않기 때문에 골고루 갈리지 않고 어느 쪽은 크게 어느 쪽은 작게 갈리는 경우도 있어요. 초기나 중기 이유식처럼 아주 작게 갈 때 좋아요. 하지만 뚜껑을 씻을 수 없고, A/S가 안 되는 단점이 있어요.

Q — 완료기 이후 간은 무엇으로 하는 게 좋을까요?

저도 돌 이후부터 조금씩 간을 하기 시작했어요. 소금은 절대 맛소금이나 정제 소금 같은 것은 사용하지 말고 좋은 소금을 쓰세요. 가격이 조금 비싸지만 한 번 사면 오래 먹으니까요. 간장은 첨가물이 들어 있지 않고 화학간장인 산분해 간장이 섞이지 않은 100% 양조간장을 사용하세요. 단맛은 설탕이나 꿀 대신 올리고당, 아가베시럽을 권해요. 맛과 향이 거의 없어 음식 본연의 맛을 해치지 않지요. 열량이 낮고 혈당상승지수가 아주 낮아 아기에게 먹이기 적합해요. 소량의 비정제 설탕도 괜찮습니다.

초기 이유식

만 4~6개월

이유식 1일 횟수 __ 1회(후반에 간식 1회)

이유식 한 회 분량 __ 30~80㎖

간식 한 회 분량 __ 약 40㎖

1일 수유량 __ 800~1000㎖

초기 이유식 시작하기 전에 알아야 할 것

04 … 06 month

만 4~6개월 사이에
시작하세요.

알레르기나 아토피가 있는
아기의 경우도
만 6개월부터는
이유식을 시작해야합니다.

이유식으로 배를 채우려고
하지 마세요.

모유나 분유로 배를
채우는 것이고,
이유식은 밥을 먹기 위한
연습입니다.

이유식은
한두 숟가락부터 시작해
서서히
양을 늘려갑니다.

아기가 컨디션이 좋을 때
이유식을 먹이세요.

수유 시간 20~30분 전에
이유식을 먹이고
바로 수유를 하세요.

2~3일 간격을 두고
새로운 재료를 하나씩 먹이세요.

알레르기를 일으킬 경우,
무슨 음식에
민감한 반응을 보이는지
알기 위함입니다.

만 6개월에 이유식을 시작한다면

쌀미음
↓
채소 미음(1~2가지)
↓
고기미음
↓
고기 & 채소 미음
↓
고기 & 과일 미음 순서로
이유식을 진행하면 됩니다.

가루로 된 이유식을 물에 개어서
먹이지 마세요.

이유식은 먹인다는 것 자체가
목적이 아니라
덩어리진 음식을 먹이는 연습을
하는 것이 목적입니다.

일정한 시간에 일정한 장소에서
이유식을 먹이세요.

혼자 앉기 힘든 아기는
엄마 무릎이나
아기용 의자에 앉혀서
먹이면 됩니다.

초기 이유식 레시피를 활용할 때 알아야 할 것

1 재료를 삶는 동안 물의 양이 많이 줄어드니 물은 조금 더 넉넉히 잡으세요.

2 쌀의 수확 시기에 따라 미음을 만들 때의 물의 양이 달라집니다.
햅쌀에는 수분기가 조금 더 있으니 물의 양을 조금 줄이세요.

3 이유식 재료는 레시피 대로 체에 내리세요. 쌀은 초반에만 체에 내리고 진도가 어느 정도 나가면 믹서에 곱게 갈아서 만드세요. 초기 이유식 후반부터 중기 이유식을 준비해야 하므로 아기가 받아들이는 정도에 따라 쌀의 크기를 조금씩 크게 만드세요.

4 이유식에 사용하는 쌀은 20분 이상 물에 불리세요.

5 재료 분량 표시에서 괄호 안의 숟가락의 양은 재료를 다 손질한 후 체에 내리거나 잘게 다진 후의 양을 말합니다. 고기의 경우 고기 삶은 물을 부어가며 체에 내리는 과정이 있어 표시된 양과 다를 수 있어요.

6 이유식용 고기는 쇠고기 안심, 닭안심, 닭가슴살을 사용합니다.

아기의 상황에 맞춘 초기 이유식 재료 가이드

초기 이유식 재료는 알레르기를 일으킬 위험이 가장 적은 재료들로 모았습니다.
초기 이유식 재료 중 이상 반응(두드러기, 설사 등)을 보이지 않은 재료들을 앞으로도 계속 활용하세요.
완두콩은 알레르기나 아토피가 있는 아기의 경우에는 천천히 시도하세요.

상황별 추천 재료

- **알레르기 · 아토피** 쌀, 감자, 애호박
- **감기** 감자, 양배추, 브로콜리, 오이(열 감기), 단호박, 고구마, 사과, 배, 닭고기
- **변비** 양배추, 브로콜리, 고구마, 청경채
- **설사** 찹쌀, 감자, 완두콩, 단호박, 익힌 사과, 쇠고기, 차조
- **빈혈** 브로콜리, 콜리플라워, 완두콩
- **외출할 때** 초기 이유식 시기에 외출할 때는 작은 보온병이나 보온 통 혹은 유리병에 이유식을 담아가세요. 이유식 숟가락은 전용 케이스가 있으면 가지고 다니기 편리합니다. 유리병에 담아서 외출하는 경우 날씨에 따라서 보온·보냉 가방에 넣어 다니세요.
  더운 여름이라면 보냉 가방 속에 아이스팩을 하나 얼려서 넣어 두면 상할 염려가 없습니다.
  식당 등에서 전자레인지에 데워 달라고 하거나 뜨거운 물에 병째 넣어 중탕으로 데워 먹이세요.

초기 이유식 식단표

– 1회 / 1일 –

이유식 식단은 참고용입니다. 이유식 초기에는 아기의 재료에 대한 알레르기 반응도 체크해야 하고 먹는 양도 워낙 적으니 레시피대로 만들어 냉장, 또는 냉동 보관했다가 2~3일간 같은 이유식을 먹이도록 하세요.

이유식을 조금 일찍 시작하는 분유 수유 아기 식단(만 4개월부터)

<table>
<tr><th></th><th>Day 1</th><th>Day 2</th><th>Day 3</th><th>Day 4</th><th>Day 5</th><th>Day 6</th><th>Day 7</th></tr>
<tr><td>1주차</td><td colspan="3">쌀미음</td><td colspan="2">찹쌀미음</td><td colspan="2">감자미음</td></tr>
<tr><td>2주차</td><td colspan="2">고구마미음</td><td colspan="2">애호박미음</td><td colspan="3">양배추미음</td></tr>
<tr><td>3주차</td><td colspan="3">브로콜리미음</td><td colspan="2">콜리플라워미음</td><td colspan="2">완두콩미음</td></tr>
<tr><td>4주차</td><td>완두콩미음</td><td colspan="2">오이미음</td><td colspan="2">청경채미음</td><td colspan="2">감자 애호박미음</td></tr>
<tr><td>5주차</td><td colspan="2">감자 오이미음</td><td colspan="2">감자 브로콜리미음</td><td colspan="2">단호박 감자미음</td><td>고구마양배추수프</td></tr>
<tr><td>6주차</td><td>고구마 비타민미음</td><td>청경채 콜리플라워미음</td><td colspan="2">사과미음</td><td colspan="2">배미음</td><td>배 양배추미음</td></tr>
<tr><td>7주차</td><td colspan="3">쇠고기미음</td><td colspan="2">쇠고기 배미음</td><td colspan="2">쇠고기 오이미음</td></tr>
<tr><td>8주차</td><td colspan="3">닭고기미음</td><td colspan="2">쇠고기 단호박미음</td><td colspan="2">닭고기 양배추미음</td></tr>
</table>

이유식을 조금 늦게 시작하는 모유 수유 아기 식단(만 5개월반부터)

<table>
<tr><th></th><th>Day 1</th><th>Day 2</th><th>Day 3</th><th>Day 4</th><th>Day 5</th><th>Day 6</th><th>Day 7</th></tr>
<tr><td>1주차</td><td colspan="3">쌀미음</td><td colspan="2">찹쌀미음</td><td colspan="2">감자미음</td></tr>
<tr><td>2주차</td><td>감자미음</td><td colspan="3">애호박미음</td><td colspan="3">쇠고기미음</td></tr>
<tr><td>3주차</td><td>쇠고기 감자미음</td><td>쇠고기 애호박미음</td><td colspan="2">쇠고기 고구마미음</td><td colspan="2">쇠고기 양배추미음</td><td>쇠고기 브로콜리 미음</td></tr>
<tr><td>4주차</td><td>쇠고기 브로콜리 미음</td><td colspan="2">쇠고기 콜리플라워미음</td><td colspan="2">쇠고기 완두콩미음</td><td colspan="2">쇠고기 오이미음</td></tr>
<tr><td>5주차</td><td colspan="2">쇠고기 청경채미음</td><td colspan="2">쇠고기 비타민미음</td><td colspan="2">쇠고기 배미음</td><td>쇠고기 사과미음</td></tr>
<tr><td>6주차</td><td>쇠고기 사과미음</td><td colspan="2">쇠고기 단호박미음</td><td colspan="2">닭고기미음</td><td colspan="2">닭고기 양배추미음</td></tr>
</table>

●색 이유식은 책 속에 소개된 채소미음에 쇠고기를 더한 초기 이유식입니다.
분량 및 만드는 법은 초기 이유식 중 쇠고기와 채소가 들어간 이유식 레시피를 참고하세요.

쌀미음 · 찹쌀미음

이유식의 가장 처음은 쌀미음과 찹쌀미음으로 시작합니다.
이 두 재료는 알레르기를 일으킬 우려가 가장 적기 때문이에요.
저는 처음 이유식을 만들 때 긴장도 되고 떨리기도 하고,
제대로 만들고 있는지 걱정도 되더라고요. 그리고 아기가
얼마나 맛있게 잘 먹어줄지 기대도 되었고요. 엄마의 사랑과 정성만
가득하다면 이유식 만들기가 좀 서툴러도 괜찮습니다. 파이팅!

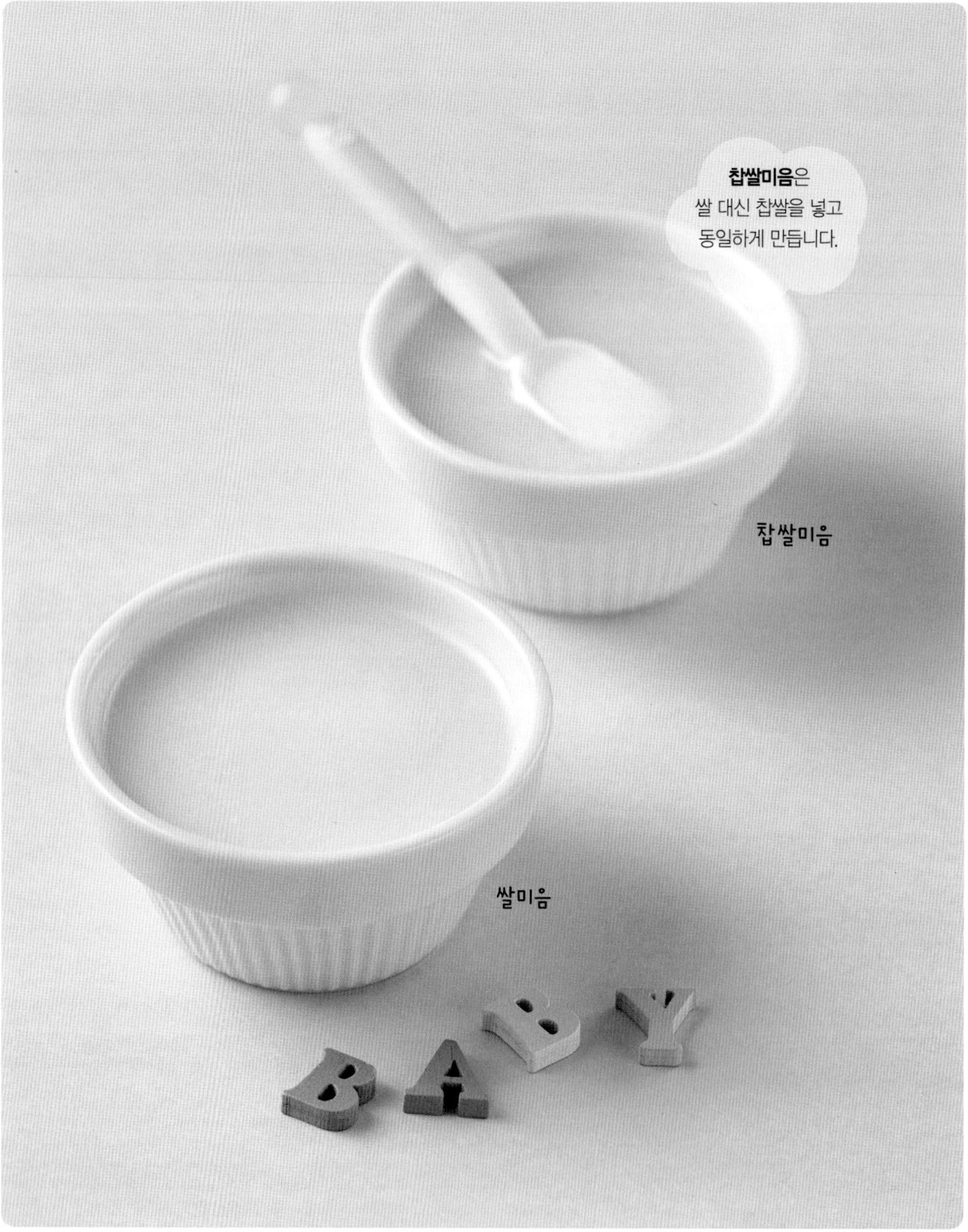
찹쌀미음은
쌀 대신 찹쌀을 넣고
동일하게 만듭니다.
찹쌀미음
쌀미음
BABY

15~25분

완성량 200㎖(약 3회분)

- 쌀 15g(1큰술, 또는 불린 쌀 19g, 쌀가루 19g)
  * 쌀은 미리 20분 이상 불린다.
- 물 1/4컵(50㎖) + 1과 1/4컵(250㎖)

1 믹서에 불린 쌀과 물 1/4컵을 넣고 알갱이가 거의 보이지 않을 때까지 1분간 곱게 간 후 냄비에 넣는다.

2 ①의 믹서에 물 1과 1/4컵을 붓고 휘휘 흔들어 냄비에 넣는다. 센 불에서 주걱으로 저어가며 끓인다.

3 미음이 끓어오르면 가장 약한 불로 줄여 쌀이 푹 퍼질 때까지 약 7분간 저어가며 끓인다. * 쌀가루로 끓인 경우 4~5분간 저어가며 끓인다.

4 고운 체에 한 번 거른다.
* 쌀을 곱게 갈거나 쌀가루를 사용한 경우 생략해도 된다. 하지만 아기가 먹기 힘들어하면 체에 내려 먹인다.

Tip

처음부터 끝까지 주걱으로 저어가면서 끓이세요.

초기 이유식은 양이 적으므로 처음부터 끝까지 주걱으로 저어가며 끓여야 뭉치거나 눌어붙지 않아요. 또한 쌀은 우윳빛 물이 될 때까지 믹서에 간 후, 추가로 들어가는 물을 믹서에 붓고 휘휘 흔들어 냄비에 넣으면 믹서에 남아있는 재료 없이 다 넣을 수 있어요.

쌀과 찹쌀은 각각 가루로 대신할 수 있어요.

쌀가루를 사용할 때는 찬물에 풀어서 끓여야 덩어리지지 않아요. 하지만 이유식은 고형식을 연습하는 과정이기 때문에 가루로 이유식을 만들어 먹이는 것은 좋은 방법이 아니므로 초기 초반에만 사용하세요. 마트에 판매되는 가루는 끓였을 때 쓴맛이 나기도 하니 방앗간이나 떡집에서 빻은 쌀가루를 체에 내려 사용하세요. 찹쌀은 너무 자주 먹이지 말고 가끔 한 번씩 만들어 주세요.

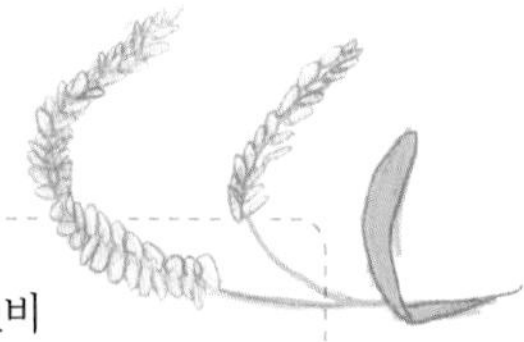

{ 쌀&찹쌀 }

찹쌀은 소화가 잘 되고 식이섬유가 풍부해 장 건강과 변비 개선에 도움을 줘요. 설사가 날 때 먹으면 증상을 완화시켜 주지요. 쌀이나 찹쌀을 고를 때는 도정일자가 최근인 것, 쌀알에 윤기가 흐르고 모양이 균일하며 반점이 없는 것이 좋아요. 냄새를 차단할 수 있는 밀폐 용기에 담아 직사광선과 습기를 피해 보관하세요.

감자미음 · 고구마미음

이유식을 시작하고 며칠 동안 아기를 살펴보면 넙죽넙죽 잘 받아먹는 아기가 있는 반면 다 흘리기만 하고 잘 먹지 않는 아기도 있어요. 먹일 때마다 반응이 다르기도 하고요. 이런 아기의 반응을 하나하나 민감하게 생각할 필요는 없습니다. '이유식은 마라톤'이라 생각하고 느긋하게 한 가지씩 해 나가세요. 아기가 쌀미음을 잘 먹고 별다른 문제가 없다면 쌀 이외의 재료를 첨가해 이유식을 만들어 보세요.

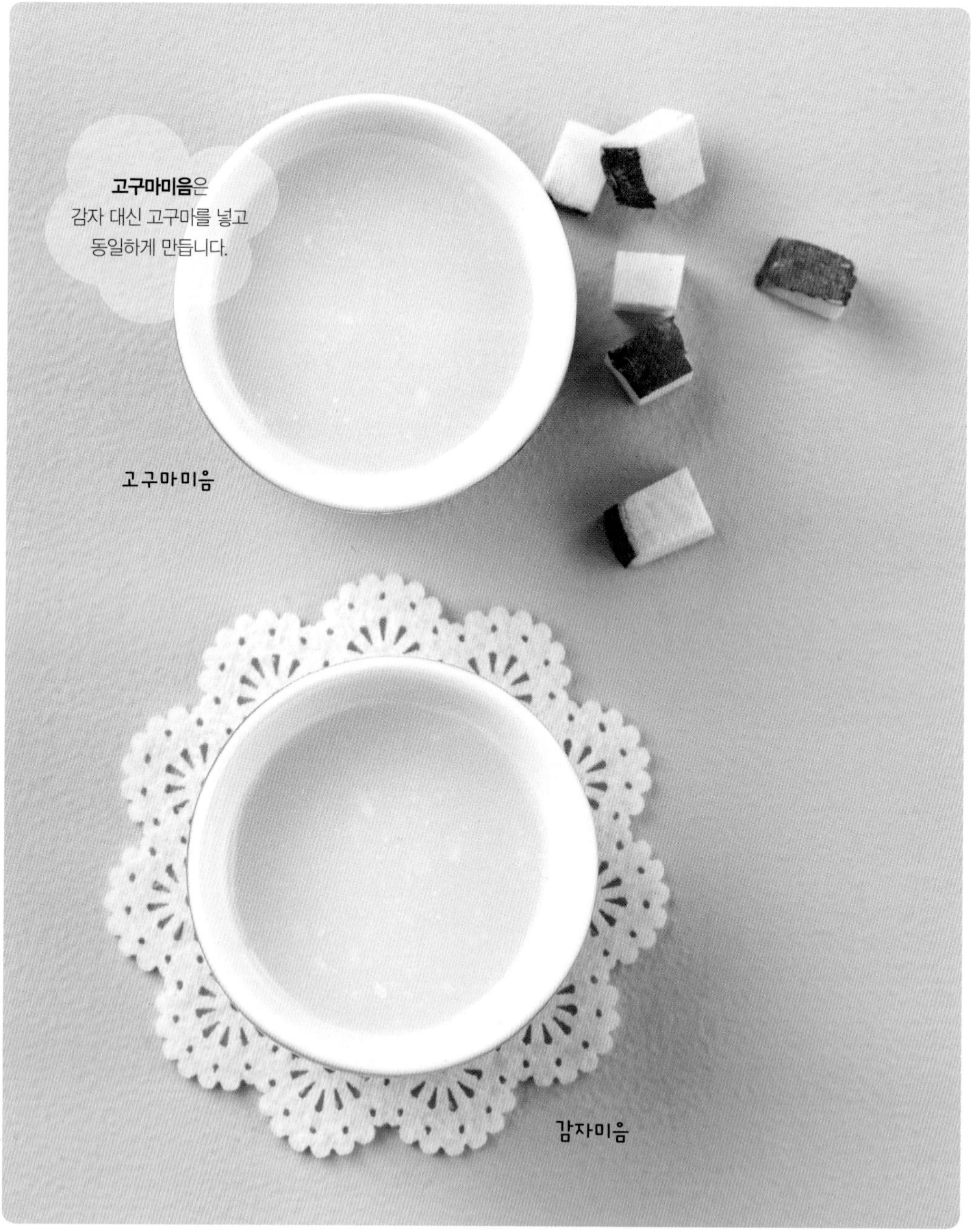
고구마미음은
감자 대신 고구마를 넣고
동일하게 만듭니다.
고구마미음
감자미음

25~35분

완성량 200㎖(3~4회분)

- 쌀 15g(1큰술, 또는 불린 쌀 19g, 쌀가루 19g)
  * 쌀은 미리 20분 이상 불린다.
- 감자 10g(사방 약 2cm, 또는 삶은 감자 체에 내린 것 2/3큰술)
- 물 1/4컵(50㎖) + 1과 1/4컵(250㎖)

1 감자는 껍질을 벗긴다. 냄비에 감자, 물(3컵)을 넣고 젓가락으로 찔러 부드럽게 들어갈 때까지 중간 불에서 7~10분간 익힌다.

2 삶은 감자는 체에 내린다.

3 믹서에 불린 쌀과 물 1/4컵을 넣고 알갱이가 거의 보이지 않을 때까지 1분간 곱게 간 후 냄비에 넣는다.

4 ③의 믹서에 물 1과 1/4컵을 붓고 휘휘 흔들어 냄비에 넣는다. 감자를 넣고 센 불에서 주걱으로 저어가며 끓인다.

5 미음이 끓어오르면 가장 약한 불로 줄여 쌀이 푹 퍼질 때까지 약 7분간 저어가며 끓인다.

Tip

감자를 작게 썰어 익히면 빨라요!
감자를 잘게 썰면 익히는 시간을 단축할 수 있어요. 또는 통째로 익히거나 찐 다음 이유식에 넣을 만큼만 덜어내고 나머지는 어른들이 먹어도 좋아요.

완성량이 다를 수 있어요.
이유식을 만들다 보면 불조절 때문에 완성량이 그때그때 다를 수 있어요. 완성량이 적으면 그만큼 되직한 상태일테니 끓인 물을 넣어 농도를 맞추세요. 그래서 이유식의 농도는 먹기 직전에 끓인 물을 부어 조절하는 것이 좋습니다.

{ 감자 }

알레르기 체질 개선에 효과적이고 아기가 감기에 걸렸을때나 설사를 할 때 먹이면 좋은 재료예요. 모양이 동그랗고 골이 없는 것, 비슷한 크기의 두 개를 들어봤을 때 약간 더 묵직한 것을 고르세요. 싹이 나거나 푸른 빛이 도는 감자는 독성이 있으니 아기의 이유식에는 사용하지 마세요. 냉장 보관하지 말고 박스에 넣어 빛이 차단되는 서늘한 곳에 사과와 함께 보관하면 싹이 나는 것을 막을 수 있어요.

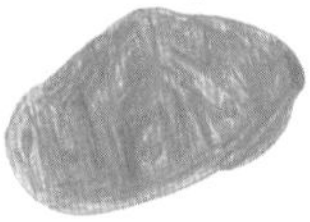

애호박미음

애호박미음을 처음 만들었을 때가 생각나네요. 애호박 속만 사용해야 하는데 어디까지 얼마나 벗겨야 하는지, 껍질을 벗기고 나서의 무게가 10g인지 껍질까지 포함한 무게가 10g인지 혼자서 한참 동안 고민했었거든요. 이 책은 애호박 껍질까지 포함해서 10g이에요. 껍질은 초록색 부분만 깎으세요.

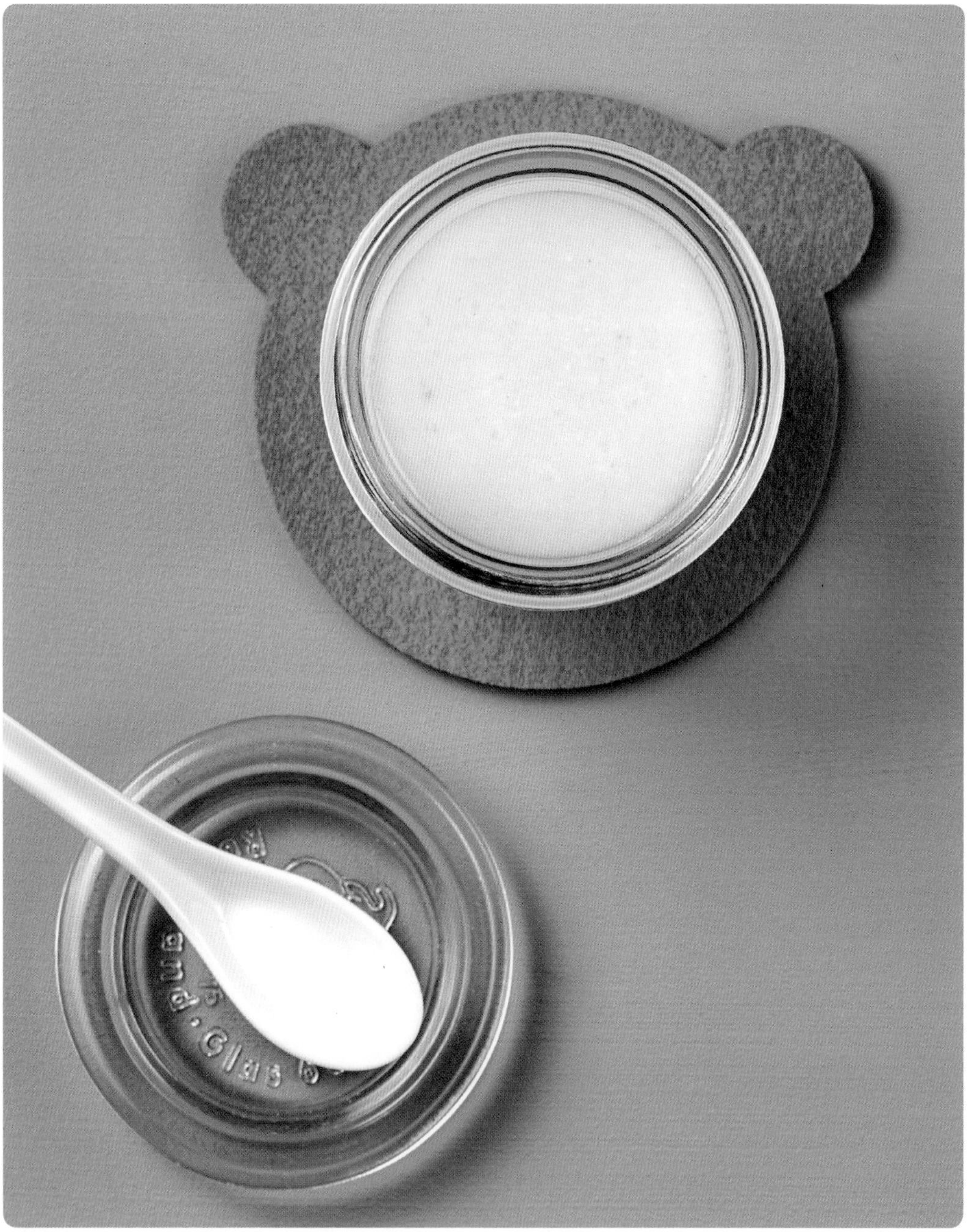

25~35분

완성량 200㎖(3~4회분)

- 쌀 15g(1큰술, 또는 불린 쌀 19g, 쌀가루 19g)
  ＊쌀은 미리 20분 이상 불린다.
- 애호박 10g(지름 약 5cm, 두께 약 0.5cm, 또는 삶은 애호박 체에 내린 것 1작은술)
- 물 1/4컵(50㎖) + 1과 1/2컵(250㎖)

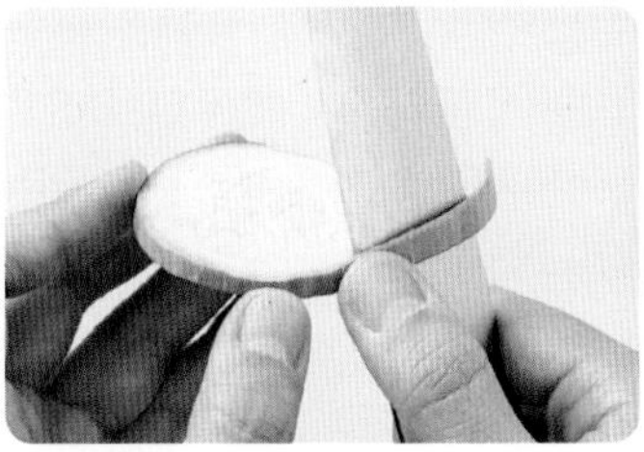

1 애호박은 껍질을 벗긴 후 열십(+)자로 4등분한다.

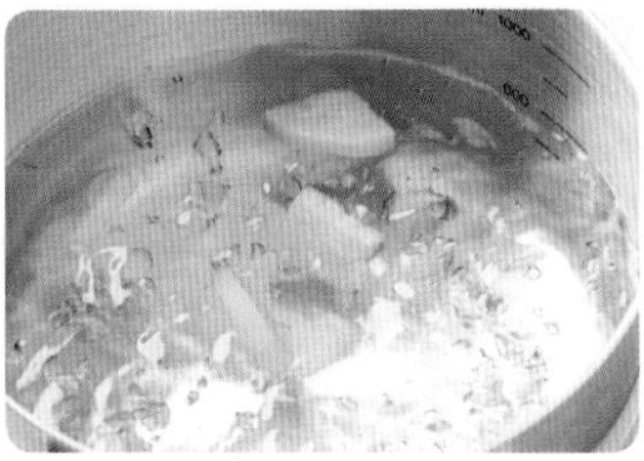

2 끓는 물(2컵)에 애호박을 넣고 애호박이 투명해질 때까지 중간 불에서 5분간 삶는다.

3 삶은 애호박을 체에 내린다.

4 믹서에 불린 쌀과 물 1/4컵을 넣고 알갱이가 거의 보이지 않을 때까지 1분간 곱게 간 후 냄비에 넣는다.

5 ④의 믹서에 물 1과 1/4컵을 붓고 휘휘 흔들어 냄비에 넣는다. 애호박을 넣고 센 불에서 주걱으로 저어가며 끓인다.

6 미음이 끓어오르면 가장 약한 불로 줄여 쌀이 푹 퍼질 때까지 약 7분간 저어가며 끓인다.

Tip

이유식 전용 체를 사용하세요.

이유식 만들 때 사용하는 체는 이유식 조리 도구 세트에 포함된 것을 사용해도 되지만, 따로 구입 한다면 이유식용으로 나온 낱개 제품을 구입하는 것이 좋아요. 시중에 파는 체를 구입한다면 구멍이 촘촘한 작은 체를 사용하면 재료가 잘 내려지지 않으니 너무 촘촘하지 않은 것을 고르세요.

{ 애호박 }

알레르기가 있거나 위장이 약한 아기에게 먹이기 좋은 재료랍니다. 또한 레시틴 성분이 풍부해 두뇌 발달에 도움을 주지요. 껍질 부분에는 식이섬유가 많고 단단하므로 이유식 초기에는 껍질을 제거하고 속살만 이용하세요. 고를 때는 크기가 너무 크지 않고 들었을 때 묵직하며 상처가 없고 꼭지가 싱싱하고 곧게 뻗은 것으로 고르세요.

초기

양배추미음

모유나 분유만 먹을 때와는 달리 이유식을 시작하면 변이 달라집니다. 변비가 생기거나, 변이 묽어지거나, 변의 색이 달라질 수도 있어요. 이는 이유식을 시작해서 달라지는 것이니 크게 걱정하지 않으셔도 됩니다. 그래도 걱정이 된다면 아기가 다니는 병원의 의사선생님께 응가 사진이나 응가 기저귀를 보여주면서 상담해 보세요.

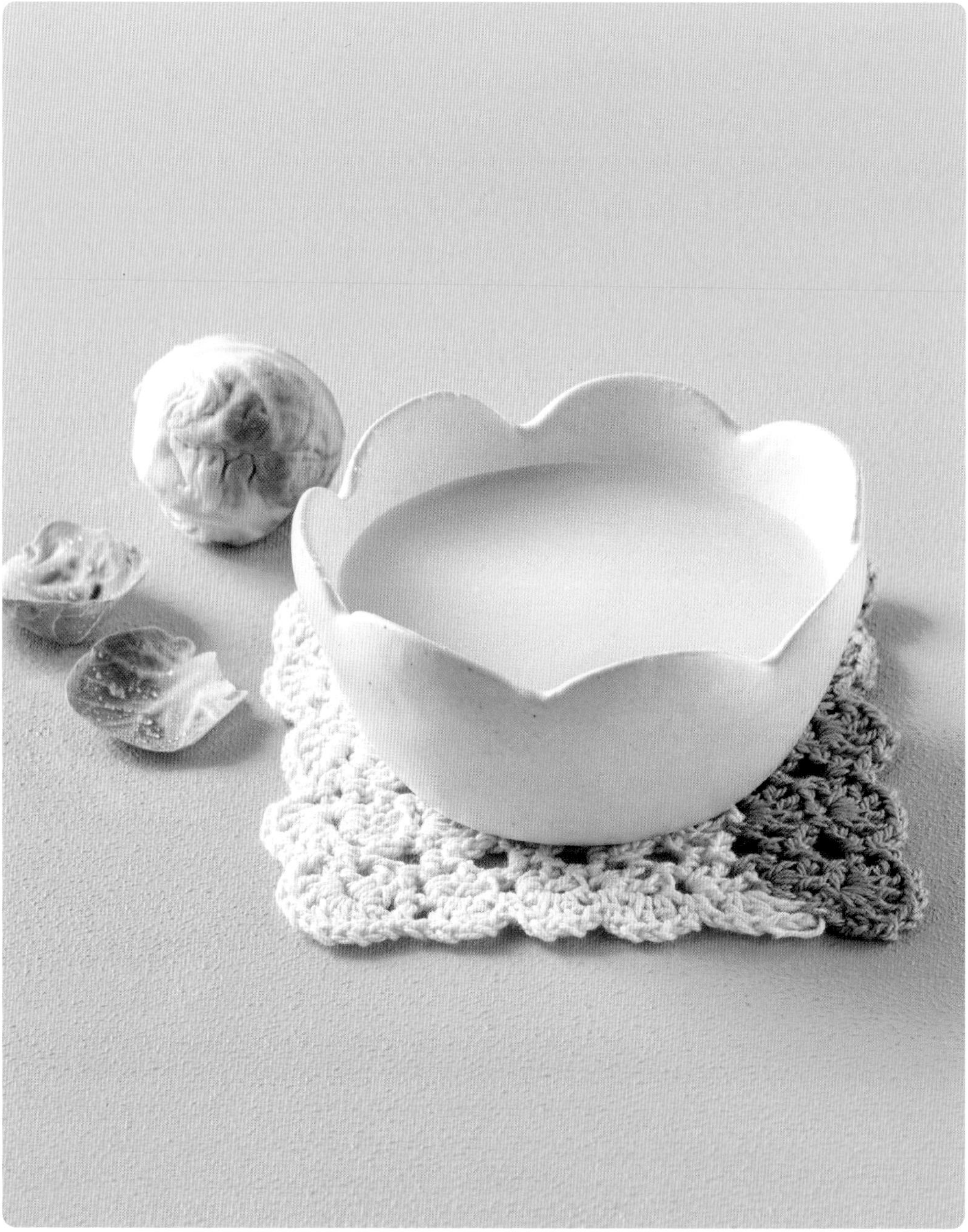

20~30분

완성량 200㎖(3~4회분)

- 쌀 15g(1큰술, 또는 불린 쌀 19g, 쌀가루 19g)
  ＊쌀은 미리 20분 이상 불린다.
- 양배추 10g(잎 부분, 약 5×6cm 2장)
- 물 1/4컵(50㎖) + 1/4컵(50㎖) + 1컵(200㎖)

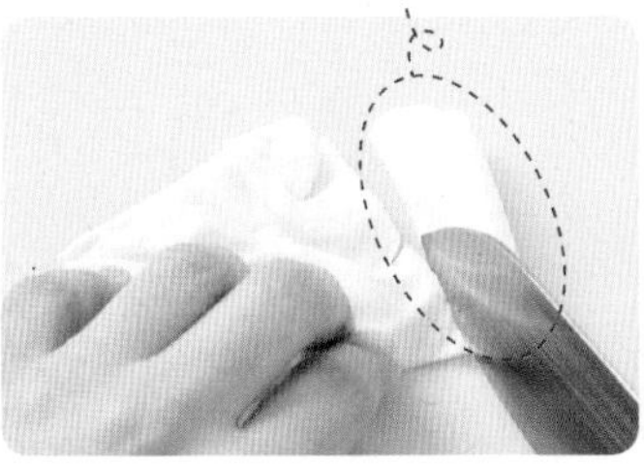

1 양배추는 두꺼운 심을 제거한 후 잎 부분만 가늘게 썬다.

2 끓는 물(2컵)에 양배추를 넣고 투명해질 때까지 중간 불에서 약 5분간 푹 삶는다.

3 믹서에 삶은 양배추와 물 1/4컵을 넣고 1분간 곱게 간 후 냄비에 넣는다.

4 믹서에 불린 쌀과 물 1/4컵을 넣고 알갱이가 거의 보이지 않을 때까지 1분간 곱게 간 후 ③의 냄비에 넣는다.

5 ④의 믹서에 물 1컵을 붓고 휘휘 흔들어 냄비에 넣는다. 센 불에서 저어가며 끓인다.

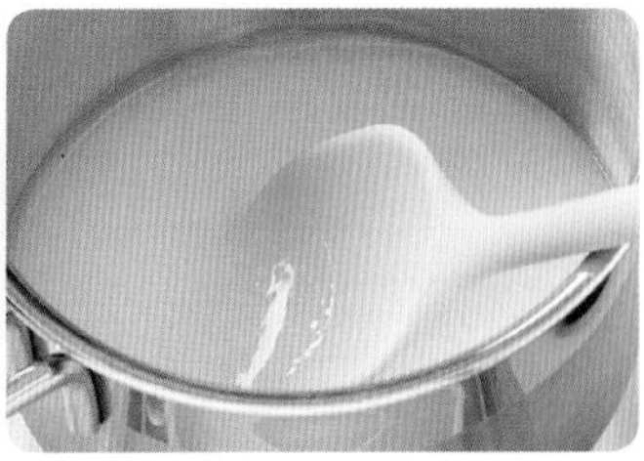

6 미음이 끓어오르면 가장 약한 불로 줄여 쌀이 푹 퍼질 때까지 약 7분간 저어가며 끓인다.

Tip

양배추는 가늘게 썰어 익혀요.
재료를 작게 썰면 익히는 시간이 단축됩니다. 양배추를 가늘게 채 썰어 익히면 삶는 시간도 짧아지고 젓가락으로 건져내기도 편해요. 믹서에 넣어 갈 때도 큰 덩어리보다 잘 갈린답니다.

{ 양배추 }

식이섬유가 많아서 변비에 좋은 이유식 재료예요. 하지만 식이섬유가 자칫 부담스러울 수도 있으니 주스를 만드는 것처럼 양배추를 곱게 갈아서 이유식을 만드세요. 질긴 심 부분은 제거하고 부드러운 잎 부분만 사용하며 반드시 끓는 물에 데쳐서 황 성분을 날려야 냄새가 나지 않아요. 양배추 삶은 물은 사용하지 않습니다. 모양이 둥글고 겉잎은 진한 녹색을 띠며, 들었을 때 묵직하고 속이 꽉 찬 것을 고르세요.

브로콜리미음 · 콜리플라워미음

이유식을 만들 때 맛과 향도 중요하지만 색감도 신경 써서 만들어 주세요. 어떤 아기들은 색에 민감해서 초록색, 빨간색, 노란색 등 색이 진한 음식이나 재료를 거부하기도 해요. 이유식을 먹일 때 음식의 색에 익숙해지도록 다양한 식재료로 만들어 먹이면 편식을 예방할 수 있으니 이유식의 색에도 신경쓰세요.

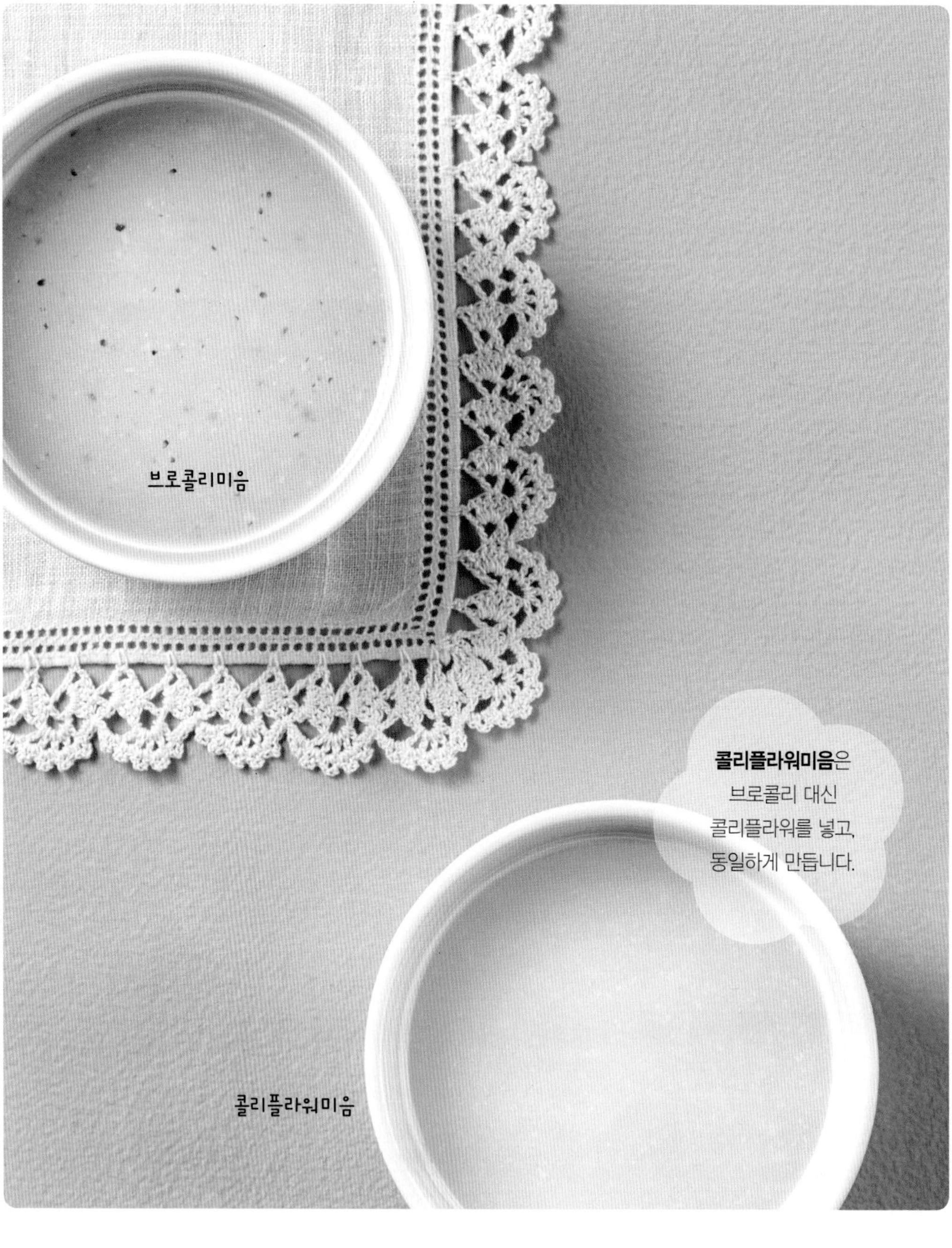
브로콜리미음
콜리플라워미음은
브로콜리 대신
콜리플라워를 넣고,
동일하게 만듭니다.
콜리플라워미음

20~30분

완성량 200㎖(3~4회분)

- 쌀 15g(1큰술, 또는 불린 쌀 19g, 쌀가루 19g)
  ※ 쌀은 미리 20분 이상 불린다.
- 브로콜리 5g(꽃 부분, 사방 약 2cm, 또는 삶은 브로콜리 체에 내린 것 1작은술)
- 물 1/4컵(50㎖) + 1과 1/4컵(250㎖)

1 브로콜리는 줄기 부분을 제거하고 꽃 부분만 흐르는 물에 깨끗이 씻는다.

2 끓는 물(2컵)에 브로콜리를 넣고 젓가락이 부드럽게 들어갈 때까지 중간 불에서 5분간 삶는다.

3 삶은 브로콜리는 체에 내린다.

4 믹서에 불린 쌀과 물 1/4컵을 넣고 알갱이가 거의 보이지 않을 때까지 1분간 곱게 간 후 냄비에 넣는다.

5 ④의 믹서에 물 1과 1/4컵을 붓고 휘휘 흔들어 냄비에 넣는다. 브로콜리를 넣고 센 불에서 주걱으로 저어가며 끓인다.

6 미음이 끓어오르면 가장 약한 불로 줄여 쌀이 푹 퍼질 때까지 약 7분간 저어가며 끓인다.

Tip

브로콜리와 콜리플라워의 줄기 부분은 사용하지 않아요.

부드러운 꽃 부분만 떼어내어 사용하고 삶을 때는 어른들이 먹는 것 보다 조금 더 무르게 삶아 주세요. 브로콜리를 처음 먹일 때는 체에 곱게 내려서 이유식을 만들어 주세요. 남은 브로콜리는 데친 후 초장을 찍어 먹는 게 가장 간단한 브로콜리 요리법이에요. 그냥 먹는 것이 부담스럽다면 잘게 다진 다음 달걀에 섞어서 달걀말이를 만들어 드시거나 다진 고기와 섞어 고기완자를 만드세요.

※ 콜리플라워 재료 소개 83쪽 참고

{ 브로콜리 }

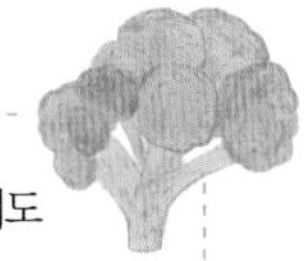

비타민이 풍부해 감기 예방에 좋고, 철분이 풍부해 빈혈 예방에도 좋은 재료랍니다. 또한 아기들의 뼈와 치아를 튼튼하게 하고 면역력을 키워 감기나 세균으로부터 보호해주지요. 색이 짙고 봉오리는 단단하며 꽃 부분이 둥글고 꽉 차있는 것을 고르고 황갈색으로 변한것은 싱싱하지 않으니 피하세요.

초기

완두콩미음

완두콩미음은 완두콩을 삶아 껍질을 하나하나 제거한 후 만드는 이유식이라 번거롭고 손이 많이 갑니다. 어쩌면 조금 귀찮을지도 몰라요. 하지만 달콤하고 고소해서 아기들이 잘 먹는 이유식이니 조금 귀찮더라도 꼭 한 번 만들어 보세요.

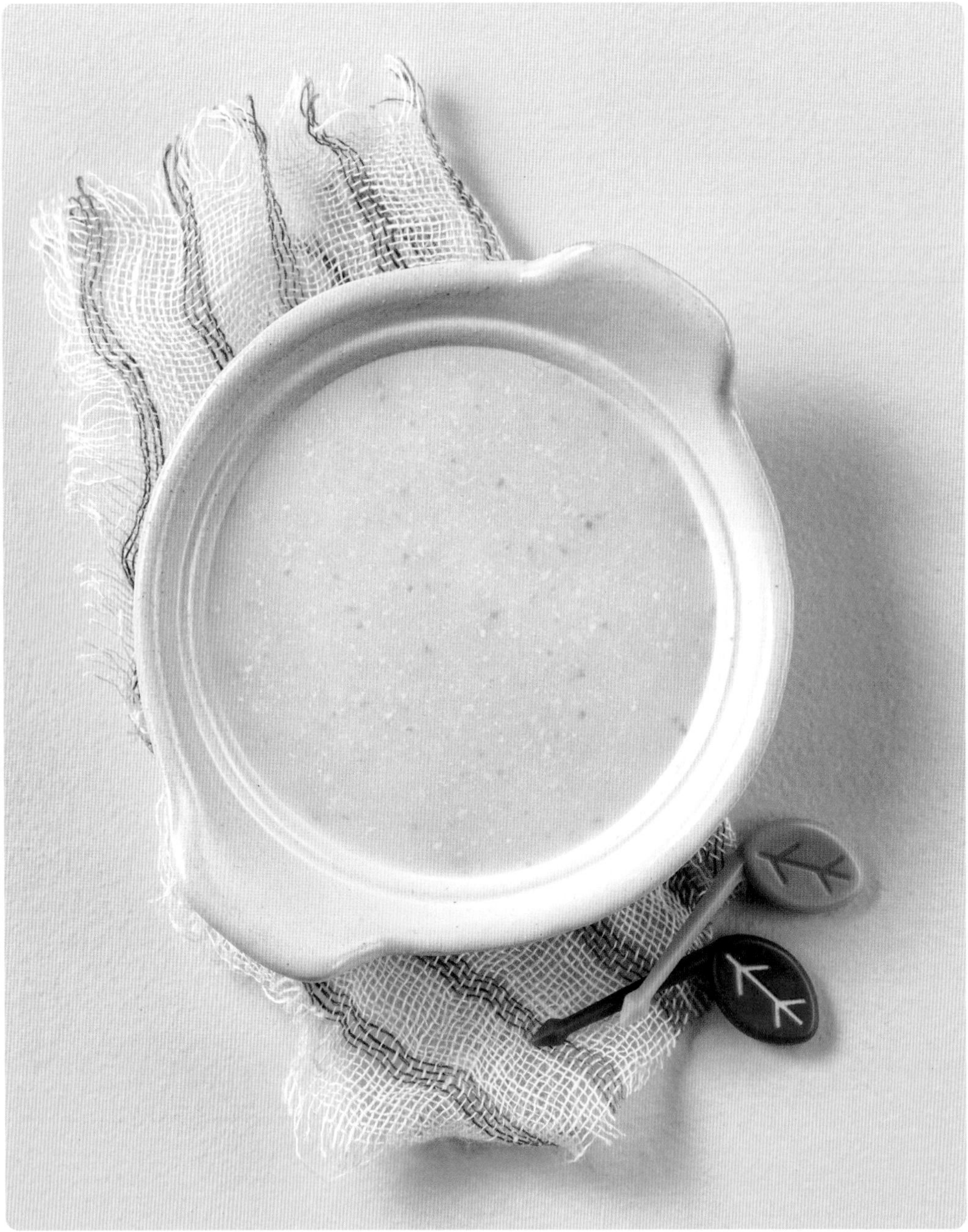

25~35분

완성량 200㎖(3~4회분)

- 쌀 15g(1큰술, 또는 불린 쌀 19g, 쌀가루 19g)
  ＊ 쌀은 미리 20분 이상 불린다.
- 냉동 완두콩 10g(1큰술, 또는 데친 후 껍질 깐 완두콩 체에 내린 것 1/2큰술)
- 물 1/4컵(50㎖) + 1과 1/4컵(250㎖)

1 완두콩은 체에 밭쳐 흐르는 물에 씻는다.

2 끓는 물(2컵)에 완두콩을 넣어 센 불에서 1분간 데친 후 체에 밭쳐 물기를 뺀다. 한 김 식힌 후 껍질을 벗긴다.

3 껍질을 벗긴 완두콩을 체에 내린다.

4 믹서에 불린 쌀과 물 1/4컵을 넣고 알갱이가 거의 보이지 않을 때까지 1분간 곱게 간 후 냄비에 넣는다.

5 ④의 믹서에 물 1과 1/4컵을 붓고 휘휘 흔들어 냄비에 넣는다. 완두콩을 넣고 센 불에서 주걱으로 저어가며 끓인다.

6 미음이 끓어오르면 가장 약한 불로 줄여 쌀이 푹 퍼질 때까지 약 7분간 저어가며 끓인다.

Tip

완두콩이 제철이 아닐 때는 유기농 냉동 완두콩을 구입해 사용하면 편해요.

완두콩은 제철이 아니면 구하기가 쉽지 않아요. 온·오프라인 유기농 숍에서 유기농 냉동 완두콩을 구입해 조리하면 편해요. 냉동 완두콩은 살짝 삶아 냉동한 것이므로 물에 불리지 않고 바로 삶아서 사용할 수 있어요. 껍질이 얇아 바로 체에 내려도 됩니다. 생 완두콩을 사용할 때는 끓는 물에 넣고 중간 불에서 손으로 부드럽게 으깨질 때까지 20~25분간 삶은 후 체에 내리세요.

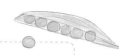

{ 완두콩 }

단백질, 철분, 칼슘 등이 들어있어 성장 발달에 도움이 되고 설사하는 아기에게 먹이기 좋은 재료예요. 하지만 태열이나 아토피가 있는 아기의 경우에는 천천히 시도하세요. 고를 때는 모양이 동그랗고 짙은 녹색을 띠며 주름이 없고 탄력이 있는 것, 꼬투리째 구입할 땐 팽팽하고 윤기가 있으며 구부렸을 때 툭 부러지는 것을 고르세요.

오이미음

오이로 이유식을 만들면 상큼한 오이 향이 온 주방에 가득 맴돌아요. 그래서인지 뜨거운 불 앞에 서서 이유식을 만들어도 기분은 즐거워진답니다. 오이의 상큼한 향과 맛은 아기의 식욕을 돋우고 소화가 잘 되게 합니다. 그리고 오이에는 찬 성질이 있어서 열이 날 때 먹이기 좋은 재료예요.

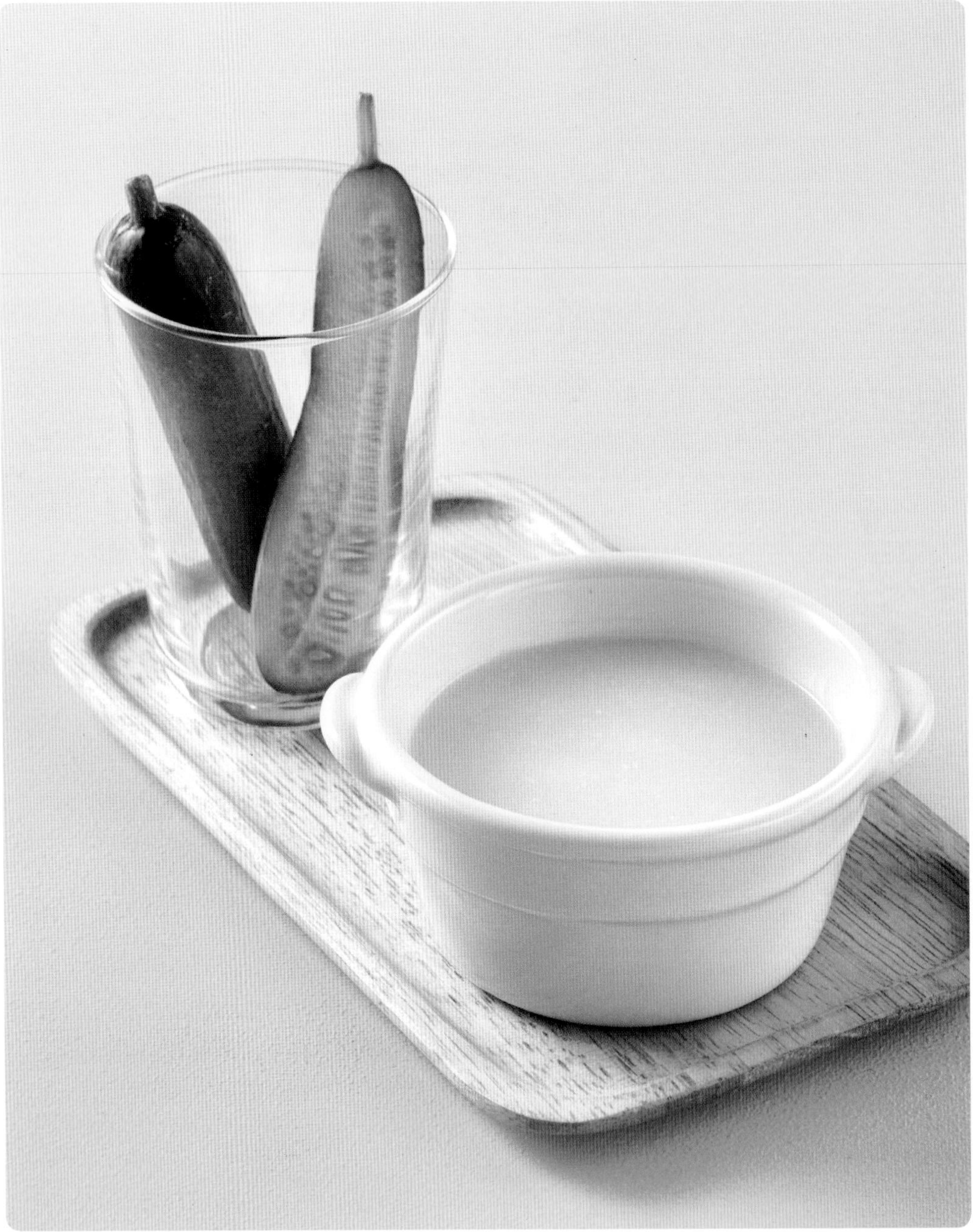

25~35분

완성량 200㎖(3~4회분)

- 쌀 15g(1큰술, 또는 불린 쌀 19g, 쌀가루 19g)
  - ＊ 쌀은 미리 20분 이상 불린다.
- 오이 10g(지름 약 3.5cm, 두께 약 1cm, 또는 오이 강판에 간 것 2/3큰술)
- 물 1/4컵(50㎖) + 1과 1/4컵(250㎖)

1 오이는 깨끗이 씻은 후 껍질을 벗겨 강판에 간다.

2 믹서에 불린 쌀과 물 1/4컵을 넣고 알갱이가 거의 보이지 않을 때까지 1분간 곱게 간 후 냄비에 넣는다.

3 ②의 믹서에 물 1과 1/4컵을 붓고 휘휘 흔들어 냄비에 넣는다. 오이를 넣고 센 불에서 주걱으로 저어가며 끓인다.

4 미음이 끓어오르면 가장 약한 불로 줄여 쌀이 푹 퍼질 때까지 약 7분간 저어가며 끓인다.

Tip

강판을 사용할 땐 분량보다 많이 썰어요.

오이를 강판에 갈 때는 분량보다 조금 더 길게 썰어 끝부분을 잡고 강판에 갈면 손을 다칠 위험이 줄어듭니다.

{ 오이 }

여름이 제철인 오이는 비타민 C가 풍부해 감기 예방에 특히 좋고, 위장도 튼튼하게 해줘요. 만져봤을 때 돌기가 살아있고 단단한 것이 좋아요. 방금 수확한 오이는 맨손으로 만지기 아플 만큼 가시같은 돌기가 살아있고 시간이 지날수록 표면이 매끈해져요. 또한 꼭지가 마르지 않고 꽃이 붙어있는 것으로 고르세요.

청경채미음

청경채는 면역력을 향상시켜주고 치아와 골격 발달에 도움을 주며, 변비에도 좋은 식재료예요. 청경채는 부드러운 잎 부분만을 사용합니다. 하지만 아기가 자라서 편식하지 않고 잎채소도 잘 먹게 하려면 이유식 시기에 맞춰 다양한 재료를 맛보게 해주는 것이 중요하답니다.

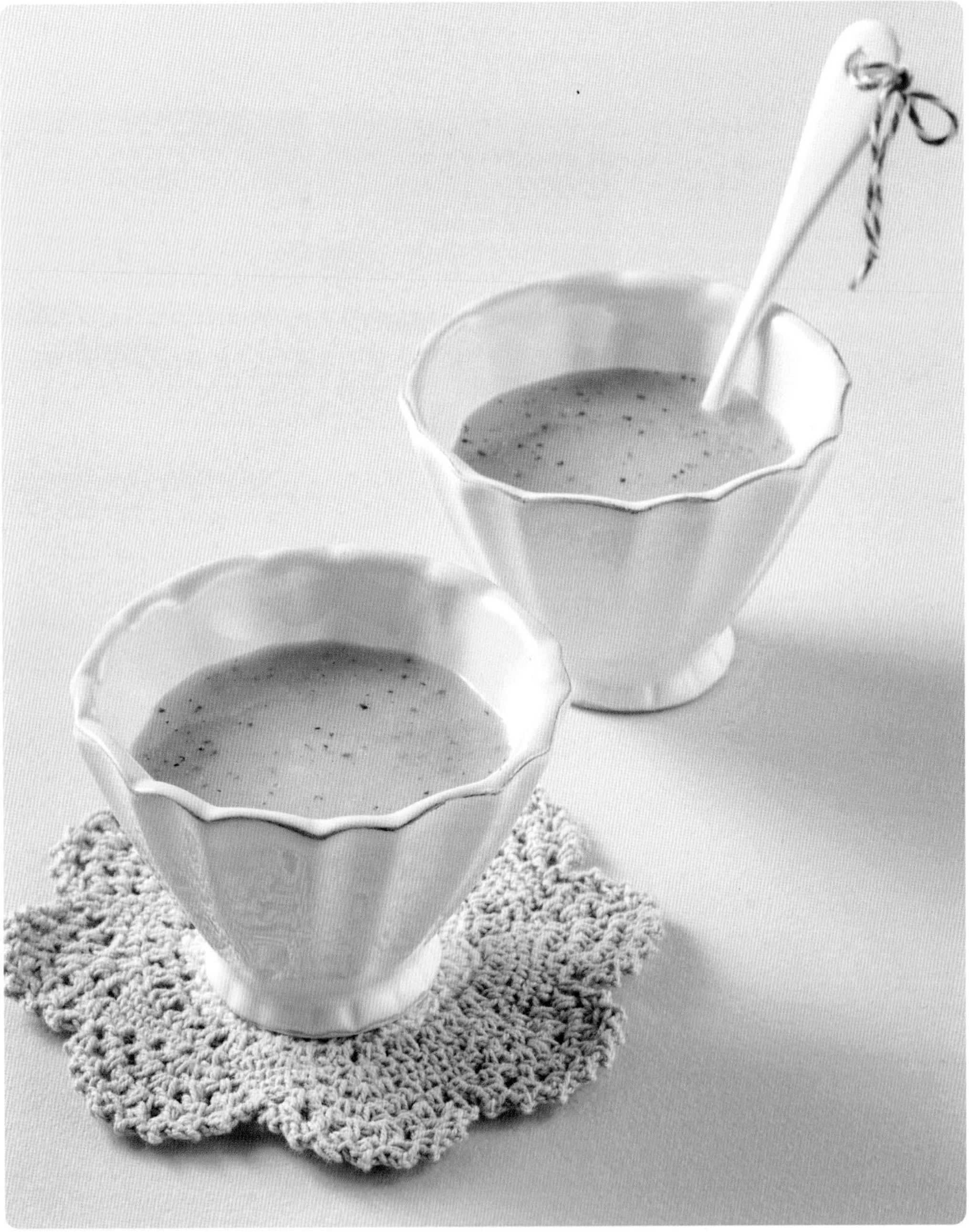

20~30분

완성량 200㎖(3~4회분)

- 쌀 15g(1큰술, 또는 불린 쌀 19g, 쌀가루 19g)
  ※ 쌀은 미리 20분 이상 불린다.
- 청경채 5g(잎 부분, 또는 데친 청경채 체에 내린 것 1/2작은술)
- 물 1/4컵(50㎖) + 1과 1/4컵(250㎖)

1 청경채는 줄기를 제거한 후 잎 부분만 가늘게 채 썬다.

2 끓는 물(2컵)에 청경채를 넣어 센 불에서 1분간 데친다.

3 데친 청경채를 잘게 다진 후 체에 내린다.

4 믹서에 불린 쌀과 물 1/4컵을 넣고 알갱이가 거의 보이지 않을 때까지 1분간 곱게 간 후 냄비에 넣는다.

5 ④의 믹서에 물 1과 1/4컵을 붓고 휘휘 흔들어 냄비에 넣는다. 청경채를 넣고 센 불에서 주걱으로 저어가며 끓인다.

6 미음이 끓어오르면 가장 약한 불로 줄여 쌀이 푹 퍼질 때까지 약 7분간 저어가며 끓인다.

Tip

청경채는 꼭 체에 내려주세요.

데친 청경채는 섬유질이 있으니 아기의 목에 걸리지 않고 부드럽게 넘어가도록 꼭 체에 내리세요. 잘 내려지지 않으면 청경채 데친 물을 조금씩 부어가며 체에 내리세요.

{ 청경채 }

칼슘과 무기질, 비타민 C가 풍부해 치아와 골격 발달에 좋은 재료입니다. 고를 때는 잎의 색이 변하지 않고 본래의 초록색을 띠며 줄기는 통통하며 단단한 것을 고르세요. 청경채는 부드러운 잎 부분만 사용합니다. 줄기 부분은 볶거나 데쳐서 어른용 반찬으로 활용하세요.

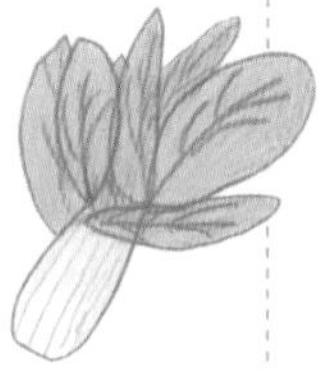

초기

감자 애호박미음

지금까지는 한 가지 재료로 이유식을 만들었는데, 초기 이유식 중반을 넘어서면서 두 가지 재료를 섞어서 이유식을 만들 때가 되었습니다. 이때는 그동안 아기가 먹어서 알레르기 반응을 보이지 않고 잘 먹었던 재료들로 만드세요. 두 가지 재료를 넣다보니 손은 조금 더 가지만, 엄마가 즐겁게 만들면 이유식도 더 맛있게 만들어진다는 사실을 잊지마세요.

25~35분

완성량 200㎖(3~4회분)

- 쌀 15g(1큰술, 또는 불린 쌀 19g)
  ※ 쌀은 미리 20분 이상 불린다.
- 감자 10g(사방 약 2cm, 또는 삶은 감자 체에 내린 것 2/3큰술)
- 애호박 5g(지름 약 4cm, 두께 약 0.5cm, 또는 삶은 애호박 체에 내린 것 1/2작은술)
- 물 1/4컵(50㎖) + 1과 1/4컵(250㎖)

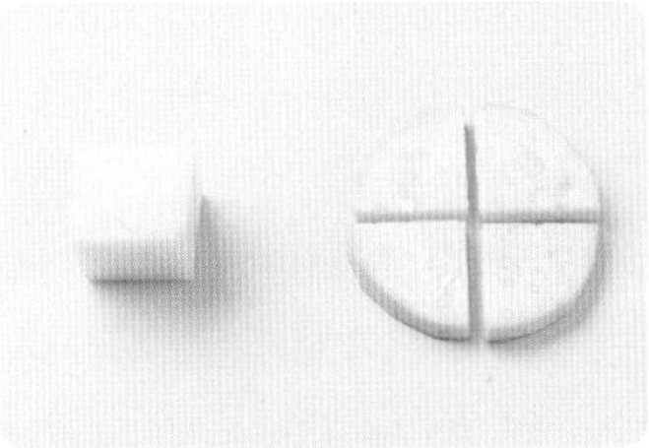

1 감자는 껍질을 벗긴다. 애호박은 껍질을 벗긴 후 열십(+)자로 4등분한다.

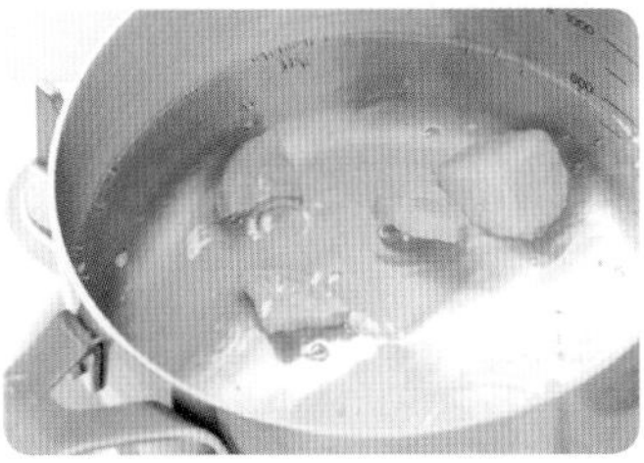

2 냄비에 물(3컵), 감자를 넣어 중간 불에서 5분, 애호박을 넣고 3~5분간 더 끓여 감자를 젓가락으로 찔러 부드럽게 들어갈 때까지 삶은 후 체에 밭쳐 물기를 뺀다.

3 삶은 감자와 애호박은 체에 내린다.

4 믹서에 불린 쌀과 물 1/4컵을 넣고 미세한 쌀가루가 보일 정도로 40~50초간 간 후 냄비에 넣는다.

5 ④의 믹서에 물 1과 1/4컵을 붓고 휘휘 흔들어 냄비에 넣는다. 감자와 애호박을 넣고 센 불에서 주걱으로 저어가며 끓인다.

6 미음이 끓어오르면 가장 약한 불로 줄여 쌀이 푹 퍼질 때까지 약 7분간 저어가며 끓인다.

Tip

이유식 입자는 아기에게 맞춰 조금씩 조금씩 크기를 키워가세요.
아기가 잘 먹으면 크게 만들었다가 잘 안먹으면 다시 곱게 갈아 먹이고 다시 조금 키워서 먹여보는 식으로 아기의 상황에 맞게 이유식을 만들어 가세요.

감자 오이미음

아기가 아프지 않고 건강하게만 자란다면 정말 기쁘겠지만 의외로 아기들도 감기에 잘 걸린답니다. 큰 아기들처럼 감기에 좋은 차를 만들어 먹일 수도 없고, 그렇다고 약을 먹이자니 속상하고, 약을 먹이고 있다면 빨리 낫게 해서 약을 그만 먹이고 싶을 거예요. 그럴 때 먹이기 좋은 이유식이 바로 감자 오이미음이랍니다.
감자와 오이는 감기 예방에 좋은 재료거든요.

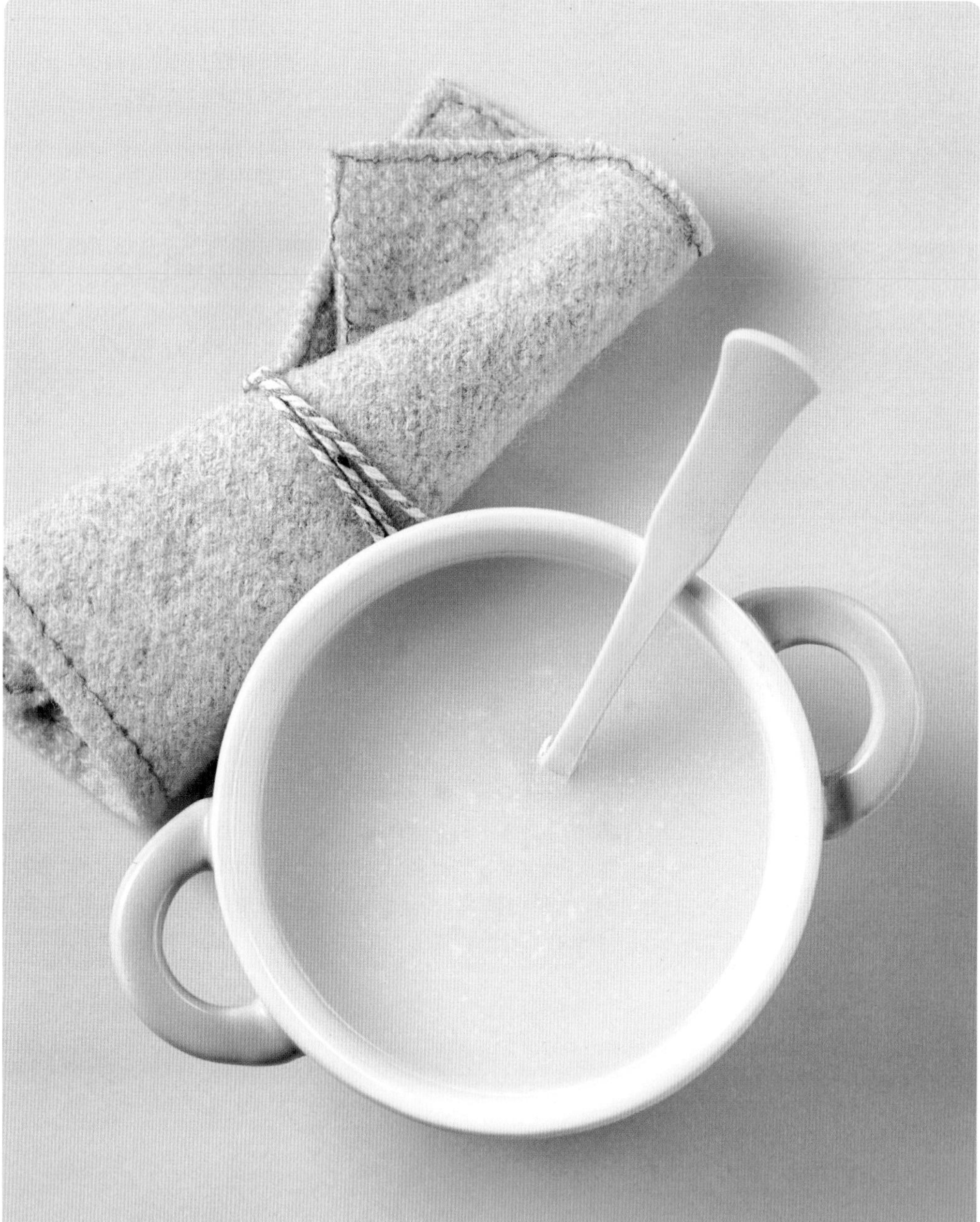

25~35분

완성량 200㎖(3~4회분)

- 쌀 15g(1큰술, 또는 불린 쌀 19g)
  * 쌀은 미리 20분 이상 불린다.
- 감자 10g(사방 약 2cm, 또는 삶은 감자 으깬 것 2/3큰술)
- 오이 5g(지름 약 3.5cm, 두께 약 0.5cm, 또는 데친 오이 강판에 간 것 1/2작은술)
- 물 1/4컵(50㎖) + 1과 1/4컵(250㎖)

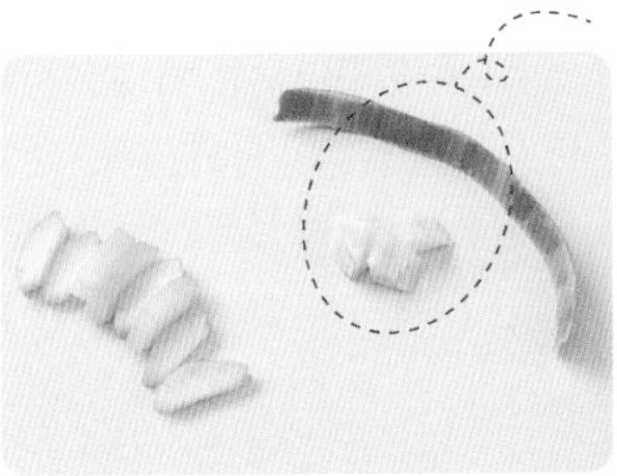

1 오이는 껍질을 벗기고 4등분해 씨를 제거한 후 얇게 썬다. 감자는 껍질을 벗긴다.

2 냄비에 물(3컵), 오이, 감자를 넣고 중간 불에서 5분, 오이를 건지고 3~4분간 더 끓여 감자를 젓가락으로 찔러 부드럽게 들어갈 때까지 익힌 후 감자를 건진다.

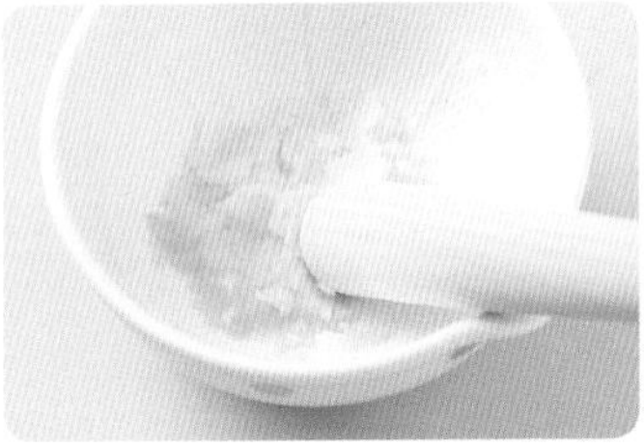

3 오이는 0.1~0.2cm 크기로 잘게 다진다. 절구에 다진 오이를 넣고 곱게 으깨다가 감자를 넣고 덩어리지지 않게 으깨가며 섞는다.

4 믹서에 불린 쌀과 물 1/4컵을 넣고 미세한 쌀가루가 보일 정도로 40~50초간 간 후 냄비에 넣는다.

5 ④의 믹서에 물 1과 1/4컵을 붓고 휘휘 흔들어 냄비에 넣는다. 오이와 감자를 넣고 센 불에서 주걱으로 저어가며 끓인다.

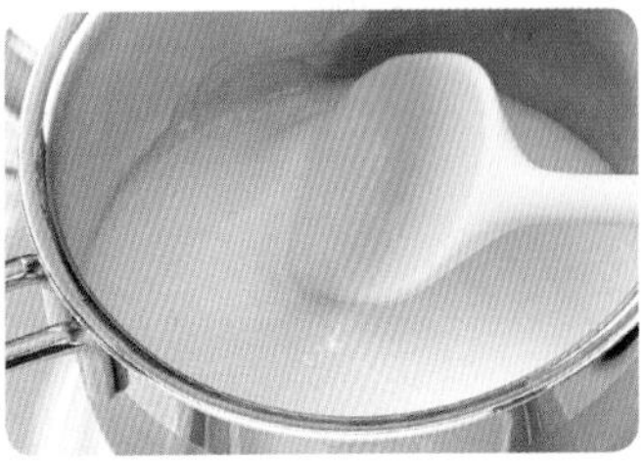

6 미음이 끓어오르면 가장 약한 불로 줄여 쌀이 푹 퍼질 때까지 약 7분간 저어가며 끓인다.

Tip

덩어리가 있는 음식을 먹이는 연습이 필요해요.

초기 이유식 중반을 넘어서면 아주 작은 알갱이지만 덩어리가 있는 음식을 먹이는 연습이 필요합니다. 오이는 아기가 받아들일 수 있을 정도로 최대한 잘게 다진 후 절구에 넣어 한 번 으깨서 조금 더 부드럽게 만드세요. 이때 아기가 받아들이는 정도는 매일 아기를 관찰하고 있는 엄마가 가장 정확하게 알 수 있답니다. 아기가 덩어리를 부담스러워 하면 오이는 강판에 갈아주세요.

초기

감자 브로콜리미음

이유식을 만들다보면 '왜 재료들을 하나하나 데치고, 손질하고, 다시 함께 끓여야 할까?'라는 의문이 들 때가 있을 거예요. 그 이유는 초기 이유식의 경우 재료를 익히지 않고 바로 끓이면 미음이 너무 되직해지고 농도 조절이 힘들기 때문이랍니다.

25~35분

완성량 200㎖(3~4회분)

- 쌀 15g(1큰술, 또는 불린 쌀 19g)
  * 쌀은 미리 20분 이상 불린다.
- 감자 10g(사방 약 2cm, 또는 삶은 감자 으깬 것 2/3큰술)
- 브로콜리 5g(꽃 부분, 사방 약 2cm, 또는 삶은 브로콜리 으깬 것 1작은술)
- 물 1/4컵(50㎖) + 1과 1/4컵(250㎖)

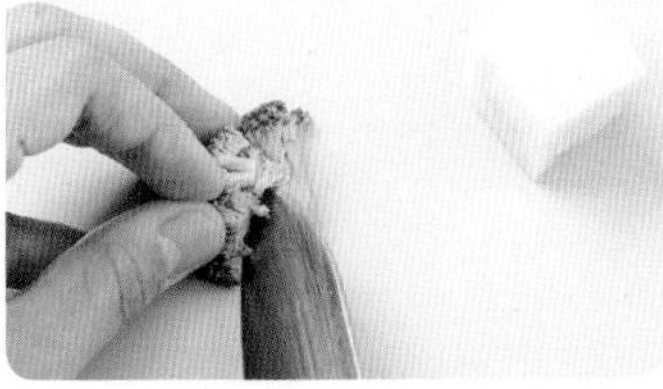

1 감자는 껍질을 벗기고 브로콜리는 줄기를 제거한 후 부드러운 꽃 부분만 썰어 흐르는 물에 깨끗이 씻는다.

2 냄비에 물(3컵), 감자를 넣어 중간 불에서 3분, 브로콜리를 넣고 5분간 더 끓인다. 젓가락으로 찔러 감자와 브로콜리가 부드럽게 들어갈 때까지 익혀 체에 밭쳐 물기를 뺀다.

3 브로콜리는 0.1~0.2cm 크기로 잘게 다진다. 절구에 다진 브로콜리를 넣어 곱게 으깨다가 감자를 넣고 덩어리지지 않게 으깨가며 섞는다.

4 믹서에 불린 쌀과 물 1/4컵을 넣고 미세한 쌀가루가 보일 정도로 40~50초간 간 후 냄비에 넣는다.

5 ④의 믹서에 물 1과 1/4컵을 붓고 휘휘 흔들어 냄비에 넣는다. 브로콜리와 감자를 넣고 센 불에서 주걱으로 저어가며 끓인다.

6 미음이 끓어오르면 가장 약한 불로 줄여 쌀이 푹 퍼질 때까지 약 7분간 저어가며 끓인다.

Tip

아기에게 먹일 때 한 번 더 숟가락으로 으깨면서 덩어리를 조절하세요.
이유식 재료를 강판에 갈거나 체에 내리지 않고 다지거나 으깨기 시작하면 가끔 덩어리 조절에 실패할 때가 있어요. 그럴 때는 아기에게 먹일 때 숟가락으로 으깨면서 먹이면 됩니다.

브로콜리와 감자는 무르게 삶으세요.
브로콜리는 어른들이 먹는 것보다 조금 더 무르게 삶으세요. 감자를 으깰 때 절굿공이로 으깨기 힘들면 포크로 한 번 으깬 다음 절굿공이로 으깨면 훨씬 편해요.

단호박 감자미음

여러 가지 재료를 섞어서 이유식을 만들 때는 한 가지 재료는 처음 먹여보는 것으로, 나머지는 그동안 아기가 먹어본 것 중 이상 반응을 보이지 않는 것으로 만드세요. 이렇게 하면 혹시라도 아기가 이유식을 먹고 알레르기 반응을 일으켰을 때 무슨 재료 때문인지 알아내기 쉽습니다. 단호박 감자미음은 만드는 방법이 비교적 간단하고, 단호박의 단맛 덕분에 대부분의 아기들이 잘 먹는답니다.

25~35분

완성량 200㎖(3~4회분)

- 찹쌀 15g(1큰술, 불린 찹쌀 19g)
  ＊ 찹쌀은 미리 20분 이상 불린다.
- 단호박 10g(사방 약 2cm, 또는 삶은 후 으깬 것 1/2큰술)
- 감자 10g(사방 약 2cm, 또는 삶은 감자 으깬 것 2/3큰술)
- 물 1과 1/4컵(250㎖)

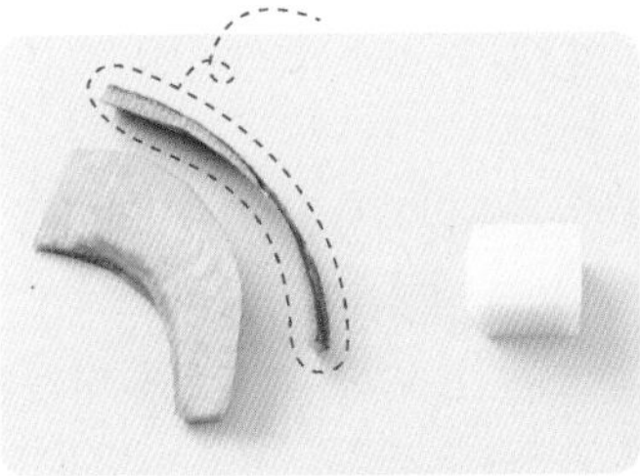

1 단호박은 손질해 껍질을 벗긴다. 감자도 껍질을 벗긴다.
＊ 단호박 손질하기 30쪽

2 냄비에 물(3컵), 단호박, 감자를 넣고 중간 불에서 7~10분간 감자와 단호박을 젓가락으로 찔러 부드럽게 들어갈 때까지 삶는다.

3 절구에 단호박, 감자를 넣어 으깬다.

4 믹서에 불린 쌀과 물 1/4컵을 넣고 미세한 쌀가루가 보일 정도로 40~50초간 간 후 냄비에 넣는다.

5 ④의 믹서에 물 1과 1/4컵을 붓고 휘휘 흔들어 냄비에 넣는다. 단호박, 감자를 넣고 센 불에서 주걱으로 저어가며 끓인다.

6 미음이 끓어오르면 가장 약한 불로 줄여 쌀이 푹 퍼질 때까지 약 7분간 저어가며 끓인다.

{ 단호박 }

베타카로틴이 풍부해 눈 건강에 도움을 주고 위장 활동을 활발하게 해 소화도 잘 되게 해줍니다. 또한 비타민 C가 풍부해 면역력도 길러주지요. 단호박은 수입산이 대부분이지만 잘 찾아보면 국내산, 유기농 단호박도 있어요. 수입산을 살 경우 꼭지 부분을 확인하고 곰팡이가 피었는지, 오래된 것은 아닌지 반드시 살펴보세요.

고구마 양배추수프

어른들도 밥만 먹으면 가끔 다른 것이 먹고 싶듯이 아기에게도 가끔 특별식을 만들어 주세요. 고구마 양배추수프는 쌀이 들어가는 미음에 비해 불 앞에서 끓이는 시간이 짧아서 엄마가 바쁘거나 혹은 몸과 마음이 지쳤을 때 만들어 먹이기 좋은 이유식이랍니다. 모유를 먹는 아기는 분유로 수프를 만들면 분유 맛 때문에 간혹 먹지 않기도 하니 모유로 만드세요. 고구마 양배추수프는 변비에 좋은 이유식이에요.

20~30분

완성량 100㎖(2~3회분)

- 고구마 50g(약 1/4개, 또는 삶은 고구마 으깬 것 5큰술)
- 양배추 10g(잎 부분, 약 5×6cm 2장, 또는 삶은 양배추 으깬 것 1큰술)
- 모유 1/2컵(또는 분유, 100㎖)

1 고구마는 껍질을 벗긴 후 한입 크기로 썰어 냄비에 넣는다. 물(3컵)을 붓고 중간 불에서 7~10분간 삶는다.

2 삶은 고구마는 절구에 넣어 으깬다.
＊ 고구마의 섬유질이 많은 경우 체에 한 번 내린다.

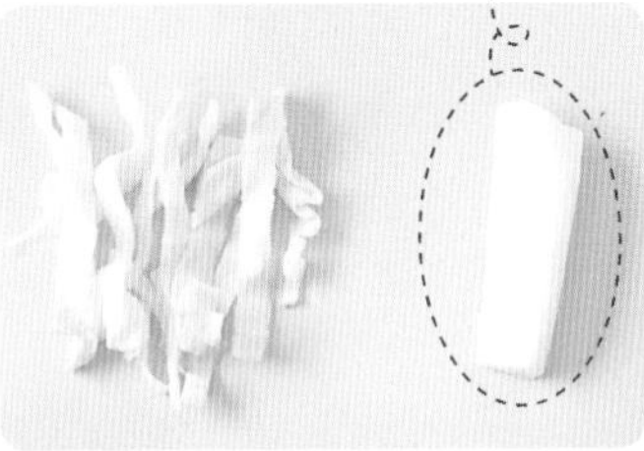

3 양배추는 두꺼운 심을 제거하고 가늘게 채 썬다.

4 끓는 물(2컵)에 양배추를 넣고 중간 불에서 투명해질 때까지 약 5분간 푹 삶는다.

5 삶은 양배추는 0.1~0.2cm 크기로 잘게 다진 후 절구에 넣어 으깬다.

6 냄비에 모든 재료를 넣고 센 불에서 저어가며 끓이다가 수프가 한소끔 끓으면 바로 불을 끈다.
＊ 고구마의 수분감에 따라 모유(분유)를 가감한다.

Tip

고구마는 잘게 썰어 삶으면 빨리 익어요.
고구마는 통째로 쪄서 분량 만큼 덜어내 이유식을 만들고 나머지는 간식으로 먹여도 좋아요. 이유식 만드는 시간을 단축하고 싶다면 작게 썰어 익히세요.

이유식에서 수프류에는 모유나 분유가 들어가요.
모유나 분유는 너무 오래 끓이면 영양분이 다 파괴되므로 모유나 분유 외의 재료를 미리 완전히 익힌 다음 모유나 분유를 넣고 한소끔 부르르 끓어오르면 바로 불을 꺼 한 김 식히세요.

{ 고구마 }

비타민 C가 들어있어 면역력 향상과 감기 예방효과가 있습니다. 식이섬유가 풍부하며 고구마를 썰 때 나오는 하얀색 즙은 변을 부드럽게 해 변비 예방 및 완화에 도움을 주지요. 고를 때는 벌레 먹은 곳이 없고 표면이 매끈하고 단단하며 선명한 청자색을 띠고 싹이 트지 않은 것이 좋아요. 습기와 저온에 약하니 상온의 서늘하고 어두운 곳에 보관하세요.

고구마 비타민미음

비타민은 청경채와 더불어 이유식에서 많이 쓰이는 잎채소예요. 주로 쌈 채소 코너에서 판매하는데 소량 구매도 가능합니다. 비타민은 줄기 부분은 사용하지 않기 때문에 5g의 비타민 잎을 얻으려면 비타민 3~4줄기 정도가 필요하답니다. 이유식을 만들고 남은 비타민은 어른용 샐러드 채소로 사용하면 돼요.

25~35분

완성량 200㎖(3~4회분)

- 쌀 15g(1큰술, 또는 불린 쌀 19g)
  * 쌀은 미리 20분 이상 불린다.
- 고구마 10g(사방 약 2cm, 또는 삶은 고구마 으깬 것 1큰술)
- 비타민 5g(잎 부분, 또는 데친 비타민 체에 내린 것 2/3작은술)
- 물 1/4컵(50㎖) + 1과 1/4컵(250㎖)

1 고구마는 껍질을 벗긴다. 냄비에 물(3컵), 고구마를 넣고 중간 불에서 끓어오르면 비타민을 넣어 1분간 데친 후 비타민만 건져내 잘게 다진다.

2 5~6분간 더 끓인 후 고구마를 건져낸다. 절구에 삶은 고구마를 넣어 으깬다. * 고구마의 섬유질이 많은 경우 체에 한 번 내린다.

3 잘게 다진 비타민은 체에 내린다.

4 믹서에 불린 쌀과 물 1/4컵을 넣고 약간의 알갱이가 보일 때까지 30~40초간 곱게 간 후 냄비에 넣는다.

5 ④의 믹서에 물 1과 1/4컵을 붓고 휘휘 흔들어 냄비에 넣는다. 고구마, 비타민을 넣고 센 불에서 주걱으로 저어가며 끓인다.

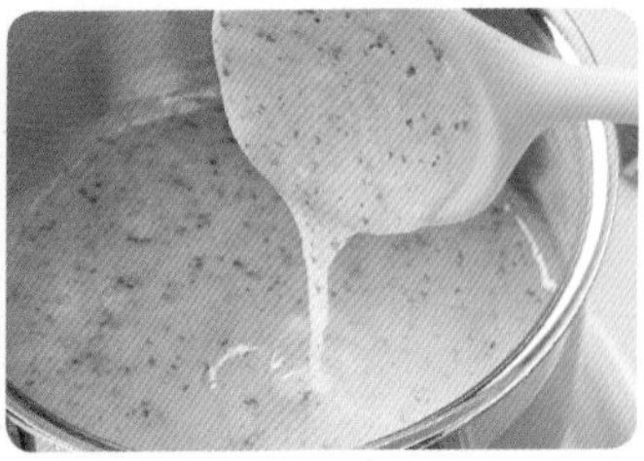

6 미음이 끓어오르면 가장 약한 불로 줄여 쌀이 푹 퍼질 때까지 약 7분간 저어가며 끓인다.

Tip

비타민은 꼭 체에 내리세요.

비타민의 잎은 식이섬유가 많기 때문에 초기 이유식 시기에는 꼭 데친 후 체에 내려서 사용하세요. 그래야 목에 걸리지 않고 잘 넘어가며 아기들이 소화시키기도 쉽답니다. 다져서 체에 내리는 이유는 섬유질을 한 번 잘라 준 후 내리면 체에 더 잘 내려가기 때문이에요. 그래도 내려가지 않으면 비타민 데친 물을 부어가며 내리세요.

{ 비타민 }

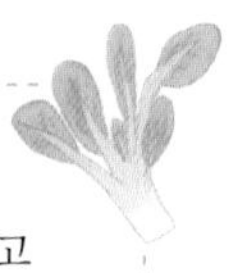

베타카로틴 함량이 시금치의 2배이며 철분과 칼슘이 풍부해 성장기 아기에게 좋은 재료예요. 고를 때는 잎이 누렇게 바래지 않고 초록색을 띠며 잎과 줄기가 무르지 않고 신선한 것을 고르세요.

청경채 콜리플라워미음

이유식은 보통 한 번 만들어서 2~4회 정도로 나누어 먹이는데, 용기에 이유식 이름, 만든 날짜와 시간을 적어서 냉동실에 넣어두면 5일까지 보관 가능해요. 그렇게 보관하면 이유식을 만들지 못한 날에 요긴하게 사용할 수 있답니다. 해동할 때는 실온에서 자연 해동하거나 찬물에 담가 해동한 후 냄비에 이유식 용기의 반 정도 높이까지 물을 붓고 중탕으로 데우세요.

25~35분

완성량 200㎖(3~4회분)

- 쌀 15g(1큰술, 또는 불린 쌀 19g)
  ＊ 쌀은 미리 20분 이상 불린다.
- 콜리플라워 10g(꽃 부분, 사방 약 4cm, 또는 삶은 콜리플라워 강판에 간 것 1/2큰술)
- 청경채 10g(잎 부분, 또는 데친 청경채 체에 내린 것 2/3작은술)
- 물 1/4컵(50㎖) + 1과 1/4컵(250㎖)

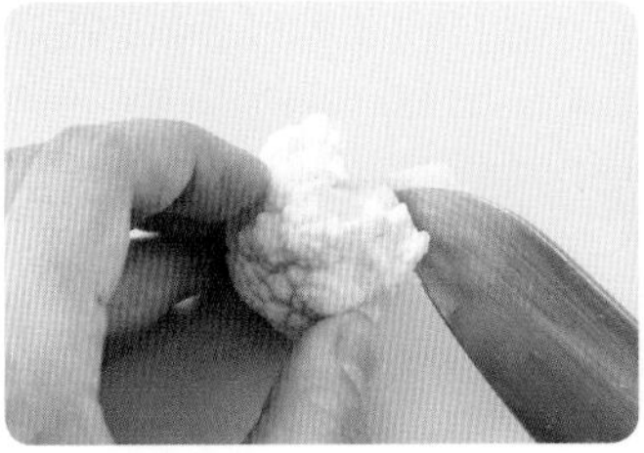

1 콜리플라워는 부드러운 꽃 부분만 썰어 흐르는 물에 깨끗이 씻고 청경채는 줄기를 제거한다.

2 끓는 물(2컵)에 콜리플라워를 넣고 중간 불에서 4분, 청경채를 넣고 1분간 더 삶아 콜리플라워를 젓가락으로 찔러 부드럽게 들어갈 때까지 익힌 후 체에 밭쳐 물기를 뺀다.

3 데친 청경채는 잘게 다진 후 체에 내린다.

4 삶은 콜리플라워는 강판에 간다. 믹서에 불린 쌀과 물 1/4컵을 넣고 약간의 알갱이가 보일 때까지 30~40초간 곱게 간 후 냄비에 넣는다.

5 ④의 믹서에 물 1과 1/4컵을 붓고 휘휘 흔들어 냄비에 넣는다. 청경채, 콜리플라워를 넣고 센 불에서 저어가며 끓인다.

6 미음이 끓어오르면 가장 약한 불로 줄여 쌀이 푹 퍼질 때까지 약 7분간 저어가며 끓인다.

Tip

콜리플라워는 브로콜리보다 부드러워서 익는 시간이 더 빨라요.
콜리플라워는 너무 오래 삶으면 강판에 가는 사이에 다 부스러지니 너무 무르지 않게 삶으세요. 줄기 부분을 제거하지 않고 삶아 줄기 부분을 손잡이 삼아 강판에 갈면 손을 다칠 위험이 줄어듭니다. 강판에 갈지 않고 절구에 으깨도 괜찮아요. 단, 따뜻할 때 으깨야 잘 으깨집니다.

{ 콜리플라워 }

브로콜리를 변형시켜 만든 것으로 비타민 C가 풍부한데, 콜리플라워의 비타민 C는 가열해도 쉽게 손실되지 않아요. 칼슘, 칼륨, 엽산, 무기질이 함유되어 있어 면역력을 키워주고, 소화가 잘 되게 해주며 감기와 변비를 예방하고 두뇌 발달에도 도움을 줍니다. 고를 때는 꽃 부분이 단단하고 촘촘해 묵직하며 누런 반점이 없는 것을 고르세요.

사과미음 · 배미음

단맛을 일찍 접한 아기들은 심심한 이유식을 잘 먹지 않으려 하기도 해요. 그래서 쌀미음 → 채소 미음 → 과일 미음 순서로 먹이는 거랍니다. 가장 먼저 먹일 수 있는 과일은 사과와 배인데, 처음 먹일 때는 생 즙보다는 익힌 즙부터 먹이는 것이 좋습니다.

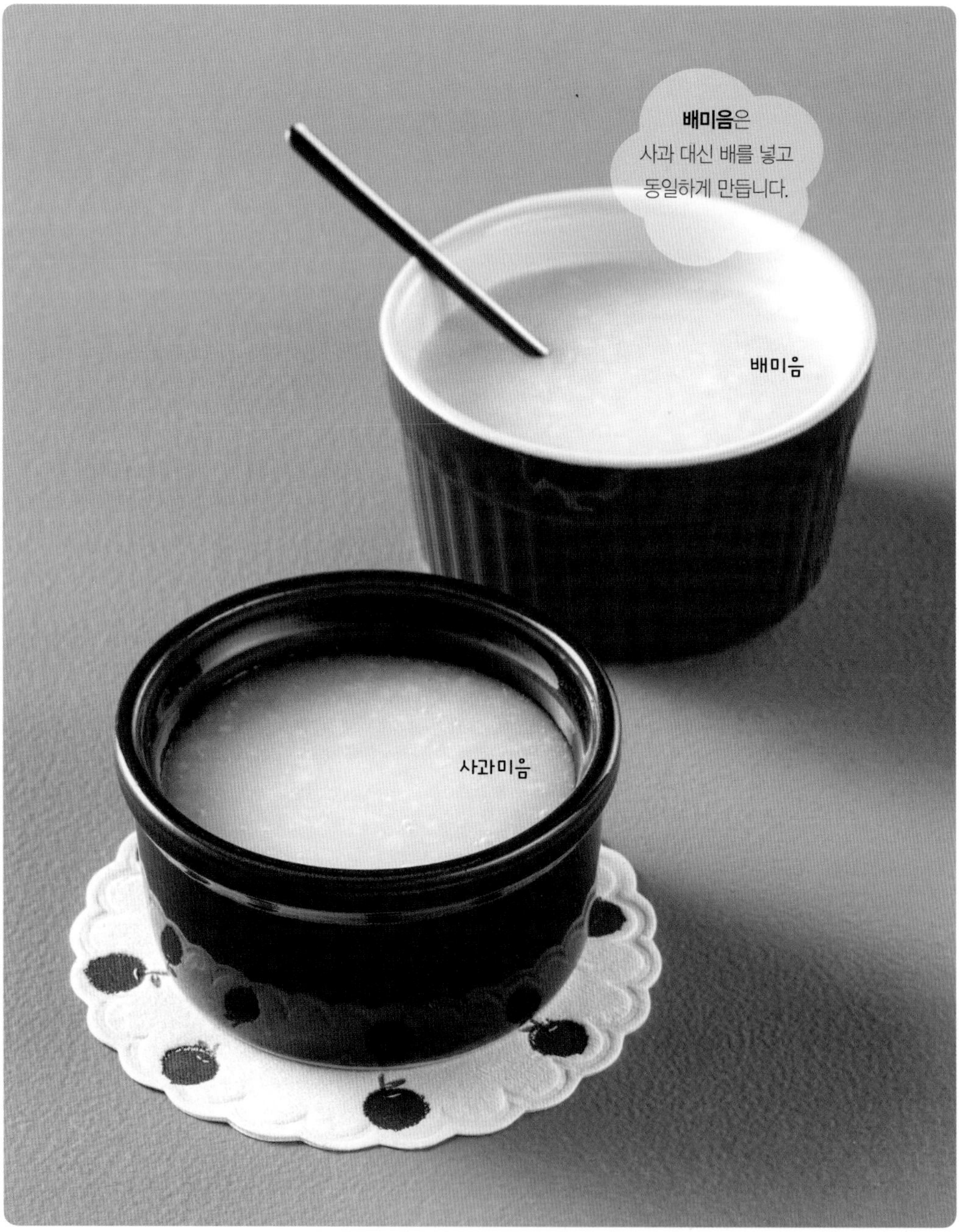
배미음은
사과 대신 배를 넣고
동일하게 만듭니다.
배미음
사과미음

15~25분
완성량 200㎖(3~4회분)

- 쌀 15g(1큰술, 또는 불린 쌀 19g)
  ※ 쌀은 미리 20분 이상 불린다.
- 사과 10g(사방 약 2.5cm, 또는 사과 강판에 간 것 1과 1/3큰술)
- 물 1/4컵(50㎖) + 1과 1/4컵(250㎖)

1 믹서에 불린 쌀과 물 1/4컵을 넣고 약간의 알갱이가 보일 때까지 30~40초간 곱게 간 후 냄비에 넣는다.

2 사과는 껍질을 벗겨 강판에 곱게 간다.

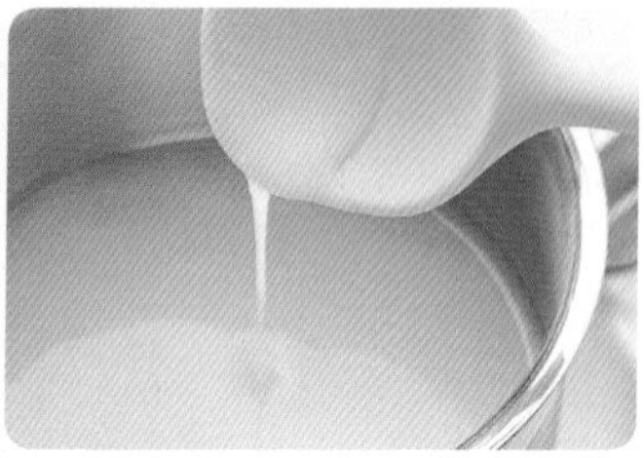

3 ①의 믹서에 물 1과 1/4컵을 붓고 휘휘 흔들어 냄비에 넣는다. 사과를 넣고 센 불에서 주걱으로 저어가며 끓인다.

4 미음이 끓어오르면 가장 약한 불로 줄여 쌀이 푹 퍼질 때까지 약 7분간 저어가며 끓인다.

Tip

감기에 걸렸을 때는 사과즙이나 배즙으로 만든 이유식이 좋아요.
변이 묽은 아기에게는 익힌 사과로 만든 이유식을 먹이는 것이 좋지만 변비가 있는 아기에게는 많이 먹이지 않는 것이 좋습니다(배 재료 소개 87쪽).

{ 사과 }

사과는 호흡기 건강에 좋아서 폐기능 강화와 천식 예방에 도움을 줍니다. 장운동을 활발하게 하고 배에 가스가 차는 증상과 변비 예방에도 좋지요. 갈아 먹으면 장을 깨끗하게 하는 작용을 해 소화불량, 설사 등의 증상 완화에 효과가 있어요. 고를 때는 꼭지 부분이 마르지 않고 눌러 보았을 때 단단하며 표면에 광택이 없고 마르고 거친 것을 고르세요. 수확한 지 오래 된 사과는 사과 진액 때문에 만졌을 때 표면이 끈적해요. 보관할 때는 하나씩 랩으로 싸서 냉장 보관 하면 다른 과일들을 빨리 숙성시키지 않고 사과도 신선하게 보관할 수 있어요.

배 양배추미음

아기들이 의외로 변비에 잘 걸려요. 일주일 정도는 괜찮지만 그 이상 지속되면 아기가 응가할 때 너무 힘들어 한답니다. 식이섬유가 많은 양배추나 잎채소, 배로 만든 이유식은 변비에 걸린 아기에게도 좋고, 변비 예방에도 좋은 이유식이에요. 배 양배추미음은 입맛을 잃은 아기, 감기에 걸린 아기, 그리고 변비에 걸린 아기에게 먹이기 좋습니다.

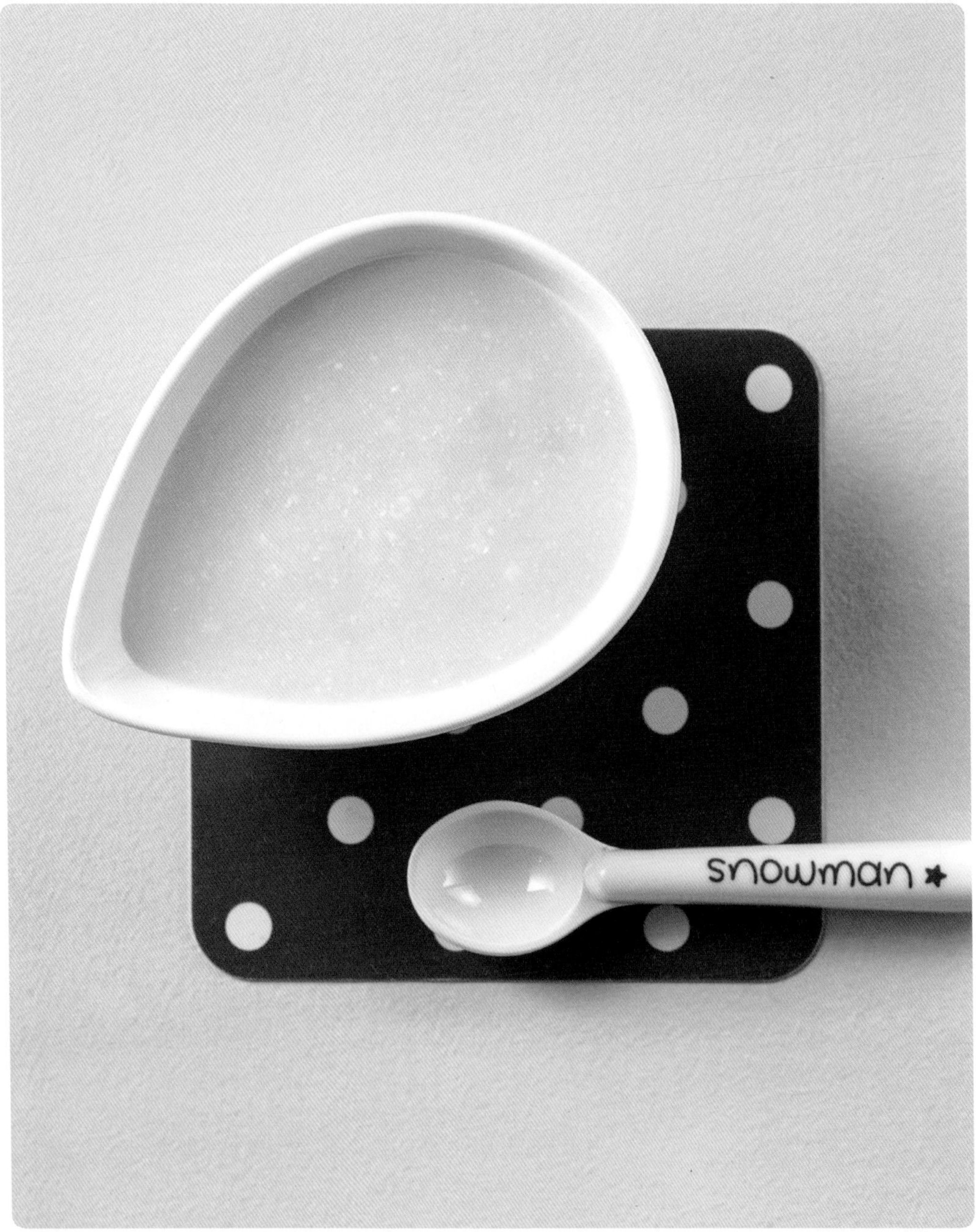

20~30분

완성량 200㎖(3~4회분)

- 쌀 15g(1큰술, 또는 불린 쌀 19g)
  ＊ 쌀은 미리 20분 이상 불린다.
- 배 10g(사방 약 2cm, 또는 강판에 간 것 1과 1/3큰술)
- 양배추 10g(잎 부분, 약 5×6cm 2장, 또는 삶은 양배추 으깬 것 1큰술)
- 물 1/4컵(50㎖) + 1과 1/4컵(250㎖)

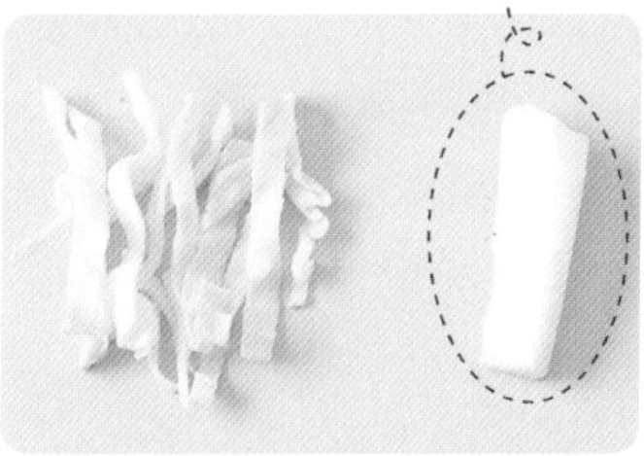

1 양배추는 두꺼운 심을 제거하고 가늘게 채 썬다.

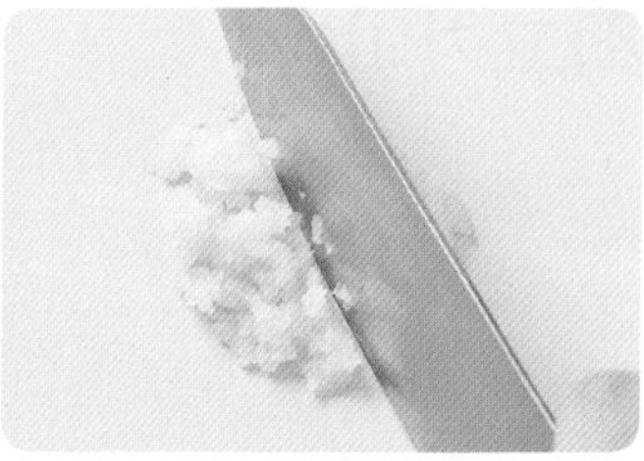

2 끓는 물(2컵)에 양배추를 넣고 투명해질 때까지 중간 불에서 약 5분간 푹 삶아 0.1~0.2cm 크기로 잘게 다진다.

3 다진 양배추는 절구에 넣어 으깬다.

4 배는 껍질을 벗겨 강판에 곱게 간다. 믹서에 불린 쌀과 물 1/4컵을 넣고 약간의 알갱이가 보일 때까지 30~40초간 간 후 냄비에 넣는다.

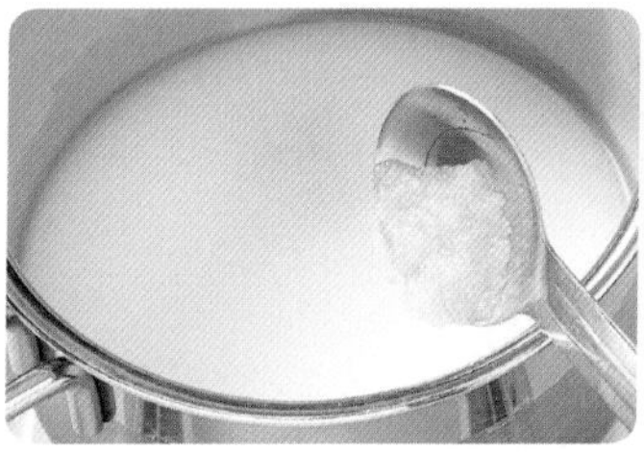

5 ④의 믹서에 물 1과 1/4컵을 붓고 휘휘 흔들어 냄비에 넣는다. 배, 양배추를 넣고 센 불에서 주걱으로 저어가며 끓인다.

6 미음이 끓어오르면 가장 약한 불로 줄여 쌀이 푹 퍼질 때까지 약 7분간 저어가며 끓인다.

{ 배 }

감기, 기침, 기관지 질환 개선과 소화에 도움을 줍니다. 장 건강에도 좋아 아기가 변비가 있을 때 먹이면 좋아요. 염증을 진정시켜주고 해열작용도 해준답니다. 무게감이 있으며 황갈색인 것, 표면에 점이 띄엄띄엄 있는 것이 맛있어요. 녹색을 띠면 당도가 떨어지고 표면에 점이 너무 많은 것은 당도와 수분이 적답니다. 하나씩 랩에 싸서 냉장실에 넣어 보관하고 배 포장지로 다시 한 번 싸 두면 멍드는 것도 방지할 수 있지요.

쇠고기미음

고기 이유식을 처음 만들었을 때 두근두근 떨렸었는데 아기가 생각보다 잘 안 먹더라고요. 그 이유는 쇠고기의 핏물을 제거하지 않고 만들었기 때문이었어요. 이유식을 만들 때는 고기 누린내를 없애기 위한 재료를 첨가할 수 없기 때문에 고기 누린내가 나지 않는 좋은 등급의 고기와 부드러운 부위인 안심으로 만드세요. 그리고 찬물에 담가 핏물을 꼭 제거하세요.

25~35분(+ 핏물 빼기 10분)
완성량 200㎖(3~4회분)

- 쌀 15g(1큰술, 또는 불린 쌀 19g)
  ＊ 쌀은 미리 20분 이상 불린다.
- 쇠고기안심 10g(약 3×4×0.7cm, 또는 삶은 쇠고기 체에 내린 것 1큰술)
- 물 1/4컵(50㎖) + 1과 1/2컵(300㎖)

1 볼에 쇠고기를 덩어리째 넣고 잠길 만큼의 찬물을 부어 10분간 핏물을 뺀 후 3~4등분한다. 믹서에 불린 쌀과 물 1/4컵을 넣고 20~30초간 간다.

2 냄비에 물 1과 1/2컵을 붓고 센 불에서 끓어오르면 쇠고기를 넣어 중간 불로 줄여 3분간 익힌 후 불을 끈다. 쇠고기는 건지고 국물은 그대로 둔다.

3 삶은 쇠고기는 곱게 다진 후 절구에 넣어 으깬다.

4 으깬 쇠고기는 ②의 쇠고기 삶은 물을 1작은술씩 3~5회 부어가며 체에 내린다. ＊ 물을 더해가며 체에 내리면 덜 힘들게 내릴 수 있다.

5 ②의 국물에 모든 재료를 넣고 센 불에서 주걱으로 저어가며 끓인다.

6 미음이 끓어오르면 가장 약한 불로 줄여 쌀이 푹 퍼질 때까지 약 7분간 저어가며 끓인다.

Tip

쇠고기는 덩어리로 구입하세요.
쇠고기를 구입할 때는 이유식용 다진 고기 대신, 100g씩 덩어리째 구입하는 것이 좋아요. 다진 고기를 사면 핏물을 제거하기 힘들어요. 지방을 제거하고 10~15g씩 썰어서 종이 포일로 감싸 다시 랩으로 싸서 냉동 보관하세요. 이유식용 쇠고기는 안심 부위를 사용합니다.

쇠고기는 찬물에 담가 핏물을 빼주세요.
냉동한 쇠고기는 찬물에 담가 핏물을 빼면서 해동합니다. 이유식 만들 때 검은 거품 등의 불순물이 떠오르면 바로바로 숟가락이나 고운 체를 이용해 걷어내세요.

{ 쇠고기 }

필수아미노산이 골고루 풍부하게 들어있어 성장기 아기들에게 좋습니다. 철분 및 피의 생성에 도움이 되는 비타민이 풍부해 빈혈 예방, 완화에 도움을 주고 단백질이 풍부해 뼈와 근육을 튼튼하게 할뿐만 아니라 아연도 함유되어 있어 백혈구 생성을 촉진시키고 면역력도 키워줘요.

초기

쇠고기 배미음

쇠고기 이유식을 만들 때 배를 넣으면 고기가 아주 부드러워지고 누린내가 나지 않아요. 배 양념에 절인 쇠고기 안심구이를 떠올리면서 즐겁게 만드세요. 고기는 덩어리가 거의 없을 정도로 아주 잘게 다지세요. 절구에 한 번 더 으깬 후 체에 내려 끓이면 미음이 익으면서 고기 덩어리가 다 풀어져 아기가 먹기에 부담 없는 이유식이 됩니다.

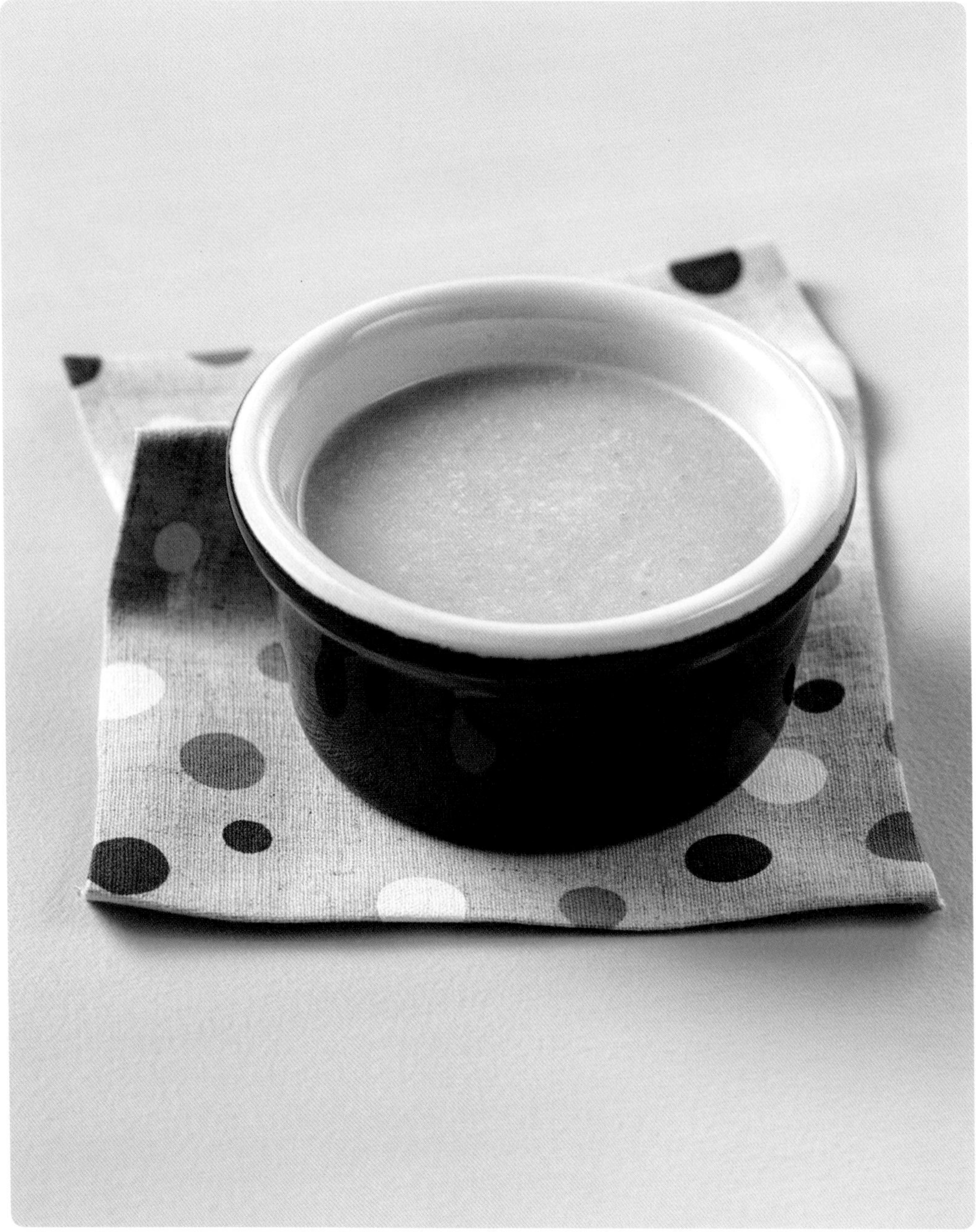

20~30분(+ 핏물 빼기 10분)
완성량 200㎖(3~4회분)

- 쌀 15g(1큰술, 또는 불린 쌀 19g)
  ＊ 쌀은 미리 20분 이상 불린다.
- 쇠고기안심 10g(약 3×4×0.7cm, 또는 삶은 쇠고기 체에 내린 것 1큰술)
- 배 10g(사방 약 2cm, 또는 강판에 간 것 1과 1/3큰술)
- 물 1/4컵(50㎖) + 1과 1/2컵(300㎖)

1 볼에 쇠고기를 덩어리째 넣고 잠길 만큼의 찬물을 부어 10분간 핏물을 뺀 후 3~4등분한다.

2 믹서에 불린 쌀과 물 1/4컵을 넣고 쌀알이 1/10 정도 크기가 되도록 20~30초간 간다.

3 냄비에 물 1과 1/2컵을 붓고 센 불에서 끓어오르면 쇠고기를 넣어 중간 불로 줄여 3분간 익힌 후 불을 끈다. 국물은 그대로 둔다.

4 삶은 쇠고기는 곱게 다진 후 절구에 넣고 으깬다.

5 으깬 쇠고기는 ③의 쇠고기 삶은 물을 1작은술씩 3~5회 넣어가며 체에 내린다. ＊ 물을 더해가며 체에 내리면 덜 힘들게 내릴 수 있다.

6 배는 껍질을 벗겨 강판에 곱게 간다.

7 ③의 국물에 모든 재료를 넣고 센 불에서 주걱으로 저어가며 끓인다.

8 미음이 끓어오르면 가장 약한 불로 줄여 쌀이 푹 퍼질 때까지 약 7분간 저어가며 끓인다.

Tip

쇠고기는 익힌 다음 다지세요.
쇠고기는 익히지 않은 상태로 다지면 원하는 크기로 다지기 어려우니 익힌 다음 다지세요.

쌀알은 1/10 정도 크기가 되도록 갈아주세요.
중기 이유식이 얼마 남지 않았다면 덩어리의 크기를 조금씩 늘려가야 합니다. 하지만 아기가 힘들어하면 덩어리의 크기는 다시 작게 조절했다가 늘리는 등 아기의 반응을 보면서 융통성 있게 만드세요.

쇠고기 오이미음

쇠고기 이유식 하면서 재료 손질하고 남은 부위를 구워먹었던 때가 생각 나네요. 그 쇠고기 안심이 뭐라고 한 점 먹고 싶어도 참고 아기 이유식 재료를 손질하고 남은 기름기 붙어있는 손톱만한 부위를 구워 먹었었답니다. 좀 서글프기도 하고 이런게 엄마인가 싶었던 순간이었어요. 그런데 아기가 자란 지금도 크게 달라지진 않았네요. 내 것, 내 건강은 엄마 스스로가 챙겨야하는데 말이죠.

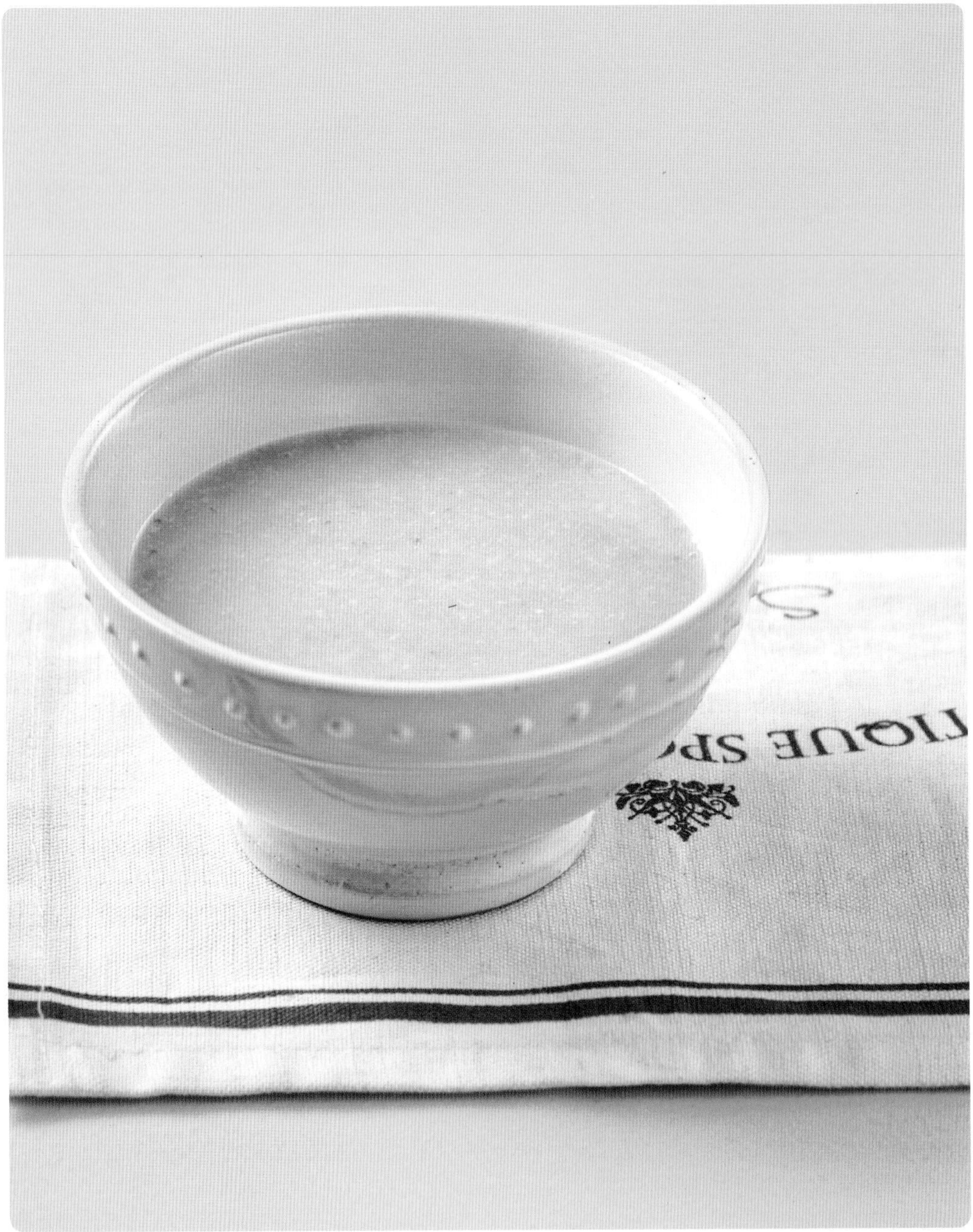

🕒 25~35분(+ 핏물 빼기 10분)
완성량 200㎖(3~4회분)

- 쌀 15g(1큰술, 또는 불린 쌀 19g)
  ※ 쌀은 미리 20분 이상 불린다.
- 쇠고기 안심 10g(약 3×4×0.7cm, 또는 삶은 쇠고기 체에 내린 것 1큰술)
- 오이 10g(지름 약 3.5cm, 두께 약 1cm, 또는 데친 오이 강판에 간 것 2/3큰술)
- 물 1/4컵(50㎖) + 1과 1/2컵(300㎖)

1 볼에 쇠고기를 덩어리째 넣고 잠길 만큼의 찬물을 부어 10분간 핏물을 뺀 후 3~4등분한다.

2 오이는 껍질을 벗기고 4등분해 씨와 껍질을 제거한 후 얇게 썬다.

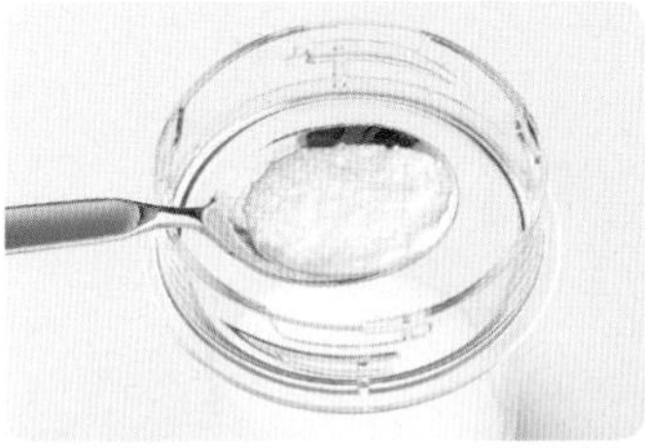

3 믹서에 불린 쌀과 물 1/4컵을 넣고 쌀알이 1/10 정도 크기가 되도록 20~30초간 간다.

4 냄비에 물 1과 1/2컵을 붓고 센 불에서 끓어오르면 쇠고기, 오이를 넣고 중간 불에서 3분간 끓인 후 건져낸다. 불을 끄고 국물은 그대로 둔다.

5 익힌 쇠고기는 잘게 다진 후 절구에 넣어 으깬다. 으깬 쇠고기는 ④의 쇠고기 삶은 물을 1작은술씩 3~5회 부어가며 체에 내린다.

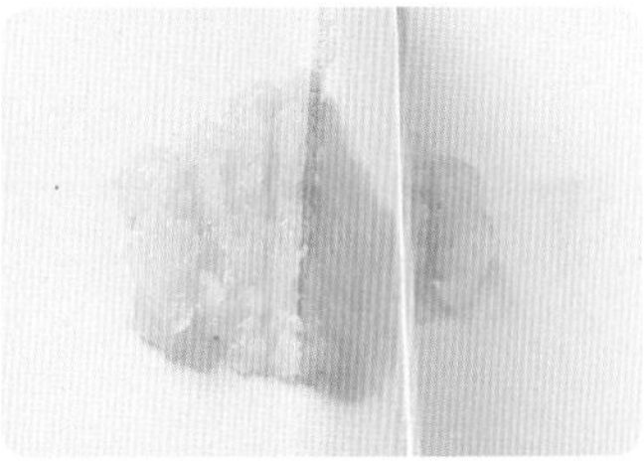

6 오이는 0.1~0.2cm 크기로 잘게 다진다.

7 ④의 국물에 모든 재료를 넣고 센 불에서 주걱으로 저어가며 끓인다.

8 미음이 끓어오르면 가장 약한 불로 줄여 쌀이 푹 퍼질 때까지 약 7분간 저어가며 끓인다.

Tip

초기 이유식은 육수가 아닌 쇠고기 삶은 물을 사용해요.
초기 이유식까지는 고기 삶은 물로 미음을 만들어요. 중기부터는 따로 육수를 내서 이유식을 만드세요.

쇠고기 단호박미음

아기를 키우다 보면 자꾸만 다른 아기와 내 아기를 비교하게 돼요.
그러면 안 되는 것을 알지만 앉는 것 하나 짝짜꿍 하는 것 하나까지
다른 집 아기보다 빠르거나 느리면 희비가 교차하지요.
약간 빠르고 느린 것의 차이일 뿐, 결국 모두 다 해내는 것이니 그저
해냈을 때의 그 순간을 기뻐하세요. 존재하는 것만으로도
날 행복하게 해주는 우리 아기라는 것만 기억하면 됩니다.

25~35분(+ 핏물 빼기 10분)
완성량 200㎖(3~4회분)

- 쌀 15g(1큰술, 또는 불린 쌀 19g)
  ※ 쌀은 미리 20분 이상 불린다.
- 쇠고기 안심 10g(약 3×4×0.7cm, 또는 삶은 쇠고기 체에 내린 것 1큰술)
- 단호박 10g(사방 약 2cm, 또는 단호박 삶은 후 으깬 것 1/2큰술)
- 물 1/4컵(50㎖) + 1과 3/4컵(350㎖)

1 볼에 쇠고기를 덩어리째 넣고 잠길 만큼의 찬물을 부어 10분간 핏물을 뺀 후 3~4등분한다.

2 믹서에 불린 쌀과 물 1/4컵을 넣고 쌀알이 1/10 정도 크기가 되도록 20~30초간 간다.

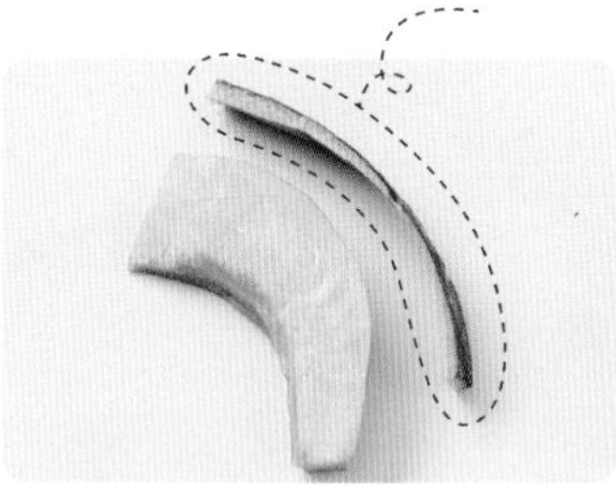

3 단호박은 껍질을 벗긴다. 냄비에 물 1과 3/4컵을 끓인다.

4 끓는 물에 쇠고기와 단호박을 넣어 센 불에서 3분간 끓인 후 쇠고기를 건진다. 단호박은 2~3분간 더 익힌 후 불을 끈다. 국물은 그대로 둔다.

5 단호박은 절구에 넣어 으깬다.

6 익힌 쇠고기는 잘게 다진 후 절구에 넣어 으깬다. 으깬 쇠고기는 ④의 쇠고기 삶은 물을 1작은술씩 3~5회 부어가며 체에 내린다.

7 ④의 국물에 모든 재료를 넣고 센 불에서 주걱으로 저어가며 끓인다.

8 미음이 끓어오르면 가장 약한 불로 줄여 쌀이 푹 퍼질 때까지 약 7분간 저어가며 끓인다.

초기

닭고기미음

닭고기와 찹쌀로 이유식을 만들면 마치 닭백숙 같은 느낌이 나는 이유식이 만들어져요. 닭고기는 체에 내려야 부드럽게 잘 넘어가고 구수해서 아기들이 잘 먹는답니다. 닭고기미음은 감기 걸린 아기에게 먹이기 좋을 뿐만 아니라 소화도 잘 되서 부담없이 먹이기 좋은 이유식이에요. 닭고기는 안심이나 가슴살 부위를 사용합니다.

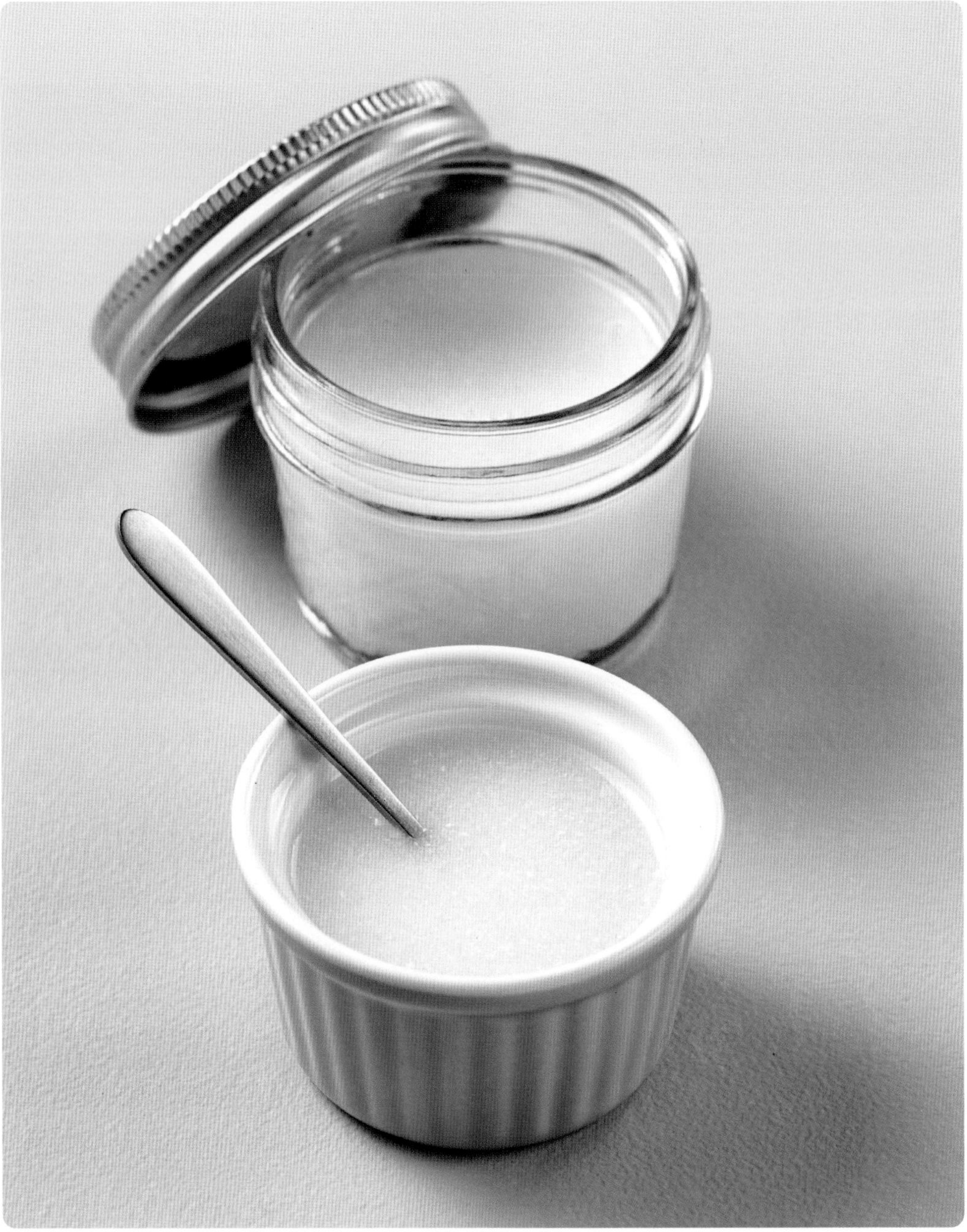

20~30분

완성량 200㎖(3~4회분)

- 쌀 15g(1큰술, 또는 불린 쌀 19g)
  * 쌀은 미리 20분 이상 불린다.
- 닭안심 10g(약 1/3쪽, 또는 삶은 닭안심 체에 내린 것 2/3큰술)
- 물 1과 1/2컵(300㎖) + 1/4컵(50㎖)

1 냄비에 물 1과 1/2컵을 붓고 끓인다. 닭안심은 힘줄을 제거한 후 4등분한다.

2 ①의 끓는 물에 닭안심을 넣어 중간 불에서 3분간 삶은 후 불을 끈다. 닭안심은 건져 한 김 식히고 국물은 그대로 둔다.

3 믹서에 불린 찹쌀과 물 1/4컵을 넣고 쌀알이 1/10 정도 크기가 되도록 20~30초간 간다. 삶은 닭안심은 잘게 다져 절구에 넣어 으깬다.

4 으깬 닭안심은 ②의 닭안심 삶은 물을 1작은술씩 2~3회 부어가며 체에 내린다. * 물을 더해가며 체에 내리면 부드럽게 내려져요.

5 ②의 국물에 모든 재료를 넣고 센 불에서 주걱으로 저어가며 끓인다.

6 미음이 끓어오르면 가장 약한 불로 줄여 쌀이 푹 퍼질 때까지 약 7분간 저어가며 끓인다. * 농도가 되직하면 물을 넣어 조절한다.

Tip

닭고기는 찬물에 담가 핏물을 제거하세요.

닭안심은 모유나 분유에 담가 누린내를 없앤 다음 이유식을 만들어도 좋답니다. 삶은 닭고기는 체에 내리는 게 쉽지 않아요. 그럴 때는 물을 조금씩 부어가면서 내리면 좀 더 쉽게 내릴 수 있어요. 닭안심은 10~15g씩 썰어서 종이 포일에 싼 후 다시 랩으로 감싸 냉동 보관하세요. 닭고기는 소포장된 것으로 구입하고 이유식을 만들고 남은 닭고기는 안심가스를 만들어 냉동 보관하면 요긴한 반찬이 돼요.

{ 닭안심 }

닭안심, 닭가슴살은 기름기가 적은 살코기 부위예요. 닭가슴살보다는 안심이 더 부드럽죠. 안심을 사용할 때는 가운데 힘줄을 제거하세요. 또한 닭안심은 고단백 저열량의 대표 식재료이므로 출산 후 몸무게가 불어난 엄마의 다이어트에도 도움이 됩니다. 쇠고기 안심 보다 가격이 저렴하니 엄마 것도 더 구입해 같이 드세요.

닭고기 양배추미음

초기 마지막 이유식입니다. 할만 한가요? 앞으로가 더 걱정되나요?
사실 만드는 것보다 먹이는 것이 더 힘들지 않나요?
기쁜 순간이 영원하지 않듯이 힘든 순간도 언젠간 끝이 온답니다.
우리 모두 인내와 끈기를 가지고 파이팅 해요!

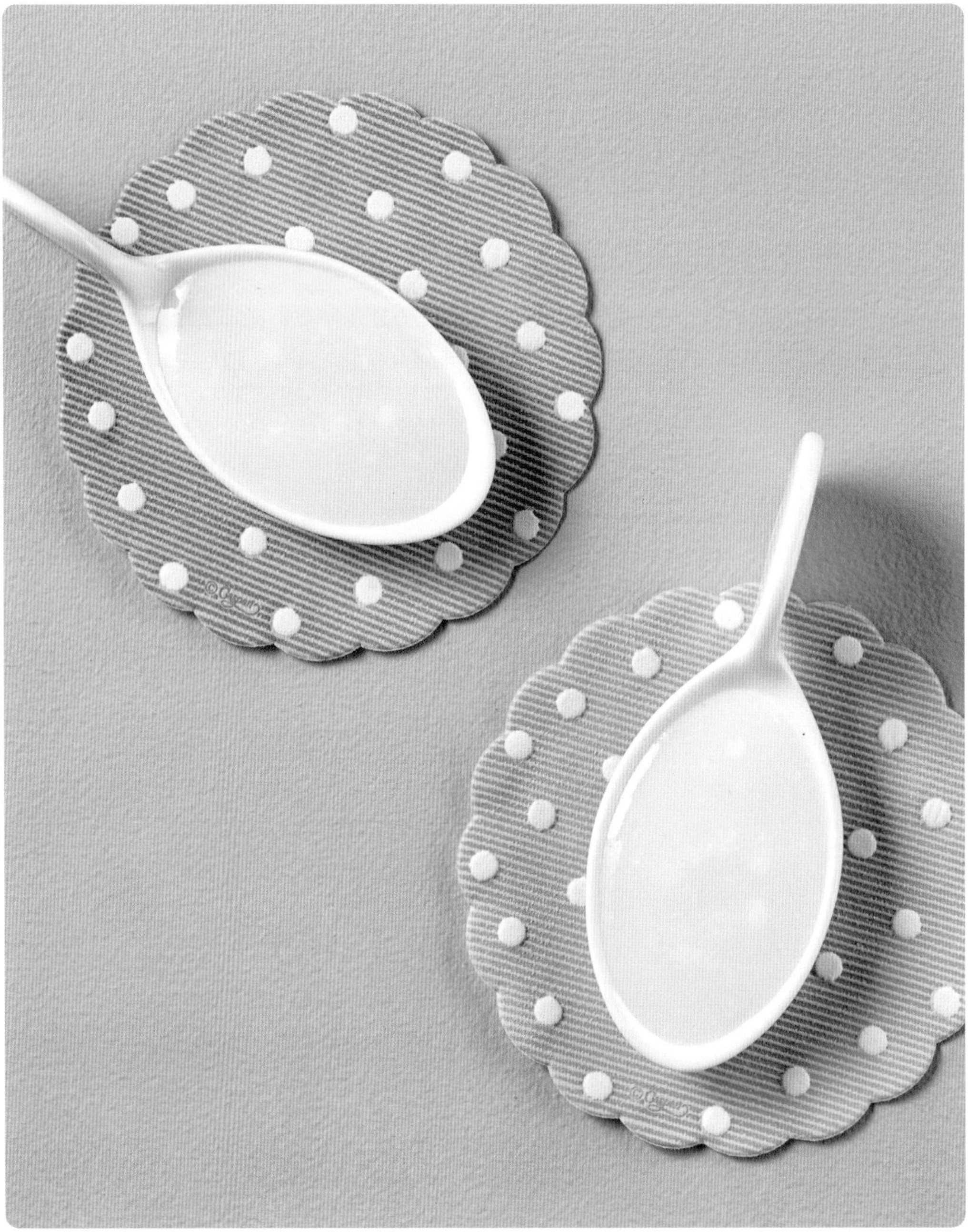

25~35분

완성량 200㎖(3~4회분)

- 쌀 15g(1큰술, 또는 불린 쌀 19g)
  ＊ 쌀은 미리 20분 이상 불린다.
- 닭안심 10g(약 1/3쪽, 또는 삶은 닭안심 체에 내린 것 2/3큰술)
- 양배추 10g(잎 부분, 약 5×6cm 2장, 또는 양배추 데친 후 잘게 다진 것 1큰술)
- 물 1과 1/2컵(300㎖) + 1/4컵(50㎖)

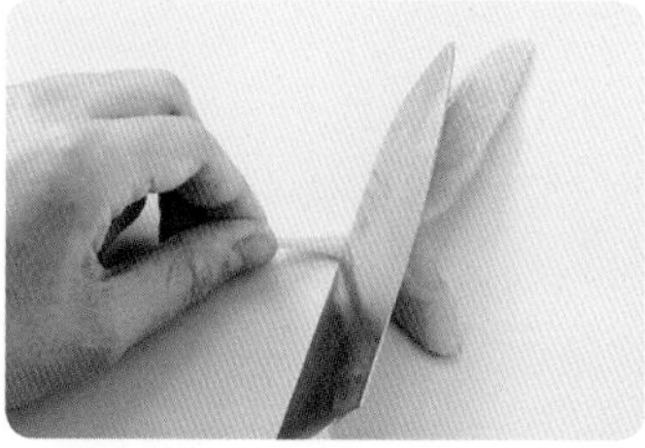

1 양배추는 두꺼운 심을 제거한 후 가늘게 채 썬다. 닭안심은 힘줄을 제거한 후 4등분한다.

2 끓는 물(2컵)에 양배추를 넣고 중간 불에서 투명해질 때까지 약 5분간 푹 삶는다. 체에 밭쳐 물기를 뺀 후 잘게 다진다.

3 냄비를 닦아 물 1과 1/2컵을 붓고 센 불에서 끓어오르면 닭안심을 넣어 3분간 익힌 후 건져낸다. 불을 끄고 국물은 그대로 둔다.

4 삶은 닭안심은 잘게 다져 절구에 넣어 으깬다. 으깬 닭안심은 ③의 닭안심 삶은 물을 1작은술씩 2~3회 부어가며 체에 내린다.

5 믹서에 불린 쌀과 물 1/4컵을 넣고 쌀알이 1/10 정도 크기가 되도록 20~30초간 간다.

6 ③의 국물에 모든 재료를 넣고 센 불에서 저어가며 끓인다. 미음이 끓어오르면 가장 약한 불로 줄여 쌀이 푹 퍼질 때까지 약 7분간 저어가며 끓인다.

Tip

양배추는 으깨지 않고 다졌어요.
이유식 중기가 얼마 남지 않았어요. 아기가 이유식 입자에 익숙해지도록 양배추는 절구에 으깨지 않고 잘게 다졌어요. 혹시 아기가 먹기 힘들어 한다면 절구에 넣어 살짝 으깨도 돼요.

초기 이유식은 주로 쌀로 만든 미음에 다양한 재료를 섞어 먹이는데요, 이 시기가 끝나갈 즈음부터 하루에 한 번 정도 간식을 주세요. 이때 간식은 재료를 푹 익혀 으깬 후 분유나 모유, 생수를 섞어 묽고 부드러운 농도의 퓌레가 되게 만들면 됩니다.
주로 약 2회 분량을 알려드리니 남은 건 냉장했다가 다음날까지 먹이거나 냉동 보관 한 후 5일 이내로 먹이세요. 이유식 대용이나 외출용 이유식으로 활용해도 좋습니다.

감자퓌레

15~25분 **2회분**

감자 80g(약 2/5개),
모유 1~2큰술(또는 분유, 기호에 따라 가감)

1 감자는 껍질을 벗겨 한입 크기로 썬다. 냄비에 물(3컵), 감자를 넣고 젓가락으로 찔러 부드럽게 들어갈 때까지 중간 불에서 7~10분간 삶는다.
2 감자를 절구에 넣어 뜨거울 때 으깬 후 모유를 넣어 섞는다. * 모유(분유)를 가감해 농도를 조절한다.

감자 오이퓌레

15~25분 2회분

감자 60g(약 2/7개), 오이 20g(지름 약 3.5cm, 두께 약 2cm)

1 감자는 껍질을 벗긴다. 오이는 껍질과 씨를 제거한 후 0.3cm 두께로 채 썬다. 냄비에 물(3컵), 감자를 넣고 중간 불에서 5분, 오이를 넣고 3분간 더 삶아 건진다. 감자는 절구에 넣어 으깨고 오이는 잘게 다진다.

2 다진 오이와 으깬 감자를 잘 섞는다.
＊ 모유(분유)를 가감해 농도를 조절한다.

감자 브로콜리퓌레

15~25분 2회분

감자 70g(약 1/3개), 브로콜리 10g(꽃 부분, 사방 약 4cm), 모유 1~2큰술(또는 분유, 기호에 따라 가감)

1 감자는 껍질을 벗긴다. 냄비에 물(3컵), 감자를 넣고 중간 불에서 3분, 브로콜리를 넣고 5분간 더 삶아 체에 밭쳐 물기를 뺀다.

2 브로콜리를 절구에 넣어 으깨다가 감자를 넣어 한 번 더 으깬 후 모유를 넣어 섞는다. ＊ 감자는 삶지 않고 김이 오른 찜기(또는 찜통)에 쪄서 사용해도 좋다.

고구마퓌레

15~25분 2회분

고구마 80g(약 2/5개), 모유 1~2큰술
(또는 분유, 기호에 따라 가감)

1 고구마는 껍질을 벗겨 한입 크기로 썬다. 냄비에 물(3컵), 고구마를 넣고 고구마를 젓가락으로 찔러 부드럽게 들어갈 때까지 중간 불에서 7~10분간 삶아 건진다.

2 고구마를 절구에 넣어 으깬 후 모유를 넣어 섞는다.

고구마 비타민퓌레

15~25분 2회분

고구마 80g(약 2/5개), 비타민(잎 부분) 10g,
모유 1~2큰술(또는 분유, 기호에 따라 가감)

1 고구마는 손질해 삶는다(고구마퓌레 과정 참고). 고구마 삶은 물에 비타민을 넣고 센 불에서 1분간 데친 후 건져 곱게 다진다.

2 비타민을 절구에 넣어 으깨다가 고구마를 넣고 한 번 더 으깬 후 모유를 넣어 섞는다.

고구마 완두콩퓌레

15~25분 2회분

고구마 60g(약 2/7개), 냉동 완두콩 30g(3큰술),
모유 1~2큰술(또는 분유, 기호에 따라 가감)

1 고구마는 손질해 삶은 후(고구마퓌레 과정 참고) 뜨거울 때 절구에 넣어 으깬다.

2 완두콩은 고구마 삶은 물에 넣어 중간 불에서 1분간 데친 후 체에 밭쳐 흐르는 물에 씻는다. 껍질을 벗긴 후 체에 내려 으깬 고구마와 섞는다. 모유를 넣어 섞는다. * 고구마는 삶지 않고 김이 오른 찜기(또는 찜통)에 쪄서 사용해도 좋다.

고구마 당근퓌레

15~25분 2회분

고구마 60g(약 2/7개), 당근 20g(사방 약 2cm 2개)

1 고구마와 당근은 껍질을 벗기고 한입 크기로 썬다. 냄비에 물(3컵), 고구마, 당근을 넣고 중간 불에서 7~10분간 삶아 건진다.

2 삶은 고구마와 당근을 뜨거울 때 체에 내리거나 숟가락으로 으깬다. * 당근의 수분으로 물기를 조절한다. 너무 되직하다면 생수를 넣어 조절한다.

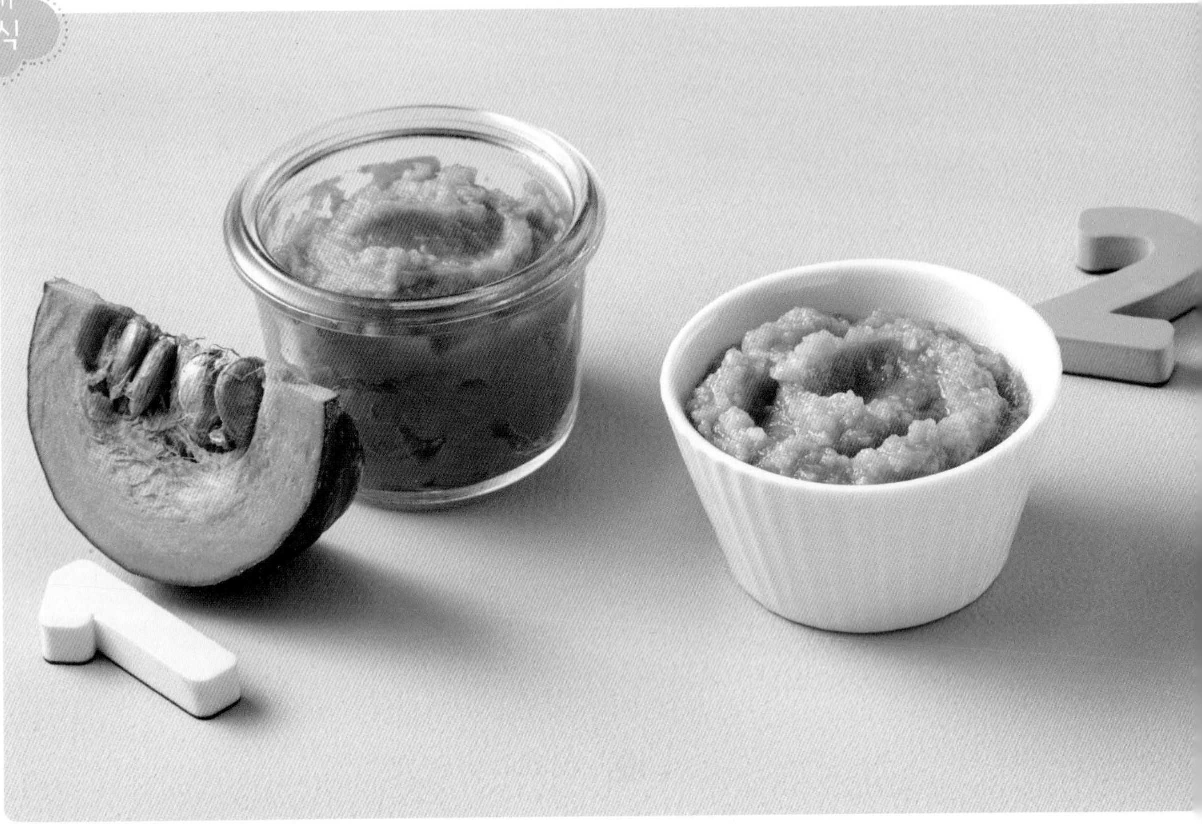

단호박퓌레

15~25분 2회분

단호박 80g, 모유 2~3작은술(또는 분유, 기호에 따라 가감)

1 단호박은 껍질과 씨를 제거하고 한입 크기로 썬다. 냄비에 물(3컵)을 붓고 센 불에서 끓어오르면 단호박을 넣고 젓가락으로 찔러 부드럽게 들어갈 때까지 5~7분간 삶아 건진다.

2 삶은 단호박은 뜨거울 때 체에 내리거나 절구에 넣어 으깬 후 모유를 넣어 섞는다.

단호박 콜리플라워퓌레

15~25분 2회분

단호박 60g, 콜리플라워 20g(꽃 부분, 사방 약 4cm 2개), 모유 1~2작은술(또는 분유 · 생수, 기호에 따라 가감)

1 단호박은 껍질과 씨를 제거하고 한입 크기로 썬다. 냄비에 물(3컵)을 붓고 센 불에서 끓어오르면 단호박과 콜리플라워를 넣어 젓가락으로 찔러 부드럽게 들어갈 때까지 5~7분간 삶아 건진다.

2 절구에 콜리플라워를 넣고 으깨다가 단호박을 넣어 한 번 더 으깬 후 모유를 넣어 섞는다.

단호박 오이퓌레

15~25분 2회분

단호박 60g, 오이 20g(지름 약 3.5cm, 두께 약 2cm),
모유 1~2작은술(또는 분유 · 생수, 기호에 따라 가감)

1 단호박은 씨와 껍질을 제거한다. 오이는 껍질을 벗긴다. 냄비에 물(3컵)을 붓고 센 불에서 끓어오르면 단호박을 넣어 3분, 오이를 넣고 3분간 더 삶은 후 건진다. 절구에 단호박을 넣어 으깬다. * 단호박은 삶지 않고 김이 오른 찜기(또는 찜통)에 쪄서 사용해도 좋다.

2 오이는 강판에 으깨듯 간다. ①의 단호박이 담긴 절구에 오이와 모유(분유)를 넣어 섞는다.

닭고기 시금치퓌레

15~25분 2회분

닭안심 80g(약 3쪽), 시금치(잎 부분) 30g

1 끓는 물(3컵)에 닭안심을 넣고 중간 불에서 5분간 삶아 건져낸다. 잘게 다진 후 닭안심 삶은 물을 1~2작은술 넣어가며 체에 내린다.

2 시금치는 데친 후 잘게 다진다. 볼에 닭안심과 시금치를 넣고 섞는다. * 너무 되직하다면 닭고기 삶은 물을 넣어 조절한다.

사과퓌레 · 배퓌레

15~25분 2회분

사과 100g(약 1/2개, 또는 배 약 1/5)

1 사과는 껍질과 씨를 제거하고 3등분해 끓는 물(3컵)에 넣고 젓가락으로 찔러 부드럽게 들어갈 때까지 중간 불에서 5~7분간 삶은 후 건진다.

2 삶은 사과는 한 김 식혀 뜨거울 때 체에 내리거나 볼에 넣어 숟가락으로 으깬다. * 배퓌레는 사과 대신 배를 넣고 만드는 방법은 동일하다.

사과 당근퓌레

15~25분 2회분

사과 80g(약 2/5개), 당근 20g(사방 약 2cm 2개), 모유 1~2작은술(또는 분유, 기호에 따라 가감)

1 사과, 당근은 손질한 후 3~4등분한다. 끓는 물(3컵)에 사과, 당근을 넣고 중간 불에서 7~10분간 삶은 후 건진다.

2 사과와 당근은 강판에 으깨듯 덩어리 없게 간다. 볼에 사과와 당근, 모유를 넣어 섞는다.

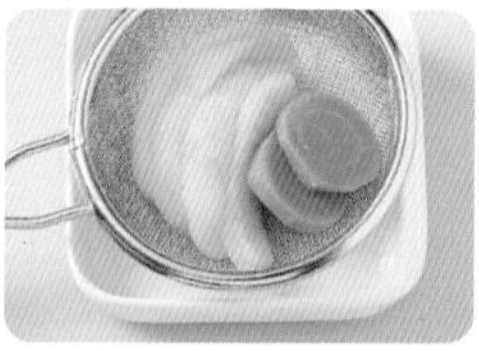

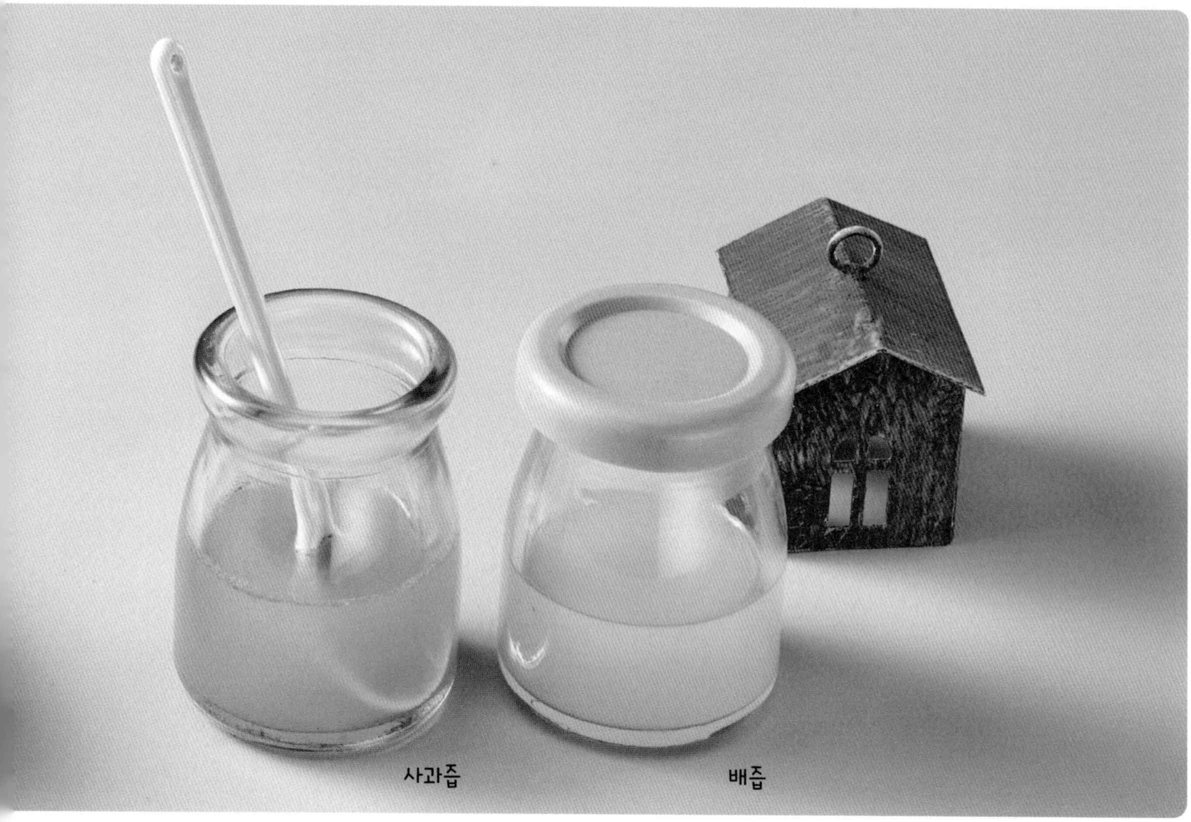

사과즙 · 배즙

10~20분 약 120㎖(2~3회분)

사과 130g(약 3/4개, 또는 배 150g), 생수 2큰술

1 사과는 껍질과 씨를 제거하고 강판에 간다.

2 냄비를 밑에 두고 젖은 거즈를 깐 체를 올린다. 사과와 생수를 넣고 거즈를 짠다. 냄비의 사과즙을 센 불에서 1분 30초간 저어가며 끓인다.

※ 젖은 거즈를 사용해야 즙이 거즈에 흡수되지 않는다.

※ 배즙은 사과 대신 배를 넣고 만드는 방법은 동일하다.

중기 이유식

만 6~8개월

이유식 1일 횟수 __ 2회(간식 1회)

이유식 한 회 분량 __ 60~120㎖

간식 한 회 분량 __ 약 70㎖

1일 수유량 __ 700~800㎖

중기 이유식 시작하기 전에 알아야 할 것

초기 이유식을 만 6개월에 시작한 아기의 경우 중기 이유식은 만 7~8개월부터 시작하세요.

—

하지만 일찍 시작한 아기보다 진도가 늦다고 걱정할 필요는 없습니다. 시간이 지나면 이유식 진도는 다 따라잡을 수 있으니 느긋하게 이유식을 진행하세요.

아기의 먹는 양은 다 달라요. 많이 먹는다고, 혹은 적게 먹는다고 이유식을 진행하는 동안 스트레스 받지 마세요. 잘 먹다, 안 먹다를 반복합니다.

만 6개월 이후부터 매일 고기를 먹이는 것이 좋습니다.

06 ... 08
month

중기 이유식부터 생수 대신 육수를 사용하세요. 만들기 38쪽 참고

—

단, 멸치 국물, 새우 국물, 가다랭이포 국물 등은 염도가 높으니 사용하지 마세요.

손잡이가 달린 컵이나 빨대컵, 스파우트컵 등으로 컵 사용하는 연습을 시키세요.

아기용 자리를 마련해주세요.

—

식탁 의자나 아기 전용 이유식 식탁도 좋습니다.

이유식은 배가 고플 때 먹이고, 이유식을 먹인 후 바로 모유나 분유 수유를 하세요.

—

배가 불러서 모유나 분유를 잘 안 먹더라도 바로 먹이는 것이 좋습니다. 그래야 아기가 한 번에 먹을 수 있는 양이 늘어요.

어른 밥은 먹이지 마세요.

—

처음에는 잘 먹는 것 같지만, 나중에 이유식에 실패할 확률이 높습니다.

절대 간하지 마세요.

—

시판 아기용 과자는 당류와 식품첨가물 여부를 확인하고 먹이세요.

중기 이유식 레시피를 활용할 때 알아야 할 것

1 쌀은 미리 20분 이상 물에 불리면 조리 시간이 짧아져요.
밥으로 만들 경우 쌀의 2배 분량으로 만들어 주세요. 쌀로 만드는 게 훨씬 맛있습니다.

2 쇠고기는 찬물에 담가 핏물을 빼세요.

3 닭고기는 모유나 분유에 담갔다가 조리하면 잡냄새가 나지 않습니다.

4 쇠고기나 닭고기를 익힐 때 육수 위로 떠오르는 갈색 불순물은 고운 체나 숟가락으로 건지세요.

5 이유식 재료 중 채소는 미리 다져서 익힌 다음 체로 건져내면 편해요.

6 이유식의 농도와 덩어리 크기는 시기별로 정해진 것은 없습니다. 아기에게 맞춰서 엄마가 조절하세요.
아기가 먹기 힘들어하면 덩어리를 다시 작게 만들고, 아기가 잘 먹으면 조금씩 크기를 늘려주세요.

7 이유식용 고기는 쇠고기 안심, 닭안심, 닭가슴살을 사용합니다.

아기의 상황에 맞춘 중기 이유식 재료 가이드

고위험군에 속하는 이유식 재료는 돌 이후에 먹이는 게 안전합니다. 만일 이상 반응(두드러기, 설사 등)을 보인다면 잠시 쉬었다가 나중에 다시 시도하세요. 두부, 콩류, 달걀을 제외하고 초기 이유식에 들어간 재료 중 이상 반응이 없는 재료로 만든 이유식은 먹여도 됩니다. 알레르기·아토피 알레르기, 아토피가 있다고 해서 모든 음식을 조심할 필요는 없습니다. 고위험 재료를 제외하고는 한 가지씩 첨가하면서 먹여보세요.

상황별 추천 재료

- **감기** 감자, 양배추, 브로콜리, 오이(열 감기), 단호박, 고구마, 사과, 배, 닭고기, 무, 당근, 대추, 배추, 아욱(기침 감기), 연근(열감기)
- **변비** 양배추, 브로콜리, 고구마, 청경채, 잘 익은 바나나, 사과, 자두, 살구, 시금치, 배추, 건포도, 아욱, 미역
- **설사** 찹쌀, 감자, 완두콩, 단호박, 익힌 사과, 쇠고기, 차조, 익힌 당근, 대추
- **빈혈** 브로콜리, 콜리플라워, 완두콩, 시금치, 미역, 달걀노른자, 대추, 강낭콩, 표고버섯
- **식욕부진** 구기자, 대추
- **특히 잘 먹는 이유식** 구기자 닭죽, 구기자 대추죽, 미역 쇠고기 표고버섯죽, 라이스 수프류
- **외출할 때** 중기 이유식 역시 초기 이유식과 마찬가지 방법으로 이유식을 준비하시면 됩니다. 데우지 않고 간단하게 먹이고 싶은 경우에는 초기 이유식 마지막에 먹이는 간식인 퓌레와 중기 이유식 간식인 매시, 푸딩을 가지고 나가세요.

중기 이유식 식단표

- 2회 / 1일 -

이유식 식단은 참고용입니다.

이유식 중기의 식단은 다양한 맛과 색감이 어우러지게 구성했습니다. 레시피대로 만들어 냉장, 또는 냉동 보관했다가 2~3일간 같은 이유식을 나눠서 먹이면 됩니다.

1주차	Day 1	Day 2	Day 3	Day 4	Day 5	Day 6	Day 7
	쇠고기 청경채죽			브로콜리 쇠고기죽			아욱 쇠고기죽
	시금치 닭고기죽			애호박 쇠고기죽			브로콜리 당근 닭고기죽

2주차	Day 1	Day 2	Day 3	Day 4	Day 5	Day 6	Day 7
	아욱 쇠고기죽		닭고기 시금치 양파죽			닭고기 고구마 비타민죽	
	브로콜리 당근 닭고기죽		닭고기 단호박 양파죽			배추 감자 쇠고기죽	

3주차	Day 1	Day 2	Day 3	Day 4	Day 5	Day 6	Day 7
	닭고기 고구마 비타민죽	쇠고기 양배추 당근죽			완두콩 감자 양배추수프		브로콜리수프
	배추 감자 쇠고기죽	옥수수 감자 양파수프			오이 쇠고기 감자죽		

4주차	Day 1	Day 2	Day 3	Day 4	Day 5	Day 6	Day 7
	브로콜리수프	애호박 바나나 사과수프		구기자 닭죽			연두부 브로콜리 닭고기죽
	아욱 감자 쇠고기죽			구기자 대추죽			쇠고기 양파 감자 청경채수프

5주차	Day 1	Day 2	Day 3	Day 4	Day 5	Day 6	Day 7
	연두부 브로콜리 닭고기죽		현미 단호박 배추 쇠고기죽			콜리플라워 쇠고기 쌀수프	
	쇠고기 양파 감자 청경재수프		옥수수 연두부 양파수프		연근 연두부 닭고기죽		

6주차	Day 1	Day 2	Day 3	Day 4	Day 5	Day 6	Day 7
	검은콩 쇠고기 비타민죽			표고버섯 고구마 달걀 당근죽			고구마 비트 쌀수프
	달걀 시금치 당근 브로콜리죽			달걀노른자찜			미역 표고버섯 쇠고기죽

7주차	Day 1	Day 2	Day 3	Day 4	Day 5	Day 6	Day 7
	고구마 비트 쌀수프	오이 쇠고기 감자죽			아욱 감자 쇠고기죽		
	미역 표고버섯 쇠고기죽		쇠고기 완두콩 현미 쌀수프		달걀 콩 닭고기수프		쇠고기 양파 감자 청경채수프

8주차	Day 1	Day 2	Day 3	Day 4	Day 5	Day 6	Day 7
	구기자 대추죽			완두콩 감자 양배추수프		검은콩 쇠고기 비타민죽	
	쇠고기 양파 감자 청경채수프		닭고기 단호박 양파죽			달걀 시금치 당근 브로콜리죽	

중기

쇠고기 청경채죽

이유식을 일찍 시작한 아기라면 만 6개월, 늦게 시작한 아기라면 만 7개월 정도에 중기 이유식을 시작합니다. 하루에 두 번씩 덩어리가 조금 있는 이유식을 먹이기 시작하는데, 아기에 따라 잘 먹기도 하고 먹기 힘들어 하기도 하니 아기에게 맞춰서 이유식 덩어리와 묽기를 조절하세요. 아기가 먹기에 덩어리가 조금 큰 것 같으면 먹일 때 숟가락으로 으깨가면서 먹이면 됩니다.

25~35분
(+ 핏물 빼기 10분)
완성량 180㎖(2~3회분)

- 쌀 15g(1큰술, 또는 불린 쌀 19g)
  * 쌀은 미리 20분 이상 불린다.
- 쇠고기 안심 15g(약 4×4×1cm)
- 청경채(잎 부분) 10g
- 육수 1과 3/4컵(350㎖)
  * 육수 만들기 38쪽
- 물 2큰술

1 청경채는 줄기를 제거한 후 잎 부분만 가늘게 채 썰고, 쇠고기는 잠길 만큼의 찬물에 담가 10분간 핏물을 뺀 후 4~5등분한다. 냄비에 육수를 붓고 끓인다.

2 ①의 육수에 쇠고기를 넣고 중간 불로 줄여 3분간 익힌 후 건져내고 청경채를 넣어 1분간 데친 후 건진다. 불을 끄고 육수는 그대로 둔다.

3 믹서에 불린 쌀과 물 2큰술을 넣고 쌀알이 1/10 정도 크기가 되도록 20초간 간다.

4 삶은 쇠고기와 청경채를 0.2~0.3cm 크기로 다진 후 절구에 넣어 으깬다.

5 ②의 육수에 모든 재료를 넣고 센 불에서 저어가며 끓인다.

6 죽이 끓어오르면 약한 불로 줄여 쌀이 푹 퍼질 때까지 약 7~10분간 저어가며 끓인다. * 농도가 되직하면 끓는 물을 넣어 조절하세요.

Tip

밥보다 쌀로 만든 이유식이 더 맛있어요.
어른 죽도 밥으로 만든 죽보다 쌀로 끓인 죽이 더 맛있듯이 이유식도 쌀로 만든 이유식이 정성을 더 들인 만큼 훨씬 맛있어요. 쌀 15g은 밥 30g과 같습니다. 밥으로 이유식을 만들 때는 육수는 분량의 2/3 정도로 줄이세요.

중기부터는 잎채소를 체에 내리지 않아도 됩니다.
아기가 소화하기 힘들어하면 조금 더 잘게 다지고 절구에 넣어 많이 으깨세요. 청경채는 잎만 사용하므로 10g의 청경채 잎을 구하려면 80g정도의 청경채(약 2개)를 구입하면 됩니다.

중기

시금치 닭고기죽

시금치는 철분과 엽산이 많고 식이섬유가 풍부해서 빈혈 예방과 변비에 좋은 재료예요. 하지만 오래두고 먹으면 질산염이 증가해 오히려 빈혈을 일으킬 수 있으니 **금방 구입한 신선한 시금치로 이유식을 만들어 주세요.** 남은 시금치는 무침, 된장국, 샐러드, 달걀말이, 잡채 등 어른용 밥 반찬을 만들어 맛있게 드세요.

25~35분

완성량 180㎖(2~3회분)

- 쌀 15g(1큰술, 또는 불린 쌀 19g)
  ＊ 쌀은 미리 20분 이상 불린다.
- 닭안심 15g(약 1/2쪽)
- 시금치(잎 부분) 5g
- 육수 1과 3/4컵(350㎖)
  ＊ 육수 만들기 38쪽
- 물 2큰술

1 시금치는 줄기를 제거한 후 잎 부분만 채 썬다. 닭안심은 힘줄을 제거한 후 4등분한다.

2 끓는 물(2컵)에 시금치를 넣고 중간 불에서 1분간 데친 후 체에 밭쳐 물기를 뺀다. 0.2~0.3cm 크기로 다져 절구에 넣고 으깬다.

3 냄비에 육수를 넣고 센 불에서 끓어오르면 닭안심을 넣고 중간 불로 줄여 3분간 데친 후 건진다. 불을 끄고 육수는 그대로 둔다.

4 데친 닭안심을 한 김 식혀 0.3cm 크기로 다진 후 절구에 넣고 으깬다. 믹서에 불린 쌀과 물 2큰술을 넣고 쌀알이 1/10 정도 크기가 되도록 20초간 간다.

5 ③의 육수에 쌀 간 것, 닭안심을 넣고 센 불에서 끓어오르면 약한 불로 줄여 쌀이 푹 퍼질 때까지 약 7~10분간 저어가며 끓인다.

6 시금치를 넣고 1분간 저어가며 끓인다.

{ 시금치 }

잎이 넓고 줄기가 긴 시금치와 줄기가 짧고 끝부분이 붉은 것이 있어요. 줄기가 짧고 끝이 붉은 시금치는 단맛이 나고 고소하긴 하지만 조금 질기기 때문에 이유식용으로는 줄기가 긴 시금치가 적합합니다.

중기

브로콜리 쇠고기죽

브로콜리는 쌀과 함께 넣어 익히면 초록색이 선명하게 나지 않으니 쌀이 다 익은 후 마지막에 넣으세요. 이미 한 번 익혔으므로 늦게 넣어도 괜찮아요. 이유식은 맛도 중요하지만 아기 눈으로 보는 음식의 색도 중요합니다.

25~35분
(+ 핏물 빼기 10분)
완성량 180㎖(2~3회분)

- 쌀 15g(1큰술, 또는 불린 쌀 19g)
  ＊ 쌀은 미리 20분 이상 불린다.
- 쇠고기 안심 15g(약 4×4×1cm)
- 브로콜리 10g(꽃 부분, 사방 약 4cm)
- 육수 1과 3/4컵(350㎖)
  ＊ 육수 만들기 38쪽
- 물 2큰술

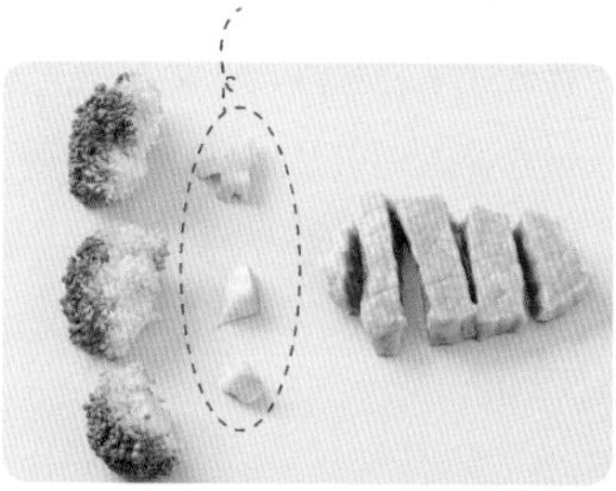

1 브로콜리는 줄기를 제거하고 꽃 부분만 떼어낸다. 쇠고기는 잠길 만큼의 찬물에 담가 10분간 핏물을 뺀 후 4~5등분한다. 냄비에 육수를 붓고 끓인다.

2 ①의 육수에 쇠고기, 브로콜리를 넣어 중간 불에서 3분간 끓인 후 쇠고기를 건지고, 2분 더 끓여 브로콜리를 건진다. 불을 끄고 육수는 그대로 둔다.

3 쇠고기는 0.3cm로 다진 후 절구에 넣어 으깬다.

4 브로콜리는 0.2~0.3cm 크기로 다진다.

5 믹서에 불린 쌀과 물 2큰술을 넣고 쌀알이 1/5 정도 크기가 되도록 10초간 간다.

6 ②의 육수에 쌀 간 것, 쇠고기를 넣고 센 불에서 끓어오르면 약한 불로 줄여 쌀이 푹 퍼질 때까지 약 7~10분간 저어가며 끓인다.

7 브로콜리를 넣고 1분간 저어가며 끓인다.

중기

애호박 쇠고기죽

중기 이유식부터 애호박은 껍질까지 사용해도 돼요.
애호박을 익힐 때 씨가 빠져나와 물에 떠 다니기도 하는데,
씨에는 아기들의 두뇌 발달에 좋은 레시틴 성분이 있으니
다 건져서 이유식에 넣으세요.

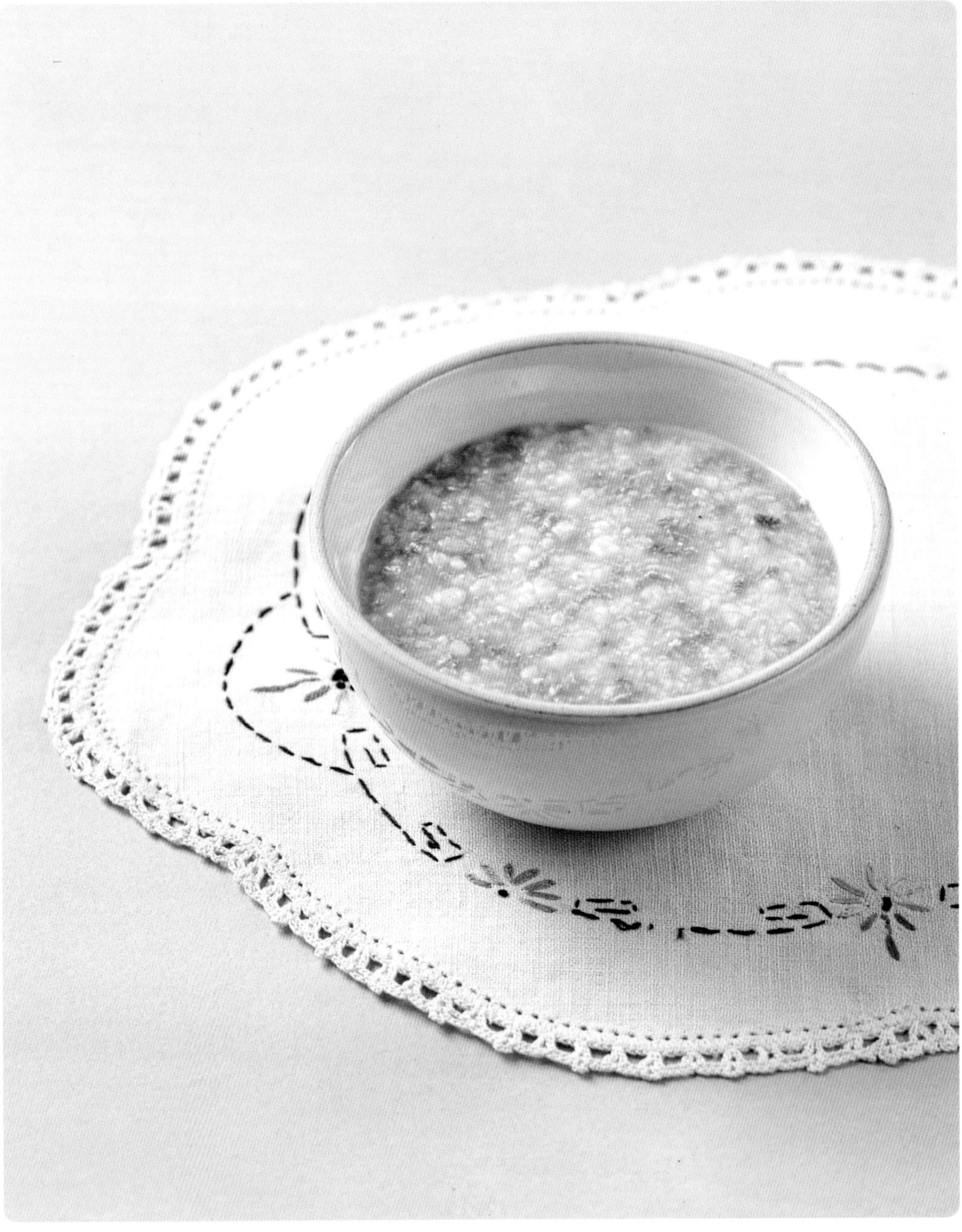

25~35분
(+ 핏물 빼기 10분)
완성량 180㎖(2~3회분)

- 쌀 15g(1큰술, 또는 불린 쌀 19g)
  ※ 쌀은 미리 20분 이상 불린다.
- 쇠고기 안심 15g(약 4×4×1cm)
- 애호박 10g(지름 약 5cm, 두께 약 0.5cm)
- 육수 1과 3/4컵(350㎖)
  ※ 육수 만들기 38쪽
- 물 2큰술

1 애호박은 열십(+)자로 4등분하고 쇠고기는 잠길 만큼의 찬물에 담가 10분간 핏물을 뺀 후 4~5등분한다. 냄비에 육수를 붓고 끓인다.

2 ①의 육수에 애호박을 넣고 중간 불에서 5분간 끓인 후 건진다. 쇠고기를 넣어 3분간 끓인 후 건지고 불을 끈다. 육수는 그대로 둔다.

3 쇠고기는 0.3cm로 다진 후 절구에 넣어 으깨 덜어둔다.

4 애호박도 0.3cm로 다진 후 절구에 넣어 살짝 으깬다.

5 믹서에 불린 쌀과 물 2큰술을 넣고 쌀알이 1/5 정도 크기가 되도록 10초간 간다.

6 ②의 육수에 쌀 간 것, 쇠고기를 넣고 센 불에서 끓어오르면 약한 불로 줄여 쌀이 푹 퍼질 때까지 약 7~10분간 저어가며 끓인 후 애호박을 넣고 1분간 저어가며 끓인다.

아욱 쇠고기죽

이유식을 시작하면 아기들의 변이 많이 달라집니다. 묽기의 차이는 크게 걱정할 필요없지만 아기가 변비로 힘들어하면 옆에서 지켜보기가 괴로울 정도예요. 아욱은 변비를 예방하고 개선하는데 좋고, 아기의 성장 발달에도 좋으며 기침 감기에 걸렸을 때 먹이면 좋은 재료이기도 합니다.

25~35분
(+ 핏물 빼기 10분)
완성량 180㎖(2~3회분)

- 쌀 15g(1큰술, 또는 불린 쌀 19g)
  * 쌀은 미리 20분 이상 불린다.
- 쇠고기 안심 15g(약 4×4×1cm)
- 아욱(잎 부분) 5g
- 육수 1과 3/4컵(350㎖)
  * 육수 만들기 38쪽
- 물 2큰술

1 아욱은 잎 부분만 채 썬다. 쇠고기는 잠길 만큼의 찬물에 담가 10분간 핏물을 뺀 후 4~5등분한다.

2 냄비에 육수를 붓고 센 불에서 끓어오르면 중간 불로 줄여 쇠고기를 넣어 3분간 삶은 후 건져낸다. 불을 끄고 육수는 그대로 둔다.

3 삶은 쇠고기는 0.3cm 크기로 다진 후 절구에 넣어 으깬다.

4 끓는 물(2컵)에 아욱을 넣고 2분간 데친 후 잘게 다져 절구에 넣어 으깬다.
* 아욱은 질긴 편이니 오래 데쳐야 부드럽다.

5 믹서에 불린 쌀과 물 2큰술을 넣고 쌀알이 1/5 정도 크기가 되도록 10초간 간다.

6 ②의 육수에 쌀 간 것, 쇠고기를 넣어 센 불에서 끓어오르면 약한 불로 줄여 쌀이 푹 퍼질 때까지 약 7~10분간 저어가며 끓인 후 아욱을 넣고 1분간 저어가며 끓인다.

{ 아욱 }

빈혈과 변비에 좋은 재료예요. 고를 때는 잎이 넓고 부드러우며 짙은 연두색을 띤 것, 줄기가 굵고 연한 것으로 고르세요. 아욱은 조금 질긴 편이니 다른 잎채소보다 조금 더 오래 익히세요.

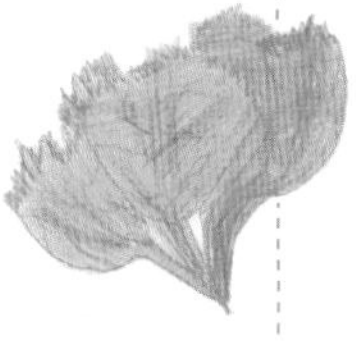

중기

브로콜리 당근 닭고기죽

당근은 중기 이유식부터 사용하는 재료예요. 당근을 먹으면 아기 응가에 다진 당근이 그대로 나오는데 소화시키지 못한다고 걱정할 필요는 없습니다. 익힌 당근은 설사를 멈추게 하는 효과가 있으니 아기의 변이 묽은 경우 익힌 당근이 들어간 이유식을 먹이면 좋아요. 브로콜리 당근 닭고기죽은 색감이 알록달록해서 아기들이 잘 먹는 이유식이에요. 그리고 감기 예방에도 좋답니다.

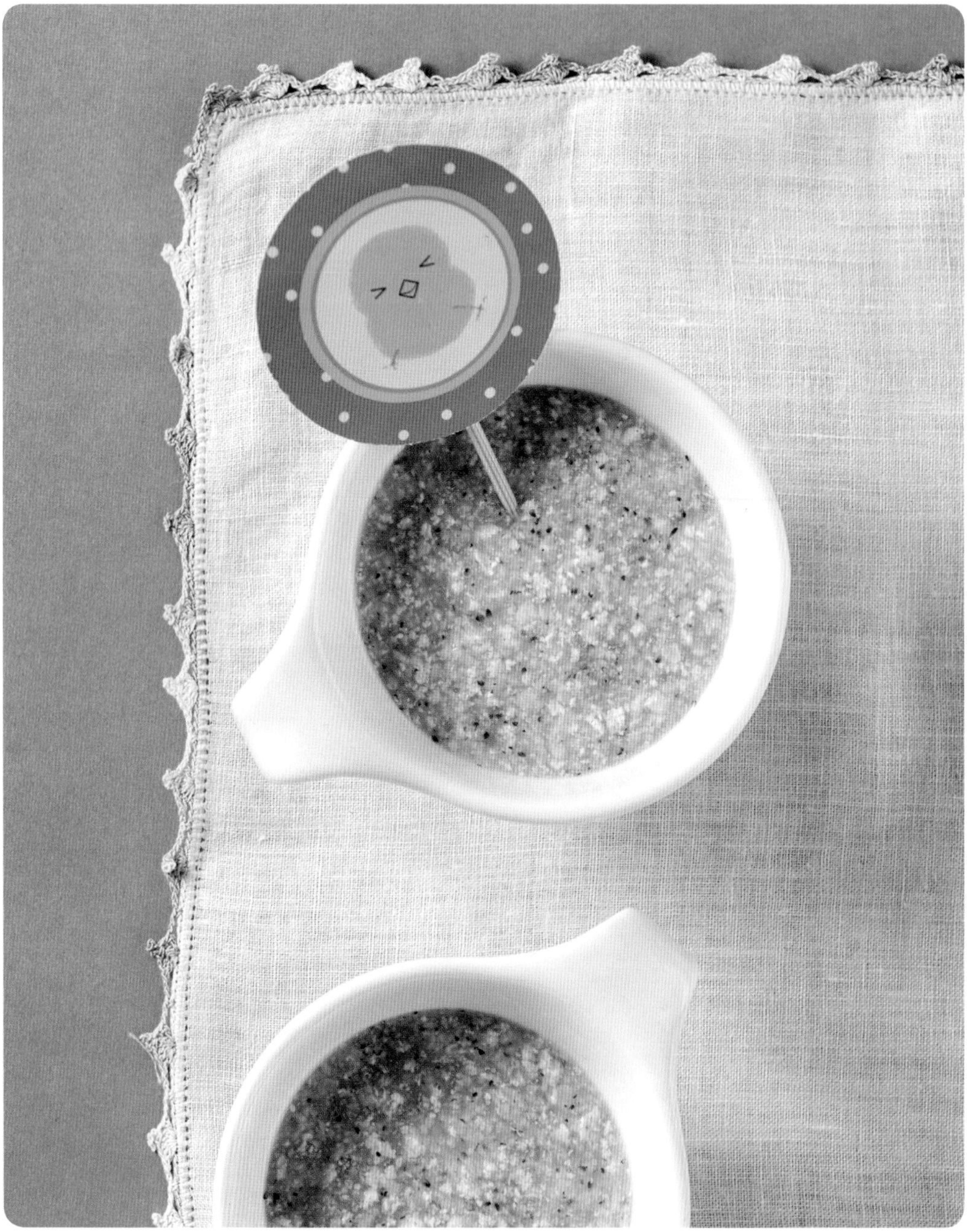

25~35분

완성량 180㎖(2~3회분)

- 쌀 15g(1큰술, 또는 불린 쌀 19g)
  ※ 쌀은 미리 20분 이상 불린다.
- 닭안심 15g(약 1/2쪽)
- 브로콜리 10g(사방 약 4cm)
- 당근 5g(사방 약 1.5cm)
- 육수 2컵(400㎖)
  ※ 육수 만들기 38쪽
- 물 2큰술

1 브로콜리는 꽃 부분만 떼어내고, 당근은 4등분한다. 닭안심은 힘줄을 제거한다. 냄비에 육수를 붓고 끓인다.

2 ①의 육수에 닭안심, 브로콜리, 당근를 넣고 중간 불에서 5~7분간 끓인 후 건져낸다. 불을 끄고 육수는 그대로 둔다.

3 삶은 브로콜리, 당근은 0.2~0.3cm, 닭안심은 0.3cm로 다진다. 절구에 브로콜리, 당근을 함께 넣고 으깨 덜어두고 닭안심을 넣어 으깬다.

4 믹서에 불린 쌀과 물 2큰술을 넣고 쌀알이 1/5 정도 크기가 되도록 10초간 간다.

5 ②의 육수에 쌀 간 것, 닭안심을 넣고 센 불에서 끓어오르면 약한 불로 줄여 쌀이 푹 퍼질 때까지 약 7~10분간 저어가며 끓인다. 브로콜리, 당근을 넣고 1분간 저어가며 끓인다.

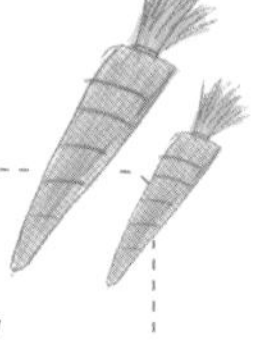

{ 당근 }

고를 때 흙이 묻어 있고 머리 부분이 잘려져 있지 않으며 싹이 붙어 있는 것을 구입하세요. 머리 부분의 초록빛이 적게 돌고 몸이 붉은 당근일수록 맛있어요. 당근은 시금치처럼 오래 보관하면 질산염의 함유량이 높아져 빈혈을 일으킬 수 있으니 신선한 것만 사용하세요.

닭고기 시금치 양파죽

양파는 중기 이유식부터 사용하기 시작해요. 양파는 익히면 단맛이 나는데도 싫어하는 아기들이 많답니다. 편식하지 않는 아기로 키우고 싶다면 이유식 시기에 다양한 재료로 이유식을 만들어 주세요. 그렇게 하면 재료에 대한 편견이 생기지 않아서 뭐든지 잘 먹는 아기로 큰답니다.

25~35분

완성량 180㎖(2~3회분)

- 쌀 15g(1큰술, 또는 불린 쌀 19g)
  ※ 쌀은 미리 20분 이상 불린다.
- 닭안심 15g(약 1/2쪽)
- 양파 10g(약 6×7cm)
- 시금치(잎 부분) 5g
- 육수 1과 1/4컵(250㎖)
  ※ 육수 만들기 38쪽
- 물 2큰술

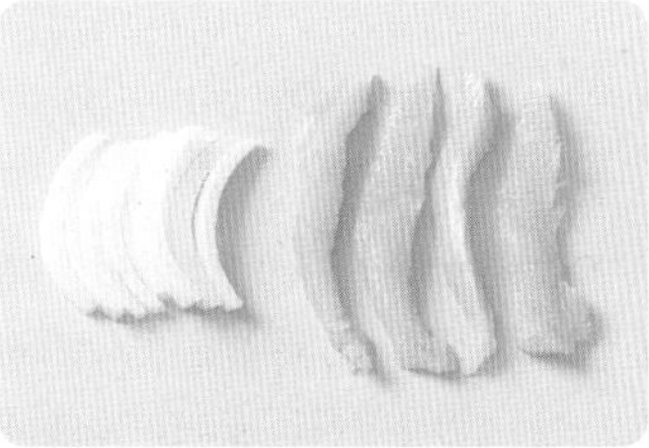

1 양파는 채 썰고, 닭안심은 힘줄을 제거한 후 4~5등분한다. 냄비에 육수를 붓고 끓인다.

2 ①의 육수에 닭안심, 양파를 넣고 중간 불에서 3분간 끓인 후 건져낸다. 불을 끄고 육수는 그대로 둔다.

3 삶은 양파와 닭안심은 0.2~0.3cm 크기로 다진다.

4 끓는 물(2컵)에 시금치를 넣고 1분간 데친 후 0.2~0.3cm 크기로 다진다.

5 다진 시금치와 닭안심은 각각 절구에 넣어 으깬다. 믹서에 불린 쌀과 물 2큰술을 넣고 쌀알이 1/5 정도 크기가 되도록 10초간 간다.

6 ②의 육수에 시금치를 제외한 모든 재료를 넣고 센 불에서 끓어오르면 약한 불로 줄여 쌀이 푹 퍼질 때까지 약 7~10분간 저어가며 끓인 후 시금치를 넣고 1분간 저어가며 끓인다.

Tip

시금치는 마지막에 넣으세요.

쌀이 푹 퍼진 후 마지막에 시금치를 넣는 이유는 일찍 넣으면 시금치의 색이 누렇게 되기 때문이랍니다. 보기 좋은 이유식이 먹기에도 좋아요.

{ 양파 }

칼슘이 많고 성장에도 도움을 줍니다. 목감기나 코감기, 기침 감기 예방과 완화에도 좋아요. 또한 양파를 넣으면 이유식의 맛도 좋아지고 고기 잡냄새도 줄일 수 있어요. 고를 때는 동그란 모양이며 단단하고 껍질이 잘 말라있는 것, 광택이 돌며 묵직한 것을 고르세요.

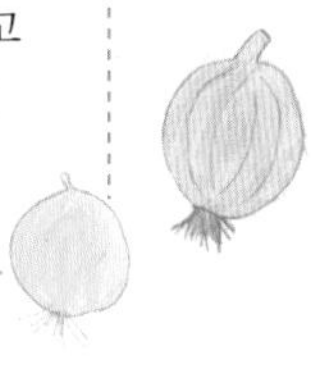

중기

닭고기 단호박 양파죽

이 죽은 달콤한 맛이 나서 아기들이 잘 먹어요. 이유식을 먹일 때 "아~ 잘 먹네" 이런 멘트만 하지 마시고 "오늘은 닭고기와 단호박 그리고 양파가 들어간 이유식이야! 노란색이라서 예쁘지? 색이 예쁜 만큼 맛도 좋단다. 달콤한 맛이 날 거야!" 라고 설명하며 어떤 음식인지 알고 먹게 하세요. 그렇게 하면 나중에도 처음 보는 음식을 먹을 때 그 재료가 무엇인지 설명해주면 거부감없이 잘 먹는답니다.

30~40분

완성량 180㎖(2~3회분)

- 쌀 15g(1큰술, 또는 불린 쌀 19g)
  ＊ 쌀은 미리 20분 이상 불린다.
- 닭안심 15g(약 1/2쪽)
- 단호박 10g(사방 약 2cm)
- 양파 10g(약 6×7cm)
- 육수 1과 3/4컵(350㎖)
  ＊ 육수 만들기 38쪽
- 물 2큰술

1 냄비에 육수를 붓고 센 불에서 끓어오르면 단호박, 양파, 닭안심을 넣고 중간 불에서 5~7분간 끓인 후 모든 재료를 건져낸다. 불을 끄고 육수는 그대로 둔다.

2 익힌 단호박, 양파, 닭안심은 0.3cm 크기로 디진 후 절구에 넣어 으깬다.

3 믹서에 불린 쌀과 물 2큰술을 넣고 쌀알이 1/5 정도 크기가 되도록 10초간 간다.

4 ①의 육수에 모든 재료를 넣고 센 불에서 끓어오르면 약한 불로 줄여 쌀이 푹 퍼질 때까지 약 7~10분간 저어가며 끓인다.

Tip

이유식을 만들 때 한 번 만들어서 반은 먹이고 반은 냉동 보관하세요!

중기 이유식부터는 하루에 두 번씩 이유식을 먹이는데, 중기 중반 이후부터, 혹은 잘 먹는 아기는 세 번씩 먹기도 합니다. 이때 하루에 먹이는 이유식을 같은 이유식으로 먹일까, 다른 이유식으로 먹일까 고민하게 되는데 매 끼마다 새로운 것을 만들기는 힘이 들어요. 한 번 만들어서 반은 먹이고 반은 냉동 보관하면 급할 때 요긴하게 사용할 수 있는 비상 이유식이 됩니다. 이유식 보관 통 뚜껑에 이유식 이름(들어간 재료), 만든 날짜를 꼭 적어두세요. 냉동실에서 5일간 보관 가능합니다.

닭고기 고구마 비타민죽

아기에게 단맛을 일찍 알게 하는 것이 좋은 일은 아니지만
아기가 입맛이 없다면 달콤한 재료로 이유식을 만들어 주세요.
닭고기 고구마 비타민죽은 단맛이 살짝 나면서 고소한 이유식이랍니다.
고구마와 비타민은 변비 예방은 물론 완화에도 좋은 재료예요.

25~35분
완성량 180㎖(2~3회분)

- 쌀 15g(1큰술, 또는 불린 쌀 19g)
  * 쌀은 미리 20분 이상 불린다.
- 닭안심 15g(약 1/2쪽)
- 고구마 10g(사방 약 2cm)
- 비타민(잎 부분) 5g
- 육수 1과 3/4컵(350㎖)
  * 육수 만들기 38쪽
- 물 2큰술

1 냄비에 육수를 붓고 센 불에서 끓인다. 닭안심은 힘줄을 제거한 후 4등분한다.

2 ①의 육수에 닭안심을 넣어 중간 불에서 3~5분간 삶아 건져낸다. 불을 끄고 육수는 그대로 둔다.

3 고구마는 껍질을 벗기고, 비타민은 줄기를 제거한다. 각각 0.2~0.3cm 크기로 다진다.

4 삶은 닭안심은 0.3cm 크기로 다진 후 절구에 넣고 으깬다.

5 믹서에 불린 쌀과 물 2큰술을 넣고 쌀알이 1/4 정도 크기가 되도록 5초간 간다.

6 ②의 육수에 비타민을 제외한 모든 재료를 넣고 센 불에서 끓어오르면 약한 불로 줄여 쌀이 푹 퍼질 때까지 약 7~10분간 저어가며 끓인다. 비타민을 넣고 1분간 더 저어가며 끓인다.

Tip

비타민 줄기는 아직 사용하지 마세요.
비타민은 줄기에 섬유질이 많고 질기기 때문에 아기가 소화하기에는 아직 무리랍니다.

배추 감자 쇠고기죽

배추는 감기에 걸렸을 때 먹여도 좋고 변비에 걸렸을 때 먹여도 좋은 재료예요. 배추와 같은 잎채소를 이유식으로 잘 먹이면 나중에 커서 배추 쌈 같은 음식도 거부감없이 잘 먹게 된답니다. 이유식을 만들고 남은 배추는 어른용 반찬으로 배추 쌈이나 배춧국을 만들어드세요. 특히 배추는 변비와 탈모에도 좋은 재료이니 엄마들도 챙겨먹으면 좋아요.

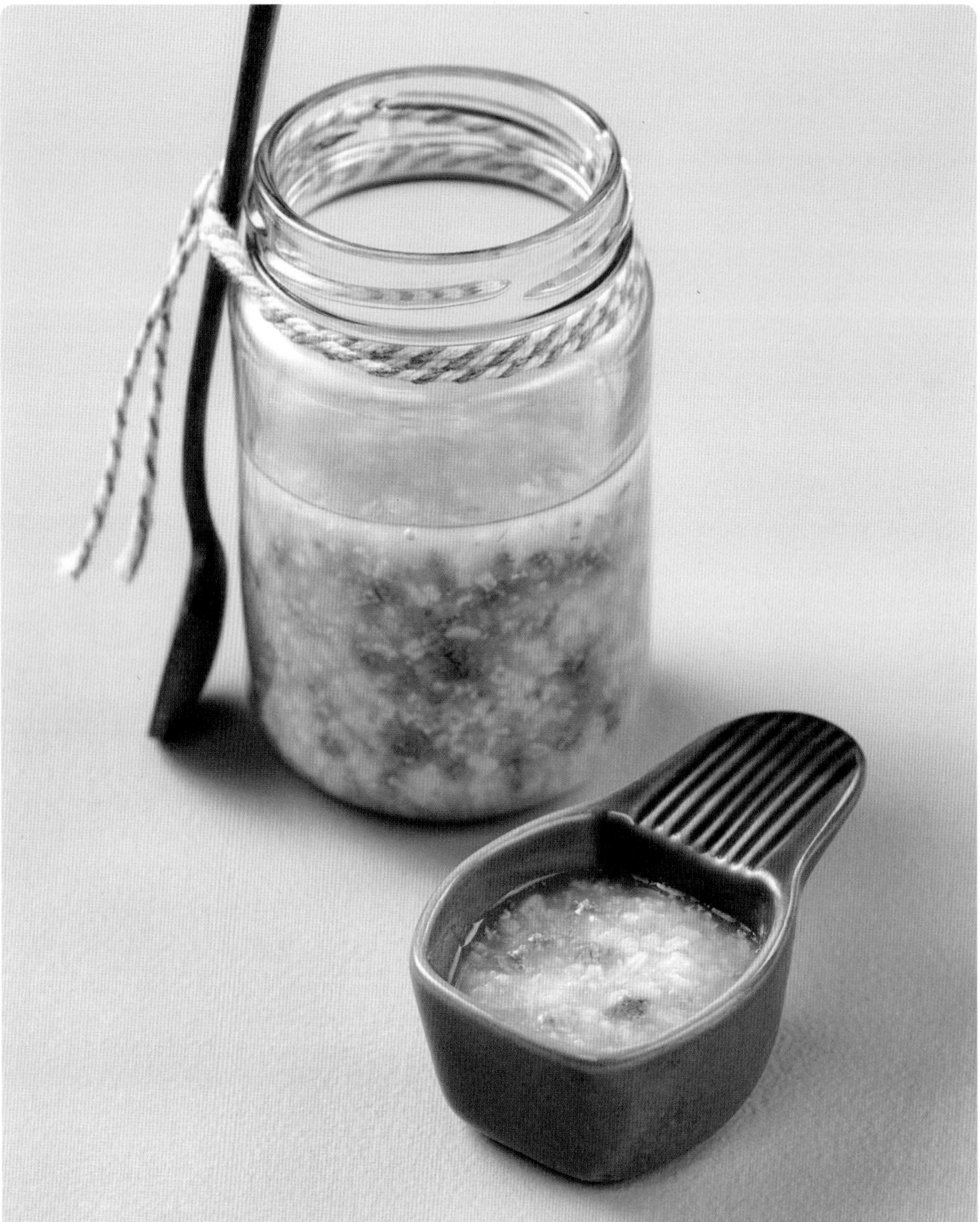

25~35분
(+ 핏물 빼기 10분)
완성량 180㎖(2~3회분)

- 쌀 15g(1큰술, 또는 불린 쌀 19g)
  ＊ 쌀은 미리 20분 이상 불린다.
- 쇠고기 안심 15g(약 4×4×1cm)
- 배추(잎 부분) 5g
- 감자 10g(사방 약 2cm)
- 육수 1과 3/4컵(350㎖)
  ＊ 육수 만들기 38쪽
- 물 2큰술

1 배추는 줄기 부분을 제거하고 연한 잎 부분만 0.2~0.3cm 크기로, 감자는 0.2~0.3cm 크기로 다진다. 쇠고기는 잠길 만큼의 찬물에 담가 10분간 핏물을 뺀 후 4~5등분한다.

2 냄비에 육수를 붓고 센 불에서 끓어오르면 쇠고기를 넣고 중간 불로 줄여 3분간 익힌 후 건진다. 불을 끄고 육수는 그대로 둔다.

3 쇠고기는 0.2~0.3cm 크기로 다진 후 절구에 넣어 살짝 으깬다.

4 믹서에 불린 쌀과 물 2큰술을 넣고 쌀알이 1/4 정도 크기가 되도록 5초간 간다.

5 ①의 육수에 배추를 제외한 모든 재료를 넣고 센 불에서 끓어오르면 약한 불로 줄여 쌀이 푹 퍼질 때까지 약 7~10분간 저어가며 끓인다.

6 배추를 넣고 3분간 저어가며 끓인다.

Tip

배추는 부드러운 노란색 잎 부분을 사용하세요.
배추의 가운데 하얀 줄기 부분은 질기니 사용하지 말고 부드러운 노란색 잎 부분만 사용하세요. 자를 때 V자로 하얀 줄기를 잘라내면 됩니다.

{ 배추 }

들었을 때 묵직하고 겉잎이 버릴 것 없이 붙어있는 게 좋아요. 고를 때는 흰 줄기 부분에 검은 반점이 없고 줄기를 눌러봤을 때 단단하고 수분이 많은 배추를 고르세요. 하지만 배추는 오래 보관하면 질산염의 함량이 높아져서 빈혈을 일으킬 수도 있으니 신선한 것만 사용하세요.

중기

완두콩 감자 양배추수프

이 수프는 평소에 먹여도 좋지만 감기 걸린 아기에게 먹이기 특히 좋은 이유식이에요. 감자와 양배추는 감기에 좋은 재료이고 여기에 완두콩까지 더하면 고소하고 달콤한 맛에 소화기관이 약해져 입맛 없는 아픈 아기들도 잘 먹는 맞춤 이유식이 되지요.

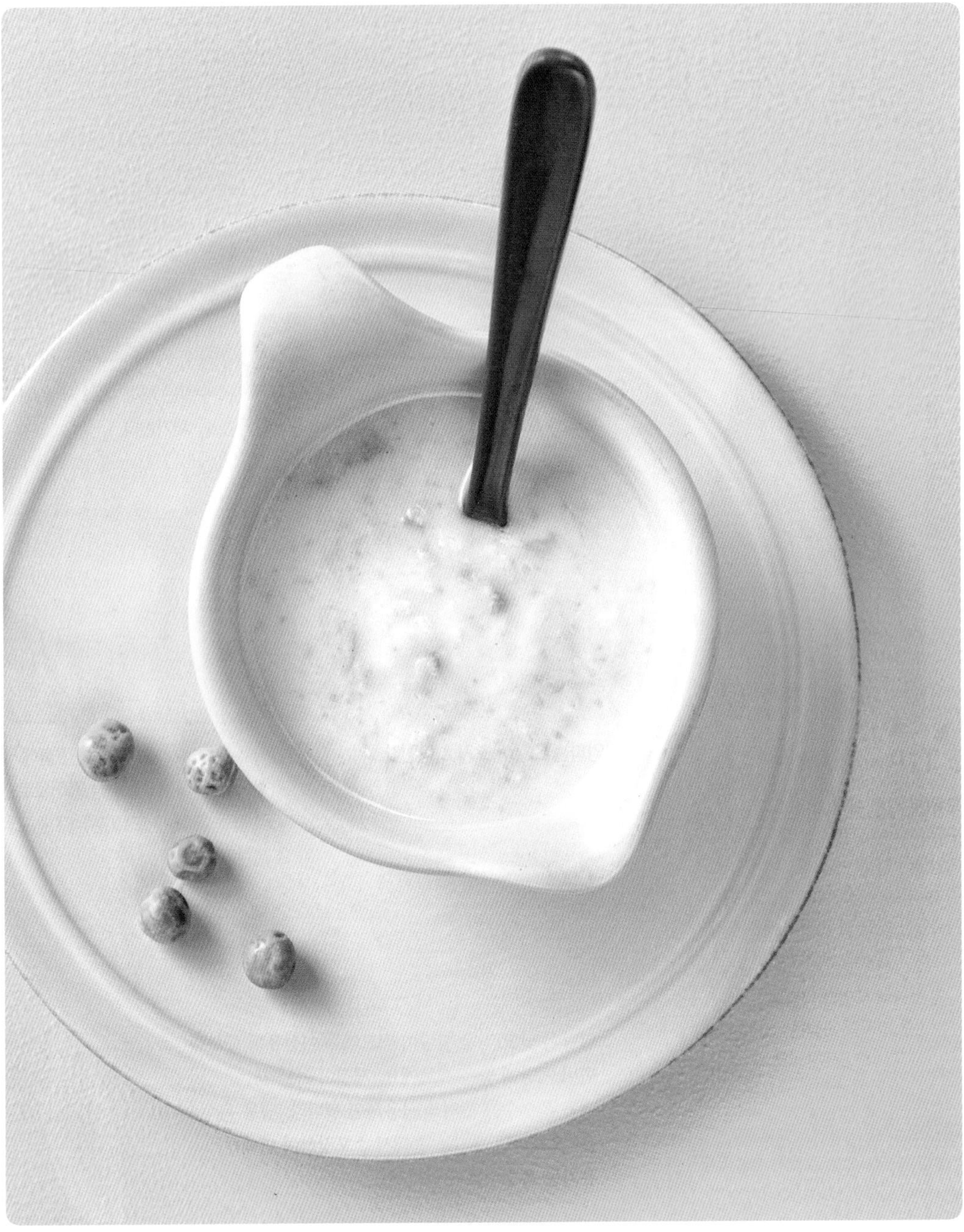

25~35분
완성량 200㎖(2~3회분)

- 냉동 완두콩 20g(2큰술)
- 감자 50g(약 1/4개)
- 양배추 15g(잎 부분, 약 5×6cm 3장)
- 모유 1/2컵(또는 분유, 100㎖)

1 양배추는 두꺼운 심을 제거하고 연한 잎 부분만 0.3cm 폭으로 채 썬다. 감자는 한입 크기로 썬다.

2 냄비에 물(3컵), 감자를 넣고 중간 불에서 7~10분간 끓인 후 완두콩을 넣고 1분간 더 삶아 모두 건져낸다. 물은 계속 끓인다.

3 ②의 끓는 물에 양배추를 넣어 투명해질 때까지 중간 불에서 5분간 삶은 후 체에 밭쳐 물기를 뺀다.

4 삶은 완두콩은 한 김 식혀 껍질을 벗긴다. 절구에 감자를 넣어 으깬 후 완두콩을 넣어 한 번 더 살짝 으깬다.

5 데친 양배추는 잘게 다진다.

6 냄비에 모든 재료를 넣고 중간 불에서 저어가며 끓이다가 한소끔 끓어오르면 바로 불을 끈다.
＊ 모유(분유)로 농도를 조절한다.

Tip

목이 많이 부은 아기들 이유식은 재료를 더 잘게 다지세요.

아기가 목이 많이 부었거나 입맛이 없는 경우에는 양배추를 아주 곱게 다지고 완두콩과 감자도 덩어리없이 으깨는 것이 좋아요.

쇠고기 양배추 당근죽

중기 이유식부터는 하루에 한 번 정도 간식을 먹이는데, 매일 먹이기는 힘들고 간식으로 무엇을 먹일까 많이 고민하게 됩니다. 그래서 마트나 인터넷에서 판매하는 아기용 과자를 사먹이게 되는데 먹이기 전 성분을 꼭 확인하세요. 첫 과자는 유기농 숍에서 파는 쌀떡이나 쌀튀밥으로 만든 뻥튀기가 좋아요. 친환경 쌀로 만들어졌고, 아무것도 첨가되지 않아서 알레르기 위험도 적답니다.

25~35분
(+ 핏물 빼기 10분)
완성량 180㎖(2~3회분)

- 쌀 15g(1큰술, 또는 불린 쌀 19g)
  ＊ 쌀은 미리 20분 이상 불린다.
- 쇠고기 안심 15g(약 4×4×1cm)
- 당근 10g(사방 약 2cm)
- 양배추 5g(잎 부분, 약 5×6cm)
- 육수 1과 3/4컵(300㎖)
  ＊ 육수 만들기 38쪽
- 물 2큰술

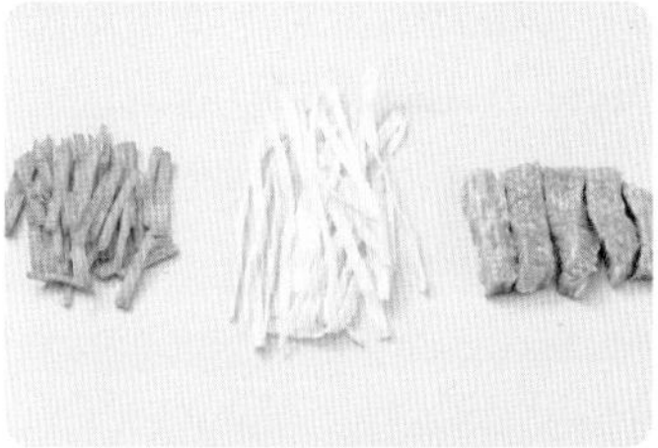

1 당근과 양배추는 0.3cm 폭으로 채 썰고, 쇠고기는 잠길 만큼의 찬물에 담가 10분간 핏물을 뺀 후 4~5등분한다.

2 끓는 물(3컵)에 당근, 양배추를 넣어 중간 불에서 5분간 삶아 체에 밭쳐 물기를 뺀다. 냄비를 닦고 육수를 부어 센 불에서 끓인다.

3 삶은 당근, 양배추는 0.3cm 크기로 다진다.

4 ②의 육수에 쇠고기를 넣어 3분간 삶아 건진 후 불을 끄고 육수는 그대로 둔다. 쇠고기는 0.3cm 크기로 다져 절구에 넣고 살짝 으깬다.

5 믹서에 불린 쌀과 물 2큰술을 넣고 쌀알이 1/4 정도 크기가 되도록 5초간 간다.

6 ④의 육수에 쌀 간 것, 쇠고기를 넣고 센 불에서 끓어오르면 약한 불로 줄여 쌀이 푹 퍼질 때까지 약 7~10분간 저어가며 끓인 후 당근, 양배추를 넣고 1분간 저어가며 끓인다.

Tip

쌀알의 크기를 조금씩 크게 갈아 이유식을 만드세요.

중기 이유식 중반에 들어서면서 쌀알의 크기를 조금씩 크게 먹이세요. 믹서에 조금 덜 갈면 됩니다. 하지만 시기에 따라 재료별 크기가 정해져 있다고 해서 그 시기에 맞춰 갑자기 크기를 늘릴 수는 없어요. 조금씩 아기에게 맞춰가며 엄마가 재료의 크기를 조절하세요.

중기

브로콜리수프

브로콜리수프는 밥을 잘 먹지 않는 아기에게 먹이기 좋아요. 또한 감기와 변비에도 좋은 이유식이랍니다. 수프를 만들 때는 주로 감자를 많이 넣어서 만드는데, 그 이유는 밀가루를 대신해서 전분 성분이 있는 감자로 수프의 농도를 맞출 수 있기 때문이에요. 감자나 고구마를 기본으로 다양한 재료를 응용해서 수프를 만들어도 좋아요.

25~35분

완성량 200㎖(2~3회분)

- 감자 80g(약 2/5개)
- 브로콜리 20g(사방 약 4cm 2개)
- 양파 15g(약 6×6cm 2장)
- 모유 1/2컵(또는 분유, 100㎖)

1 양파는 채 썬다. 감자는 한입 크기로 썰고, 브로콜리는 줄기를 제거하고 꽃 부분만 떼어낸다.

2 냄비에 물(3컵), 감자를 넣고 중간 불에서 끓어오르면 양파를 넣어 2분간 삶은 후 양파만 건진다. 브로콜리를 넣고 5~7분간 삶은 후 체에 밭쳐 물기를 뺀다.

3 데친 양파는 0.3cm 크기로 다진다.

4 브로콜리는 0.3cm 크기로 다진다.

5 감자는 절구에 넣어 으깬다.
＊ 포크로 으깨도 좋다.

6 냄비에 모든 재료를 넣어 중간 불에서 저어가며 끓이다가 수프가 한소끔 끓어오르면 바로 불을 끈다. ＊ 모유(분유)로 농도를 조절한다.

Tip

아기용 치즈를 더해 보세요.
수프에 아기용 치즈를 넣고 녹을 때까지 끓이면 중기 후반~완료기 이유식으로도 활용하기 좋아요.

중기

오이 쇠고기 감자죽

이유식 만들 때 꼭 필요한 도구는 아니지만 있으면 편리한 도구가 바로 매셔예요. 흔히 '감자 으깨기'라고도 합니다. 온·오프라인 매장에서 쉽게 구할 수 있는 도구로 찐 감자나 고구마 등을 으깰 때 사용하지만, 이유식을 끓일 때 매셔로 으깨면서 끓이면 재료의 크기를 작게 조절할 수 있어 편리해요. 또한 진 밥을 넣어 만드는 후기 이유식을 할 때 사용하면 아주 유용하답니다.

25~35분
(+ 핏물 빼기 10분)
완성량 150㎖(약 2회분)

- 쌀 15g(1큰술, 또는 불린 쌀 19g)
  ＊ 쌀은 미리 20분 이상 불린다.
- 쇠고기 안심 15g(약 4×4×1cm)
- 감자 10g(사방 약 2cm)
- 오이 10g(지름 약 3.5cm, 두께 약 1cm)
- 육수 1과 3/4컵(350㎖)
  ＊ 육수 만들기 38쪽
- 물 2큰술

1 감자는 0.2~0.3cm 크기로, 오이는 껍질과 씨를 제거한 후 같은 크기로 다진다. 쇠고기는 잠길 만큼의 찬물에 담가 10분간 핏물을 뺀 후 4~5등분한다.

2 냄비에 육수를 붓고 센 불에서 끓어오르면 중간 불로 줄여 쇠고기를 넣고 3분간 삶아 건져낸다. 불을 끄고 육수는 그대로 둔다.

3 삶은 쇠고기는 0.3cm 크기로 다진 후 절구에 넣어 살짝 으깬다.

4 믹서에 불린 쌀과 물 2큰술을 넣고 쌀알이 1/4 정도 크기가 되도록 5초간 간다.

5 ②의 육수에 모든 재료를 넣고 센 불에서 끓어오르면 약한 불로 줄여 쌀이 푹 퍼질 때까지 약 7~10분간 저어가며 끓인다.

Tip

이유식을 만들 때 오이는 껍질을 벗기세요.

오이 껍질을 벗기고 열십(+)자로 썬 후 가운데 씨를 제거하세요.

중기

아욱 감자 쇠고기죽

이유식을 얼마나 먹여야 하는지, 다른 집 아기들은 얼마나 먹는지, 지금 제대로 먹이고 있는건지 고민이 되실거예요. 중기 이유식에서는 한 끼에 60~120㎖ 정도 먹으면 순조롭다고 할 수 있어요. 하지만 아기들마다 받아들이는 양은 다르므로 다른 아기들과 비교해 적게 먹는다고 스트레스 받지 마세요. 아기들은 잘 먹다가도 안 먹고, 안 먹다가도 잘 먹으니 느긋한 마음으로 길게 내다보세요.

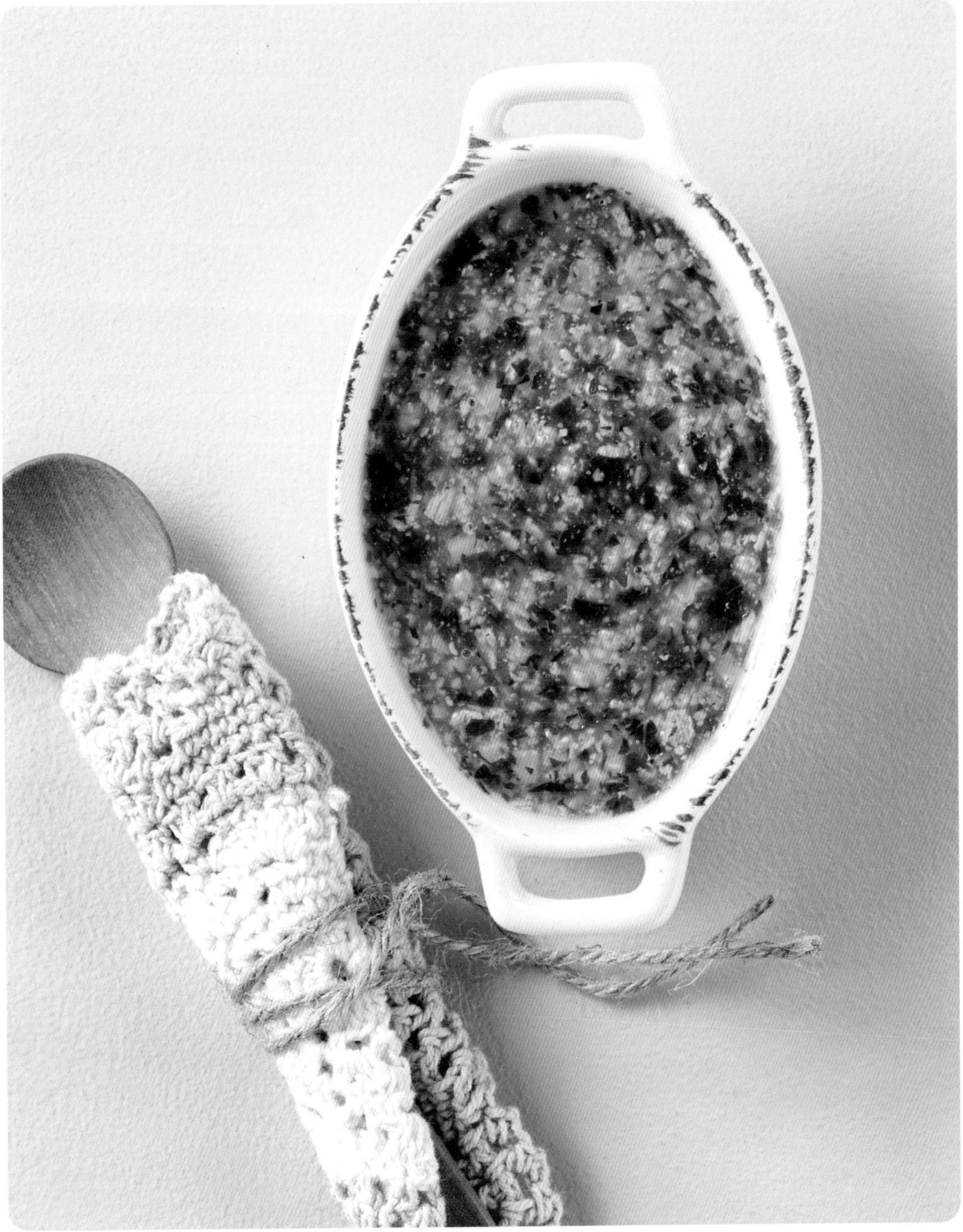

25~35분
(+ 핏물 빼기 10분)
완성량 180㎖(2~3회분)

- 쌀 15g(1큰술, 또는 불린 쌀 19g)
  * 쌀은 미리 20분 이상 불린다.
- 쇠고기 안심 15g(약 4×4×1cm)
- 감자 10g(사방 약 2cm)
- 아욱(잎 부분) 5g
- 육수 1과 1/2컵(300㎖)
  * 육수 만들기 38쪽
- 물 2큰술

1 아욱, 감자는 0.2~0.3cm 크기로 다진다. 쇠고기는 잠길 만큼의 찬물에 담가 10분간 핏물을 뺀 후 4~5등분한다.

2 냄비에 육수를 붓고 센 불에서 끓어오르면 쇠고기를 넣고 중간 불에서 3분간 삶아 건져낸다. 불을 끄고 육수는 그대로 둔다.

3 삶은 쇠고기는 0.3cm 크기로 다진 후 절구에 넣어 살짝 으깬다.

4 믹서에 불린 쌀과 물 2큰술을 넣고 쌀알이 1/4 정도 크기가 되도록 5초간 간다.

5 ②의 냄비에 모든 재료를 넣고 센 불에서 끓어오르면 약한 불로 줄여 쌀이 푹 퍼질 때까지 약 7~10분간 저어가며 끓인다.

Tip

아기들이 잘 안 먹을 때는 이유가 있어요.
이가 날 때, 행동발달 과정에서 새로운 것을 연습하고 시도할 때, 감기에 걸렸을 때, 입 안이 헐었을 때, 변비로 응가를 못했을 때 그리고 빈혈이 있을 때 등 컨디션이 안좋을 땐 잘 안먹어요. 아기의 상태를 고려해 이유식을 먹이도록 하세요.

애호박 바나나 사과수프

애호박은 장을 편안하게 하고 바나나와 익힌 사과는 묽은 변을 정상 변으로 만들어주는데 도움을 주는 재료랍니다. 그래서 이 수프는 평소에 먹여도 좋지만 아기가 속이 좋지 않아서 묽은 변을 볼 때 좋은 이유식이에요. 먹기에 부담도 없고 달콤한 맛이 나는 이유식이라 컨디션이 좋지 않은 아기나 입맛이 없는 아기에게 먹이면 좋습니다.

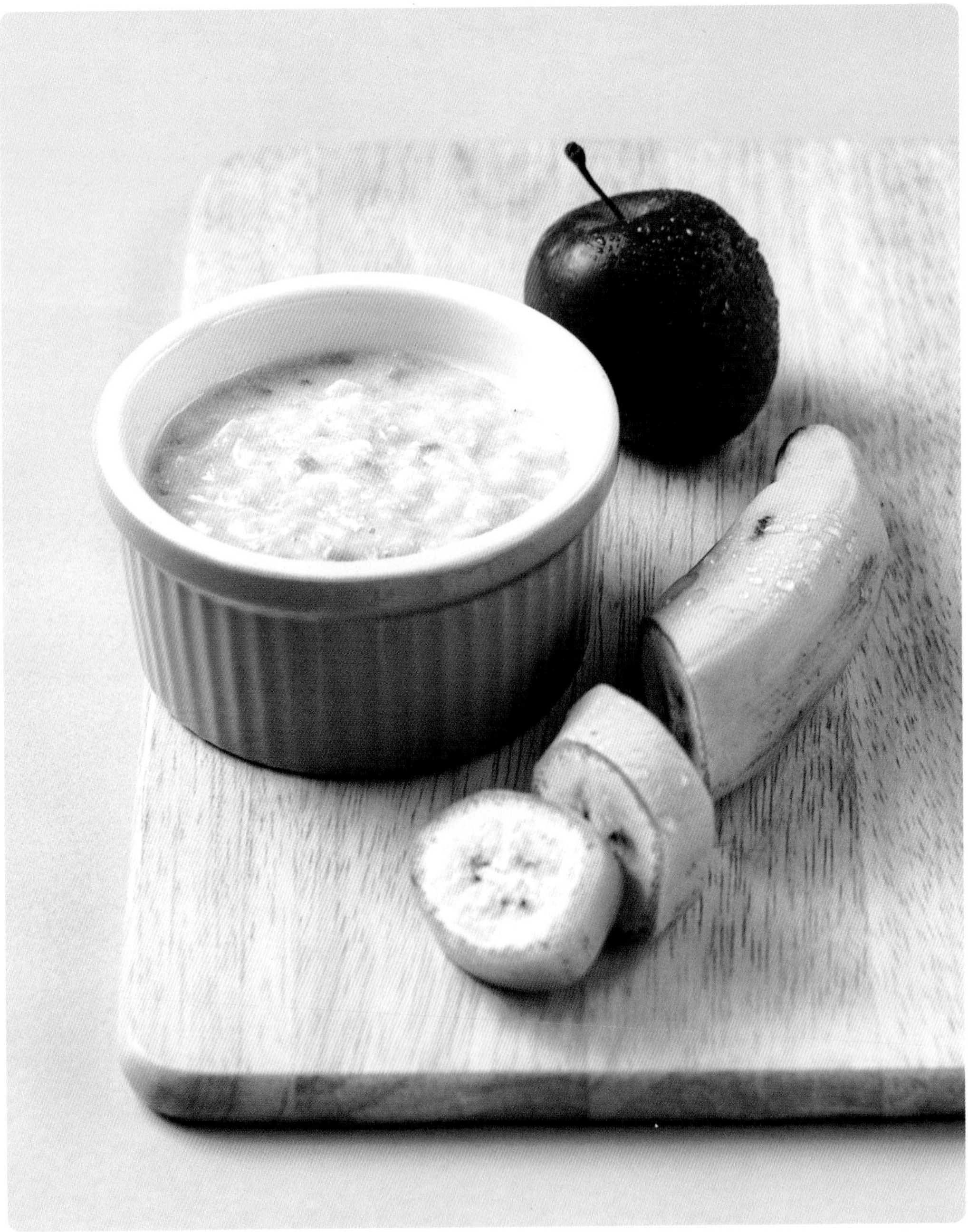

20~30분

완성량 180㎖(2~3회분)

- 애호박 20g(지름 5cm, 두께 1cm)
- 바나나 70g(2/3개)
- 사과 20g(사방 4cm)
- 모유 1/2컵(또는 분유, 100㎖)
- 물 2큰술

1 애호박은 0.2~0.3cm 크기로 다진다.

2 끓는 물(2컵)에 애호박을 넣어 센 불에서 2분간 익힌 후 체에 밭쳐 물기를 뺀다.

3 바나나는 껍질을 벗겨 양 끝을 제거한 후 볼에 넣어 포크로 으깬다.

4 사과는 껍질을 벗겨 강판에 간다.

5 냄비에 애호박, 바나나, 사과, 물을 넣고 사과가 다 익을 때까지 저어가며 센 불에서 1분간 끓인다.

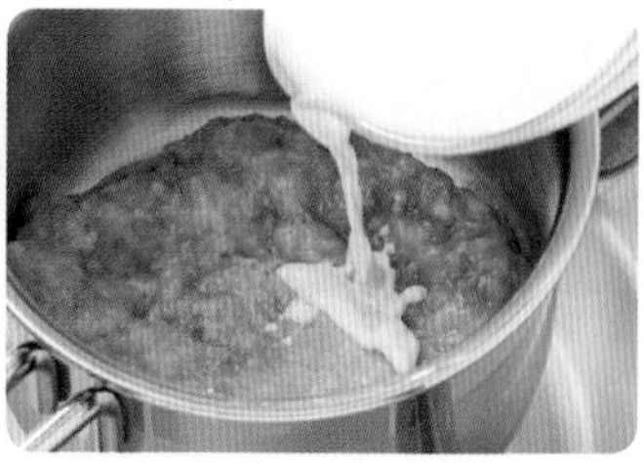

6 모유(분유)를 넣고 센 불에서 저어가며 끓이다가 한소끔 끓어오르면 바로 불을 끈다.
＊ 모유(분유)로 농도를 조절한다.

Tip

바나나는 양 끝을 제거한 후 먹이세요.
아기 간식으로 바나나를 많이 먹이는데, 유통 과정에서 처리한 약품이 남아있어 몸에 해로운 수 있어요. 되도록 유기농 바나나를 구입하고, 일반 바나나를 먹일 때는 양 끝을 조금씩 잘라내고 가운데 부분만 먹이세요.

{ 바나나 }

식이섬유가 풍부해 변비에 좋고 위장을 편하게 해 줘 설사가 날 때 먹여도 좋아요. 잠도 잘 자게 해준답니다. 당장 먹을 것을 고른다면 검은 반점이 있는 것을, 후숙시켜 먹을 것이라면 초록색이나 노란색을 띠는 것을 고르세요.

구기자 닭죽

아기가 이유식을 잘 먹지 않아서 속상하다면 구기자를 이용해 보세요. 아기들이 입맛이 없을 때, 입맛을 돌게 해주는 재료가 바로 구기자예요. 구기자로 차를 끓여서 그냥 물처럼 먹여도 좋고, 구기자 물을 육수 대신 사용해도 좋아요. 구기자 물을 넣은 이유식은 살짝 단맛이 돌면서 감칠맛이 납니다. 구기자 닭죽은 몸이 아파서 입맛을 잃은 아기에게 먹이기 좋은 보양 이유식이에요.

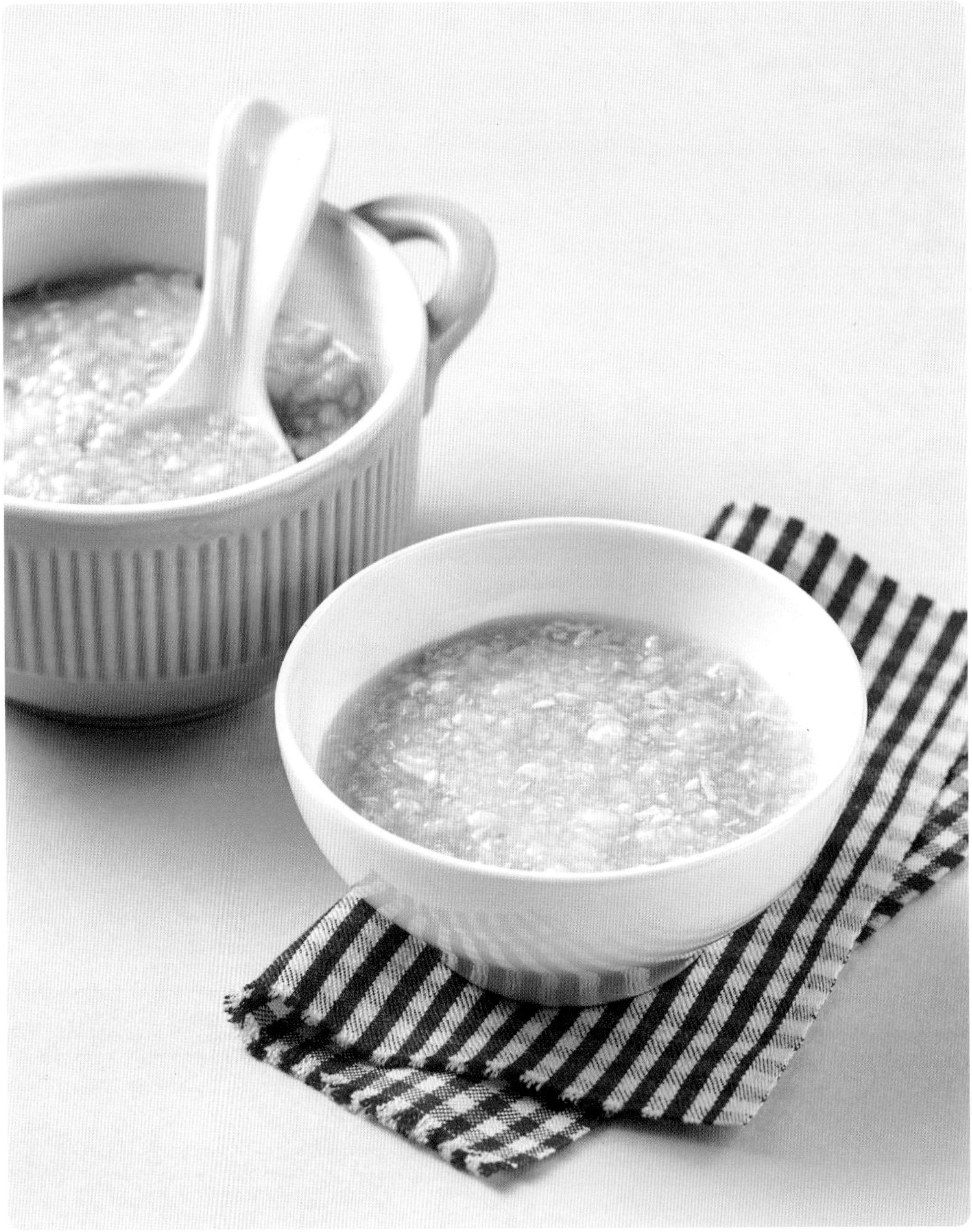

25~35분
완성량 180㎖(2~3회분)

- 쌀 20g(1과 1/3큰술, 또는 불린 쌀 25g)
- 찹쌀 5g(1/3큰술, 또는 불린 찹쌀 6g)
  ※ 쌀과 찹쌀은 미리 20분 이상 불린다.
- 닭안심 15g(약 1/2쪽)
- 구기자 물 1과 3/4컵(350㎖)
  ※ 구기자 물 만들기 39쪽

1 믹서에 불린 쌀과 찹쌀을 넣고 쌀알이 1/2~1/3 크기가 되도록 2초간 간다.

2 냄비에 구기자 물을 붓고 센 불에서 끓어오르면 닭안심을 넣어 중간 불로 줄여 5~7분간 삶아 건져낸다. 불을 끄고 물은 그대로 둔다.

3 삶은 닭안심은 0.2~0.3cm 크기로 다진다.

4 ②의 구기자 물에 모든 재료를 넣고 센 불에서 끓어오르면 약한 불로 줄여 쌀이 푹 퍼질 때까지 약 7~10분간 저어가며 끓인다.

{ 구기자 }

포도당과 아미노산의 흡수를 촉진시켜 살을 찌게 해요.
또한 뼈를 튼튼하게 해주고 면역력도 향상시켜 줘 감기에도 좋은 식재료지요. 말린 구기자는 대형 마트나 재래시장의 약재상, 인터넷으로도 쉽게 구할 수 있습니다. 고를 때는 색이 붉고 벌레 먹은 곳이 없는 것을 고르고 밀봉해서 냉동 보관하세요.
어른들은 말린 구기자를 프라이팬에 볶아 견과류처럼 즐겨도 좋아요.

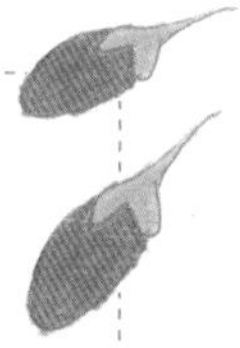

구기자 대추죽

구기자 대추죽은 저희 아기가 장염에 걸린 이후 입맛을 잃었을 때 이유식을 다시 시작하는 마음으로 만들어 먹였던 이유식이에요. 대추는 빈혈, 설사에 좋고 감기에도 좋은 재료이며 잠도 잘 오게 한답니다. 찹쌀과 대추를 넣어 끓인 구기자 대추죽은 대추와 구기자의 단맛 덕분에 아기들이 잘 먹어요. 몸이 아파서 먹기 힘들어 하는 아기들도 부담없이 먹는 이유식이랍니다.

25~35분

완성량 200㎖(2~3회분)

- 쌀 20g(1과 1/3큰술, 또는 불린 쌀 25g)
- 찹쌀 10g(2/3큰술, 또는 불린 찹쌀 13g)
  ＊ 쌀과 찹쌀은 미리 20분 이상 불린다.
- 말린 대추 5개(20g)
- 구기자 물 1과 3/4컵(350㎖)
  ＊ 구기자 물 만들기 39쪽

1 믹서에 불린 쌀과 찹쌀을 넣고 쌀알이 1/2~1/3 크기가 되도록 2초간 간다.

2 말린 대추는 깨끗이 씻은 후 돌려 깎아 씨를 제거한다.

3 씨를 제거한 대추를 3등분한다.

4 냄비에 구기자 물을 넣고 센 불에서 끓어오르면 대추를 넣어 중간 불에서 5분간 삶아 건져낸다. 불을 끄고 물은 그대로 둔다.

5 대추는 체에 내린다.

6 ④의 구기자 물에 모든 재료를 넣고 센 불에서 끓어오르면 약한 불로 줄여 쌀이 푹 퍼질 때까지 약 7~10분간 저어가며 끓인다.

Tip

대추 내리는 것이 번거롭다면 믹서에 넣고 갈아도 돼요.
대추를 체에 내리기가 번거롭다면 믹서에 갈아도 되지만 믹서에 갈 경우 껍질이 조금 까칠하게 느껴질 수도 있어요. 되도록이면 체에 내려서 껍질을 한 번 걸러주세요.

입맛 없을 때 먹이기 좋은 이유식이에요.
평소 아기가 잘 안 먹거나, 감기에 걸렸을 때, 장염에 걸렸을 때, 그리고 잠을 잘 안 잘 때 먹이기 좋은 이유식입니다. 잘 안먹는 시기의 아기라면 쌀을 더 곱게 간 후 끓이세요. 또한 여기에 닭안심을 삶아 다진 후 넣으면 보양 이유식으로 그만입니다.

{ 대추 }

비타민 C가 풍부한 대추는 호흡기 기능을 향상시켜 기침 및 감기 예방에 좋아요. 잠도 잘 오게 하고 몸을 따뜻하게 하여 활력이 넘치게 해주고 체력도 키워줍니다. 칼슘이 풍부해서 성장기 아기의 발육에 도움을 주고 식이섬유도 풍부해 변비 예방에도 효과적입니다. 말린 대추는 지퍼백에 넣어 밀봉한 후 냉장 보관하세요.

연두부 브로콜리 닭고기죽

두부는 7개월 정도부터 먹일 수 있는 재료예요. 하지만 알레르기가 있다면 돌 이후에 먹이세요. 연두부와 일반 두부는 성분이나 영양의 차이는 없습니다. 이유식에 연두부를 사용하는 이유는 일반 두부에 비해 질감이 부드러워 아기가 먹기에 부담없기 때문입니다.

25~35분
완성량 180㎖(2~3회분)

- 쌀 15g(1큰술, 또는 불린 쌀 19g)
- 찹쌀 5g(1/3큰술, 또는 불린 찹쌀 6g)
  ※ 쌀과 찹쌀은 미리 20분 이상 불린다.
- 닭안심 10g(약 1/3쪽)
- 연두부 10g(1/2큰술)
- 브로콜리 5g(사방 약 2cm)
- 양파 5g(약 3.5×6cm)
- 육수 1과 3/4컵(350㎖)
  ※ 육수 만들기 38쪽

1 믹서에 불린 쌀과 찹쌀을 넣고 쌀알이 1/2~1/3 정도 크기가 되도록 2초간 간다.

2 냄비에 육수를 붓고 센 불에서 끓어오르면 닭안심, 브로콜리, 양파를 넣고 중간 불에서 5~7분간 끓인다.

3 닭안심, 브로콜리, 양파를 건져내고 불을 끈다. 육수는 그대로 둔다.

4 브로콜리, 양파는 0.3~0.4cm 크기로, 닭안심은 0.2~0.3cm 크기로 다진다.

5 ③의 육수에 모든 재료를 넣어 센 불에서 끓어오르면 약한 불로 줄여 쌀이 푹 퍼질 때까지 약 7~10분간 저어가며 끓인다.

Tip

두부를 살 때는 성분을 꼭 확인하세요.
두부를 구입할 때는 소포제 등의 첨가물과 유전자 변형식품 여부(GMO-Free)를 확인하세요. 남은 연두부는 간장 소스를 뿌려 먹어도 좋고 순두부찌개나 달걀찜에 넣어 먹어도 맛있어요.

{ 연두부 }

연두부는 부드러운 식감으로 아기가 먹기 좋은 재료예요.
고단백 저열량 식품으로 성장 발달에 도움을 줍니다.

중기

쇠고기 양파 감자 청경채 수프

쇠고기를 넣어 빈혈에 좋은 수프예요. 평소 모유나 분유를 잘 먹고 이유식도 잘 먹는다면 굳이 빈혈 걱정은 하지 않아도 됩니다. 하지만 모유를 먹는 아기의 경우 빈혈에 걸릴 위험이 분유를 먹는 아기보다 크니, 엄마도 평소 몸에 좋은 음식들을 많이 챙겨 먹고 아기도 쇠고기나 채소 등 철분이 많이 들어간 음식을 잘 챙겨 먹여야 해요.

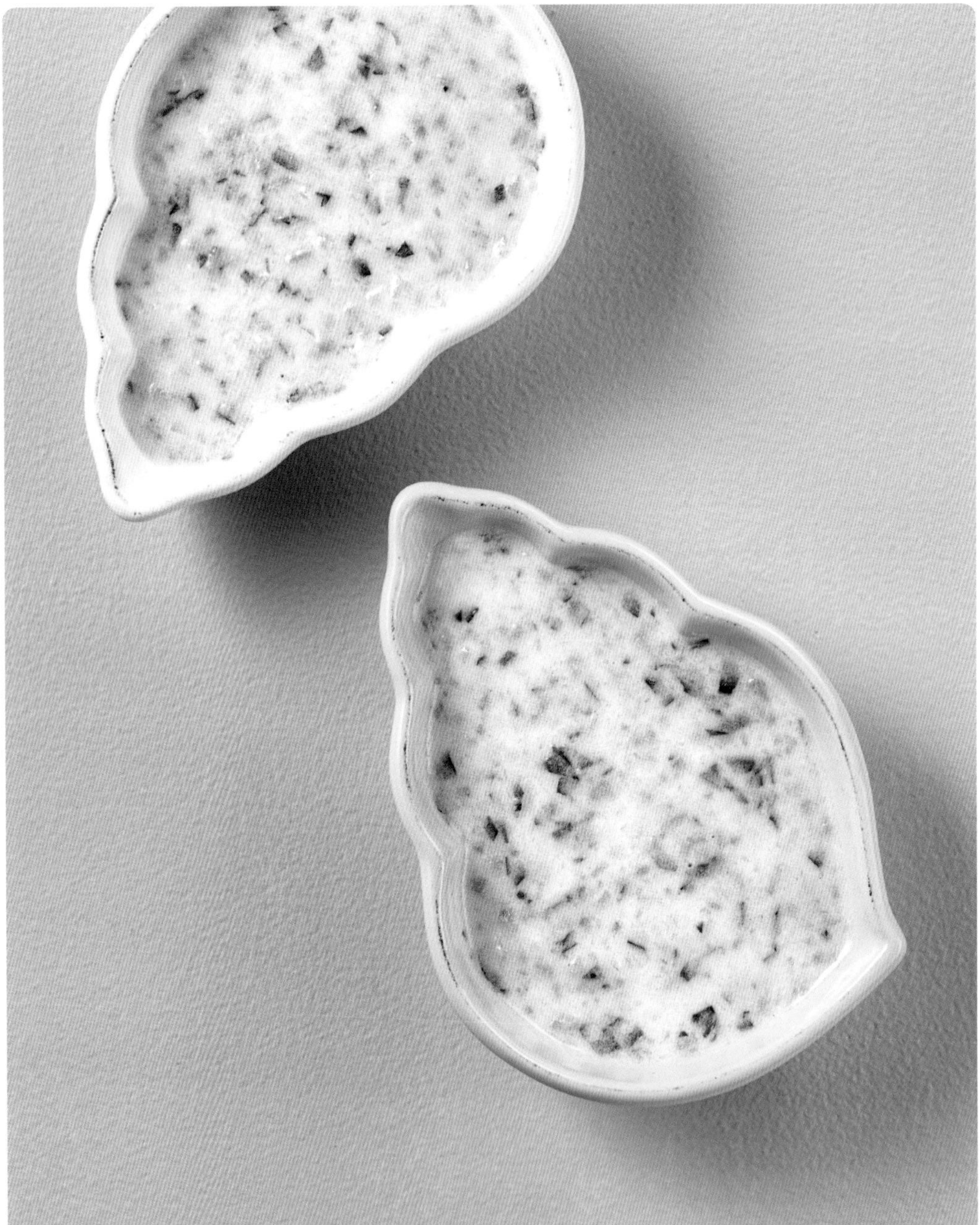

🕒 **20~30분**
(+ 핏물 빼기 10분)
완성량 180㎖(2~3회분)

- 쇠고기 안심 15g(약 4×4×1cm)
- 감자 50g(약 1/4개)
- 양파 20g(약 6×7cm 2장)
- 청경채(잎 부분) 5g
- 모유 1/2컵(또는 분유, 100㎖)

1 감자는 한입 크기로 썰고 쇠고기는 찬물에 10분간 담가 핏물을 뺀 후 4~5등분한다.

2 냄비에 물(3컵), 감자를 넣고 중간 불에서 끓어오르면 쇠고기를 넣어 3분간 삶아 쇠고기만 건진다. 3~5분간 더 삶아 감자를 건진다.

3 삶은 쇠고기는 0.2~0.3cm 크기로 다진다.

4 삶은 감자는 볼에 넣어 포크로 으깬다.

5 끓는 물(2컵)에 양파를 넣고 2분, 청경채를 넣고 1분간 더 끓인 후 체에 밭쳐 물기를 뺀다. 삶은 양파와 청경채를 0.3~0.4cm 크기로 다진다.

6 냄비에 모든 재료를 넣고 중약 불에서 저어가며 끓이다가 한소끔 끓어오르면 바로 불을 끈다.
* 모유(분유)로 농도를 조절한다.

Tip

청경채는 잎 부분만 사용하세요.
중기 이유식의 중반을 넘어서면서 재료의 크기가 조금 커졌지만 질긴 줄기 부분은 아직 무리랍니다. 줄기를 제거하고 연한 잎 부분만 사용하세요.

고기는 익힌 후 다져요
아기가 먹는 크기를 가늠하기 위해 고기는 익힌 후 다지는 것이 좋아요.

현미 단호박 배추 쇠고기죽

현미는 아기 두뇌 발달에 좋은 재료지만 거칠기 때문에 소화가 잘 안 된다는 단점도 있어요. 발아현미로 이유식을 만들면 일반 현미보다 부드럽고 식이섬유의 함량도 많아서 좋답니다. 알레르기가 있는 아기의 경우 발아현미를 팬에 기름 없이 볶아서 익힌 후 물과 함께 차로 끓여 먹여도 좋습니다.

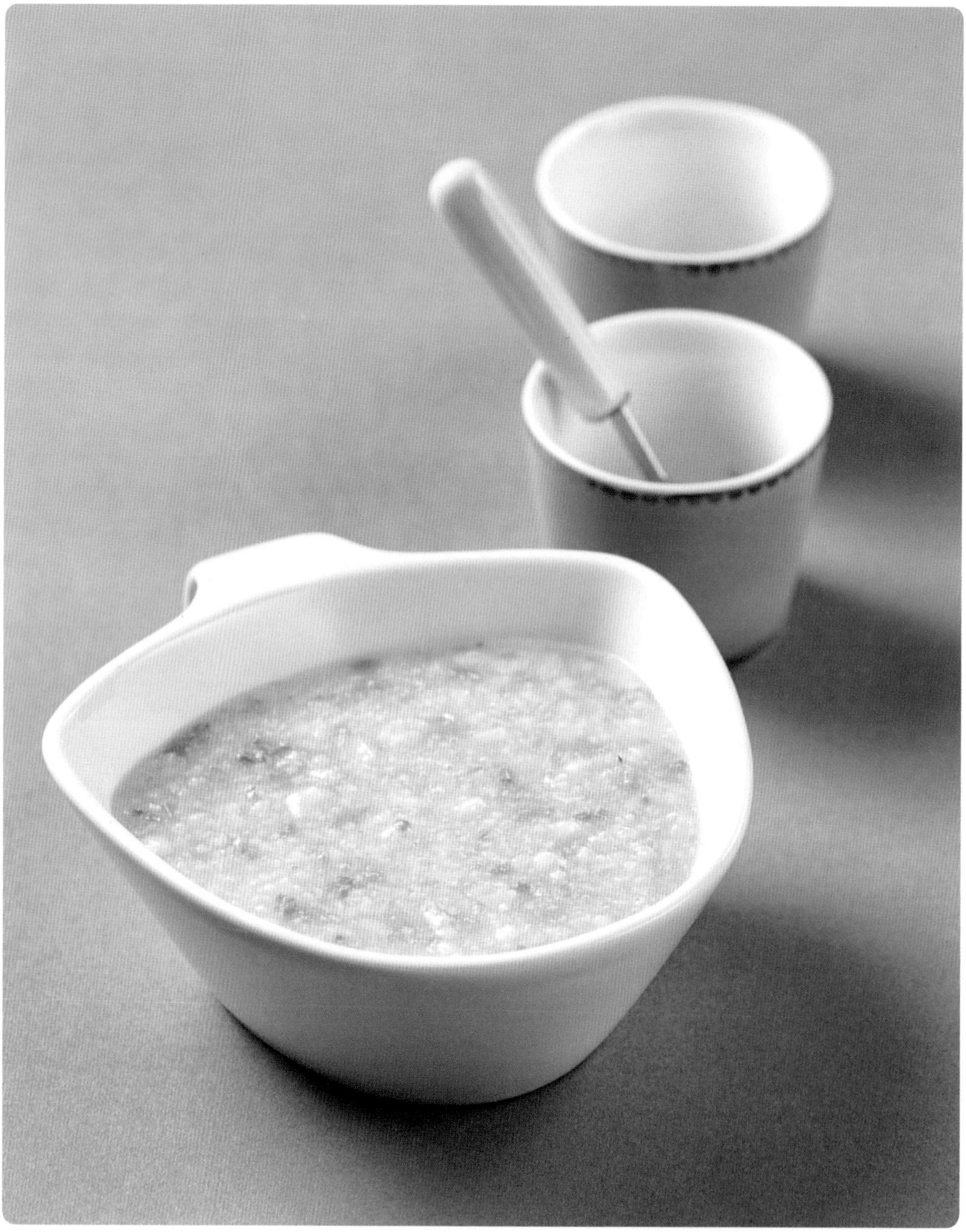

25~35분
(+ 핏물 빼기 10분)
완성량 180㎖(2~3회분)

- 쌀 15g(1큰술, 또는 불린 쌀 19g)
  ＊ 쌀은 미리 20분 이상 불린다.
- 현미 5g(1/3큰술)
  ＊ 현미는 미리 1시간 이상 불린다.
  ＊ 쌀과 현미는 각각 두 개의 볼에 나눠 불린다.
- 쇠고기 안심 15g(약 4×4×1cm)
- 단호박 15g(사방 약 2.5cm)
- 배추(잎 부분) 10g
- 육수 1과 3/4컵(350㎖)
  ＊ 육수 만들기 38쪽

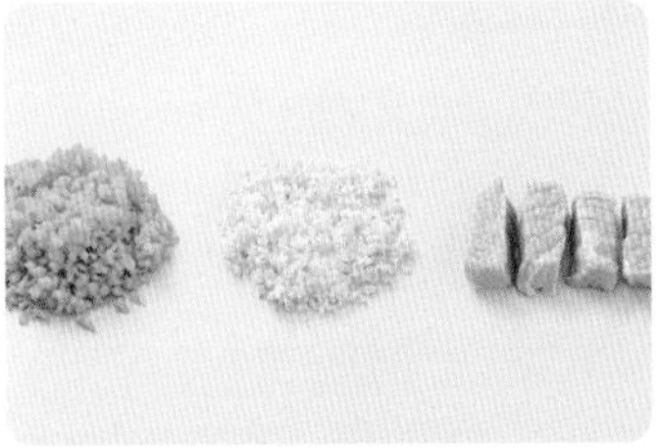

1 단호박, 배추는 0.3~0.4cm 크기로 다진다. 쇠고기는 잠길 만큼의 찬물에 담가 10분간 핏물을 뺀 후 4~5등분한다.

2 냄비에 육수를 붓고 센 불에서 끓어오르면 쇠고기를 넣고 중간 불로 줄여 3분간 삶은 후 건져낸다. 불을 끄고 육수는 그대로 둔다.

3 쇠고기는 0.2~0.3cm 크기로 다진다.

4 믹서에 불린 현미를 넣고 1초간 간 후 불린 쌀을 넣어 쌀알이 1/2~1/3 정도 크기가 되도록 2초간 더 간다.

5 ②의 육수에 모든 재료를 넣어 센 불에서 끓어오르면 약한 불로 줄여 쌀이 푹 퍼질 때까지 약 7~10분간 저어가며 끓인다.

Tip

현미는 백미보다 조금 더 오래 물에 불리세요.
현미는 백미보다 단단하기 때문에 물에 좀 더 오래 불려야 합니다. 현미는 백미보다 더 작게 갈아서 이유식을 만들어야 아기가 먹기에 부담이 없답니다. 적미도 건강에 좋으니 적미를 구입할 수 있으면 현미 대신 사용해도 좋아요.

쌀알의 크기를 조금씩 키우세요.
중기 이유식 후반에 들어서면 쌀의 크기를 조금씩 키워도 돼요. 아기에게 맞춰서 조금씩 재료의 크기를 조절해주는 것이 좋습니다.

{ 현미 }

벼에서 왕겨만 제거한 것이 현미, 현미에서 겨를 더 깎아낸 것이 백미예요. 식이섬유가 풍부해 변비 예방과 개선에 도움을 줍니다. 발아 현미는 일반 현미에 비해 부드럽고 먹기 좋으며 식물성 성장 호르몬이 들어있어 성장기 아기에게 좋아요.

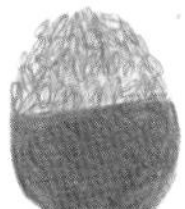

중기

옥수수 연두부 양파수프

옥수수와 연두부는 알레르기를 일으킬 수 있으니 옥수수 연두부 양파수프는 알레르기가 있는 아기의 경우 돌 이후에 먹이세요. 옥수수가 나는 계절이라면 옥수수 한 자루를 쪄서 알만 떼어낸 다음 믹서에 갈면 됩니다. 찐 옥수수를 그냥 아기에게 주지 마세요. 잘못하면 목에 걸려서 위험할 수도 있으니까요.

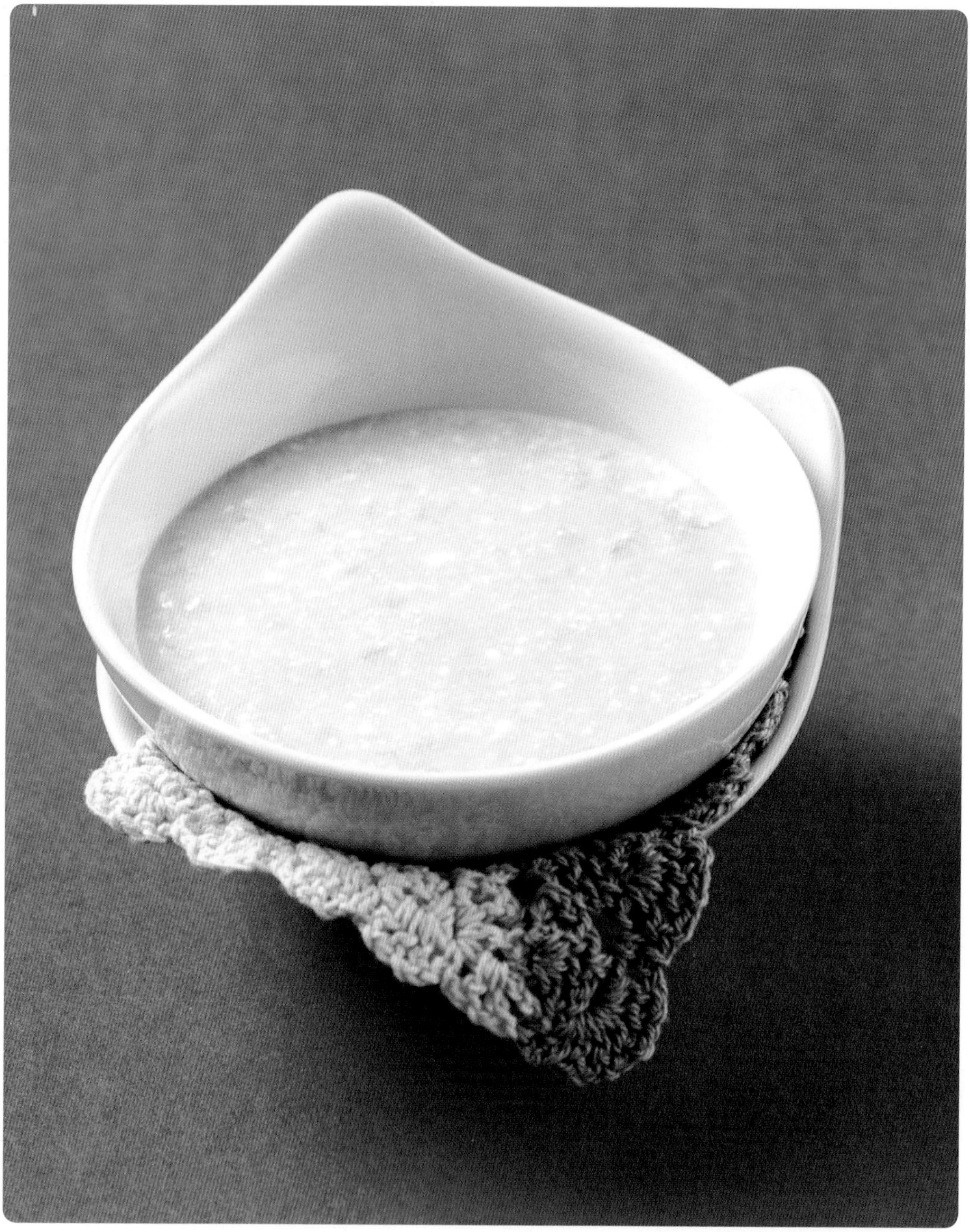

15~25분

완성량 180㎖(2~3회분)

- 냉동 옥수수알 60g(6큰술)
- 연두부 60g(3큰술)
- 양파 20g(약 6×7cm 2장)
- 물 1큰술
- 모유 1/4컵(또는 분유, 50㎖)

1 끓는 물(2컵)에 채 썬 양파를 넣고 중간 불에서 3분간 데친 후 건지고 옥수수알을 넣어 1분간 데친다. 체에 밭쳐 물기를 뺀다.

2 믹서에 삶은 옥수수알과 물 1큰술을 넣고 1분간 알갱이가 보이지 않을 때까지 곱게 간다. 삶은 양파는 잘게 다진다.

3 연두부는 절구에 넣어 곱게 으깬다.
※ 연두부를 으깨는 것이 번거롭다면 과정 ④에서 냄비에 넣어 주걱으로 으깨가며 끓여도 돼요.

4 냄비에 옥수수와 연두부, 양파를 넣고 중간 불에서 저어가며 끓이다가 한소끔 끓어오르면 바로 불을 끈다.
※ 모유(분유)로 농도를 조절한다.

Tip

옥수수알은 체에 내려도 됩니다.
아기가 옥수수 껍질을 먹기 부담스러워 한다면 옥수수알을 익힌 다음 체에 내려서 껍질을 걸러주세요. 찰옥수수는 속껍질이 단단해서 아기들이 먹다가 목에 걸려 힘들 수도 있어요. 또한 믹서에 곱게 갈기 힘들고 체에 잘 내려지지도 않으니 되도록 찰옥수수는 사용하지 마세요.

중기

콜리플라워 쇠고기 쌀수프

콜리플라워는 비타민 C가 풍부해 면역력 증진에 좋아요. 그래서 감기에 걸렸을 때 먹이기에 좋은 이유식 재료랍니다. 또한 오랫동안 열을 가해도 비타민 파괴가 적고 변비와 빈혈 예방에 효과가 있습니다. 삶으면 감자처럼 부드러워져서 식감도 좋아요.

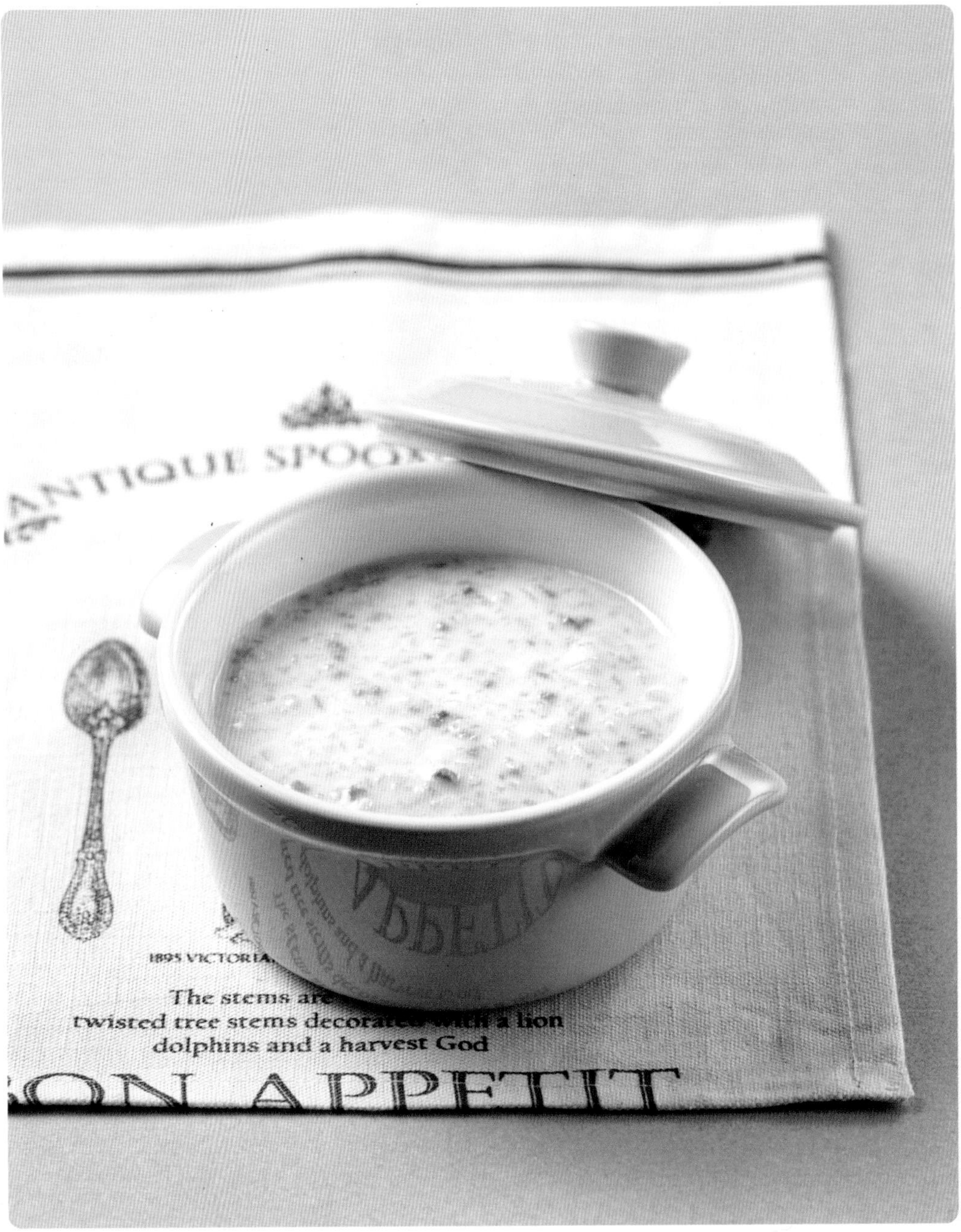

25~35분
(+ 핏물 빼기 10분)
완성량 180㎖(2~3회분)

- 쌀 20g(1과 1/3큰술,
  또는 불린 쌀 25g)
  ※ 쌀은 미리 20분 이상 불린다.
- 쇠고기 안심 15g(약 4×4×1cm)
- 콜리플라워 10g(꽃 부분,
  사방 약 4cm)
- 양파 5g(약 3.5×6cm)
- 냉동 옥수수알 10g(1큰술)
- 물 1과 1/2컵(300㎖)
- 모유 약 2/5컵(또는 분유, 80㎖)

1 냄비에 물을 붓고 중간 불에서 끓어오르면 콜리플라워, 양파를 넣고 4~5분간 삶아 건진다. 쇠고기는 찬물에 담가 10분간 핏물을 뺀다.

2 ①의 끓는 물에 쇠고기를 4~5등분해 넣고 3분간 삶아 건져낸다. 불을 끄고 국물은 그대로 둔다.

3 쇠고기는 0.2~0.3cm, 콜리플라워, 양파는 0.3~0.4cm 크기로 다진다. 끓는 물(2컵)에 옥수수알을 넣고 1분간 삶아 체에 밭쳐 물기를 뺀다.

4 삶은 옥수수알은 체에 내린다. 체 위에 남은 껍질을 버린다.

5 믹서에 불린 쌀을 넣고 쌀알이 1/2~1/3 정도 크기가 되도록 2초간 간다.

6 ②의 국물에 모유(분유)를 제외한 모든 재료를 넣고 센 불에서 끓어오르면 약한 불로 줄여 쌀이 푹 퍼질 때까지 약 7~10분간 저어가며 끓인다.

7 모유(분유)를 넣고 중간 불에서 한소끔 끓어오르면 바로 불을 끈다.
※ 모유(분유)로 농도를 조절한다.

Tip

콜리플라워는 잎이 붙어있고 묵직하며 단단한 것으로 고르세요.
꽃의 끝부분이 검게 변하지 않은 것이 싱싱한 콜리플라워랍니다. 촘촘해서 씻는 게 쉽지 않지만 흐르는 물에 깨끗이 씻으세요.

연근 연두부 닭고기죽

연근은 아기가 열 감기에 걸렸을 때나 소화 기관에 이상이 있을 때 먹이면 좋은 재료예요. 연근으로 이유식을 만들 때는 지저분한 양쪽 끝을 잘라내고 사용하세요. 또한 연근은 단단하므로 믹서에 곱게 갈아서 이유식에 넣는 것이 좋습니다. 갈아도 연근 특유의 상큼하고 아삭한 느낌은 살아있답니다. 아기가 알레르기가 있다면 연두부는 제외하고 연근과 닭고기만 넣어서 이유식을 만들면 됩니다.

25~35분

완성량 180㎖(2~3회분)

- 쌀 15g(1큰술, 또는 불린 쌀 19g)
  * 쌀은 미리 20분 이상 불린다.
- 연근 15g(지름 약 5cm, 두께 약 0.5cm)
- 닭안심 15g(약 1/2쪽)
- 연두부 15g(3/4큰술)
- 육수 1과 3/4컵(350㎖)
  * 육수 만들기 38쪽
- 물 1큰술

1 연근을 식촛물에 10분간 담가 쓴맛을 없앤다.

2 냄비에 육수를 붓고 중간 불에서 끓어오르면 닭안심을 넣어 3~4분간 삶아 건져낸다. 불을 끄고 육수는 그대로 둔다.

3 삶은 닭안심은 0.2~0.3cm 크기로 다진다.

4 연근은 열십(+)자로 4등분한다. 믹서에 연근, 물 1큰술을 넣고 30초간 간다.

5 믹서에 불린 쌀을 넣고 쌀알이 1/2~1/3 정도 크기가 되도록 2초간 간다.

6 ②의 육수에 모든 재료를 넣고 센 불에서 끓어오르면 약한 불로 줄여 쌀이 푹 퍼질 때까지 약 7~10분간 저어가며 끓인다.

Tip

연근의 쓴맛을 제거하기 위해 사용하는 식초는 천연 양조식초를 사용하세요.

식초는 양조식초와 합성 식초로 분류되는데, 좋은 식초는 100% 자연 발효된 천연 양조식초랍니다. 영양분이 없는 합성 식초를 사용하지 말고, 되도록 첨가물 없이 과실이나 곡물만으로 만든 천연 양조식초를 사용하는 게 좋아요.

{ 연근 }

비타민 C가 풍부해 피로 해소에 좋고 잠이 잘 오게 합니다. 철분이 함유되어 있어 빈혈 예방에도 도움을 주지요. 연근의 실처럼 끈끈한 성분은 단백질 소화를 촉진시키고 위산 분비를 조절해 위염이나 장염 완화에도 좋아요. 연근을 오래 보관하려면 껍질을 제거한 후 적당한 두께로 썰어 끓는 식촛물에 5분간 데쳐 물기를 제거한 후 밀봉해 냉동 보관 하세요.

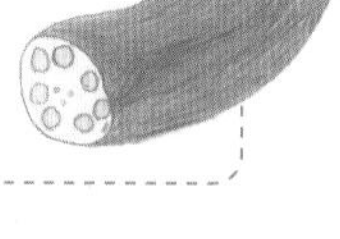

중기

검은콩 쇠고기 비타민죽

중기 이유식부터 콩류는 다 먹을 수 있지만 알레르기가 있는 아기의 경우 돌이 지난 후 먹이는 것이 좋아요. 검은콩을 넣어 만든 이유식은 밤을 넣은 것처럼 고소하고 달콤해요. 검은콩은 뼈를 튼튼하게 해주므로 한창 자라는 아기들에게 좋고 탈모, 비만으로 고생하는 엄마들에게도 좋은 재료랍니다.

20~30분(+ 콩 불리기 3시간, 콩 삶기 40분)

완성량 180㎖(2~3회분)

- 쌀 15g(1큰술, 또는 불린 쌀 19g)
  ＊ 쌀은 미리 20분 이상 불린다.
- 검은콩 10g(1큰술)
- 쇠고기 안심 15g(약 4×4×1cm)
- 비타민(잎 부분) 10g
- 육수 1과 1/2컵(300㎖)
  ＊ 육수 만들기 38쪽

1 볼에 검은콩과 잠길 만큼의 찬물을 넣고 3시간 이상 불린다. 냄비에 불린 콩과 물(5컵)을 넣고 중간 불에서 끓인다. 쇠고기는 찬물에 담가 10분간 핏물을 뺀다.

2 물이 끓어오르면 뚜껑을 덮고 손으로 부드럽게 으깨질 때까지 30~40분간 삶은 후 체에 밭쳐 물기를 뺀다. 숟가락으로 으깨가며 체에 내린 후 체 위에 남아있는 껍질을 버린다.

3 냄비에 육수를 붓고 센 불에서 끓어오르면 중간 불로 줄여 쇠고기를 넣어 3분간 삶아 건지고 비타민을 넣고 1분간 데쳐 건진다.

4 불을 끄고 육수는 그대로 둔다. 데친 비타민은 0.3~0.4cm 크기로, 삶은 쇠고기는 0.2~0.3cm 크기로 다진다.

5 믹서에 불린 쌀을 넣고 쌀알이 1/2~1/3 정도 크기가 되도록 2초간 간다.

6 ④의 육수에 모든 재료를 넣고 센 불에서 끓어오르면 약한 불로 줄여 쌀이 푹 퍼질 때까지 약 7~10분간 저어가며 끓인다.

Tip

콩을 삶을 때는 물을 넉넉하게 붓고, 흰 거품은 사포닌 성분이니 걷어내지 마세요.

사포닌은 몸에 해로운 활성 산소를 제거하는 항산화 작용을 해요. 그리고 혈관을 깨끗하게 해주지요. 콩을 삶을 때 생기는 거품이 사포닌이므로 이를 걷어내지 말고 함께 끓이세요. 콩은 완전히 삶아질 때까지 시간이 오래 걸리기 때문에 콩이 푹 잠길 정도로 물을 넉넉하게 부어서 삶아요. 미리 많은 양을 불려서 살짝 삶아 냉동 보관해두고 콩밥을 해먹어도 좋아요.

콩을 미리 불리지 못했다면 전자레인지에 6분 정도 익히세요.

시간이 없어 콩을 미리 불리지 못했다면 내열 용기에 콩, 잠길 만큼의 물을 넣고 전자레인지에 넣어 6분 정도 익힌 후 사용해요.

{ 검은콩 }

대표적인 블랙푸드예요. 콩류는 밭에서 나는 고기라 불릴 정도로 영양가가 높아요. 탈모방지에도 도움을 준답니다. 고를 때는 낱알이 굵고 깨진 알이 거의 없는 국산 콩을 고르세요. 회색 타원형의 눈 안에 일(−)자형 갈색 선이 선명한 것이 좋답니다. 건조하고 통풍이 잘 되는 곳에 보관하세요.

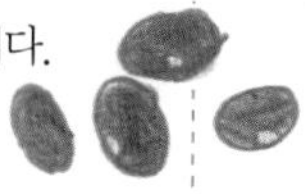

중기

달걀 시금치 당근 브로콜리죽

달걀노른자는 중기부터 먹일 수 있는 재료로, 만 7개월 정도 되었을 때 먹이면 적당해요. 알레르기가 있는 아기의 경우 돌 이후에 먹이세요. 달걀흰자는 알레르기를 일으킬 위험성이 크므로 노른자만 먼저 먹이고, 흰자는 돌 이후에 먹이세요. 노른자를 먹일 때는 반드시 완숙으로 익혀서 먹여야 합니다.

25~35분

완성량 180㎖(2~3회분)

- 쌀 15g(1큰술, 또는 불린 쌀 19g)
  ＊ 쌀은 미리 20분 이상 불린다.
- 달걀노른자 1개분
- 시금치(잎 부분) 10g
- 당근 10g(사방 약 2cm)
- 브로콜리 5g(사방 약 2cm)
- 육수 1과 3/4컵(350㎖)
  ＊ 육수 만들기 38쪽

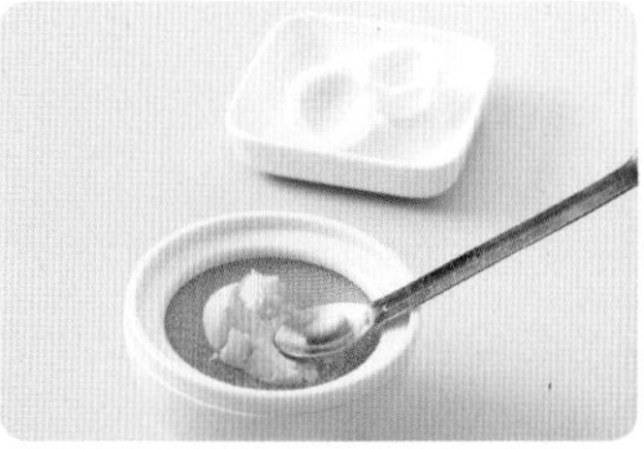

1 작은 냄비에 달걀, 잠길 만큼의 물을 넣고 중간 불에서 12분간 삶은 후 찬물에 담가 식힌다. 껍데기를 벗겨 노른자만 분리한 후 체에 내린다.

2 냄비에 육수를 붓고 센 불에서 끓어오르면 시금치, 당근, 브로콜리를 넣어 2분간 끓인 후 시금치를 건지고 3분간 더 끓여 브로콜리, 당근을 건진다. 불을 끄고 육수는 그대로 둔다.

3 시금치, 당근, 브로콜리는 각각 0.3~0.4cm 크기로 다진다.

4 믹서에 불린 쌀을 넣고 쌀알이 1/2~1/3 정도 크기가 되도록 2초간 간다.

5 ②의 육수에 달걀노른자를 제외한 모든 재료를 넣어 센 불에서 끓어오르면 약한 불로 줄여 쌀이 푹 퍼질 때까지 약 7~10분간 저어가며 끓인다.

6 달걀노른자를 넣고 1분간 저어가며 끓인다.

Tip

달걀을 삶을 때는 작은 냄비를 준비하세요.

작은 냄비에 달걀을 삶으면 달걀이 흔들려 깨지는 것을 방지할 수 있어요. 냄비에 달걀, 잠길 만큼의 물을 넣어 물이 끓어오른 후 중간 불에서 10~12분간 삶으세요. 15분 이상 삶으면 노른자가 녹색으로 변해요. 삶은 달걀을 찬물에 담가두면 껍데기를 벗기기도 수월하고 노른자가 남은 열에 의해서 변색되는 것도 막을 수 있어요.

{ 달걀 }

달걀을 고를 때는 '무항생제', '무성장촉진제', '동물 복지', '유정란'이라고 적힌 달걀을 고르세요. 신선한 달걀은 껍질이 까칠하며 달걀을 깼을 때 달걀노른자를 손끝으로 잡아도 터지지 않습니다.

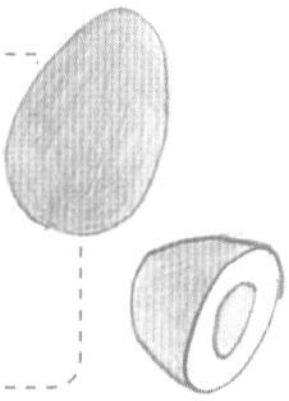

표고버섯 고구마 달걀 당근죽

철분이 풍부해 빈혈 예방에 도움을 주는 표고버섯, 달걀노른자, 고구마, 당근을 넣어 만든 이유식이에요. 또한 고구마와 당근은 식이섬유가 풍부해 변비 해소에도 효과적이랍니다. 표고의 쫄깃한 식감이 마치 고기와 비슷해 고기가 들어 있지 않아도 영양은 물론 맛도 좋아요. 아기 때부터 꾸준히 버섯을 접하게 해 주면 커서도 잘 먹는답니다. 말린 표고버섯은 질길 수 있으므로 이유식에는 생 표고버섯을 사용하세요.

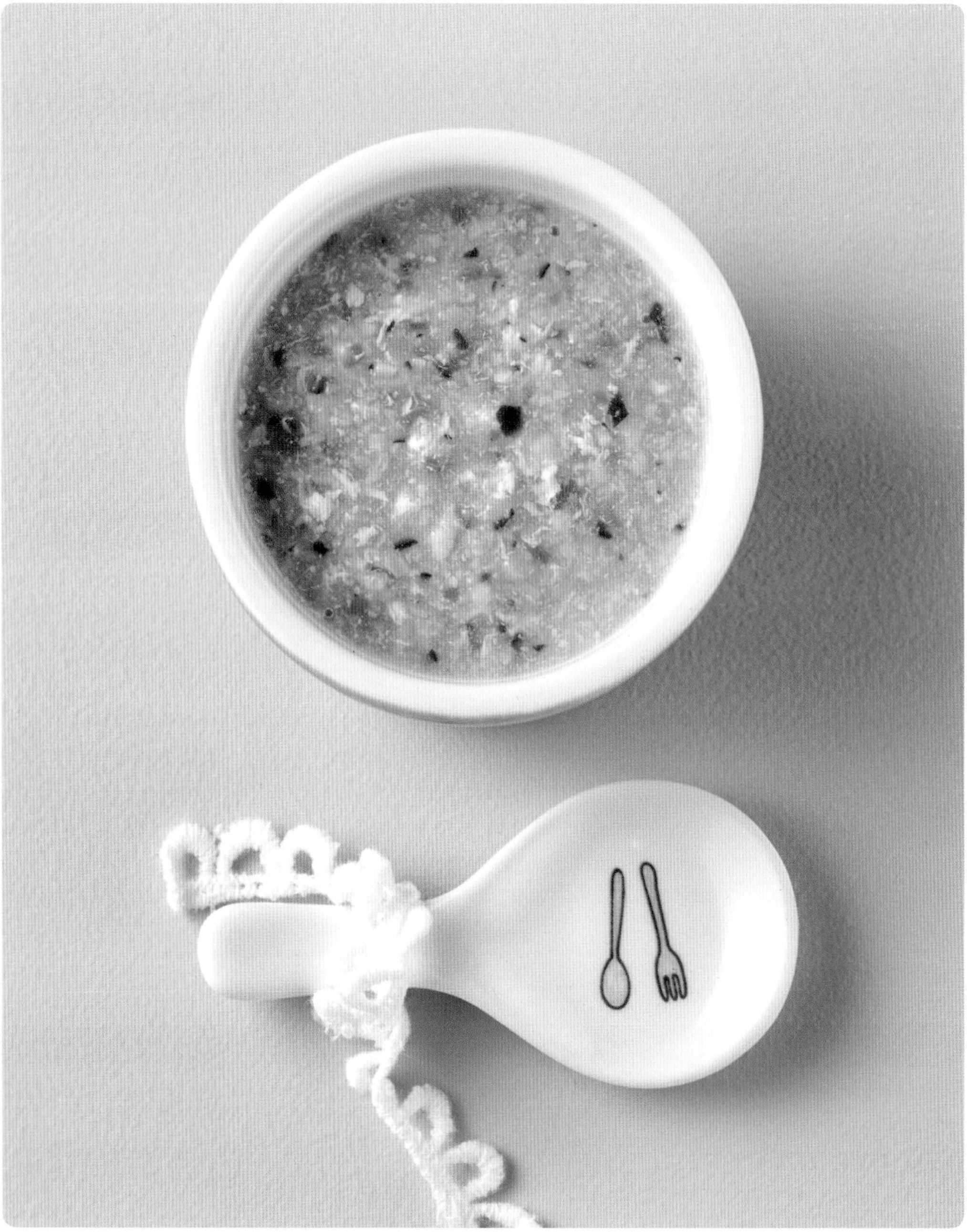

25~35분

완성량 180㎖(2~3회분)

- 쌀 20g(1과 1/3큰술, 또는 불린 쌀 25g)
  ＊ 쌀은 미리 20분 이상 불린다.
- 표고버섯 15g(3/5개)
- 고구마 10g(사방 약 2cm)
- 당근 5g(사방 약 1.5cm)
- 달걀노른자 1개분
- 육수 1과 1/2컵(300㎖)
  ＊ 육수 만들기 38쪽

1 믹서에 불린 쌀을 넣고 쌀알이 1/2~1/3 정도 크기가 되도록 2초간 간다.

2 표고버섯은 0.2~0.3cm 크기로 잘게 다지고, 고구마와 당근은 0.3~0.4cm 크기로 다진다.

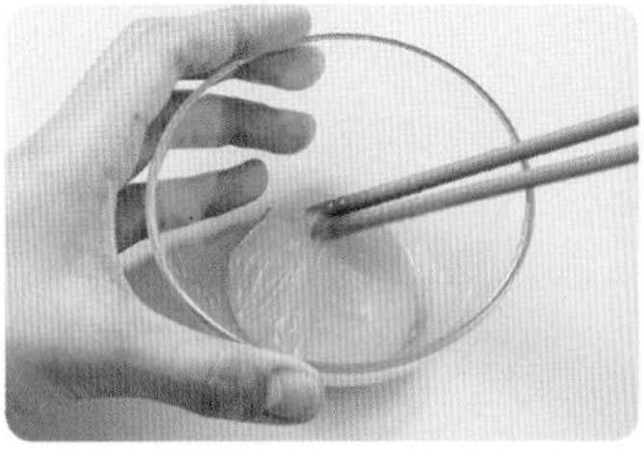

3 볼에 달걀노른자를 넣어 푼다.

4 냄비에 달걀노른자를 제외한 나머지 모든 재료를 넣어 센 불에서 끓어오르면 약한 불로 줄여 쌀이 푹 퍼질 때까지 약 7~10분간 저어가며 끓인다.

5 달걀노른자를 둘러 넣은 후 약한 불에서 1분간 저어가며 끓인다.

Tip

달걀노른자는 둘러가며 넣어요.
달걀노른자를 한 번에 부으면 한 덩어리로 익어요. 냄비 가장자리를 따라서 둘러 넣고 20초 정도 두었다가 살살 저으면 덩어리지지 않게 끓일 수 있답니다.

표고버섯은 집에서 직접 말려보세요.
표고버섯은 밑동을 제거하고 얇게 썬 후 채반에 펼쳐 햇볕에 말리면 금방 마른답니다. 밑동도 말려두었다가 육수 우릴 때 사용하면 좋아요. 혹은 말린 표고버섯을 구입해 햇볕에 한 번 더 말리면 비타민 D가 생깁니다.

말린 표고버섯은 찬물에 불리세요.
말린 표고버섯을 사용할 때는 깨끗이 씻은 다음 찬물에 불리세요. 찬물에 불려야 표고버섯의 향이 그대로 남아있답니다. 표고버섯 우린 물은 육수와 섞어서 사용하면 좋아요.

{ 표고버섯 }

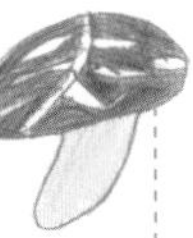

비타민 D 생성에 도움을 줘 빈혈을 예방하고 칼슘의 체내 흡수를 도와 뼈를 튼튼하게 합니다. 식이섬유가 풍부해 변비 개선에 도움을 줍니다. 표고버섯은 햇빛에 말려 어둡고 서늘한 곳에 건조하게 보관하는 것이 좋고 지퍼백에 넣어 냉동 보관해도 돼요.

미역 표고버섯 쇠고기죽

미역은 칼슘 함량이 높아 골격과 치아를 튼튼하게 해줍니다.
그리고 변비로 고생하는 아기에게 먹이기에도 좋은 이유식이에요.
미역국처럼 구수하고 진한 맛이 나기 때문에 입맛 없는 아기들도 잘 먹는답니다.

25~35분
(+ 핏물 빼기 10분)
완성량 180㎖(2~3회분)

- 쌀 20g(1과 1/3큰술, 또는 불린 쌀 25g)
  ＊ 쌀은 미리 20분 이상 불린다.
- 말린 미역 1g(또는 불린 미역 5g)
- 쇠고기 안심 15g(약 4×4×1cm)
- 표고버섯 15g(약 3/5개)
- 물 3큰술
- 육수 1과 3/4컵(350㎖)
  ＊ 육수 만들기 38쪽

1 말린 미역은 찬물에 5분간 불려 줄기 부분은 제거하고 잎 부분만 씻는다. 쇠고기는 찬물에 담가 10분간 핏물을 뺀 후 4~5등분한다.

2 냄비에 육수를 붓고 중간 불에서 끓어오르면 쇠고기를 넣어 3분간 삶은 후 건져낸다. 불을 끄고 육수는 그대로 둔다.

3 표고버섯은 0.2~0.3cm 크기로 다진다. 삶은 쇠고기는 0.2~0.3cm 크기로 다진다.

4 믹서에 불린 쌀을 넣고 쌀알이 1/2~1/3 정도 크기가 되도록 2초간 간다.

5 믹서에 불린 미역, 물을 넣고 10초간 곱게 간다.

6 ②의 육수에 모든 재료를 넣고 센 불에서 끓어오르면 약한 불로 줄여 쌀이 푹 퍼질 때까지 약 7~10분간 저어가며 끓인다.

Tip

미역은 부드러운 잎 부분만 사용하세요.
미역은 찬물에 불린 다음, 체에 밭쳐 손으로 문질러가며 흐르는 물에 씻으세요. 미역은 미끈해서 칼로 다지면 잘 다져지지 않으니 믹서에 넣고 가는 것이 더 편해요.

고구마 비트 쌀수프

비트는 무과의 뿌리채소로 색은 붉지만 무와 비슷한 맛이랍니다. 비트는 변비와 빈혈에 좋은 재료예요. 요리할 때 천연색소로 많이 쓰이는 재료기도 하지요. 비트로 이유식을 만들면 예쁜 붉은 색이 돌아 아기들이 참 좋아해요.

25~35분

완성량 200㎖(약 3회분)

- 쌀 20g(1과 1/3큰술,
  또는 불린 쌀 25g)
  ＊ 쌀은 미리 20분 이상 불린다.
- 고구마 30g(약 1/6개)
- 닭안심 10g(약 1/3쪽)
- 비트 5g(사방 약 1.5cm)
- 육수 1컵(200㎖)
  ＊ 육수 만들기 38쪽
- 모유 2/5컵(또는 분유, 80㎖)

1 비트는 껍질을 벗기고, 닭안심은 4등분한다.

2 냄비에 육수를 붓고 센 불에서 끓어오르면 중간 불로 줄여 닭안심을 넣어 3분간 삶은 후 건져낸다.

3 비트를 넣고 젓가락으로 찔러 부드럽게 들어갈 때까지 3분간 더 삶은 후 건져낸다. 불을 끄고 육수는 그대로 둔다.

4 고구마는 0.3~0.4cm로, 닭안심은 0.2~0.3cm 크기로 다진다. 비트는 종이 포일을 깔고 0.3~0.4cm 크기로 다진다.

5 믹서에 불린 쌀을 넣어 쌀알이 1/2~1/3 정도 크기가 되도록 2초간 간다.

6 ③의 육수에 모유를 제외한 나머지 재료를 넣고 센 불에서 끓어오르면 약한 불로 줄여 7~10분간 저어가며 물이 거의 없어질 때까지 끓인다.

7 모유(분유)를 넣고 중간 불에서 저어가며 끓이다가 한소끔 끓어오르면 바로 불을 끈다.
＊ 모유(분유)로 농도를 조절한다.

Tip

비트를 썰 때 도마에 붉게 물이 들어요.

비트를 손질할 때는 위생장갑을 끼고 도마 위에 종이 포일을 깔아야 물이 들지 않아서 좋답니다. 남은 비트는 얇게 썰어 쌈으로 먹어도 좋고, 깍뚝 썰어 초절임이나 피클을 만들어도 좋아요. 그냥 생으로 먹어도 되고 비트를 구하기 힘들면 무로 대체해도 됩니다.

중기

달걀노른자찜

거칠지 않고 부드러운 질감의 달걀노른자찜이에요. 한 끼 식사로도 좋고 간식으로 먹어도 좋답니다. 버섯과 당근 등 각종 채소를 이용해 다양하게 응용 가능한 이유식이에요. 부드러운 질감의 달걀노른자찜을 만들려면 체에 내린 후 약한 불에서 익히세요. 약한 불에서 익혀야 식감이 부드럽고 채소까지 완전히 익힐 수 있답니다.

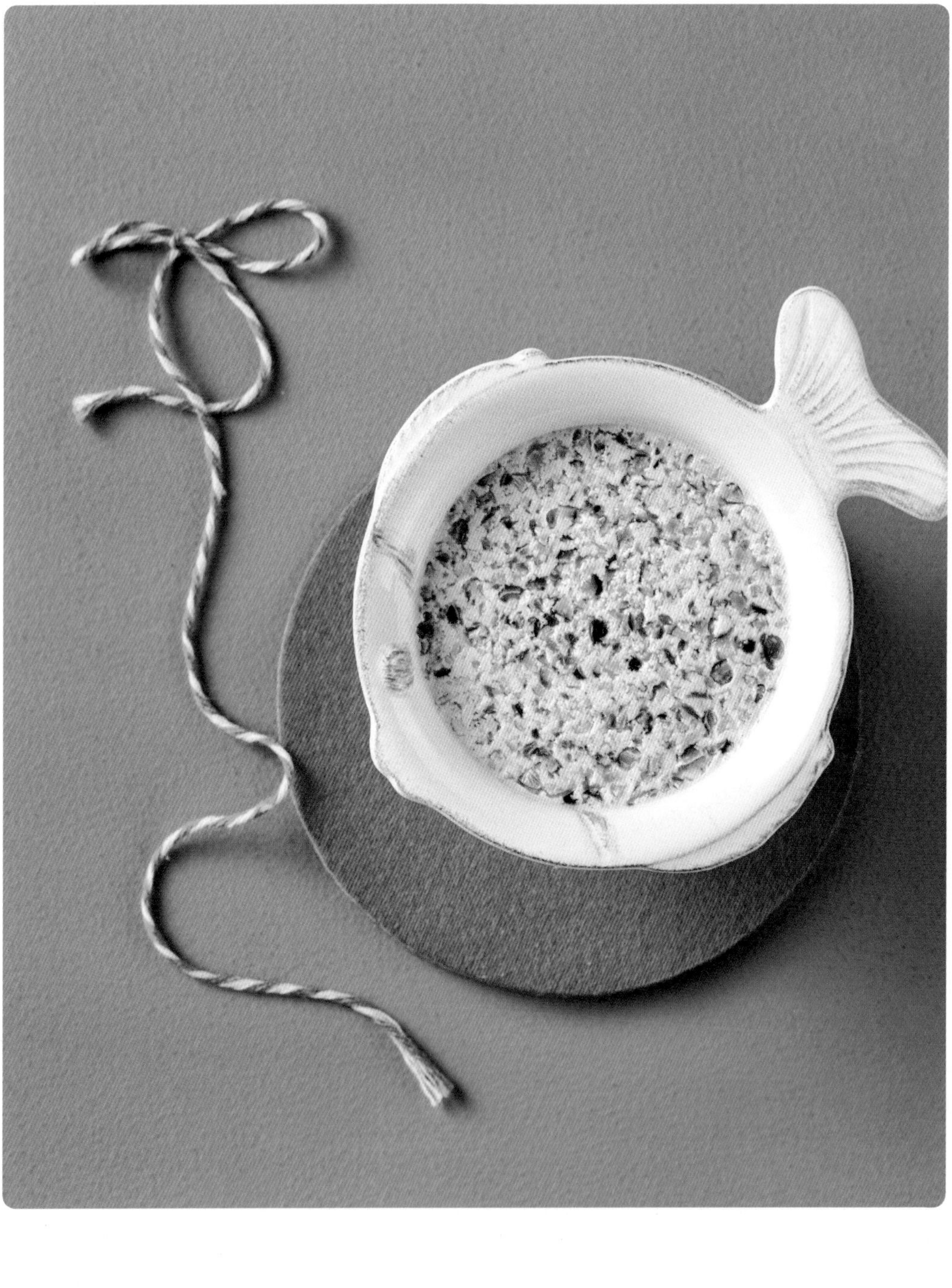

25~35분
2회분

- 연두부 20g(2큰술)
- 달걀노른자 2개
- 당근 5g(사방 약 1.5cm)
- 백만송이버섯 10g
- 다시마 물 2큰술
  ＊ 다시마 물 만들기 39쪽

1 연두부와 달걀노른자는 체에 올려 숟가락으로 눌러가며 내린다.

2 당근, 백만송이버섯은 0.2~0.3cm 크기로 다진다.

3 내열 용기에 모든 재료를 넣고 섞는다.

4 위에 뜬 거품은 숟가락으로 걷어낸다.

5 김 오른 찜기에 ④를 넣고 종이 포일로 덮는다. 뚜껑을 덮고 약한 불에서 15분간 찐다.

Tip

전기 찜기가 있으면 찜요리가 편해져요.
전기 찜기의 몸체가 플라스틱이라 음식이 직접 닿는 것이 걱정스럽다면 종이 포일을 깔고 사용하세요. 찜통에 찔 경우에는 중간 불이나 약한 불에서 쪄야 질감이 거칠지 않은 찜이 만들어집니다.

달걀찜 그릇 위에 쿠킹 포일, 면포, 거즈 등을 덮어주세요.
윗면을 매끈하게 만들기 위해서 거품을 걷어내고, 그릇 위에 종이 포일이나 면포 등을 덮어서 쪄야 물방울이 떨어지지 않아서 기포가 생기지 않아요. 다시마 물 대신 모유(분유)로 대체해도 됩니다.

쇠고기 완두콩 현미 쌀수프

쌀은 시중에서 가장 구하기 쉬운 현미와 발아현미, 붉은색을 띠는 적미, 녹색을 띠는 녹색, 검은색을 띠는 흑미 등이 있답니다. 만 6개월 이후부터 잡곡을 조금씩 먹여도 되는데, 쌀마다 효능이 다르니 골고루 먹여보세요. 이 책에는 가장 구하기 쉬운 현미를 소개했지만 저는 적미, 녹미, 흑미를 한 번씩 넣어 먹였어요. 여러 종류의 쌀을 먹였더니 이유식을 끝낸 지금, 잡곡밥도 거부감 없이 잘 먹는답니다.

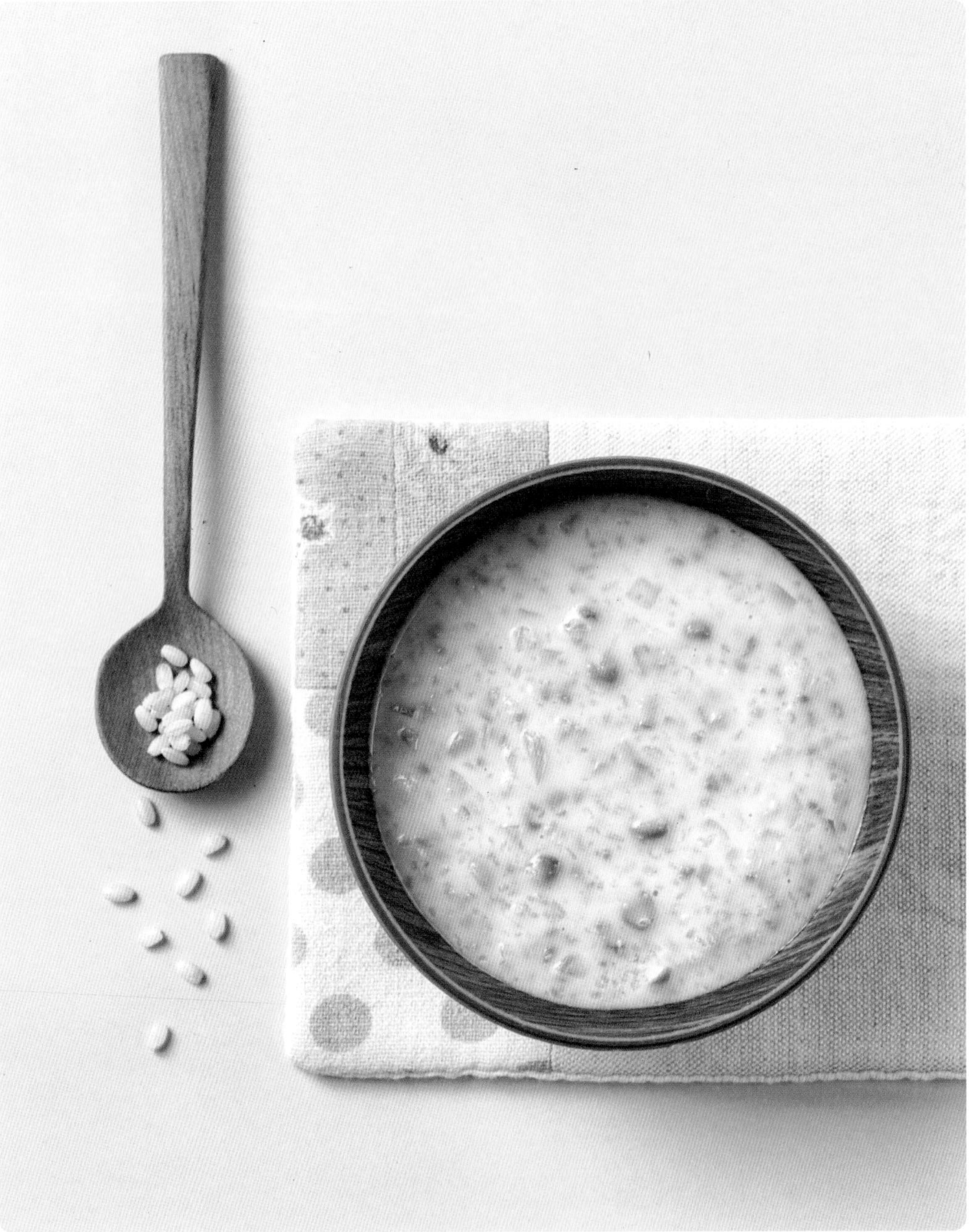

30~40분
완성량 200㎖(2~3회분)

- 쌀 15g(1큰술, 또는 불린 쌀 19g)
  ＊ 쌀은 미리 20분 이상 불린다.
- 현미 5g(1/3큰술)
  ＊ 현미는 미리 1시간 이상 불린다.
  ＊ 쌀과 현미는 각각 두 개의 볼에 나눠 불린다.
- 쇠고기 안심 15g(약 4×4×1cm)
- 냉동 완두콩 15g(1과 1/2큰술)
- 양파 10g(약 6×7cm)
- 육수 1과 1/4컵(250㎖)
  ＊ 육수 만들기 38쪽
- 모유 2/5컵(또는 분유, 80㎖)

1 끓는 물(2컵)에 완두콩을 넣고 센 불에서 1분간 삶은 후 체에 밭쳐 물기를 뺀다.

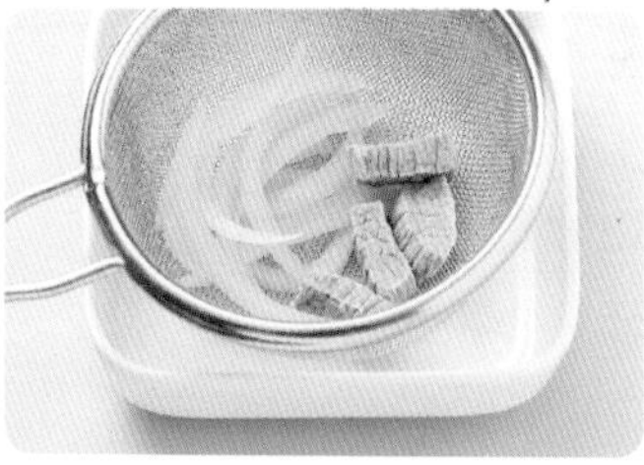

2 냄비에 육수를 붓고 센 불에서 끓어오르면 쇠고기, 양파를 넣고 중간 불에서 3분간 삶아 건져낸다. 불을 끄고 육수는 그대로 둔다.

3 완두콩은 껍질을 벗긴다. 삶은 양파는 0.3~0.4cm 크기로, 쇠고기는 0.2~0.3cm 크기로 다진다.

4 믹서에 불린 현미를 넣어 1초, 불린 쌀을 넣고 2~3초간 더 간다. 껍질을 벗긴 완두콩은 절구에 넣어 살짝 으깬다.

5 ②의 육수에 모유를 제외한 나머지 재료를 넣고 센 불에서 끓어오르면 약한 불로 줄여 물이 거의 없어질 때까지 10~12분간 저어가며 끓인다.

6 모유(분유)를 넣고 중간 불에서 저어가며 끓이다가 한소끔 끓어오르면 바로 불을 끈다.
＊ 모유(분유)로 농도를 조절한다.

Tip

현미, 적미, 녹미, 흑미는 몸에 좋아요.
현미는 식이섬유가 풍부하여 장에 좋고 뼈를 튼튼하게 하며, 알레르기 체질 개선에 좋고 해독 작용이 뛰어납니다. 적미는 폴리페놀이 함유되어 있어 항암, 항균, 항산화 작용이 뛰어나고 단백질과 비타민, 무기질을 많이 함유하고 있습니다. 녹미는 소화, 흡수가 잘 되고 위장 기능 회복에 도움을 줘요. 흑미는 단백질과 아미노산은 물론 무기질과 식이섬유가 많이 함유되어 있어 빈혈에 좋고 어린 아기들의 골격 형성에도 좋습니다.

달걀 콩 닭고기수프

저는 닭고기를 먹일 때마다 항생제와 성장촉진제 때문에 걱정을 많이 했어요. 유기농 달걀이나 무항생제, 무성장촉진제 달걀은 쉽게 구할 수 있는데 고기류는 그렇지 않더라고요. 그리고 500g씩 포장된 닭고기를 사면 양이 너무 많아서 부담스럽기도 하고요. 온·오프라인의 유기농 숍에 가면 소포장으로 된 무항생제, 무성장촉진제 닭고기를 구입할 수 있답니다.

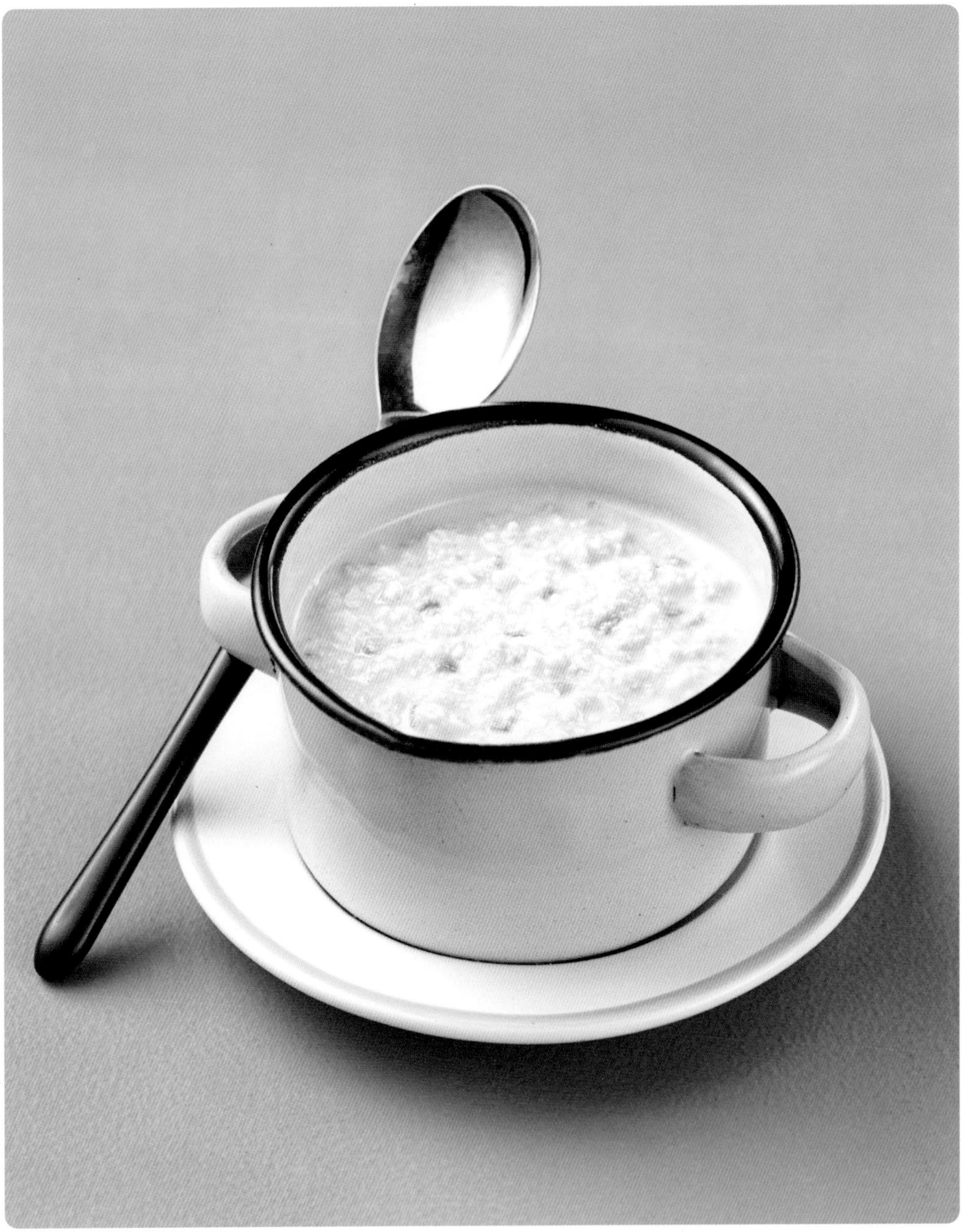

25~35분

완성량 180㎖(2~3회분)

- 달걀노른자 1개분
- 닭안심 30g(약 1쪽)
- 당근 5g(사방 약 1.5cm)
- 냉동 완두콩 15g(1과 1/2큰술)
- 냉동 옥수수알 15g(1과 1/2큰술)
- 육수 1컵(200㎖)
  * 육수 만들기 38쪽
- 모유 1/2컵(또는 분유, 100㎖)

1 작은 냄비에 달걀과 잠길 만큼의 물을 넣고 10~12분간 삶은 후 찬물에 담가 식힌다. 껍데기를 벗겨 노른자만 분리한 후 체에 내린다. 당근은 4등분한다.

2 냄비에 육수를 붓고 센 불에서 끓어오르면 닭안심, 당근을 넣고 중간 불로 줄여 3~5분간 삶아 닭안심을 건진다. 당근은 2분간 더 삶아 건지고 불을 끈다. 육수는 그대로 둔다.

3 삶은 당근, 닭안심은 0.2~0.3cm 크기로 다진다.

4 끓는 물(3컵)에 완두콩과 옥수수알을 넣고 센 불에서 1분간 삶은 후 체에 밭쳐 물기를 뺀 후 숟가락으로 눌러가며 체에 내리고 체 위에 남은 껍질은 버린다.

5 ②의 육수에 모유(분유)를 제외한 모든 재료를 넣고 센 불에서 2분간 끓인 후 모유(분유)를 넣고 끓이다가 한소끔 끓어오르면 바로 불을 끈다.
* 모유(분유)로 농도를 조절한다.

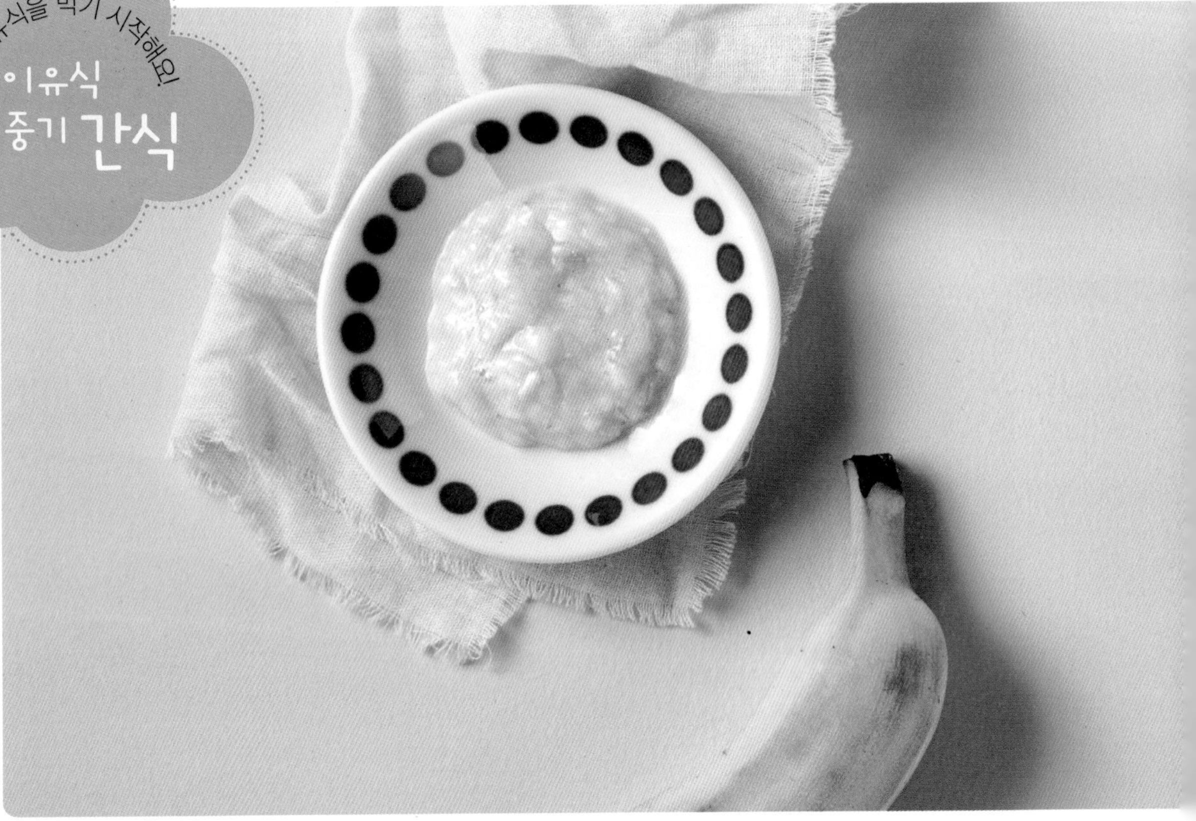

이유식 중기부터는 조금씩
덩어리진 음식을 먹는 연습을
시키도록 하세요.
이가 나지 않았어도 잘게
썰거나 으깨주면 잇몸으로
씹어 먹을 수 있답니다.
그래서 덩어리가 살짝 있는
매시, 푸딩, 전분 젤리,
수프 등의 간식이 좋아요.
또한 컵 사용법도 알려주기
시작하는 시기라 다양한
음료를 만들어주면 좋지요.

바나나매시

5~10분 **1회분**

바나나 70g(약 2/3개)

1 바나나는 껍질을 벗기고 양 끝을 제거한다.

2 볼에 넣어 포크로 으깬다.

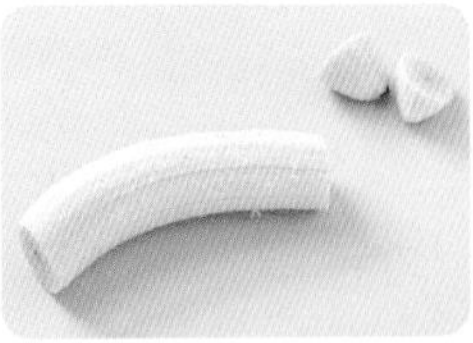

바나나 시금치매시

10~15분 **1회분**

바나나 70g(약 2/3개), 시금치 15g

1 시금치는 줄기를 제거한다. 끓는 물(2컵)에 넣어 중간 불에서 1분간 데친 후 0.3cm 크기로 잘게 다진다.

2 바나나는 껍질을 벗기고 양 끝을 제거한 후 포크로 으깬다. 바나나와 시금치를 섞는다.

바나나 아보카도매시

10~15분 **1회분**

바나나 40g(약 2/5개), 아보카도 과육 30g(약 1/6개)

1 아보카도는 가운데 씨가 있는 부분까지 깊게 칼날을 넣고 한 바퀴 돌려 칼집을 낸 뒤 양쪽을 잡고 반대 방향으로 비틀어 벌린다. 칼날 뒷부분으로 씨를 콕 찍어 비틀어 뺀 다음 손이나 숟가락으로 과육을 파낸다.

2 바나나는 껍질을 벗기고 양 끝을 제거한다. 바나나와 아보카도를 칼 옆면이나 매셔로 덩어리가 없어질 때까지 으깬 후 볼에 넣어 섞는다.

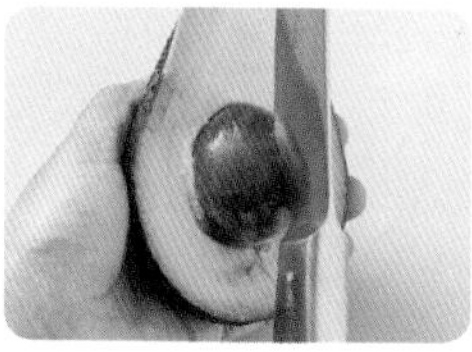

중기 간식

고구마 사과매시

15~25분 1회분

고구마 60g(약 2/7개), 사과 20g(사방 약 4cm),
모유 1/5컵(또는 분유, 40㎖)

1 고구마는 손질해 삶은 후(고구마퓌레 102쪽 참고) 볼에 넣어 포크로 으깬다.

2 사과는 껍질과 씨를 제거하고 0.3cm 크기로 다진 후 끓는 물(2컵)에 넣어 3분간 데친다. ①의 볼에 사과를 넣어 으깨가며 섞는다.

고구마 애호박매시

25~35분 2회분

고구마 120g(약 3/5개), 애호박 20g(지름 약 4cm,
두께 약 2cm)

1 애호박은 열십(+)자로 썬다. 끓는 물(2컵)에 애호박을 넣어 센 불에서 끓어오르면 씨 부분이 투명해질 때까지 5분간 삶아 건진다. 절구에 넣어 으깬다.

2 고구마는 손질해 삶은 후(고구마퓌레 102쪽 참고) 볼에 넣어 포크로 으깬다. ①을 넣어 으깨가며 섞는다.

단호박 푸룬매시

25~35분 2회분

단호박 120g(약 1/6개), 말린 푸룬 4개(약 40g)

1 단호박은 씨와 껍질을 제거한다. 김이 오른 찜기(또는 찜통)에 단호박을 넣어 뚜껑을 덮고 젓가락으로 찔러 부드럽게 들어갈 때까지 중간 불에서 15~20분간 찐다.

2 끓는 물(2컵)에 말린 푸룬을 넣고 센 불에서 2분간 삶아 건져낸다. 곱게 다져 볼에 넣어 숟가락으로 눌러가며 으깬다. 절구에 단호박을 넣고 으깨가며 섞는다.
* 단호박은 껍질째 찐 후 속을 파내도 좋다.

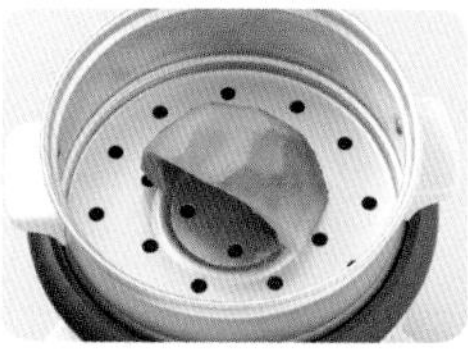

단호박매시

15~25분 1회분

단호박 80g(약 1/8개), 건포도 4g(약 10개)

1 단호박은 손질해 찐 후(단호박 푸룬매시 과정 참고) 절구에 넣어 으깬다.

2 건포도는 끓는 물(1컵)에 넣어 중간 불에서 1분간 끓인다. 체에 밭쳐 물기를 뺀 후 0.3cm 크기로 다진다. ①의 절구에 건포도를 넣어 으깨가며 섞는다.

검은콩 감자매시

15~25분(+ 콩 불리기 3시간, 콩 삶기 40분)
2회분

감자 70g(약 1/3개), 검은콩 20g(2큰술),
모유 1/5컵(또는 분유, 40㎖)

1 볼에 검은콩과 잠길 만큼의 물을 붓고 3시간 이상 불린다. 끓는 물(5컵)에 넣고 뚜껑을 덮어 중간 불에서 30~40분간 삶은 후 체에 밭쳐 물기를 뺀다. 감자는 손질해 삶아(감자퓌레 100쪽 참고) 볼에 넣어 으깬다.

2 삶은 검은콩은 체에 내리고 체 위에 남은 껍질은 버린다. 볼에 모든 재료를 넣어 섞는다.

감자 아보카도매시

15~25분 2회분

감자 70g(약 1/3개), 아보카도 과육 70g(약 1/2개)

1 감자는 손질해 삶아(감자퓌레 100쪽 참고) 볼에 넣어 으깬다.

2 아보카도는 손질해(바나나 아보카도매시 179쪽 참고) 칼 옆면이나 매셔로 덩어리가 없어질 때까지 으깬 후 ①의 절구에 넣어 으깨가며 섞는다.

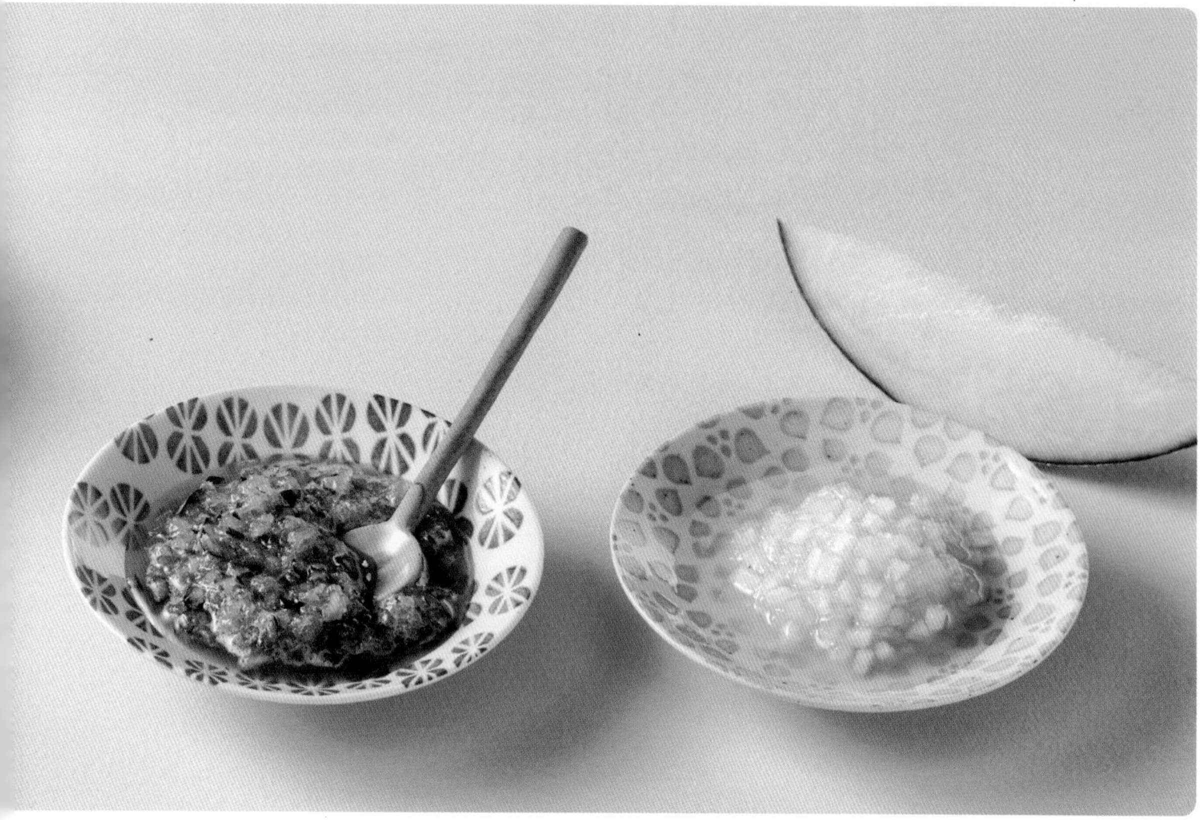

사과 블루베리매시

5~10분 1회분

사과 50g(약 1/4개), 블루베리 20g(10~15개)

1 사과는 껍질과 씨를 제거하고 강판에 간다.

2 블루베리는 체에 밭쳐 흐르는 물에 씻은 후 곱게 다진다. 볼에 사과와 블루베리를 넣어 섞는다.

멜론 배매시

10~15분 1회분

멜론 과육 50g(약 4×6×2cm), 배 20g(사방 약 4cm)

1 멜론은 강판에 간다. 남은 섬유질은 잘게 다진다.

2 배는 껍질과 씨를 제거하고 사방 0.3cm 크기로 다진다. 볼에 멜론과 배를 넣어 섞는다.

중기 간식

단호박수프

15~25분 1~2회분

단호박 60g, 양파 10g(약 6×7cm),
모유 1/2컵(또는 분유, 100㎖)

1 단호박은 씨와 껍질을 제거한 후 끓는 물(3컵)에 넣고 센 불에서 끓어오르면 5분, 양파를 넣고 3분간 단호박을 젓가락으로 찔러 부드럽게 들어갈 때까지 삶은 후 건진다.

2 단호박은 뜨거울 때 절구에 넣어 으깨고, 양파는 0.3cm 크기로 다진다. 냄비에 모든 재료를 넣고 센 불에서 저어가며 끓이다가 한소끔 끓어오르면 바로 불을 끈다.

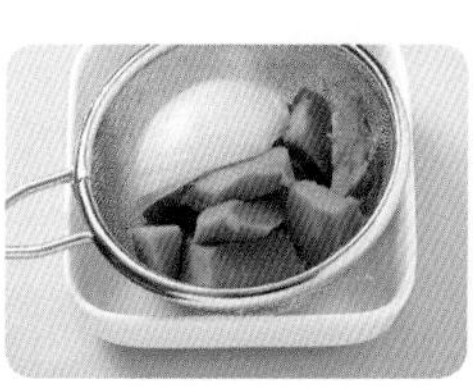

양송이버섯수프

10~20분 1~2회분

양송이버섯 50g(약 2개), 양파 10g(약 6×7cm),
모유 1/2컵(또는 분유, 100㎖)

1 양송이버섯은 밑동과 껍질을 제거하고 열십(+)자로 4등분한다. 끓는 물(2컵)에 양파를 넣어 센 불에서 2분, 양송이버섯을 넣고 1분간 더 삶은 후 건져 한 김 식힌다.

2 믹서에 삶은 양송이버섯과 모유를 넣어 1분간 곱게 간다. 양파는 사방 0.3cm 크기로 다진다. 냄비에 모든 재료를 넣고 센 불에서 저어가며 끓이다가 한소끔 끓어오르면 바로 불을 끈다.

옥수수수프

10~15분 1~2회분

냉동 옥수수알 70g(7큰술), 모유 1/2컵(또는 분유, 100㎖)

1 끓는 물(2컵)에 옥수수알을 넣고 센 불에서 1분간 데친 후 체에 밭쳐 물기를 뺀다.

2 믹서(또는 푸드 프로세서)에 모든 재료를 넣어 1분간 곱게 간 다음 냄비에 넣고 센 불에서 저어가며 끓이다가 한소끔 끓어오르면 바로 불을 끈다.

닭고기수프

15~25분 1~2회분

닭가슴살 50g(또는 닭안심 2쪽), 당근 10g(사방 약 2cm), 양파 10g(약 6×7cm), 모유 1/2컵(또는 분유, 100㎖)

1 끓는 물(3컵)에 당근을 넣고 센 불에서 끓어오르면 닭가슴살, 양파를 넣어 3분간 삶은 후 양파를 건지고 3분간 더 삶아 닭가슴살, 당근을 건진다.

2 삶은 닭가슴살은 사방 0.2cm 크기로, 당근과 양파는 0.3cm 크기로 다진다. 냄비에 모든 재료를 넣고 센 불에서 저어가며 끓이다가 한소끔 끓어오르면 바로 불을 끈다.

대추 배 전분젤리

15~25분 1~2회분

배 70g(약 1/7개), 말린 대추 10g(약 2개), 감자전분 2큰술,
대추 끓인 물 1/4컵(50㎖)

1 대추는 씻은 후 돌려 깎아 씨를 제거한다. 냄비에 대추와 물(1컵)을 넣고 센 불에서 끓어오르면 5분간 끓인 후 건진다. 대추 끓인 물 1/4컵은 따로 덜어둔다.

2 체에 대추를 올려 숟가락 뒷부분으로 눌러가며 내린다. 배는 껍질과 씨를 제거하고 강판에 간다. 냄비에 모든 재료를 넣고 약한 불에서 1분간 저어가며 진득해질 때까지 끓인다. 그릇에 담아 한 김 식힌다.

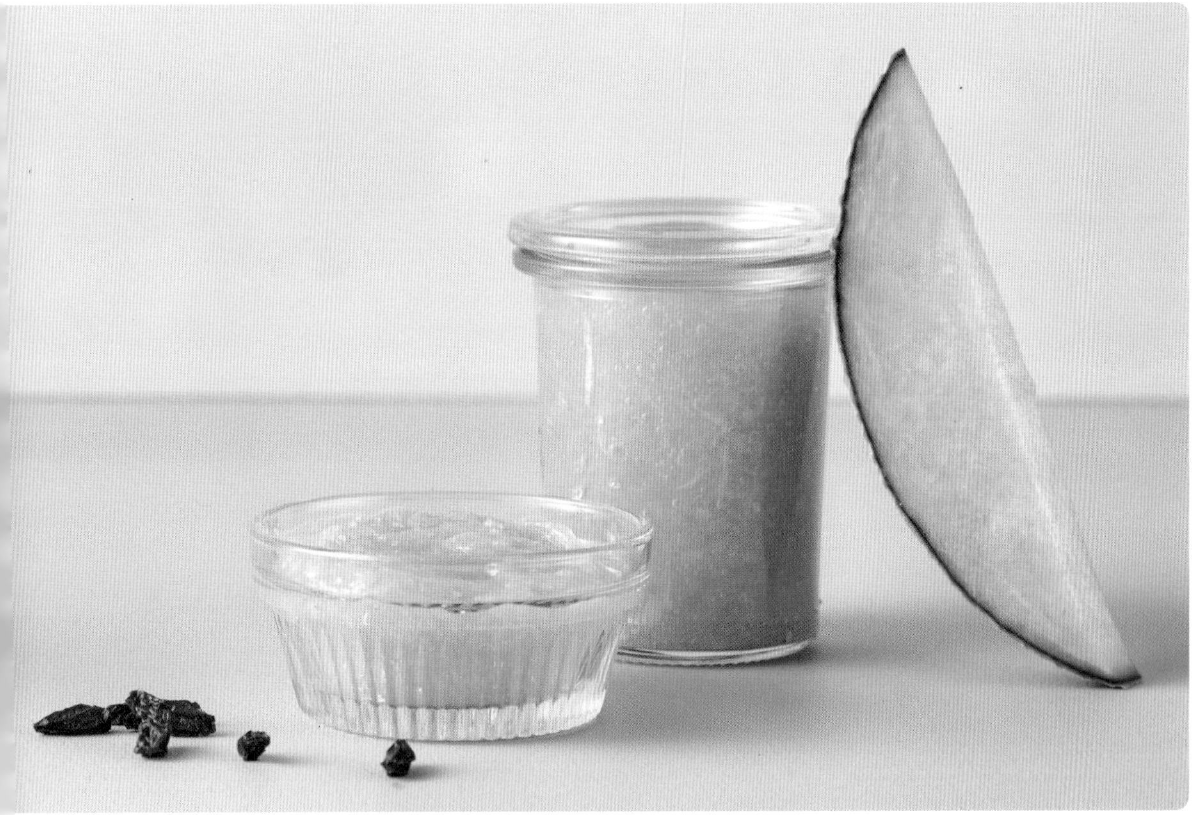

구기자 배 전분젤리

5~15분 2~3회분

배 80g(약 1/6개), 감자전분 2큰술, 구기자 물 1/4컵(또는 물, 50㎖) * 구기자 물 만들기 39쪽

1 배는 껍질과 씨를 제거하고 강판에 간다.

2 냄비에 모든 재료를 넣고 약한 불에서 1분간 저어가며 진득해질 때까지 끓인다. 그릇에 담아 한 김 식힌다.

멜론 사과 전분젤리

5~15분 2~3회분

멜론 과육 50g(약 4×6×2cm), 사과 20g(사방 약 4cm), 감자전분 2큰술, 물 1/4컵(50㎖)

1 멜론은 강판에 갈고, 남은 섬유질은 잘게 다진다.

2 사과는 껍질과 씨를 제거하고 강판에 간다.
냄비에 모든 재료를 넣고 약한 불에서 1분간 저어가며 진득해질 때까지 끓인 후 그릇에 담아 한 김 식힌다.
* 멜론과 사과 일부는 다져서 넣어도 좋다.

두부로 만든 두유

5~10분 2회분

생식 두부 60g, 생수 3/5컵(120㎖)

1 생식 두부는 체에 밭쳐 끓는 물(1컵)을 끼얹어가며 살짝 데친다.

2 믹서에 생식 두부와 생수를 넣고 곱게 간다.
＊아기에 따라 농도는 조금씩 달리해도 상관없다.

수박주스

5~10분 1~2회분

수박 과육 250g(약 1/10통)

1 수박을 2~3등분해 강판에 곱게 간다.

2 체에 ①을 올려 숟가락으로 눌러가며 내린다. 씨를 모두 제거한 후 과육을 거르지 않고 그대로 먹여도 좋다. ＊목이 많이 부었을 때는 냉장고에 넣어 차갑게 먹여도 좋다.

배 대추차

70~80분 3~4회분

배 250g(약 1/2개), 말린 대추 20g(약 5개), 물 5컵(1ℓ)

1 배는 껍질과 씨를 제거하고 한입 크기로 썬다. 말린 대추는 깨끗이 씻는다. 냄비에 모든 재료를 넣고 센 불에서 끓어오르면 약한 불로 줄인다.

2 배가 흐물흐물해질 때까지 1시간 정도 끓인 후 체에 밭친다. 완성된 배 대추차의 양은 약 2컵(400mℓ)이며 너무 진하면 물을 더해 희석해 먹인다.

사과 당근주스

5~15분 1~2회분

사과 100g(약 1/2개), 당근 20g(사방 약 2cm 2개), 생수 1/4컵(50mℓ)

1 사과는 껍질과 씨를 제거하고, 당근은 껍질을 벗긴 후 열십(+)자로 4등분한다. 믹서에 모든 재료를 넣고 1분간 곱게 간다.

2 체 위에 젖은 거즈를 올린 후 ①을 넣어 꼭 짠다.

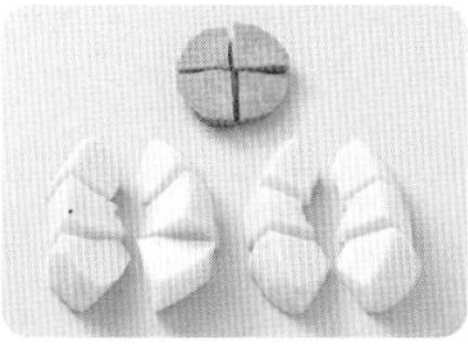

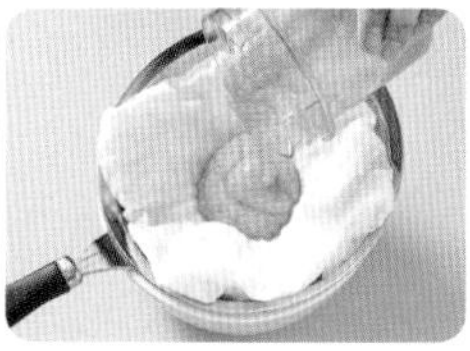

중기 간식

바나나 아보카도스무디

5~15분 1~2회분

바나나 20g(약 1/5개), 아보카도 과육 20g(약 1/7개), 모유 3/5컵(또는 분유 · 생수, 120㎖)

1 바나나는 껍질을 벗기고 양 끝을 제거한 후 1cm 두께로 썬다. 아보카도는 손질해(바나나 아보카도매시 179쪽 참고) 2~3등분한다.

2 믹서에 모든 재료를 넣어 1분간 곱게 간다.
＊ 아기의 반응에 따라 모유(분유)의 양을 조절해 아기가 잘 먹을 수 있는 농도로 맞춘다.

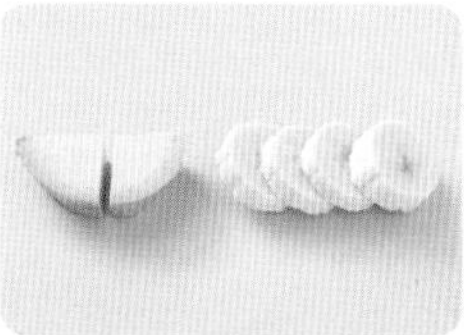

바나나스무디

5~15분 1~2회분

바나나 70g(약 2/3개), 모유 3/5컵(또는 분유 · 생수, 120㎖)

1 바나나는 껍질을 벗기고 양 끝을 제거한 후 1cm 두께로 썬다.

2 믹서에 모든 재료를 넣어 1분간 곱게 간다.
＊ 아기의 반응에 따라 모유의 양을 조절해 아기가 잘 먹을 수 있는 농도로 맞춘다.

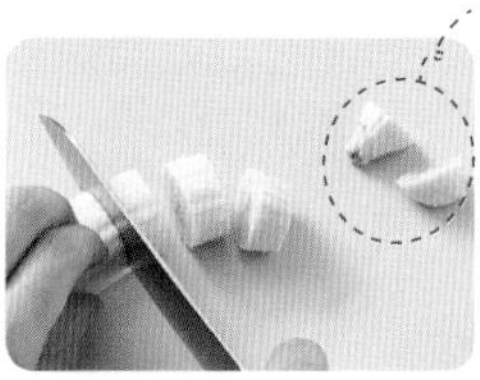

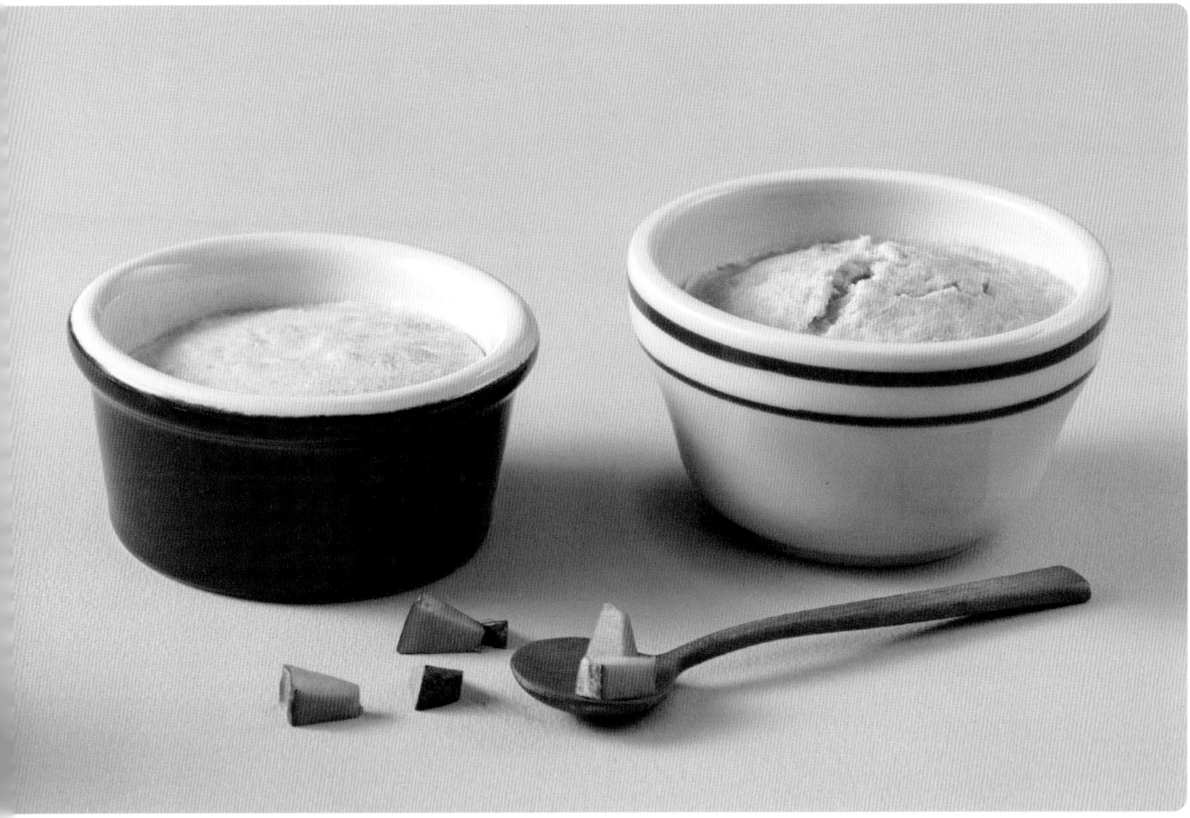

단호박푸딩

35~45분 1회분

단호박 60g, 삶은 달걀노른자 1개분, 모유(또는 분유) 1큰술

1 단호박은 씨와 껍질을 제거한다. 김이 오른 찜기에 단호박을 넣어 뚜껑을 덮고 젓가락으로 찔러 부드럽게 들어갈 때까지 중간 불에서 15~20분간 찐다. 볼에 넣어 포크로 으깬다.

2 ①의 볼에 나머지 재료를 넣어 섞는다. 내열 용기에 담고 김 오른 찜기(또는 찜통)에 넣어 뚜껑을 덮고 15분간 찐다.

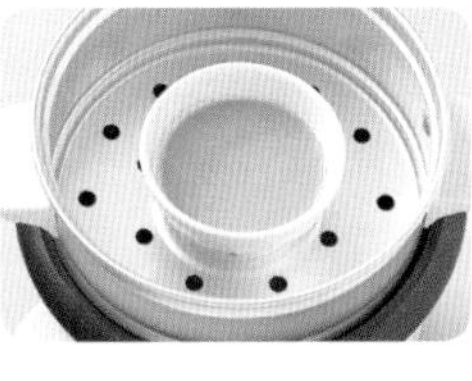

바나나푸딩

20~30분 1회분

바나나 1개(100g), 달걀노른자 1개분, 모유(또는 분유) 1큰술

1 바나나는 껍질을 벗기고 양 끝을 제거한 후 볼에 넣어 포크로 으깬다.

2 ①의 볼에 나머지 재료를 넣어 섞는다. 내열 용기에 담고 김 오른 찜기(또는 찜통)에 넣어 뚜껑을 덮고 15분간 찐다.

후기 이유식

만 8~12개월

이유식 1일 횟수 __ 3회(간식 1~2회)

이유식 한 회 분량 __ 100~150㎖

간식 한 회 분량 __ 약 110㎖

1일 수유량 __ 600~700㎖

후기 이유식 시작하기 전에 알아야 할 것

아기마다 먹는 양은 다 다릅니다.
내 아기에 맞게
이유식을 준비하세요.

안 먹다가 잘 먹을 때가 있고
잘 먹다가 안 먹을 때가 있습니다.
아기가 세상을 알아가는 과정에서
새로운 것들에 정신을 집중하거나
이가 날 경우 등에는
이유식을 잘 먹다가 안 먹을 수도
있으니 너무 걱정하지 마세요.

이 때는 스스로 숟가락질을 하거나
손으로 이유식을 먹으려고 합니다.

아기 손에 숟가락을 하나
쥐어주거나 핑거푸드 이유식을
만들어 스스로 먹는 성취감을
느끼게 해주세요. 이유식을 끝낸
자리가 엉망이 되더라도
스스로 먹는 것을 막지 마세요.
혼자 먹는 습관을 길러줘야
나중에 스스로 밥을 먹습니다.

08
...
12
month

이유식에 간하지 마세요.

어른들이 먹는 음식을 주는 것도
안 됩니다. 어른들이 먹는 국에
밥을 말거나 적셔주지 마세요.
정말 안 먹는 아기는 간을 해서
먹이기도 하는데, 계속 더 간을 세게
하게 되는 악순환이 반복됩니다.

하지만 아기가 정말 안 먹으면
약하게 간을 조금 해 주는 것도
어쩔 수 없는 부분이라고 생각해요.
처음에는 멸치가루나 참기름,
통깨 간 것 등으로 맛을 내보고
소금, 간장, 된장 등으로 간을 할 때는
건강한 제품을 사용하세요.

아직 우유는 먹이지 마세요.

우유는 돌 이후에 먹이세요.

어른들이 먹는 과자, 사탕 등은
절대 먹이지 마세요.

후기 이유식 레시피를 활용할 때 알아야 할 것

1 쌀은 미리 20분 이상 물에 불리면 조리 시간이 짧아져요. 쌀 30g과 밥 60g은 동량입니다.

2 후기 이유식은 진 밥에 물, 육수, 부재료 등을 더해 무른 밥을 만들어 먹이세요.
진 밥은 햅쌀일 경우 1:1.5 비율로, 햅쌀이 아닐 때는 1:2 비율로 지으면 됩니다.
참고로 일반 밥은 쌀과 물의 비율을 1:1 ~ 1:1.2 로 잡으세요.

3 불은 센 불에서 끓이다가 이유식이 끓어오르면 약한 불로 줄여서 쌀이 퍼질 때까지 끓이세요.

4 쇠고기와 닭고기, 버섯은 채소보다 조금 더 작게 썰어요.

5 쇠고기나 닭고기를 익힐 때 육수 위로 떠오르는 갈색 불순물은 체나 숟가락으로 건지세요.

6 이유식의 농도와 덩어리는 시기별로 정해진 것은 없습니다. 아기에게 맞춰서 엄마가 조절하세요.
아기가 먹기 힘들어하면 덩어리를 다시 작게 만들고, 아기가 잘 먹으면 크기를 조금씩 늘리세요.

7 이유식용 고기는 쇠고기 안심, 닭안심, 닭가슴살을 사용합니다.

8 포도씨유, 참기름 등 기름을 사용하기 시작하는데 최소한의 양만 사용하는 것이 좋습니다.

아기의 상황에 맞춘 후기 이유식 재료 가이드

알레르기·아토피 아기가 알레르기나 아토피가 있다면 고위험군에 속하는 이유식 재료는 돌 이후에 먹이는 게 안전합니다. 만일 이상 반응(두드러기, 설사 등)을 보인다면 잠시 쉬었다가 다시 시도하세요. 두부, 콩류, 달걀, 생선, 밀가루가 포함된 음식과 유제품을 제외하고 초기와 중기 이유식에 들어간 재료 중 이상 반응이 없는 재료로 만든 이유식은 먹여도 됩니다.

상황별 추천 재료

- **감기** 감자, 양배추, 브로콜리, 오이(열 감기), 단호박, 고구마, 사과, 배, 닭고기, 무(기침 감기), 당근, 대추, 배추, 아욱(기침 감기), 연근(열 감기), 감, 콩나물, 숙주(열 감기), 파
- **변비** 양배추, 브로콜리, 고구마, 청경채, 잘 익은 바나나, 사과, 자두, 살구, 시금치, 배추, 건포도, 아욱, 미역, 우엉, 플레인 요구르트
- **설사** 찹쌀, 감자, 완두콩, 단호박, 익힌 사과, 쇠고기, 차조, 익힌 당근, 대추, 흰살 생선, 감
- **빈혈** 브로콜리, 콜리플라워, 완두콩, 시금치, 미역, 달걀노른자, 대추, 강낭콩, 표고버섯, 우엉, 멸치, 깨, 치즈
- **식욕부진·보양식** 구기자, 대추
- **특히 잘 먹는 이유식** 대구 닭안심 영양죽, 핑거푸드, 주먹밥류, 쇠고기 난자완스, 압력솥 이유식류
- **외출할 때** 죽류는 초기 이유식과 마찬가지로 외출용 이유식을 준비하면 됩니다.
간편하게 먹이려면 핑거푸드와 주먹밥류, 쇠고기전, 두부 채소찜, 중기 이유식 간식류를 외출용 이유식으로 준비하세요.

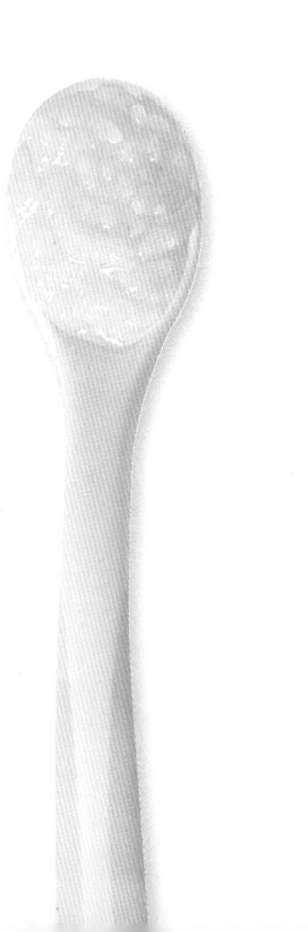

후기 이유식 식단표

- 3회 / 1일 -

이유식 식단은 참고용입니다.
이유식 후기의 식단은 아기가 다양한 맛을 경험할 수 있도록 구성하되 엄마들의 편의를 고려해 한꺼번에 만들어 아침, 저녁 등에 나눠 먹일 수 있도록 했습니다.

<table>
<tr><th>1주차</th><th>Day 1</th><th>Day 2</th><th>Day 3</th><th>Day 4</th><th>Day 5</th><th>Day 6</th><th>Day 7</th></tr>
<tr><td></td><td colspan="2">무수프</td><td colspan="2">검은콩 비빔국수</td><td colspan="3">핑거 주먹밥</td></tr>
<tr><td></td><td colspan="2">밥새우 애호박 버섯죽</td><td colspan="2">대구 닭안심 영양죽</td><td colspan="3">쇠고기완자 핑거푸드</td></tr>
<tr><td></td><td colspan="2">쇠고기 가지 당근 연두부죽</td><td colspan="2">대구 살로 만든 핑거푸드</td><td colspan="2">쇠고기 우엉덮밥</td><td>쇠고기 우엉 양배추 치즈 진 밥</td></tr>
</table>

<table>
<tr><th>2주차</th><th>Day 1</th><th>Day 2</th><th>Day 3</th><th>Day 4</th><th>Day 5</th><th>Day 6</th><th>Day 7</th></tr>
<tr><td></td><td>쇠고기 우엉 양배추 치즈 진 밥</td><td>쇠고기 검은콩 가지 통깨 진 밥</td><td>애호박 콩 진 밥</td><td>흰살 생선 옥수수 달걀 진 밥</td><td colspan="2">닭고기완자 핑거푸드</td><td>멸치 김주먹밥</td></tr>
<tr><td></td><td>쇠고기 검은콩 가지 통깨 진 밥</td><td>무 쇠고기 통깨 진 밥</td><td>흰살 생선 옥수수 달걀 진 밥</td><td>당근 요구르트 냉수프</td><td colspan="2">멸치 김주먹밥</td><td>완두콩 콜리플라워수프</td></tr>
<tr><td></td><td>무 쇠고기 통깨 진 밥</td><td>애호박 콩 진 밥</td><td>당근 요구르트 냉수프</td><td>닭고기완자 핑거푸드</td><td colspan="2">쇠고기 버섯리조또</td><td>주먹밥 스테이크</td></tr>
</table>

<table>
<tr><th>3주차</th><th>Day 1</th><th>Day 2</th><th>Day 3</th><th>Day 4</th><th>Day 5</th><th>Day 6</th><th>Day 7</th></tr>
<tr><td></td><td>완두콩 콜리플라워수프</td><td>쇠고기 난자완스</td><td colspan="3">버섯덮밥</td><td colspan="2">쇠고기전</td></tr>
<tr><td></td><td>주먹밥 스테이크</td><td colspan="2">멜론 감자 콜리플라워수프</td><td colspan="2">두부덮밥</td><td colspan="2">생선완자탕</td></tr>
<tr><td></td><td>쇠고기 난자완스</td><td colspan="2">닭고기덮밥</td><td colspan="2">쇠고기 숙주덮밥</td><td colspan="2">흰살 생선 크림소스 그라탱</td></tr>
</table>

<table>
<tr><th>4주차</th><th>Day 1</th><th>Day 2</th><th>Day 3</th><th>Day 4</th><th>Day 5</th><th>Day 6</th><th>Day 7</th></tr>
<tr><td></td><td colspan="2">크림소스 소면</td><td>압력솥 쇠고기 영양죽</td><td colspan="2">압력솥 닭죽</td><td colspan="2">멸치 김주먹밥</td></tr>
<tr><td></td><td colspan="2">잔치국수</td><td colspan="2">압력솥 닭죽</td><td>멸치 김주먹밥</td><td colspan="2">쇠고기완자 핑거푸드</td></tr>
<tr><td></td><td colspan="2">압력솥 쇠고기 영양죽</td><td colspan="2">두부 채소찜</td><td>쇠고기완자 핑거푸드</td><td colspan="2">검은콩 비빔국수</td></tr>
</table>

후기

코티지치즈

후기 이유식부터 아기에게 치즈나 플레인 요구르트 등의 유제품을 먹일 수 있어요. 저는 만 9개월 기념으로 코티지치즈를 만들어 먹였답니다. 아기에게 먹일 첫 치즈 만큼은 각종 첨가물이 들어있는 가공 치즈 대신 집에서 직접 만든 것으로 먹이고 싶었거든요. 코티지치즈는 그냥 먹여도 맛있고 이유식 만들 때 넣어도 좋아요.

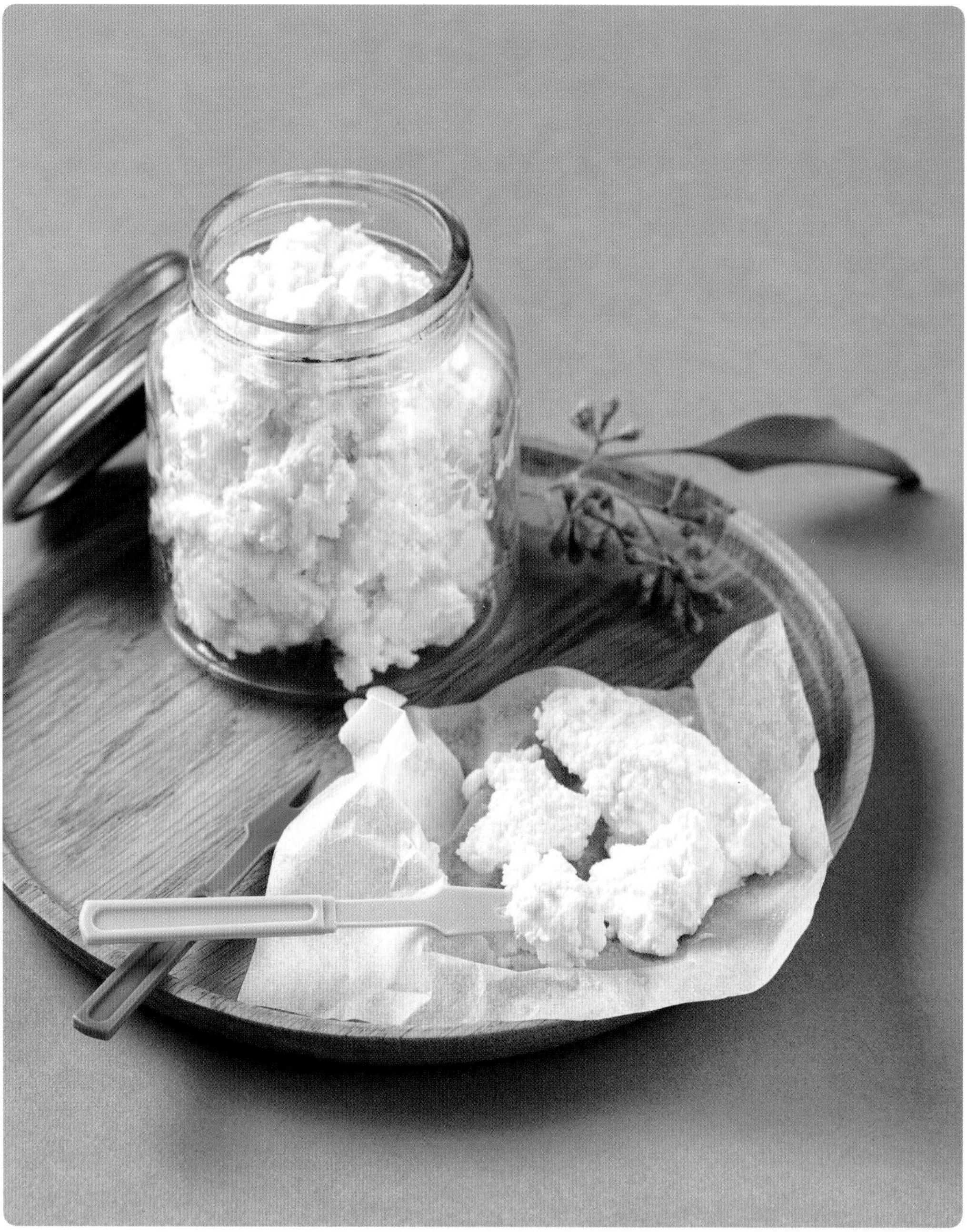

15~25분
(+물기 빼기 1시간 이상)
완성량 180g(8~10회분)

- 우유 5컵(1ℓ)
- 레몬 1개(또는 레몬즙 4큰술)

1 레몬은 베이킹 소다(또는 소금)를 묻혀 문질러가며 껍질을 씻는다.
＊끓는 물에 넣어 굴려가며 5초간 살짝 데쳐도 좋다.

2 레몬을 2등분해 손으로 짜거나 스퀴저로 즙을 낸다. ＊도마 위에 올려 눌러가며 굴린 후 2등분해 즙을 짜면 더 잘 짜진다.

3 레몬즙을 체에 한 번 거른다 (약 4큰술).

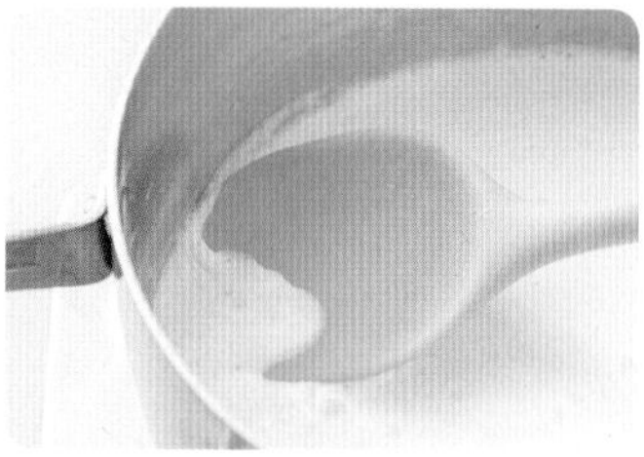

4 냄비에 우유를 붓고 중간 불에서 끓여 막이 생기면 막을 걷어낸다. 냄비 가장자리가 끓어오르면 약한 불로 줄인다.

5 레몬즙을 넣어 다섯 번 정도 저어준 후 약한 불에서 순두부처럼 몽글몽글해지면 바로 불을 끈다.

6 ⑤를 거즈나 고운 체에 밭쳐 물기를 뺀다.

Tip

치즈는 만든 후 5일 이내에 드세요.
밀폐 용기에 넣어 냉장 보관하고, 보관 기간은 최대 5일간 가능합니다. 자두나 사과, 배 등의 과일을 기름을 두르지 않은 팬에 볶아서 치즈와 섞으면 더 맛있어요. 엄마 아빠는 소금을 조금 뿌려 함께 먹어도 좋아요.

물기를 많이 빼면 치즈가 단단해져요.
⑥번 과정에서 물기를 많이 빼면 딱딱한 치즈가 되고 덜 빼면 부드러운 치즈가 됩니다. 치즈를 만들면서 나온 물(유청)을 치즈에 조금 섞은 후 믹서에 갈면 부드러운 크림치즈가 되지요.

{ 레몬 }

향이 강하며 껍질이 매끈하고 윤기가 돌며 색이 노랗고 고른 것, 묵직하고 양 끝이 대칭인 것으로 고르세요. 레몬 껍질은 구연산 성분이 있어 찌든 때가 묻은 싱크대나 가스레인지를 닦을 때 활용하면 좋아요.

무수프

무수프는 감기에 걸린 아기를 위한 특별한 이유식이에요.
대파는 후기 이유식부터 먹일 수 있는데, 육수를 만들 때 대파를 넣으면 좋아요. 무수프에도 감기에 좋은 대파가 들어갑니다.
무, 대파, 양파를 넣은 수프는 어떤 맛일지 궁금하시죠?
파 향이 살짝 나면서 부드럽고 고소하답니다.

20~30분

완성량 180㎖(약 2회분)

- 진 밥 30g(2와 1/2큰술)
- 무 60g(지름 10cm, 두께 0.6cm)
- 양파 10g(약 6×7cm)
- 대파 1cm(또는 다진 파 1/2큰술)
- 물 1/2컵(100㎖)
- 모유 1/4컵(또는 분유, 50㎖)

1 무는 강판에 곱게 간다.

2 양파와 대파는 0.2~0.3cm 크기로 다진다.

3 냄비에 무, 양파, 대파, 물을 넣어 양파가 거의 익을 때까지 센 불에서 1분간 끓인다. 진 밥을 넣고 주걱(또는 매셔)으로 으깨가며 1분간 더 끓인다.

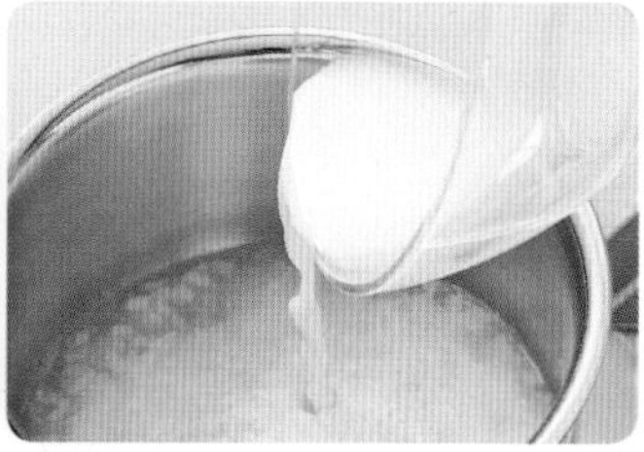

4 양파와 대파의 매운맛이 완전히 날아갈 때까지 중약 불에서 7~10분간 끓인 후 모유(분유)를 넣고 중간 불에서 한소끔 끓어오르면 바로 불을 끈다.

Tip

감기에 걸린 아기는 덩어리진 음식을 잘 못 먹어요.

아기가 밥알을 부담스러워하면 믹서에 분량의 물과 밥을 넣고 갈아주세요. 좀 더 맛있게 만들려면 냄비에 참기름을 두르고 양파와 대파, 무를 넣어 볶은 후 끓이면 됩니다. 대파를 넣고 끓일 때는 대파의 매운맛이 다 날아갈 때까지 끓이세요.

{ 무 }

천연 소화제라고 할 정도로 속을 편안하게 해요. 가래를 해소하고 기침을 완화시켜주며 감기 예방에도 좋고 변비에도 효과가 있지요. 무가 가장 맛있는 때는 10~12월이에요. 고를 때는 들었을 때 묵직하고 잔뿌리가 적으며 뿌리 쪽이 통통한 것이 좋아요.

밥새우 애호박 버섯죽

밥새우는 쌀알만한 크기의 아주 작은 새우로 껍질이 딱딱하지 않고 부드러워요. 영양은 보통 새우와 비슷하지만 껍질까지 다 먹을 수 있어 더욱 좋죠. 하지만 알레르기가 있거나 음식을 조심스럽게 먹이는 경우라면 돌 이후에 먹이세요.

25~35분
완성량 180㎖(약 2회분)

- 쌀 30g(2큰술, 또는 불린 쌀 38g)
  ＊ 쌀은 미리 20분 이상 불린다.
- 애호박 15g
  (지름 4cm, 두께 1.5cm)
- 밥새우 2g(또는 보리새우, 1큰술)
- 백만송이버섯 10g
- 육수 1과 1/2컵(300㎖)
  ＊ 육수 만들기 38쪽

1 애호박은 0.4~0.5cm 크기로, 백만송이버섯은 0.3cm 크기로 다진다.

2 믹서에 밥새우를 넣고 1분간 곱게 갈아 덜어둔다.

3 믹서를 씻고 불린 쌀을 넣어 쌀알이 1/2~1/3 정도 크기가 되도록 2초간 간다.

4 냄비에 모든 재료를 넣고 센 불에서 끓어오르면 약한 불로 줄여 쌀이 푹 퍼질 때까지 7~10분간 저어가며 끓인다.

Tip

밥새우가 없으면 보리새우로 대체하세요.
밥새우 대신 보리새우를 사용해도 좋아요. 보리새우는 가시가 있으니 믹서에 넣어 아주 곱게 간 후 사용하세요.

후기

쇠고기 가지 당근 연두부죽

후기 이유식을 시작하면서 처음 먹이는 채소인 가지는 입 안이 헐었을 때 먹이면 좋은 채소예요. 가지는 특유의 색감과 식감이 있어 호불호가 있는 채소이기도 하지요. 쇠고기 가지 당근 연두부죽처럼 다양한 식재료로 만드는 이유식을 어릴 때부터 먹이면 가지도 잘 먹는 편식 없는 아이로 클거예요.

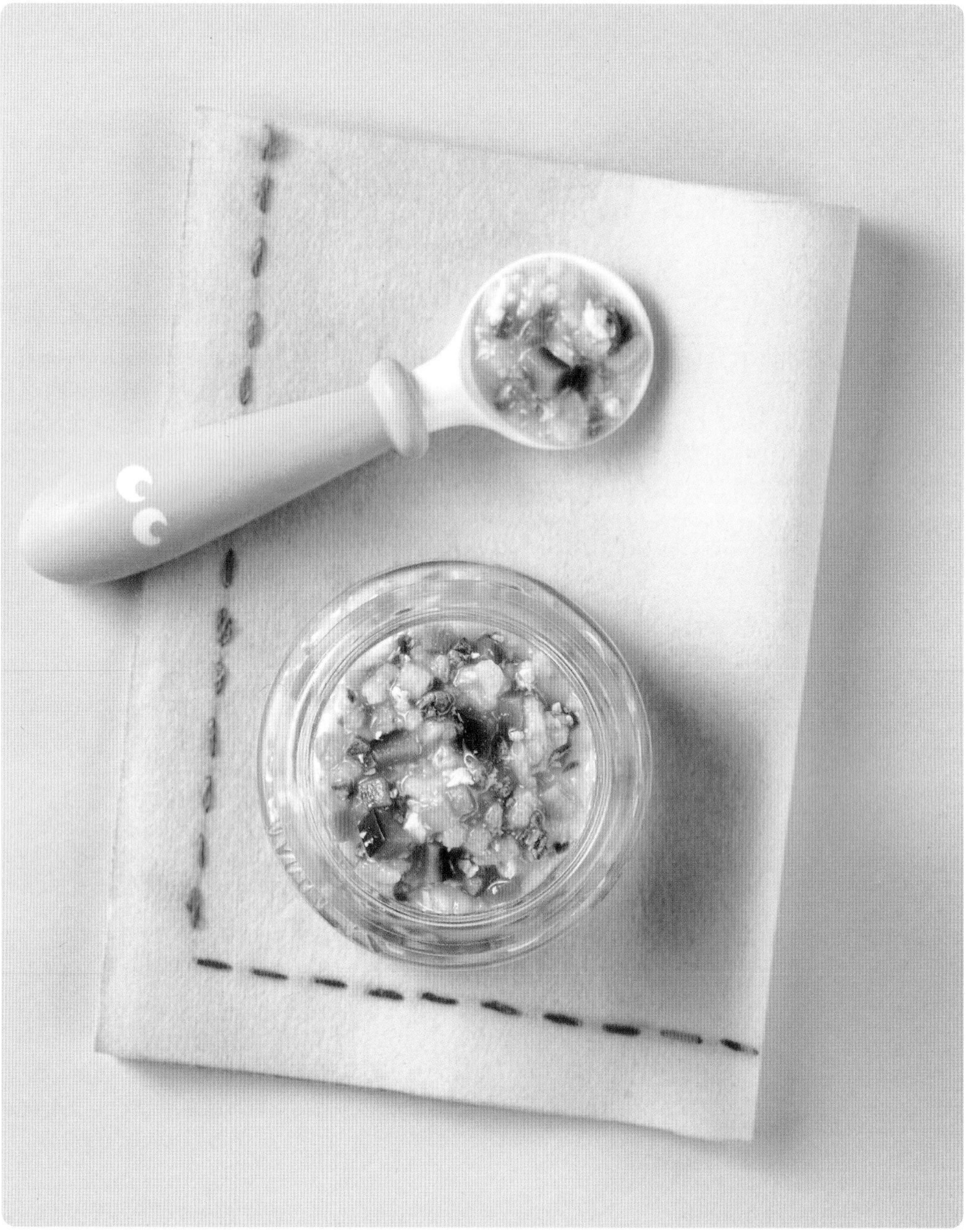

25~35분
완성량 180㎖(약 2회분)

- 진 밥 60g(5큰술)
- 쇠고기 안심 30g
  (약 5×5×1.5cm)
- 연두부 30g(1과 1/2큰술)
- 가지 20g(지름 약 4cm,
  두께 약 2cm)
- 당근 10g(사방 약 2cm)
- 육수 1과 1/2컵(300㎖)
  * 육수 만들기 38쪽

1 쇠고기는 키친타월로 감싸 핏물을 제거한 후 4~5등분한다. 냄비에 육수를 붓고 센 불에서 끓어오르면 쇠고기를 넣어 3분간 익힌 후 건진다. 불을 끄고 육수는 그대로 둔다.

2 가지와 당근은 0.4~0.5cm 크기로 다지고, 삶은 쇠고기는 0.3~0.4cm 크기로 다진다.

3 연두부는 절구에 넣어 으깬다.

4 냄비에 모든 재료를 넣고 센 불에서 끓어오르면 약한 불로 줄여 쌀이 푹 퍼질 때까지 7~10분간 저어가며 끓인다.

* 밥알이 부담스러우면 주걱이나 매셔로 으깨가며 끓인다.

Tip

쇠고기를 덩어리 째 삶을 때는 젓가락으로 찔러 상태를 확인하세요
젓가락으로 찔러보았을 때 핏물이 묻어나지 않으면 잘 익은 것입니다.

{ 가지 }

빈혈 예방과 피로 해소에 좋은 채소예요. 식중독을 예방하고 우리 몸에 수분을 공급해주며 몸에 열도 내려줘요. 고를 때는 표면이 매끈하면서 윤이 나고 색이 고르며 꼭지 끝 부분이 흰색을 띠는 것으로 고르세요.

검은콩 비빔국수

콩으로 만든 이유식은 몸에도 좋고 맛도 좋지만, 만드는 과정이 좀 번거로워요. 하지만 정성을 들인 만큼 아기들이 잘 먹는답니다. 아기가 손을 뻗어 스스로 먹어보고 싶어한다면 아기용 포크를 손에 쥐어 주세요. 식탁 주변은 엉망이 되겠지만 아기는 스스로 해내는 성취감을 느낄 수 있답니다.

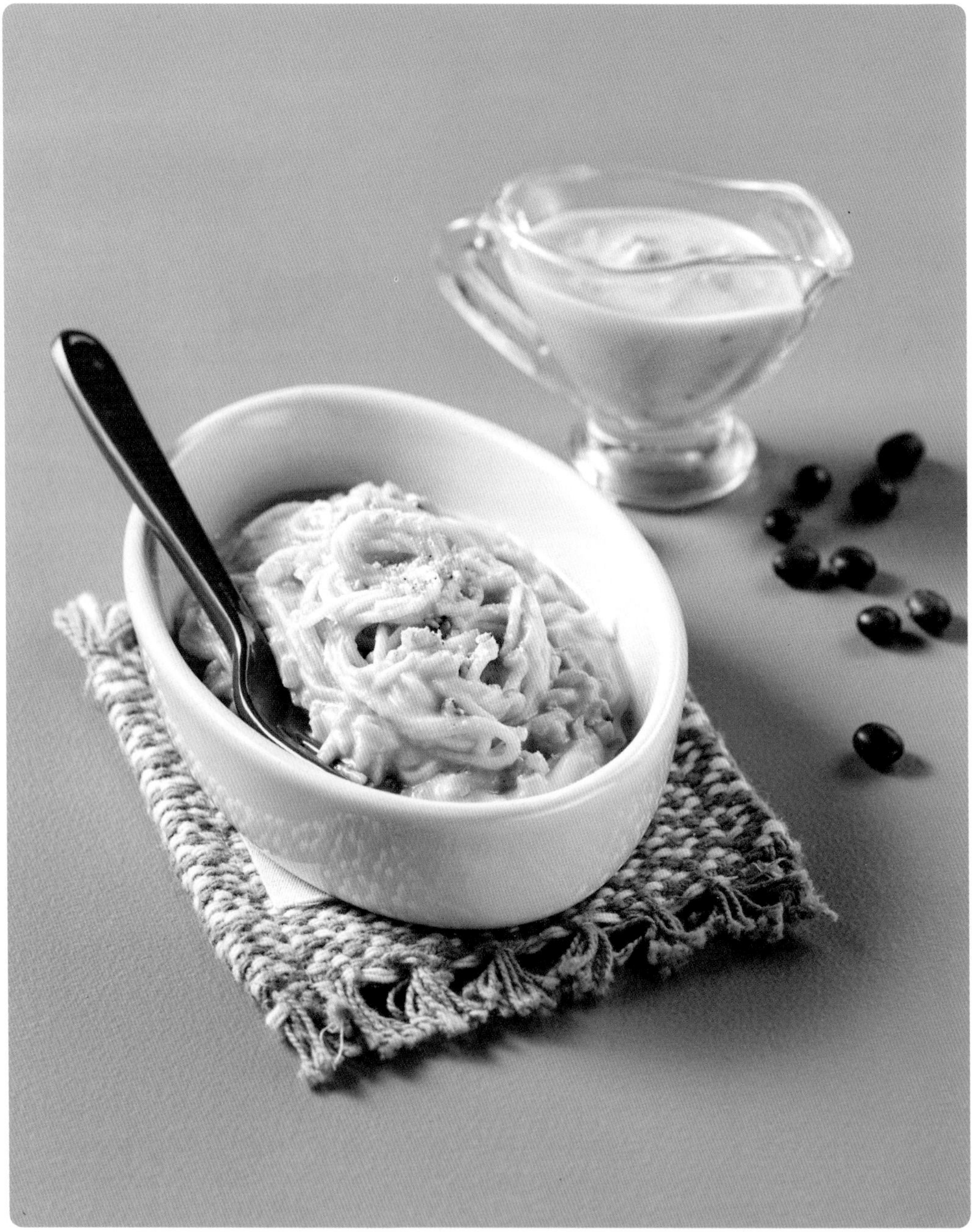

50~60분
약 2회분

- 검은콩 35g(불린 후 약 70g)
  * 검은콩은 미리 넉넉한 물에 담가 3시간 이상 불린다.
- 소면 1/3줌(또는 쌀국수, 약 25g)
- 오이 40g(지름 3.5cm, 두께 4cm)
- 표고버섯 15g(약 1/2개)
- 통깨 1/2작은술
- 물 1/2컵(100㎖) + 1/2컵(100㎖)

Tip

소면은 끓이기를 반복하세요.
소면을 삶은 때 물이 끓어오르면 찬물을 조금 부어 다시 끓이기를 두 번 반복하세요. 그런 다음 체에 밭쳐 손으로 비벼가며 찬물에 씻으세요. 삶은 소면을 끊어보았을 때 가운데 하얀 심이 없으면 잘 삶아진거예요.

검은콩소스는 2회분이에요.
남은 소스는 식힌 후 냉장실에 넣어 2일간 보관 가능합니다.

콩을 미리 불리지 못했다면 전자레인지에 넣고 6분 정도 익히세요.
시간이 없어 콩을 미리 불리지 못했다면 내열 용기에 콩, 잠길 만큼의 물을 넣고 전자레인지에 넣어 6분 정도 익힌 후 사용해요.

1 끓는 물(5컵)에 불린 검은콩을 넣고 손으로 부드럽게 으깨질 때까지 중간 불에서 30~40분간 삶는다. 체에 밭쳐 물기를 뺀 후 한 김 식혀 껍질을 벗긴다.

2 믹서에 삶은 검은콩과 물 1/2컵을 넣어 1분간 곱게 간다.

3 오이는 껍질과 씨를 제거해 끓는 물(3컵)에 표고버섯과 함께 넣고 오이가 부드럽게 휘어질 때까지 중간 불에서 3분간 익혀 체에 밭쳐 물기를 뺀다.

4 표고버섯은 0.3~0.4cm 크기로, 오이는 0.4~0.5cm 크기로 다진다. 통깨는 절구에 넣어 곱게 빻는다.

5 끓는 물(3컵)에 반으로 자른 소면을 펼쳐 넣고 센 불에서 끓어오르면 찬물(1컵)을 넣고 2분~2분 30초간 삶는다. 체에 밭쳐 찬물에 헹군 후 그대로 물기를 빼 그릇에 담는다.

6 냄비에 ②의 검은콩 간 것, 오이, 표고버섯, 통깨, 물 1/2컵(100㎖)을 넣는다. 센 불에서 저어가며 한소끔 끓어오르면 바로 불을 끈다. ⑤의 그릇에 1/2 분량을 넣는다.
* 소스는 2번 나눠 먹인다.

{ 소면 }

소면은 유기농 소면이나 우리밀 소면으로 구입하고 쌀국수로 대체한다면, 가장 가는 면으로 구입하세요. 소스의 반은 냉장 보관했다가 다음에 먹일 때 소면을 삶아 버무려주면 됩니다.

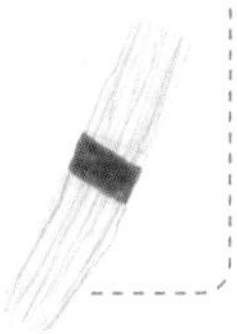

후기

대구 닭안심 영양죽

후기 이유식부터는 흰살 생선을 먹일 수 있어요. 신선한 대구를 사서 영양 만점 이유식을 만들어 주세요. 이 이유식은 잉어와 닭 혹은 오골계와 자라를 넣고 만드는 보양식, 용봉탕을 응용했어요. 아기도 때론 보양 이유식이 필요하답니다. 신선한 대구는 비리지 않고 고소해요. 남은 대구 살로 핑거푸드(208쪽)를 만드세요.

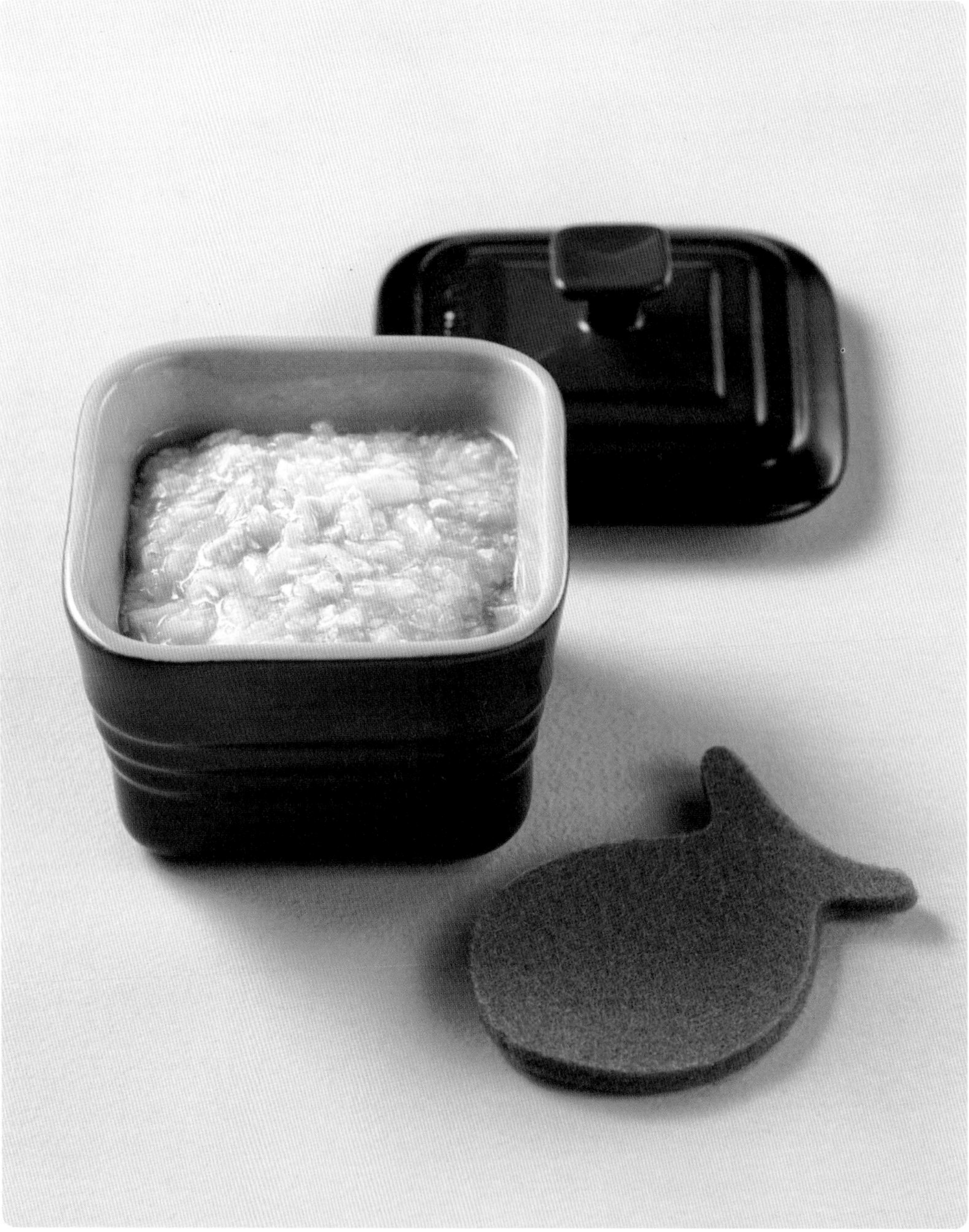

30~40분

완성량 200㎖(약 2회분)

- 쌀 30g(2큰술, 또는 불린 쌀 38g)
  ＊ 쌀은 미리 20분 이상 불린다.
- 대구 살 30g(익힌 후 약 20g)
- 닭안심 30g(약 1쪽)
- 양파 10g(약 6×7cm)
- 통깨 1/2작은술
- 물 1/4컵(50㎖)
- 육수 1과 1/2컵(300㎖)
  ＊ 육수 만들기 38쪽

1 손질한 대구는 김이 오른 찜기(또는 찜통)에 넣어 뚜껑을 덮고 생선 살이 하얗게 될 때까지 10분간 찐다.

2 찐 대구는 껍질과 가시를 제거하고 살만 발라낸다. 냄비에 육수를 붓고 센 불에서 끓인다.

3 ②의 육수가 끓어오르면 닭안심을 넣어 중간 불에서 5분간 삶아 건져낸다. 불을 끄고 육수는 그대로 둔다.

4 양파는 0.4~0.5cm 크기로, 삶은 닭안심은 0.3~0.4cm 크기로 다진다.

5 믹서에 불린 쌀을 넣어 쌀알이 1/2~1/3 정도 크기가 되도록 2초간 간다. 통깨는 절구에 넣어 곱게 빻는다.

6 ③의 육수에 모든 재료를 넣고 센 불에서 끓어오르면 약한 불로 줄여 쌀이 푹 퍼질 때까지 10분간 끓인다.

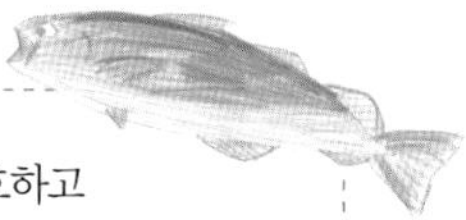

{ 대구 }

저열량 고단백 식재료로 원기회복에 좋아요. 눈을 보호하고 감기를 예방하며 염증 치료에도 도움을 주지요. 신선한 대구는 아가미가 선홍색을 띠며 눈알이 맑고 표면에 윤기가 흐르며 살이 탱탱합니다. 또한 손질된 대구는 표면에 상처가 없는 것을 고르세요.

후기

대구 살로 만든 핑거푸드

생선을 이용한 이유식을 만들 때 가장 중요한 것은 신선한 생선을 고르는 것입니다. 신선한 생물 대구가 없다면 이 이유식은 다음에 만드는 것이 좋아요. 그래야 비리지 않고 쫀득쫀득하며 고소한 맛이 일품인 대구 살로 만든 핑거푸드의 제맛을 아기가 맛볼 수 있답니다.

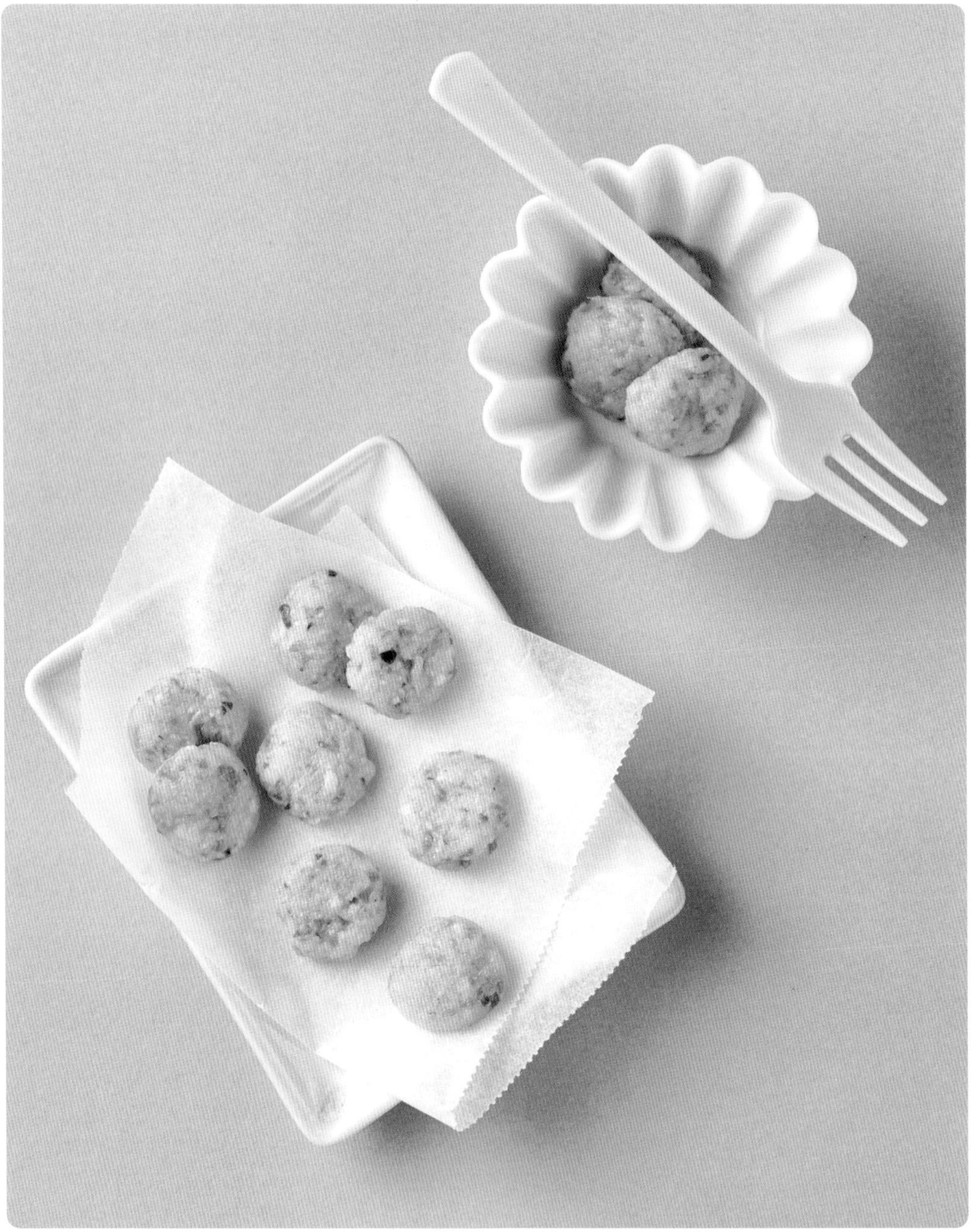

50~60분

42~45개분(약 3회분)

- 대구 살 60g(익힌 후 약 50g)
- 감자 150g(약 3/4개)
  ※ 감자전분 1큰술로 대체 가능
  대구 살의 수분 정도에 따라 가감
- 두부 20g(사방 약 3cm)
- 당근 10g(사방 약 2cm)
- 백만송이버섯 10g

1 손질한 대구는 김이 오른 찜기(또는 찜통)에 넣어 뚜껑을 덮고 생선 살이 하얗게 될 때까지 약 10분간 찐다.

2 찐 대구는 껍질과 가시를 제거하고 살만 발라낸다.

3 당근과 백만송이버섯은 0.2~0.3cm 크기로 다진다.

4 감자는 강판에 간 후 체에 밭쳐 숟가락으로 눌러가며 물기를 뺀다.

5 ④의 감자 물은 그릇에 담아 흔들지 말고 10분 이상 가만히 두어 전분을 가라앉힌 후 위의 물은 버리고 전분은 그대로 둔다.

6 끓는 물(3컵)에 두부를 넣어 중간 불에서 1분간 데친 후 건져낸다. 다진 버섯과 당근을 넣고 중간 불에서 3분간 삶은 후 체에 밭쳐 물기를 뺀다.

7 절구에 익힌 대구 살을 넣어 으깬 후 나머지 재료를 모두 넣고 섞는다.

8 ⑤의 반죽을 아기가 한입에 먹기 좋은 크기(지름 1~1.5cm)로 동글납작하게 빚는다. 김이 오른 찜기에 종이 포일을 깔고 반죽 빚은 것을 올려 뚜껑을 덮고 15분간 찐다. ※ 냉동실에서 3일간 보관 가능하다.

Tip

감자전을 만드세요.

②, ③번 과정에서 감자 간 것과 전분 가라 앉힌 것을 섞으면 강원도식 감자전이 됩니다. 핑거푸드를 만들 때는 과정 ②의 감자 간 것을 버리지 말고 프라이팬에 구워 아기 간식으로 먹이거나 어른들 간식으로 즐겨도 좋아요.

핑거 주먹밥

후기 이유식에 들어서면서 많은 엄마들이 '아기가 이유식을 안 먹어서 걱정이에요'라는 말을 많이 합니다. 만일 우리 아기는 그런 걱정 없이 잘 먹는다면 정말 다행이죠. 이 무렵 아기들은 이유식을 자꾸 손으로 먹으려고 해요. 숟가락으로 주면 이유식 먹기를 거부하기도 하고요. 이럴 때 핑거푸드를 만들어 손으로 집어먹을 수 있게 해주면 잘 먹는답니다. 핑거 주먹밥은 외출할 때도 좋은 이유식이에요.

15~25분

약 45개분(약 2회분)

- 진 밥 60g(5큰술)
- 다진 쇠고기 안심 30g
  (이유식용, 2큰술,
  또는 쇠고기 안심 5×5×1.5cm)
- 당근 5g(사방 약 1.5cm)
- 코티지치즈 1작은술(생략 가능)
  ※ 코티지치즈 만들기 196쪽
- 김가루 1작은술(생략 가능)
- 참기름 약간

1 당근은 0.1~0.2cm 크기로 다진다.

2 달군 팬에 참기름을 두르고 다진 당근을 넣어 약한 불에서 1분간 볶은 후 넓은 접시에 펼쳐 담아 한 김 식힌다.

3 팬을 닦고 다진 쇠고기를 넣어 중간 불에서 1분 30초간 뭉치지 않도록 으깨가며 볶는다.

4 볼에 모든 재료를 넣어 섞은 후 아기가 한입에 먹기 좋은 크기(지름 1~1.5cm)로 동글동글하게 빚는다.
※ 생수 또는 참기름 약간을 손에 묻힌 후 모양을 만들면 손에 잘 붙지 않는다.

Tip

다진 쇠고기는 이유식용으로 구입하세요.
후기 이유식에는 쇠고기를 다져서 쓰는 메뉴가 자주 등장합니다. 되도록 덩어리 안심을 구입해 다져서 쓰는 것이 좋지만 편의를 위해 다진 쇠고기를 사야한다면 비교적 기름기가 적고 좋은 부위를 쓰는 이유식용 다짐육을 구입하도록 하세요.

채소는 집에 있는 채소로 대체해도 좋아요.
채소는 아주 잘게 다져야 핑거 주먹밥을 빚기 편해요. 미리 핑거 주먹밥 재료를 넉넉히 만들어 냉장 보관했다가 프라이팬에 넣고 데워 진 밥과 함께 섞어 빚으면 간편하고 맛있는 한 끼를 준비할 수 있지요.

쇠고기완자 핑거푸드

아기가 한동안 죽을 거부해서 핑거푸드 이유식을 이것저것 시도했었어요. 그 작은 손가락으로 살짝 집어먹는 것이 꽤 귀엽더라고요. 외출할 때 가지고 나가서 한 개씩 입안에 쏙쏙 넣어주는 것도 재미있었답니다.

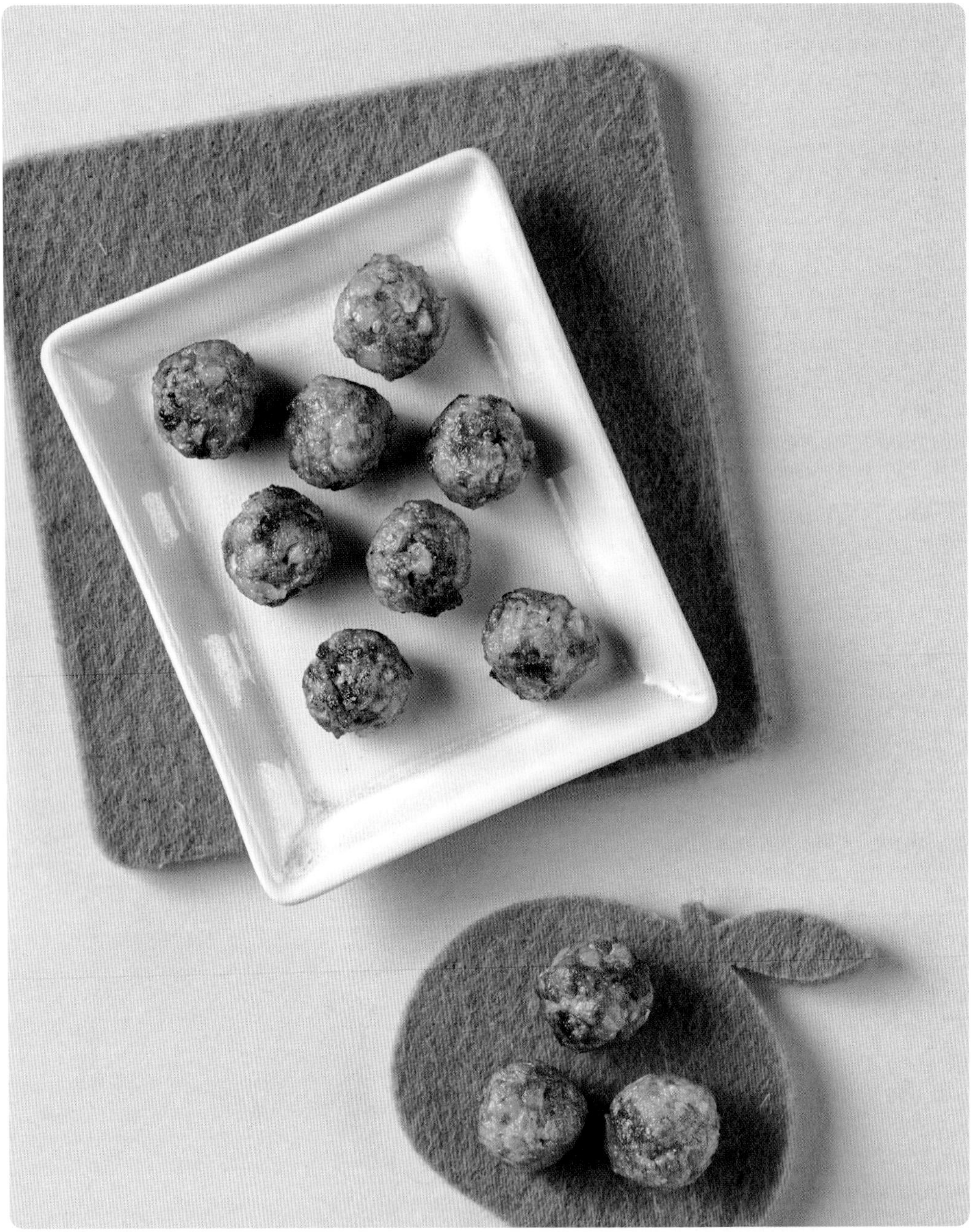

20~30분(+ 숙성시키기 20분)
약 50개분(약 2회분)

- 진 밥 40g(3큰술)
- 다진 쇠고기 안심 40g
(이유식용, 2와 2/3큰술,
또는 쇠고기 안심 4×3×3cm)
- 애호박 10g(지름 5cm, 두께 0.5cm)
- 당근 5g(사방 약 1.5cm)
- 양파 10g(약 6×7cm)
- 포도씨유 약간

1 애호박, 당근, 양파는 0.1~0.2cm 크기로 다진다.

2 끓는 물(3컵)에 다진 애호박, 당근, 양파를 넣고 당근이 완전히 익을 때까지 센 불에서 약 2분간 끓인 후 체에 밭쳐 물기를 뺀다.

3 절구에 진 밥을 넣어 살짝 으깬다.
＊으깰 때 절굿공이에 물을 살짝 묻히면 밥알이 잘 붙지 않는다.

4 볼에 포도씨유를 제외한 모든 재료를 넣어 섞은 후 랩을 씌워 냉장실에 넣고 20분간 숙성시킨다.

5 ④의 반죽을 아기가 한입에 먹기 좋은 크기(지름 1~1.5cm)로 동그랗게 빚는다.

6 달군 팬에 포도씨유를 두르고 키친타월로 골고루 펴 바른 후 ⑤를 넣고 중약 불에서 굴려가며 5분간 노릇하게 굽는다.

{ 포도씨유 }

기름 특유의 냄새가 없어 재료 본연의 맛을 가리지 않고, 발연점이 높아 높은 온도에서 조리해도 음식이 쉽게 타지 않아요. 환경호르몬으로부터 안전한 유리병에 담긴 포도씨유를 사용하세요.

후기

쇠고기 우엉 양배추 치즈 진 밥

우엉은 식이섬유가 많아서 변비에 좋고 빈혈 예방과 치료에도 좋은 재료예요. 우엉 특유의 향긋한 향이 식욕을 자극해 아기들도 잘 먹는답니다. 하지만 단단하기 때문에 믹서에 갈거나 혹은 아주 곱게 다져서 이유식을 만들어야 해요.

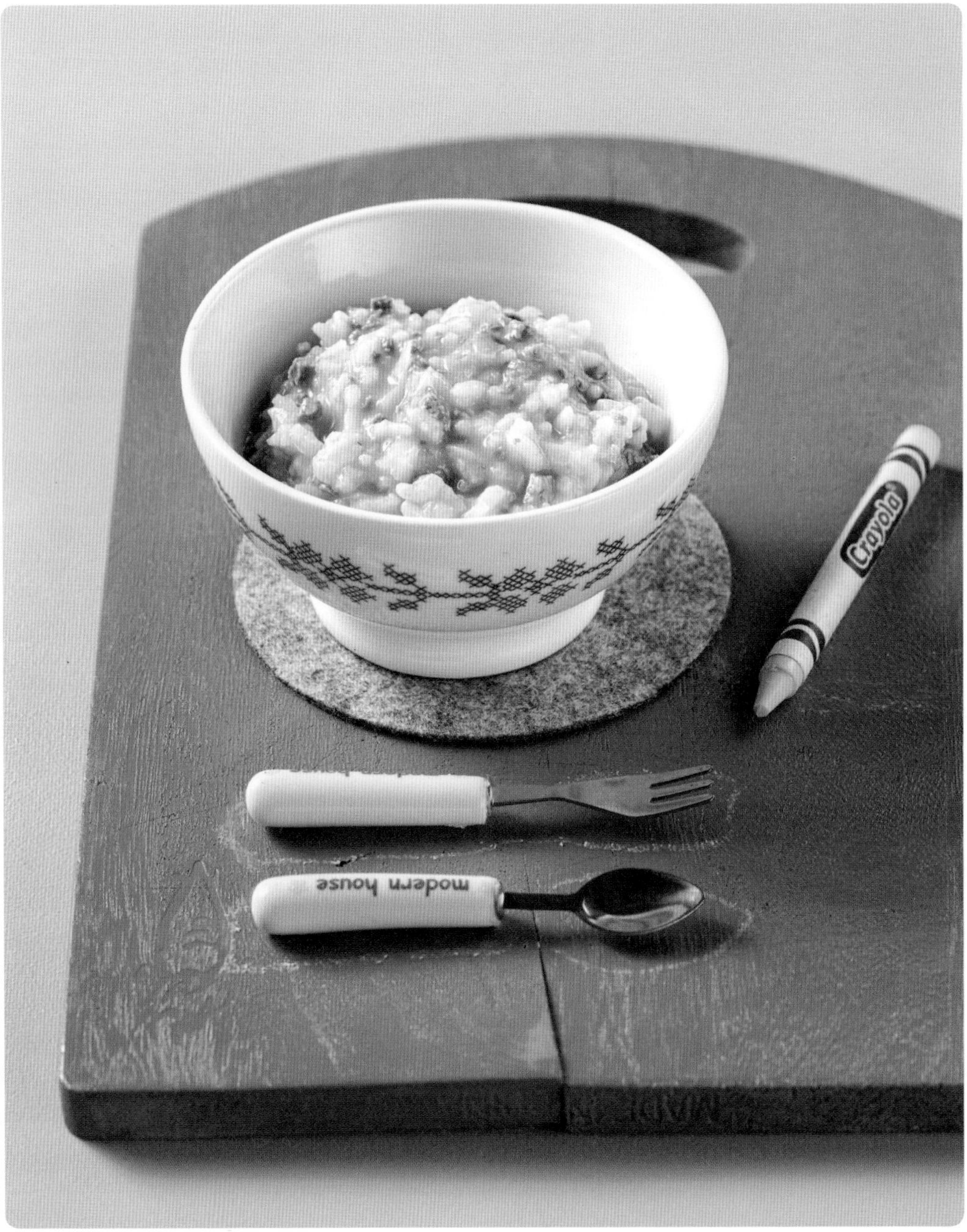

20~30분

완성량 200㎖(약 2회분)

- 진 밥 60g(5큰술)
- 쇠고기 안심 30g
  (약 5×5×1.5cm, 또는
  다진 쇠고기 안심 2큰술)
- 우엉 10g(지름 2cm, 길이 4cm)
- 양배추10g(잎 부분,
  약 5×6cm 2장)
- 코티지치즈 5g
  (1/2큰술, 생략 가능)
  ※ 코티지치즈 만들기 196쪽
- 물 1큰술
- 육수 1과 1/4컵(250㎖)
  ※ 육수 만들기 38쪽

1 쇠고기는 찬물에 10분간 담가 핏물을 뺀 후 3~4등분한다. 냄비에 육수를 붓고 중간 불에서 끓어오르면 쇠고기를 넣고 3분간 삶은 후 건진다. 불을 끄고 육수는 그대로 둔다.

2 양배추는 잎 부분만 0.4~0.5cm 크기로, 삶은 쇠고기는 0.3~0.4cm 크기로 다진다.

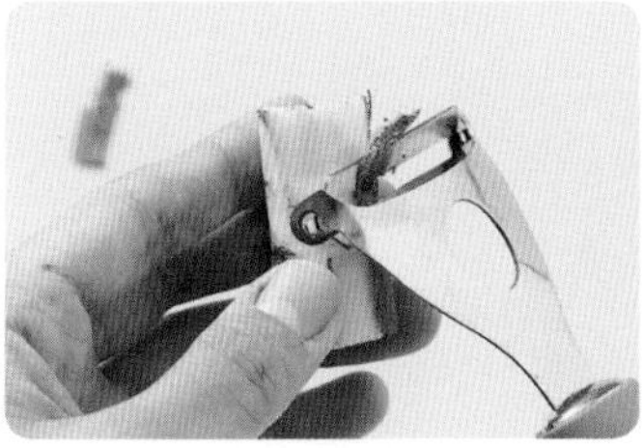

3 우엉은 필러로 껍질을 벗긴 후 4~5등분한다. ※ 우엉 소개 217쪽

4 믹서에 우엉과 물 1큰술을 넣고 40~50초간 곱게 간다.

5 ①의 육수에 양배추, 쇠고기, 우엉 간 것을 넣고 센 불에서 끓어오르면 2분간 저어가며 끓인다.

6 약한 불로 줄여 진 밥과 코티지치즈를 넣고 물기가 거의 없어질 때까지 중약 불에서 7분간 끓인다.

후기

쇠고기 우엉덮밥

덮밥은 만들어 두고 먹이기 좋은 이유식이에요. 넉넉하게 만들어 냉동한 후 먹이기 전에 해동해 진 밥과 함께 먹이면 간단하게 이유식 한 끼를 해결할 수 있어요. 우엉 삶을 때 넣는 식초는 자연 발효된 양조식초를 사용하세요.

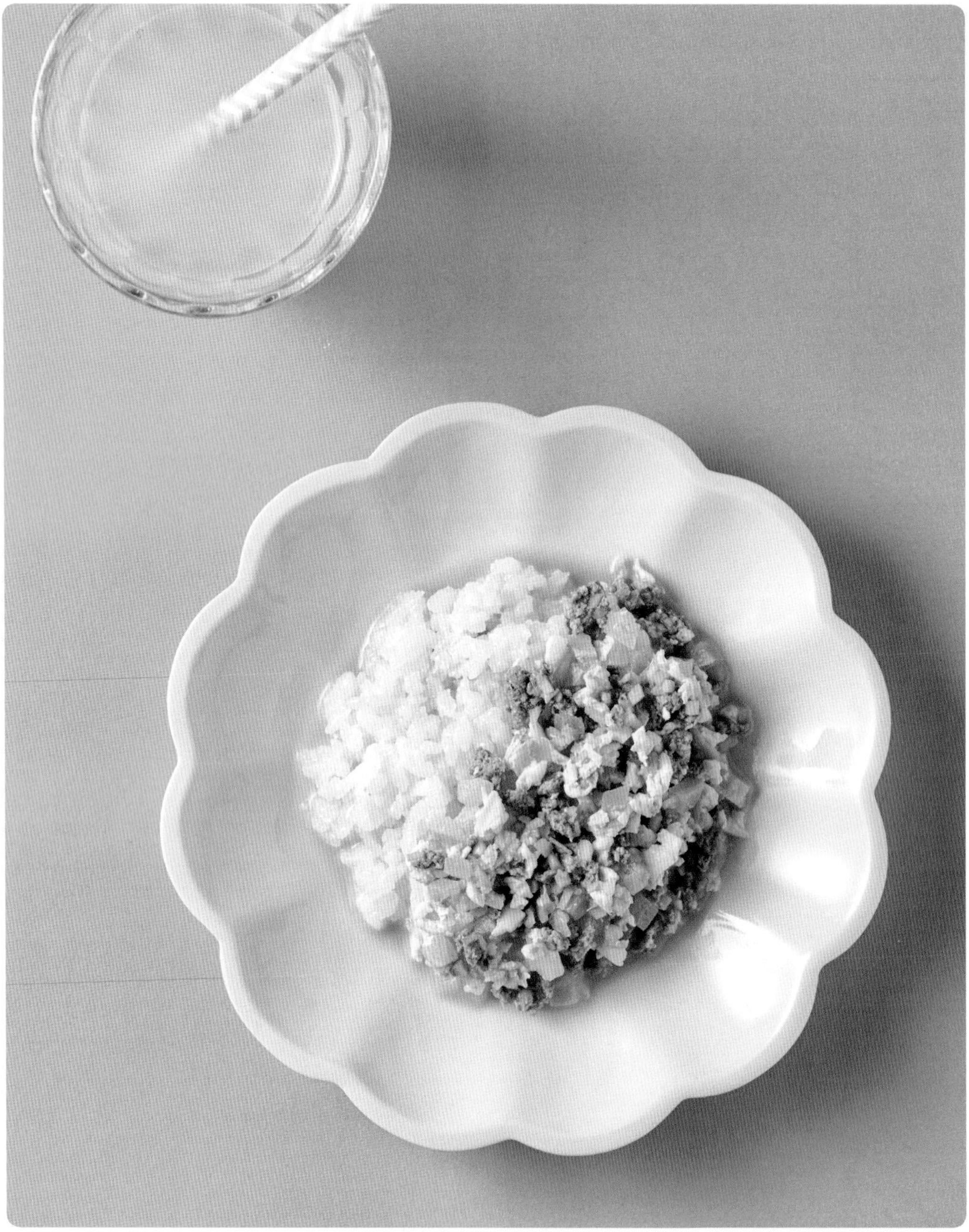

20~30분
약 1회분

- 진 밥 60g(5큰술)
- 다진 쇠고기 안심 20g
  (이유식용, 1과 1/3큰술,
  또는 쇠고기 안심 약 4×3×1.5cm)
- 우엉 10g(지름 2cm, 길이 4cm)
- 양파 10g(약 6×7cm)
- 달걀노른자 1개분
- 물 3/4컵(150㎖)

1 우엉은 필러로 껍질을 벗겨 사방 0.3cm 크기로 다진다. 양파는 0.4~0.5cm 크기로 다진다. 볼에 달걀노른자를 넣어 푼다.

2 냄비에 물(1컵)과 식초(1/3작은술)를 넣고 중간 불에서 끓어오르면 우엉을 넣고 3분간 삶아 체에 밭쳐 찬물에 헹군 후 물기를 뺀다.

3 팬에 쇠고기, 우엉, 양파, 물을 넣고 쇠고기가 다 익을 때까지 중약 불에서 2~3분간 볶는다.
※ 쇠고기가 덩어리지지 않게 주걱으로 으깨가며 볶는다.

4 달걀노른자를 둘러가며 넣고 노른자가 다 익을 때까지 중약 불에서 1분간 저어가며 끓인다. 그릇에 진 밥을 담고 그 위에 덮밥 소스를 올린다.

{ 우엉 }

우엉은 솔이나 칼등으로 껍질을 제거하는 것이 정석이지만 편의를 위해 필러로 껍질을 제거하기도 해요. 우엉은 변비 해소에 도움을 주고 성장호르몬 분비를 촉진하며 체력을 튼튼하게 해주므로 성장기 아기들에게 좋은 재료입니다. 다이어트와 부기 제거에도 효과가 있으니 엄마도 같이 드세요. 고를 때는 껍질이 매끈하고 상처가 없으며 속에 구멍이 나지 않은 것, 너무 건조하지 않은 것을 고르세요. 지름 2cm 정도의 힘있고 단단한 우엉이 신선해요.

쇠고기 검은콩 가지 통깨 진 밥

아기 이가 몇 개 났나요? 어떤 아기는 백일이 되기도 전에 이가 나오는 경우도 있고, 어떤 아기는 9~10개월이 되어도 이가 나지 않는 경우도 있어요. 엄마 마음은 이가 나지 않으면 잘 씹어 먹지 못할까봐 걱정이 되지요. 하지만 아기는 잇몸으로도 오물오물 잘 씹어 먹으니 걱정하지 마세요. 아기의 이가 촘촘하게 났다면 고기를 먹인 후에 꼭 치실을 사용해 이를 닦아주세요.

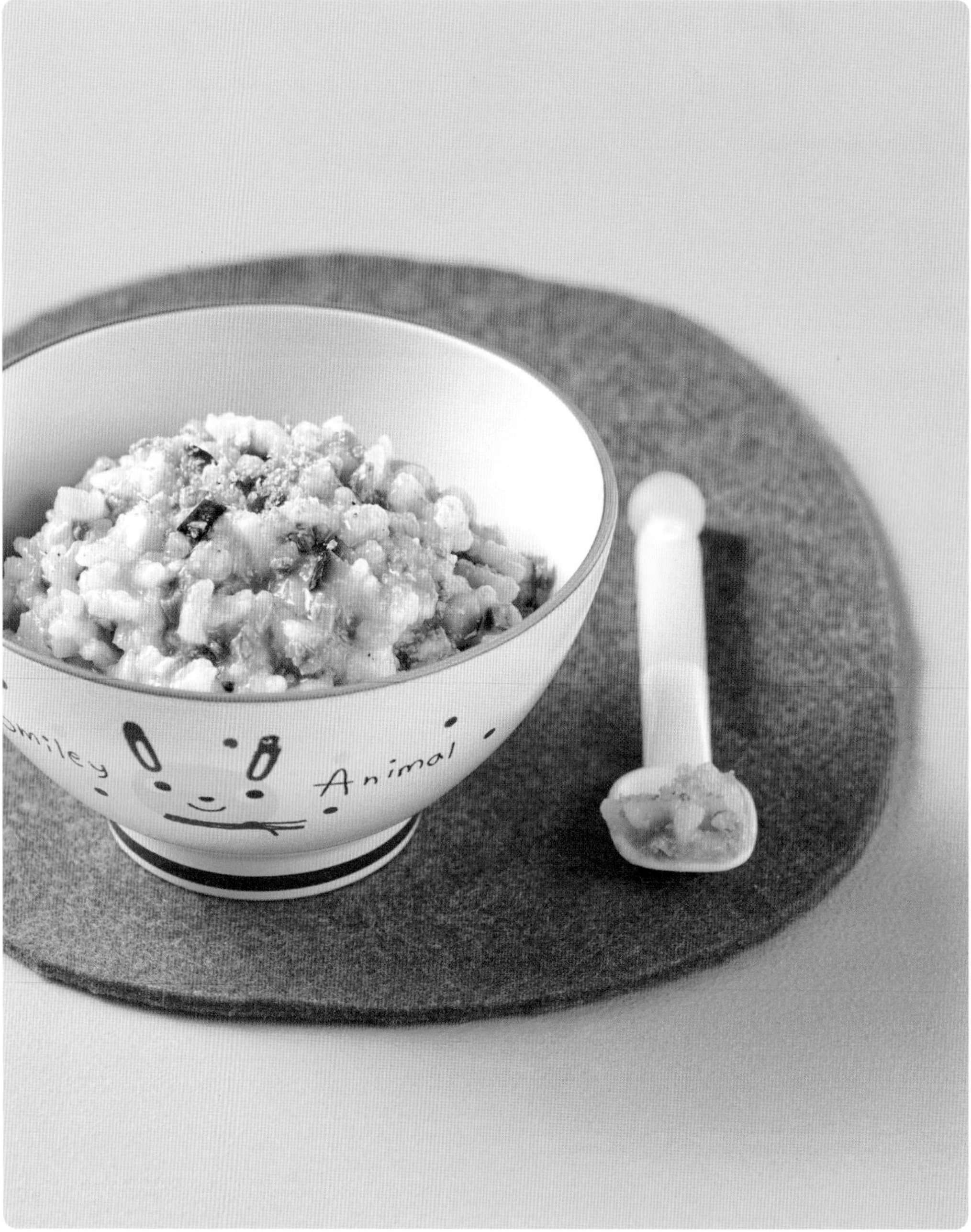

20~30분(+ 검은콩 삶기 40분)

완성량 200㎖(약 2회분)

- 진 밥 60g(5큰술)
- 검은콩 5g(불린 후 10g)
  ※ 검은콩은 미리 넉넉한 물에 담가 3시간 이상 불린다.
- 가지 10g(지름 약 4cm, 두께 약 1cm)
- 쇠고기 안심 25g(약 5×5×1cm)
- 통깨 약간
- 육수 1컵(200㎖)
  ※ 육수 만들기 38쪽

1 냄비에 물(4컵), 불린 검은콩을 넣고 손으로 부드럽게 으깨질 때까지 중간 불에서 30~40분간 삶아 체에 밭쳐 물기를 뺀 후 껍질을 벗긴다.

2 쇠고기는 찬물에 10분간 담가 핏물을 뺀 후 3~4등분한다. 냄비에 육수를 붓고 중간 불에서 끓어오르면 쇠고기를 넣어 3분간 삶아 건진다. 불을 끄고 육수는 그대로 둔다.

3 가지는 0.4~0.5cm 크기로, 쇠고기는 0.3~0.4cm 크기로 다진다. 통깨는 절구에 넣고 곱게 빻는다.

4 절구에 삶은 검은콩을 넣어 곱게 으깬다.

5 ②의 육수에 쇠고기, 가지를 넣고 가지가 다 익을 때까지 중간 불에서 3분간 끓인다. 진 밥, 검은콩, 통깨를 넣고 주걱(또는 매셔)으로 으깨가며 1분 30초간 더 끓인다.

Tip

콩은 검은콩이 아니라도 괜찮아요.

검은콩 대신 시판 모둠 콩으로 만들어도 좋습니다. 콩은 잘 익지 않기 때문에 3시간 이상 불린 후 콩이 푹 잠길 정도로 물을 붓고 삶으세요. 햇콩은 수분이 많아 불리지 않고 삶아도 됩니다.

무 쇠고기 통깨 진 밥

무는 '천연 소화제'라고 할 만큼 소화를 돕고 위장을 튼튼하게 해주는 재료예요. 또한 기침 감기에 걸렸거나 목이 부었을 때 먹어도 좋답니다. 통깨와 쇠고기는 빈혈에 좋은 이유식 재료이며, 무 쇠고기 통깨 진 밥은 고소하면서 시원한 맛이 일품인 이유식이에요. 빈혈이 있을 때 먹여도 좋아요.

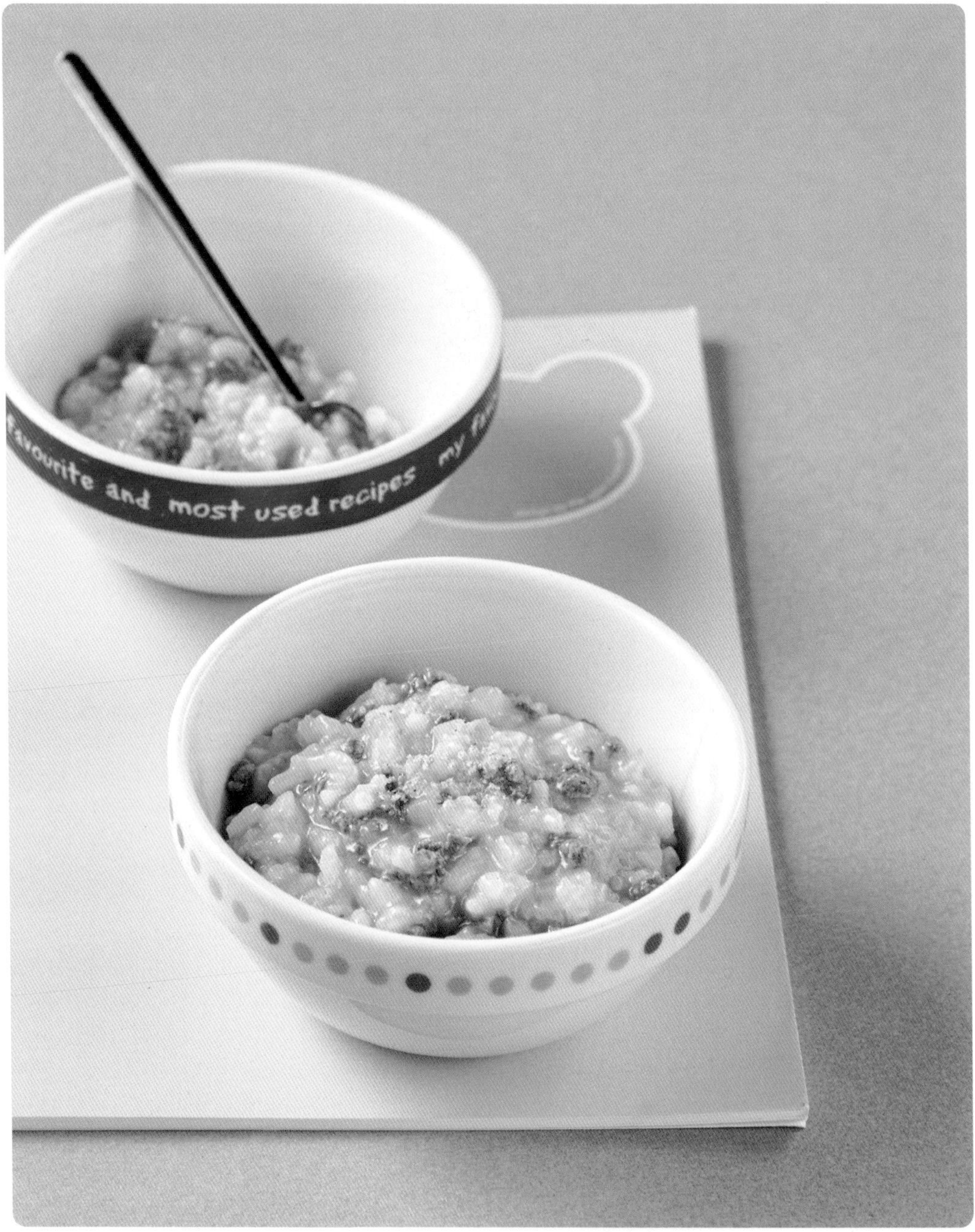

20~30분

완성량 180㎖(약 2회분)

- 진 밥 60g(5큰술)
- 다진 쇠고기 안심 30g
  (이유식용, 2큰술,
  또는 쇠고기 안심 약 5×5×1.5cm)
- 무 20g(사방 약 2.5cm)
- 통깨 간 것 약간
- 참기름 약간
- 육수 3/4컵(150㎖)
  ＊ 육수 만들기 38쪽

1 무는 0.4~0.5cm 크기로 다진다.

2 달군 냄비에 참기름을 두르고 무, 다진 쇠고기를 넣어 무가 투명해질 때까지 중간 불에서 1분 30초간 볶는다. ＊ 쇠고기가 덩어리지지 않게 주걱으로 으깨가며 볶는다.

3 진 밥과 육수를 넣고 센 불에서 끓어오르면 약한 불로 줄여 4~5분간 저어가며 끓인다.

4 육수가 자작해지고 밥이 푹 퍼지면 통깨 간 것을 넣는다.

Tip

무는 용도별로 나눠 냉동 보관하세요.
쓰고 남은 무는 냉동 보관하면 좋아요. 국거리용은 납작하게 썰어서, 육수용이나 조림용은 큼직하게 썰어서 보관하세요. 채반에 올려서 물기를 빼거나, 키친타월이나 행주로 물기를 닦아낸 후 냉동 보관해야 무 표면에 살얼음이 덜 생깁니다.

{ 통깨 }

필수지방산이 풍부해 기억력과 집중력 증진 등 뇌 기능을 활성화시키고, 칼슘이 풍부해 뼈를 튼튼하게 해주는 성장기 아기들에게 좋은 재료예요. 한 번에 많이 갈아서 보관하면 산화되어 냄새가 날 수 있으므로 먹을 만큼씩만 그때그때 갈아서 사용하는 것이 좋아요. 다만, 통깨는 아이에 따라 알레르기를 일으킬 수 있으므로 아이의 상황에 따라 조절하거나 돌 이후에 시도하는 것도 방법입니다.

애호박 콩 진밥

콩은 고단백이면서 빈혈과 두뇌 발달에 좋은 이유식 재료예요. 똑똑한 아기로 키우고 싶으면 콩을 많이 먹이세요. 편식하지 않는 아이로 키우려면 이유식 시기에 다양한 맛을 보여주는 것도 중요하지요. 알레르기가 있는 아기의 경우 콩과 두부는 돌 이후에 먹이세요.

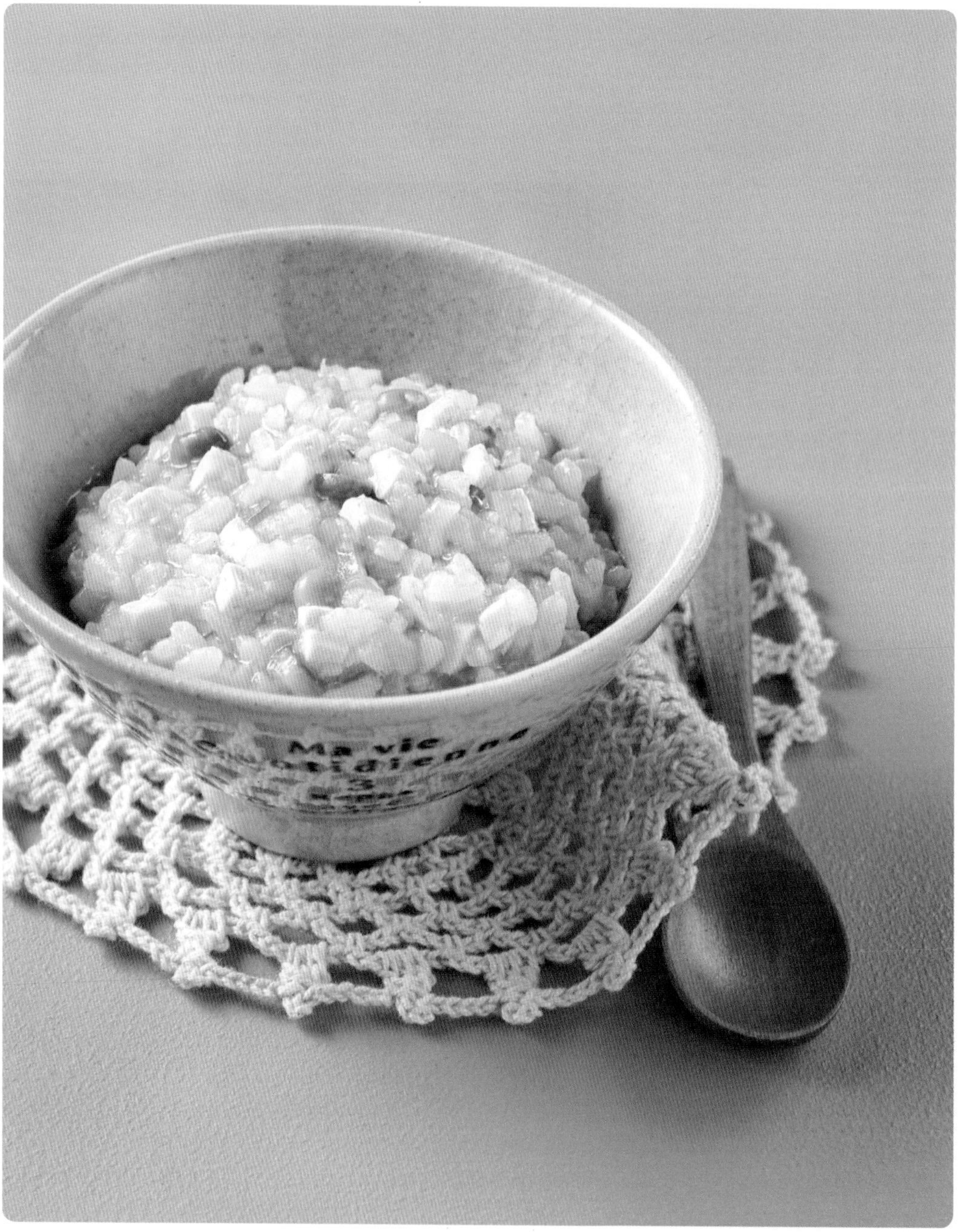

20~30분

완성량 180㎖(약 2회분)

- 진 밥 60g(5큰술)
- 두부 20g(사방 약 3cm)
- 냉동 완두콩(또는 다른 콩) 10g
- 애호박 20g(지름 약 5cm, 두께 약 1cm)
- 육수 3/4컵(150㎖)
  * 육수 만들기 38쪽

1 끓는 물(3컵)에 두부를 넣고 중간 불에서 1분간 데쳐 건져낸 후 한 김 식힌다. 이때 물은 계속 끓인다.

2 ①의 끓는 물에 완두콩을 넣고 중간 불에서 1분간 삶는다. 체에 밭쳐 물기를 뺀 후 한 김 식힌다.

3 애호박과 데친 두부는 사방 0.5cm 크기로 썬다.

4 삶은 완두콩은 껍질을 벗긴 후 절구에 넣어 살짝 으깬다.

5 냄비에 모든 재료를 넣고 센 불에서 끓어오르면 약한 불로 줄여 육수가 자작하게 졸아들고 밥이 푹 퍼질 때까지 4~5분간 저어가며 끓인다.

Tip

생 완두콩은 미리 많은 양을 삶아 보관하세요.

생 완두콩을 삶은 후 냉동 보관해 두었다가 밥 지을 때 혹은 이유식 만들 때마다 꺼내서 사용하면 편해요. 이때 완전히 익히지 말고 콩 비린내가 없어질 때까지 10분간 삶은 후 씹어봐서 살짝 덜 익은 듯한 정도로만 익히세요. 너무 푹 삶으면 밥에 넣었을 때 너무 퍼져서 맛이 없답니다.

흰살 생선 옥수수 달걀 진 밥

이유식으로 만들어 먹이기 좋은 흰살 생선은 명태, 대구, 도미, 가자미, 광어 등이 있어요. 붉은살 생선은 알레르기를 일으킬 수 있으니 돌 이후에 먹이는 게 좋습니다. 만약 알레르기가 있으면 흰살 생선도 돌 이후에 먹이세요. 생선을 구입할 때는 간이 되어있지 않은 신선한 것으로 고르세요.

20~30분

완성량 180㎖(약 2회분)

- 진 밥 60g(5큰술)
- 흰살 생선 20g(익힌 후 약 15g)
- 냉동 옥수수알 10g(1큰술)
- 달걀노른자 1개분
- 다시마 물 1/2컵(100㎖)
  ※ 다시마 물 만들기 39쪽

1 끓는 물(2컵)에 옥수수알을 넣고 센 불에서 1분간 삶은 후 체에 밭쳐 물기를 뺀다.

2 끓는 물(2컵)에 흰살 생선을 넣어 생선 살이 하얗게 완전히 익을 때까지 중간 불에서 2~3분간 끓인 후 체에 밭쳐 물기를 뺀다.

3 삶은 옥수수알과 익힌 생선은 곱게 다지고, 달걀노른자는 볼에 넣어 곱게 푼다. 냄비에 달걀노른자를 제외한 모든 재료를 넣고 센 불에서 끓인다.

4 끓어오르면 약한 불로 줄여 4분간 저어가며 끓인 후 불을 끈다. 달걀노른자를 둘러가며 넣고 달걀이 완전히 익을 때까지 약한 불에서 1분간 더 저어가며 끓인다.

Tip

이유식을 만들고 남은 생선 살은 한 끼 분량씩 나누어 냉동 보관하세요.
생선을 삶거나 쪄서 다진 후 이유식용 큐브에 넣어 보관하면 편해요. 생선 살이 단단히 얼면 빼내 지퍼백에 넣어 보관하세요. 이유식을 만들 때는 얼린 채로 넣으세요. 하지만 방금 찐 생선보다는 아무래도 덜 맛있답니다.

달걀노른자는 불을 끈 후 풀어주세요.
끓는 죽에 달걀노른자를 넣으면 뭉치기 때문에 불을 끈 후 달걀노른자를 풀고 다시 약한 불에서 끓이세요.

당근 요구르트 냉수프

당근은 오래 두고 먹일 수 없는 재료예요. 그렇다고 당근을 매번 사자니 쓰다가 남는 당근이 눈에 밟히기 마련이죠. 당근 요구르트 냉수프는 처치곤란한 당근을 한꺼번에 해결할 수 있고 아기도 잘 먹는 이유식이에요. 익힌 당근 때문에 변비에 걸리지 않을까 걱정이신가요? 요구르트가 걱정을 해결해준답니다.

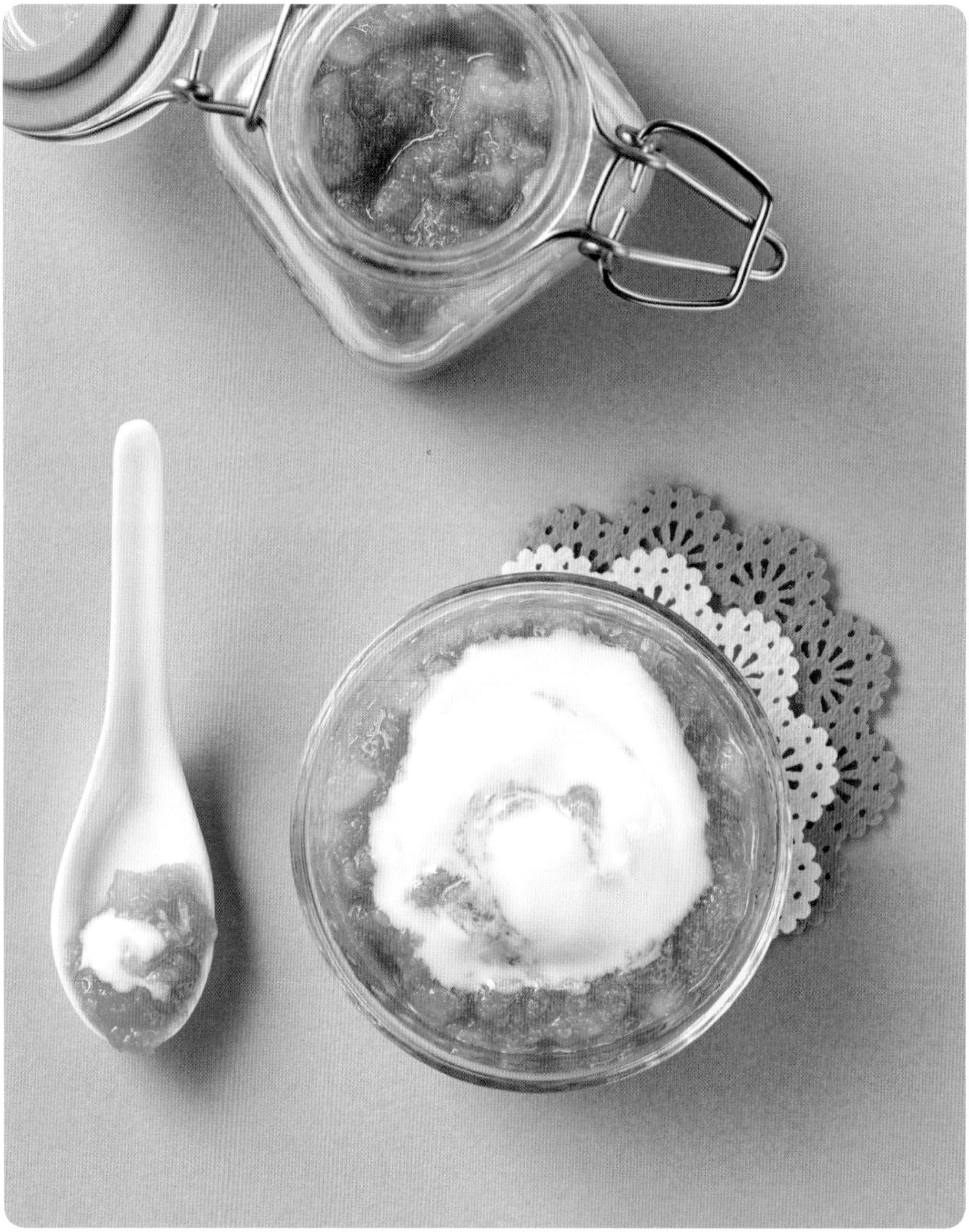

15~25분(+ 식히기 15분 이상)
완성량 180㎖(약 2회분)

- 당근 50g(약 1/4개)
- 사과 20g(사방 4cm)
- 양파 20g(약 6×7cm 2장)
- 감자 50g(약 1/4개)
- 떠먹는 플레인 요구르트 60g (3과 1/2큰술)
- 물 3/4컵(150㎖)

1 사과와 양파는 0.4~0.5cm 크기로 다진다.

2 당근과 감자는 강판에 곱게 간다.

3 끓는 물(2컵)에 사과, 양파를 넣고 사과가 투명해질 때까지 중간 불에서 2~3분간 데친 후 체에 밭쳐 물기를 뺀다.

4 냄비에 사과, 양파, 당근, 감자, 물을 넣고 센 불에서 끓어오르면 물이 거의 없을 때까지 5분간 저어가며 끓인다.
＊ 뜨거운 수프가 튈 수 있으니 주의한다.

5 ④를 냉장고에 넣어 15분 이상 두어 차갑게 식힌 후 떠먹는 플레인 요구르트를 넣고 섞는다.

Tip

집에서 직접 만든 요구르트가 가장 안전해요.

가정에서 요구르트를 만들 경우 유산균 종균으로 사용할 요구르트는 첨가물이 없는 안전한 제품으로 구입하세요. 스트로우를 꽂아서 먹는 액상형 요구르트는 극히 일부 상품을 제외하고는 유산균도 없고, 설탕과 첨가물이 많이 들어있으니 아기가 커서도 먹이지 않는 게 좋아요. 시판 요구르트를 먹여야 한다면 설탕과 각종 첨가물이 들어있는 딸기맛, 복숭아맛 등의 요구르트는 안 됩니다. 무첨가 플레인 요구르트를, 뒷면의 성분표 확인 후 구입하세요.

{ 요구르트 }

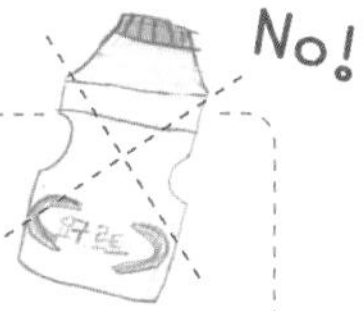

칼슘이 풍부해 뼈를 튼튼하게 해줘요. 또한 유산균이 많이 들어있어 장 건강에도 좋지요. 하지만 당과 첨가물을 많이 넣은 요구르트는 열량이 높아 오히려 많이 섭취하면 살이 찌고 건강에도 좋지 않으니 고를 때 주의하세요.

닭고기완자 핑거푸드

후기 이유식에 들어서면 아기들은 한 번씩 아프기도 하고, 이가 나려고 잇몸이 간질간질해서 이유식을 잘 안 먹을 때가 많아요. 이럴 때는 과일이나 간식 대신 손으로 집어 먹을 수 있는 이유식을 만들어 주세요. 아주 작게 만들어서 한입에 쏙 들어가게 하면 좋아요. 스스로 잡고 먹을 수 있는 기회를 줌으로써 성취감을 느끼게 해주는 것이 포인트랍니다.

30~40분(+ 숙성시키기 30분)
약 60개분(약 3회분)

- 닭안심 150g(약 6쪽)
- 당근 10g(사방 약 2cm)
- 양파 20g(약 6×7cm 2장)
- 우엉 10g(지름 2cm, 길이 4cm)

1 당근, 양파, 우엉은 0.2~0.3cm 크기로 잘게 다진다.

2 닭안심은 찰기가 생길 때까지 아주 곱게 다진다. * 믹서(또는 푸드 프로세서)를 이용해도 좋다.

3 끓는 물(3컵)에 당근, 양파, 우엉을 넣고 당근이 완전히 익을 때까지 중간 불에서 2~3분간 데친 후 체에 밭쳐 물기를 뺀다.

4 볼에 모든 재료를 넣어 섞은 후 랩을 씌워 냉장실에 넣고 30분간 숙성시킨다.

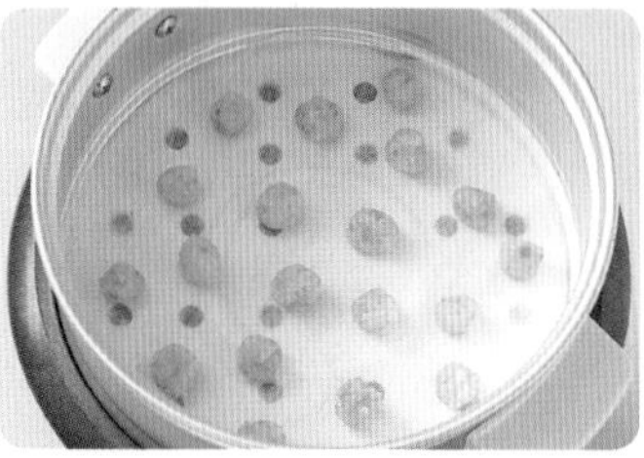

5 ④를 아기가 한입에 먹기 좋은 크기(지름 1~1.5cm)로 동그랗게 빚는다. 김이 오른 찜기(또는 찜통)에 종이 포일을 깔고 반죽을 올린다. 뚜껑을 덮어 15분간 찐다. * 닭고기완자가 흰 색으로 변하고 만졌을 때 단단하면 잘 익은 것이다.

Tip

넉넉하게 만들어 냉동 보관하세요.
한 번 만들 때 2~3배 분량으로 빚어 찐 후 냉동실에 보관해 두었다가 먹여도 좋아요. 크고 둥글넓적하게 빚어 익힌 후 먹일 때 잘라 먹여도 되지요. 완자를 끓는 닭고기 육수에 넣어 닭고기완자탕을 만들어도 맛있어요.

멸치 김주먹밥

주먹밥은 아기가 잘 흘리지 않고 주변이 덜 지저분해져서 먹이기도 좋고 아기도 잘 먹는 이유식이에요. 특히나 외출할 때 가지고 나가면 아주 편하지요. 빚을 시간이 없다면 보온통에 주먹밥 재료 섞은 것을 담아가지고 나가 숟가락으로 조금씩 떠먹여도 되고 손을 깨끗이 씻고 동그랗게 빚어 먹여도 돼요.

20~30분

약 65개분(2~3회분)

- 진 밥 120g(10큰술)
- 잔멸치 3g(1큰술)
- 구운 김 1장(A4 용지 크기)
- 참기름 약간

1 잔멸치는 찬물에 30분간 담가 짠맛을 뺀다. 체에 밭쳐 물기를 뺀 후 키친타월로 감싸 물기를 완전히 제거한다.

2 달군 팬에 참기름을 두르고 잔멸치를 넣어 바삭해질 때까지 약한 불에서 5~7분간 볶은 후 키친타월에 올려 기름기를 제거한다.

3 믹서에 ②를 넣어 곱게 간다. 구운 김은 위생팩에 넣어 잘게 부순다.

4 볼에 모든 재료를 넣어 섞는다. 아기가 한입에 먹기 좋은 크기(지름 1~1.5cm)로 동그랗게 빚는다.
※ 생수 또는 참기름 약간을 손에 묻힌 후 모양을 만들면 손에 잘 붙지 않는다.

Tip

잔멸치는 미리 갈아두세요.

잔멸치는 물에 담가 짠맛을 뺀 후 바삭하게 구워 믹서에 넣어 갈아요. 밀폐 용기에 넣어 냉장 혹은 냉동 보관하세요. 간단하게 주먹밥을 만들 수 있으니 엄마가 바쁘거나 힘든 날 활용하기 좋아요.

쇠고기 버섯 리조또

후기 이유식에 들어서면 먹일 수 있는 재료가 많아지고 조리법도 단순히 끓이는 것 외에 찌고 볶는 등 다양해져서 제법 요리할 맛이 나요. 이유식은 만드는 과정이 귀찮고, 때론 찡찡거리는 아기를 업고서 뜨거운 불 앞에서 조리해야 하지만 되도록 즐거운 마음으로 만들고 먹일 때도 웃으면서 먹이세요. 그래야 아기들도 잘 먹는 답니다.

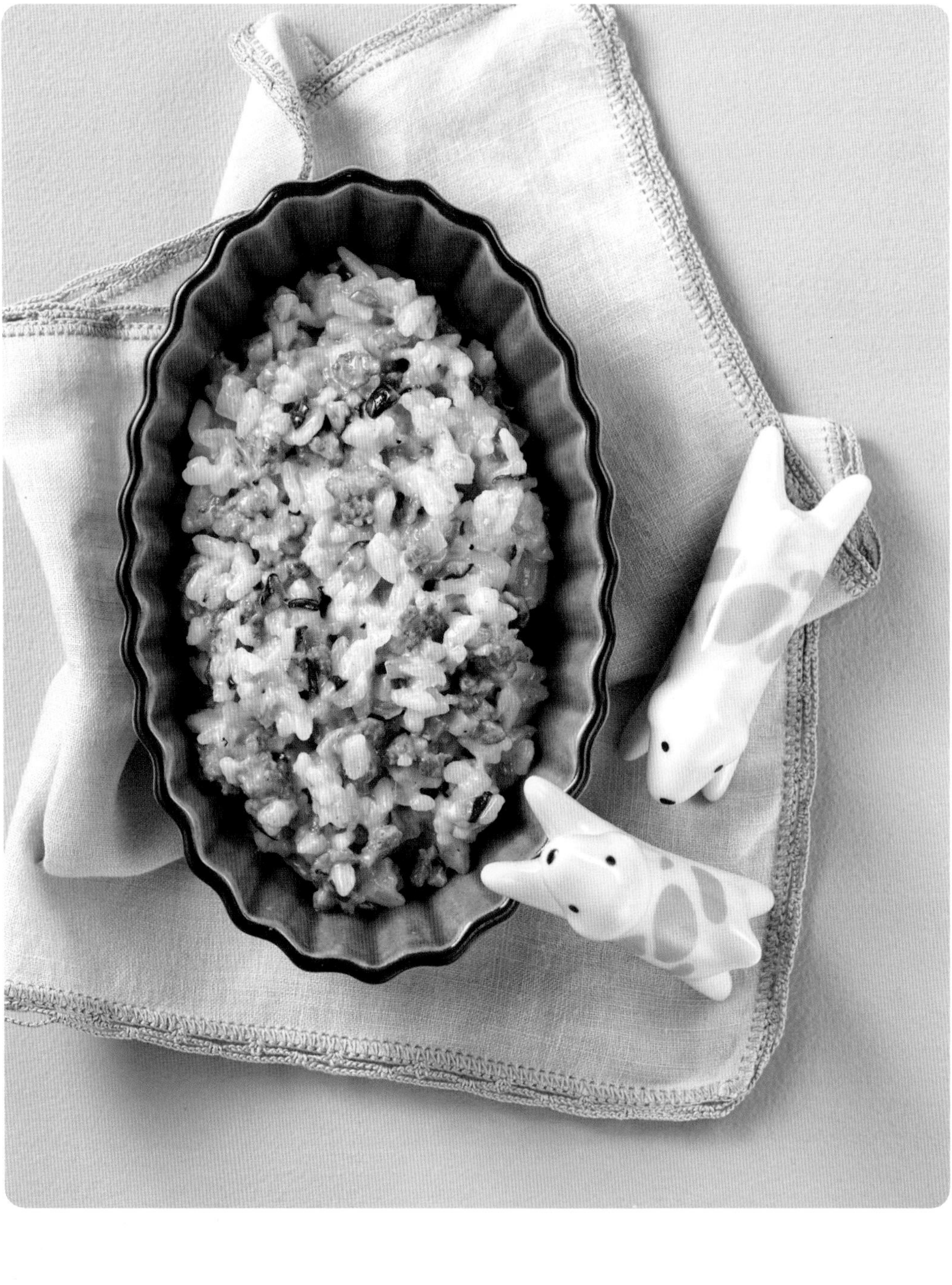

15~25분
약 2회분

- 진 밥 60g(5큰술)
- 다진 쇠고기 안심 30g
  (이유식용, 2큰술, 또는
  쇠고기 안심 약 5×5×1.5cm)
- 표고버섯 20g(약 1개)
- 양파 10g(약 6×7cm)
- 아기용 저염 슬라이스 치즈
  1/2장(10g)
- 물 1큰술 + 1/4컵(50㎖)
- 모유 3큰술(또는 분유, 45㎖)

1 양파는 0.5~0.6cm로, 표고버섯은 0.4~0.5cm 크기로 다진다.

2 팬에 물 1큰술, 다진 쇠고기, 표고버섯, 양파를 넣고 쇠고기가 완전히 익을 때까지 중약 불에서 2분간 볶는다.
＊ 쇠고기가 덩어리지지 않게 주걱으로 으깨가며 볶는다.

3 진 밥, 물 1/4컵을 넣고 센 불에서 끓어오르면 약한 불로 줄여 모유(분유)를 넣어 저어가며 한소끔 끓인다.

4 슬라이스 치즈를 넣고 치즈가 완전히 녹을 때까지 저어가며 끓인다.

Tip

아기용 슬라이스 치즈나 코티지치즈를 넣어서 만드세요.
아기용 치즈는 일반 치즈에 비해 염분 함량이 낮아요. 치즈를 구입할 때 성분 표시와 염분 함량을 확인하세요. 집에서 직접 만든 코티지치즈를 이용하면 더 좋습니다(코티지치즈 만들기 196쪽).

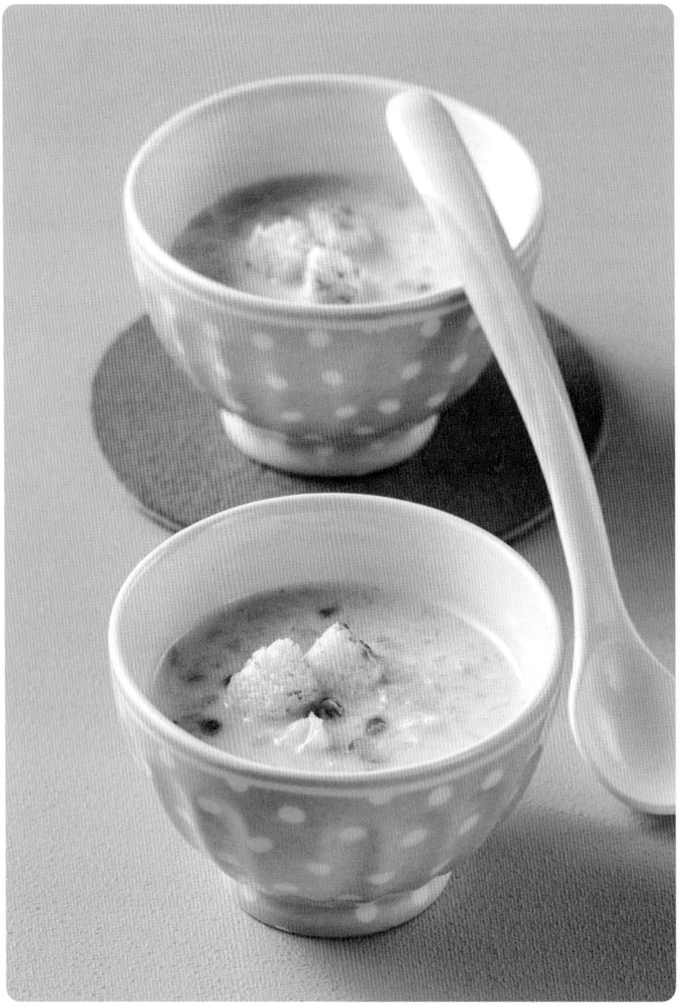

완두콩 콜리플라워수프

이유식은 어떤 그릇에 담아서 먹이세요? 어른들도 예쁜 그릇에 음식이 담겨져 나오면 기분도 좋아지고 식욕도 생기듯 아기들도 마찬가지랍니다. 하지만 플라스틱 그릇은 아무리 예뻐도 뜨거운 음식은 절대 담지 마세요. 환경호르몬이 나올 수도 있으니까요.

15~25분

완성량 180㎖(2회분)

- 콜리플라워 30g(꽃 부분, 사방 약 4cm 3개)
- 감자 40g(약 1/5개)
- 냉동 완두콩 20g(2큰술)
- 모유 1/4컵(또는 분유, 50㎖)
- 크루통 약간(생략 가능)

1 냄비에 한입 크기로 썬 감자, 물(3컵)을 넣고 중간 불에서 끓어오르면 3분, 콜리플라워를 넣고 4~5분간 끓여 건져낸다. 절구에 넣어 포크(또는 매셔)로 으깬다.

2 끓는 물(2컵)에 완두콩을 넣어 1분간 데쳐 껍질을 벗긴 후 절구에 넣어 살짝 으깬다.

3 냄비에 모든 재료를 넣고 센 불에서 저어가며 끓인다. 한소끔 끓어오르면 불을 끈다. 크루통을 올린다.

* 크루통 만들기 361쪽

멜론 감자 콜리플라워수프

아기가 입맛이 없다면 멜론으로 이유식을 만들어 주세요. 시원하면서도 달콤한 맛 덕분에 아기가 잘 먹는답니다. 멜론은 항암효과가 뛰어나고 피로 해소와 변비에 좋은 과일이에요. 멜론 감자 콜리플라워수프는 감기와 변비에 좋은 이유식이랍니다.

15~25분

완성량 180㎖(2회분)

- 멜론 과육 100g
- 감자 60g(약 1/3개)
- 콜리플라워 60g
  (꽃 부분, 사방 약 4cm 6개)

1 냄비에 한입 크기로 썬 감자, 물(3컵)을 넣고 중간 불에서 끓어오르면 2분, 한입 크기로 썬 콜리플라워를 넣고 4~5분간 삶아 건진다. 절구에 넣어 포크(또는 매셔)로 으깬다.

2 멜론은 강판에 간다.
※ 멜론의 남은 섬유질은 잘게 다져 넣어도 좋다.

3 냄비에 모든 재료를 넣고 센 불에서 끓어오르면 약한 불로 줄여 저어가며 1분간 끓인다.

주먹밥 스테이크

쇠고기주먹밥인데 이름을 그럴듯하게 붙여봤어요. 작은 주먹밥을 빚기 귀찮은 날, 그렇다고 그냥 비벼먹이긴 좀 아쉬운 날, 둥글넓적하게 빚은 주먹밥 스테이크를 만들어 보세요. 수프를 곁들이면 한껏 멋을 낸 식사가 된답니다.

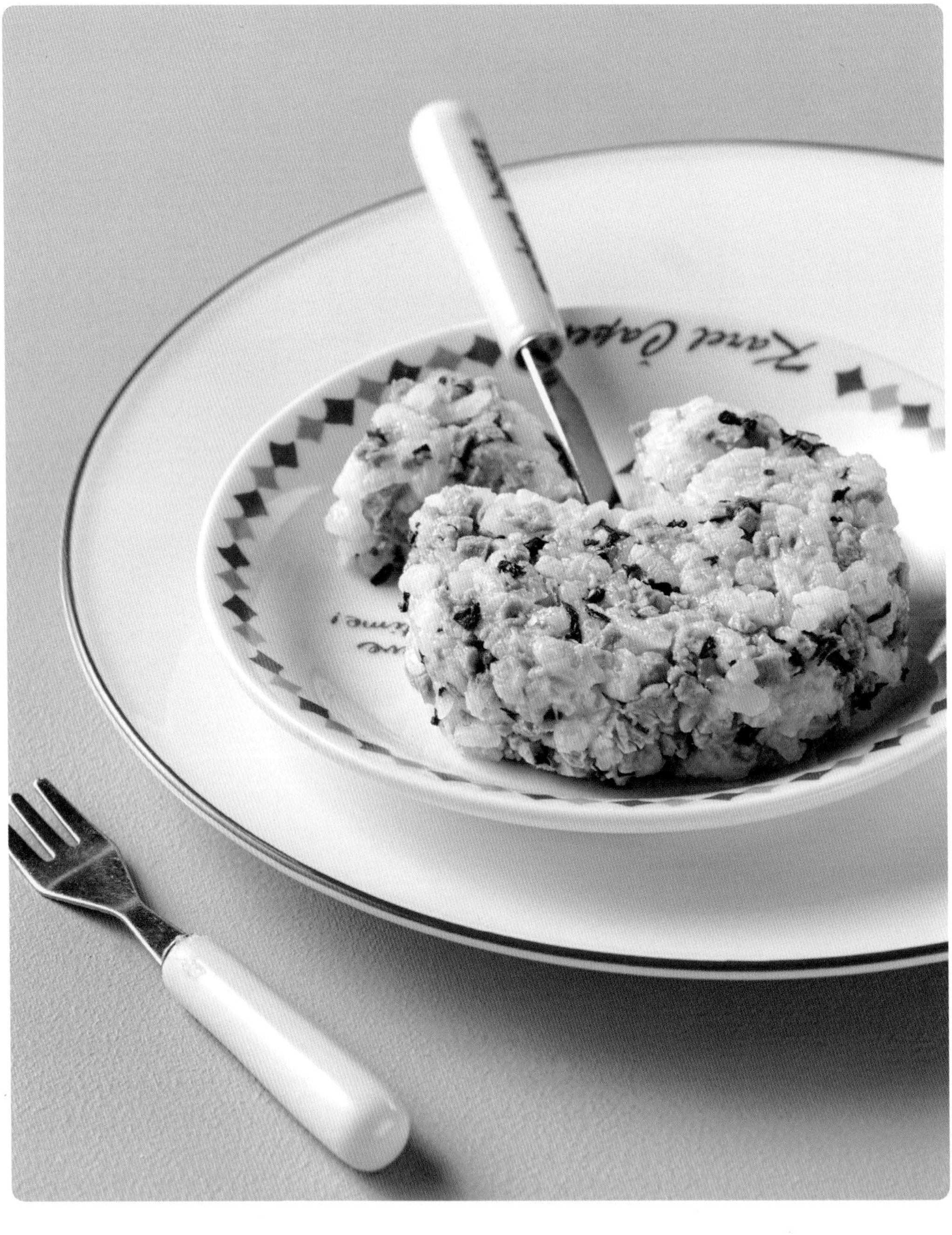

15~25분
2개분(약 2회분)

- 진 밥 100g(7과 1/2큰술)
- 쇠고기 안심 40g(약 5×5×2.5cm)
- 감자 20g(약 1/10개)
- 근대(잎 부분) 10g

1 냄비에 한입 크기로 썬 감자, 물(3컵)을 넣고 중간 불에서 7~10분간 삶아 건진다. 근대는 잎만 손질해 넣고 중간 불에서 1분간 데친 후 찬물에 헹궈 물기를 꼭 짠다. 이때 물은 계속 끓인다.

2 ①의 끓는 물에 3~4등분한 쇠고기를 넣어 중간 불에서 3분간 삶은 후 체에 밭쳐 물기를 뺀다.

3 삶은 감자는 절구에 넣어 으깬다.

4 근대는 0.5~0.6cm 크기로, 쇠고기는 0.3~0.4cm 크기로 다진다.

5 볼에 모든 재료를 넣고 섞은 후 2등분해 지름 10cm 크기로 둥글넓적하게 빚는다.
＊ 아기에게 숟가락(또는 포크)으로 조금씩 떠 먹인다.

Tip

주먹밥 스테이크 재료를 절구에 넣어 으깬 후 만들어도 됩니다.
주먹밥 스테이크를 만들 때 아기가 큰 덩어리를 부담스러워하면 쇠고기, 감자, 근대 잎을 절구에 넣어 으깬 후 빚어서 먹이세요.

쇠고기 난자완스

쇠고기 난자완스는 저의 야심작이었어요. 은근히 손이 많이 가지만 아기가 소스에 밥도 비벼 먹었던 이유식이랍니다. 한 번 만들 때 완자를 많이 빚은 후 그대로, 혹은 익혀서 냉동 보관하면 비상 이유식으로 요긴해요. 나눠서 먹이려면 고기는 익힌 후 냉장 보관하시고, 육수도 채소를 넣고 다 끓여 냉동 보관해 두었다가 먹기 직전에 감자전분을 넣어서 농도를 조절하세요.

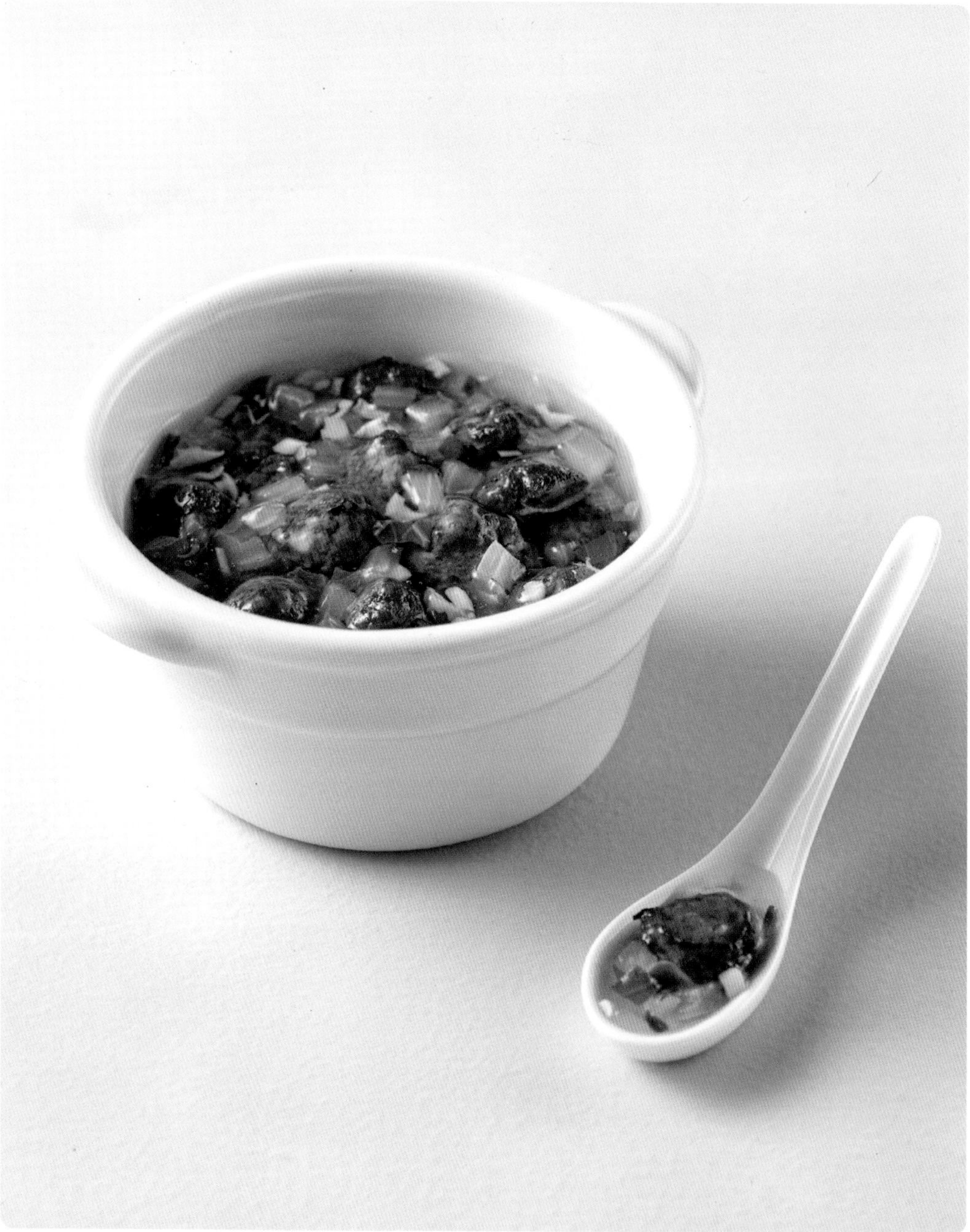

30~40분(+ 숙성시키기 30분)

약 150개(약 3회분)

- 포도씨유 약간
- 참기름 약간

반죽(3회분)

- 쇠고기 안심 150g
- 양파 10g(약 6×7cm)
- 달걀노른자 1개분
- 감자전분 1큰술
  (반죽 상태에 따라 가감)
- 양파즙 1작은술

소스(1회분)

- 백만송이버섯(또는 다른 버섯) 10g
- 청경채(잎 부분) 10g
- 양파 10g(약 6×7cm)
- 녹말물 1큰술
  (감자전분 1/2큰술 + 물 1큰술)
- 육수 1컵(200mℓ)
  ＊ 육수 만들기 38쪽

1 반죽 재료의 양파는 0.1~0.2cm 크기로 다진다.
＊ 굵게 다지면 완자를 빚기 어려우니 아주 잘게 다지는 것이 중요하다.

2 소스 재료의 채소는 0.5cm 크기로 다진다. 쇠고기는 찰기가 생길 때까지 곱게 다진다. ＊ 믹서(또는 푸드 프로세서)를 이용해도 좋다.

3 큰 볼에 반죽 재료를 모두 넣고 섞어 5분간 치댄 후 랩을 씌워 냉장실에 넣어 30분 정도 숙성시킨다.

4 ③의 반죽을 아기가 한입에 먹기 좋은 크기(지름 1~1.5cm)로 동글납작하게 빚는다. 먹을 만큼만 남겨두고 나머지는 냉동 보관한다(7일간 보관 가능).

5 달군 팬에 포도씨유, 참기름을 두르고 키친타월로 골고루 펴 바른다. ④의 완자를 올려, 눌렀을 때 단단할 때까지 약한 불에서 3분~4분간 뒤집어가며 익힌다.

6 냄비에 녹말물을 제외한 소스 재료를 넣고 중간 불에서 3분간 끓인다. ⑤, 녹말물을 넣어 농도를 조절하며 한소끔 끓인다. ＊ 녹말물은 넣기 전에 한 번 더 섞는다.

Tip

감자전분은 친환경 숍에서 국산 감자전분으로 구입하세요.

감자전분은 대부분 중국산이랍니다. 원산지를 확인하고 구입하세요. 국산 감자전분은 친환경 숍에서 쉽게 구입이 가능합니다. 녹말물은 물과 감자전분을 섞어 만든 것으로 미리 만들면 전분이 가라앉으니 넣기 직전에 만들거나 넣기 전에 한 번 더 섞은 후 넣으세요. 너무 많이 넣으면 소스가 되직해져 맛이 없으니 농도를 보면서 적당히 넣으세요.

닭고기덮밥

닭고기덮밥은 일본식 닭고기덮밥을 응용해 만든 이유식이에요. 아기가 먹는 음식이라고 해서 매번 죽, 미음만 먹이라는 법이 있나요. 아기들도 어른들처럼 맛있고 다양한 음식을 먹고 싶어 한답니다. 덮밥의 밥은 질게 짓고, 밥알의 크기가 부담스러우면 밥 위에 소스를 올리기 전에 밥을 절구에 넣어 한 번 으깨주세요. 먹일 때 숟가락으로 으깨가며 먹여도 돼요.

25~35분 약 1회분

- 진 밥 60g(5큰술)
- 닭안심 20g(약 1쪽)
- 양파 10g(약 6×7cm)
- 표고버섯 5g
- 달걀노른자 1개분
- 육수 1/2컵(100㎖)
  ※ 육수 만들기 38쪽

1 볼에 달걀노른자를 넣어 푼다. 양파는 0.5~0.6cm 크기로, 표고버섯, 닭안심은 0.4~0.5cm 크기로 다진다.

2 냄비에 달걀노른자를 제외한 모든 재료를 넣고 센 불에서 끓어오르면 약한 불로 줄여 3분간 끓인 후 불을 끈다.

3 달걀노른자를 둘러가며 넣고 달걀이 다 익을 때까지 약한 불에서 1분간 저어가며 끓인다. 그릇에 진 밥을 담고 덮밥 소스를 올린다.

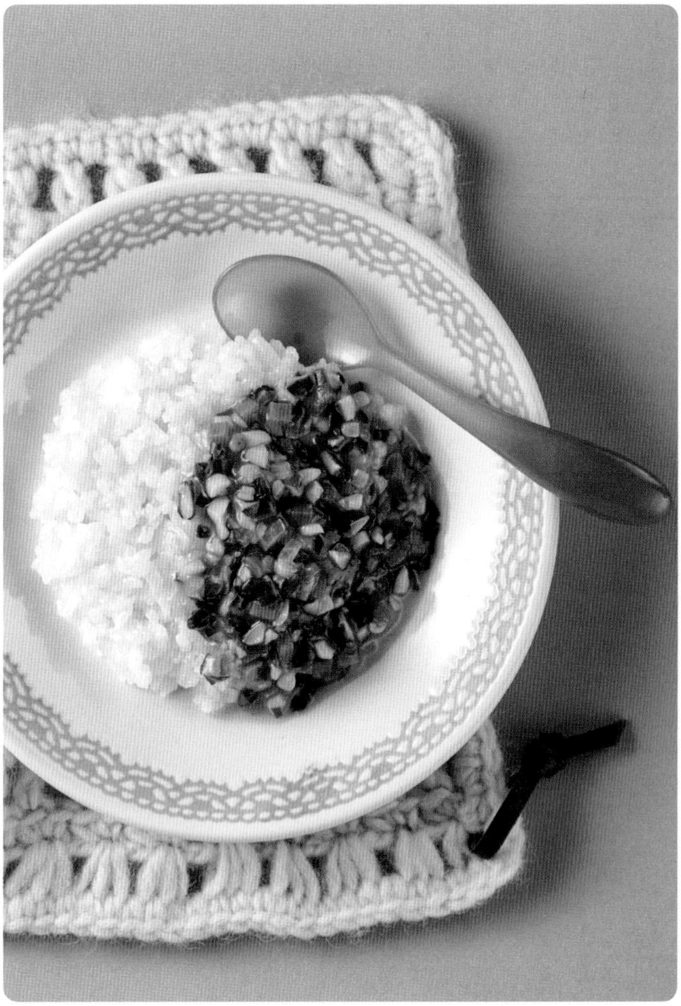

버섯덮밥

저는 어렸을 때 버섯을 무척 싫어했어요. 엄마는 버섯이 맛있다고 강조하셨지만 어린 저는 버섯의 그 식감과 향이 싫더라고요. 하지만 지금은 버섯을 좋아해요. 엄마의 노력 덕분인 것 같습니다. 엄마의 손맛, 음식이 만들어지는 소리와 냄새…. 사랑스러운 아기에게 그런 추억을 많이 만들어 주세요.

15~25분 **약 1회분**

- 진 밥 60g(5큰술)
- 청경채(잎 부분) 5g
- 양파 5g(약 3.5×6cm)
- 당근 5g(사방 약 1.5cm)
- 백만송이버섯 20g
- 육수 1/2컵(100㎖)
- 녹말물 1작은술
  (감자전분 1/2작은술 + 물 1작은술)
- 참기름 약간

1 청경채, 양파, 당근, 백만송이버섯은 0.5cm 크기로 다진다.

2 달군 팬에 참기름을 두른 후 청경채, 양파, 당근, 백만송이버섯을 넣고 당근이 익을 때까지 중간 불에서 2분간 볶는다.

3 육수를 붓고 센 불에서 1분간 끓인다. 녹말물을 둘러가며 넣고 1분간 저어가며 끓인다. 그릇에 진 밥을 담고 덮밥 소스를 올린다. ＊녹말물은 넣기 전에 한 번 더 섞는다.

두부덮밥

두부는 고단백 식품이면서 칼슘이 풍부해 치아와 뼈 건강에 도움을 주는 식재료입니다. 구입할 때는 소포제, 유화제 등의 화학첨가물이 들어 있지 않은지 꼭 확인하세요. 요즘은 화학첨가물이 들어있지 않은 무첨가 두부도 많이 파는데, 구입할 때 식품 첨가물과 원산지 그리고 GMO-Free를 꼭 확인해야 합니다. 두부가 너무 작으면 조리할 때 으깨지니 크게 썰어 조리하고 먹일 때 으깨가며 먹이는 것이 좋아요.

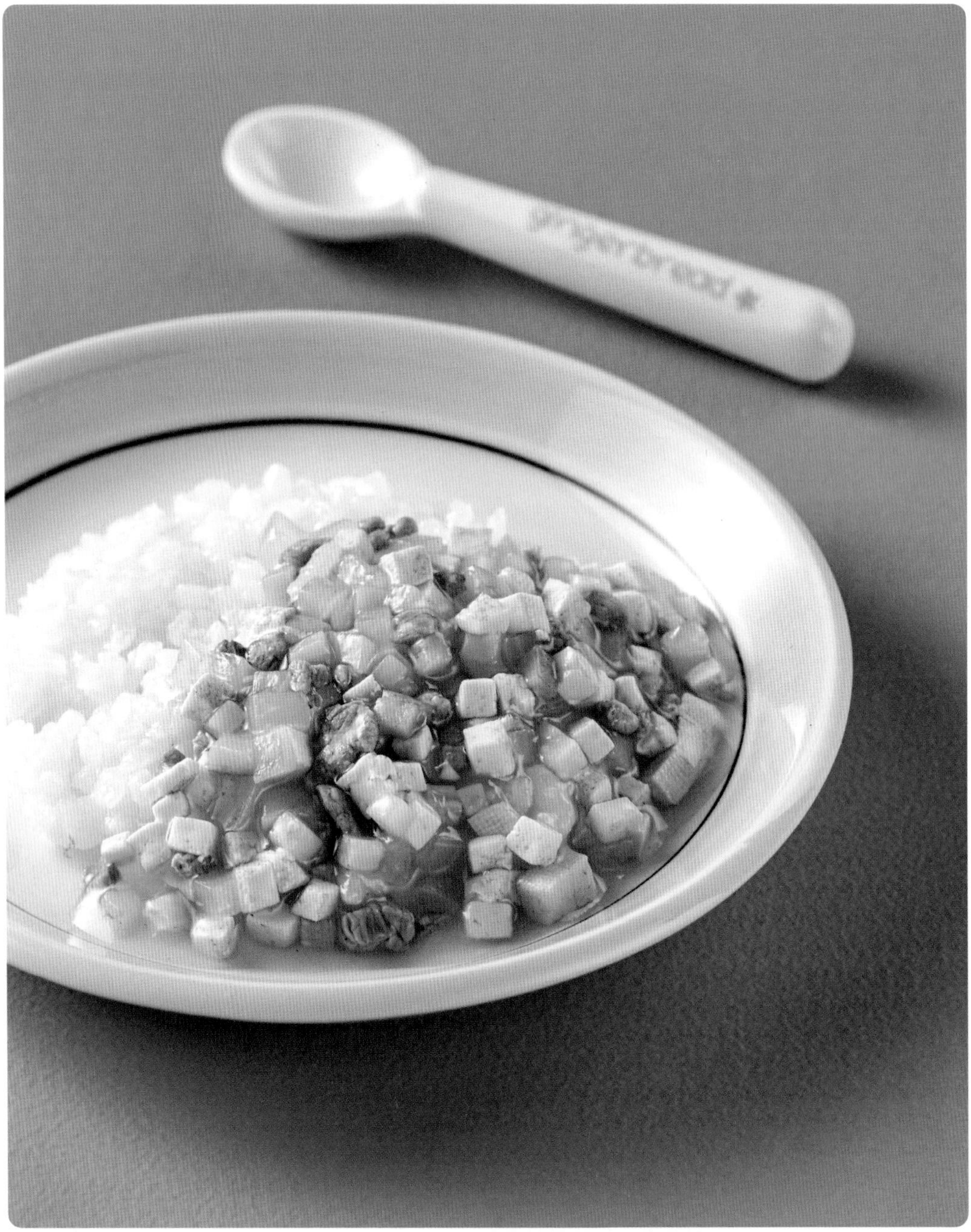

15~25분

약 1회분

- 진 밥 60g(5큰술)
- 두부 20g(사방 약 3cm)
- 양파 10g(약 6×7cm)
- 애호박 5g(지름 약 4cm, 두께 약 0.5cm)
- 쇠고기 안심 10g(약 4×3×0.7cm)
- 육수 1/2컵(100㎖)
  ＊ 육수 만들기 38쪽
- 참기름 약간
- 녹말물 1작은술
  (감자전분 1/2작은술 + 물 1작은술)

1 끓는 물(2컵)에 두부를 넣어 중간 불에서 1분간 데친 후 체에 밭쳐 물기를 뺀다.

2 양파, 애호박, 데친 두부는 0.5~0.6cm, 쇠고기는 0.4~0.5cm 크기로 다진다.

3 달군 팬에 참기름을 두르고 쇠고기, 양파, 애호박을 넣어 중간 불에서 1분간 볶는다.

4 두부를 넣고 부서지지 않도록 1분간 살살 볶는다.

5 육수를 붓고 센 불에서 1분간 끓인다.

6 녹말물을 둘러가며 넣고 1분간 더 끓인다. 그릇에 진 밥을 담고 덮밥 소스를 올린다. ＊ 녹말물은 넣기 전에 한 번 더 섞는다.

Tip

두부는 4종류가 있어요.

두부를 만든 콩이 수입 콩인 것, 국산 콩인 것, 수입 유기농 콩인 것, 국산 유기농 콩인 것, 이렇게 4종류가 있지요. 되도록 국산 콩인 것을 사용하기를 권합니다.
두부를 만들 때 들어가는 첨가물이 꺼려지면 두부를 생수에 30분 이상 담갔다가 흐르는 물에 씻은 후 끓는 물에 넣어 한 번 데쳐 사용하세요.

쇠고기 숙주덮밥

숙주는 녹두를 콩나물처럼 기른 것인데, 녹두의 영양과 나물의 영양이 더해진, 몸에 아주 좋은 식재료예요. 몸 속의 노폐물을 배출시켜줄 뿐만 아니라 소화를 돕고 열을 내리는 효과도 있어요. 숙주의 아삭한 맛이 일품인 쇠고기 숙주덮밥은 열감기에 걸린 아기에게 먹이기 좋은 이유식이랍니다.

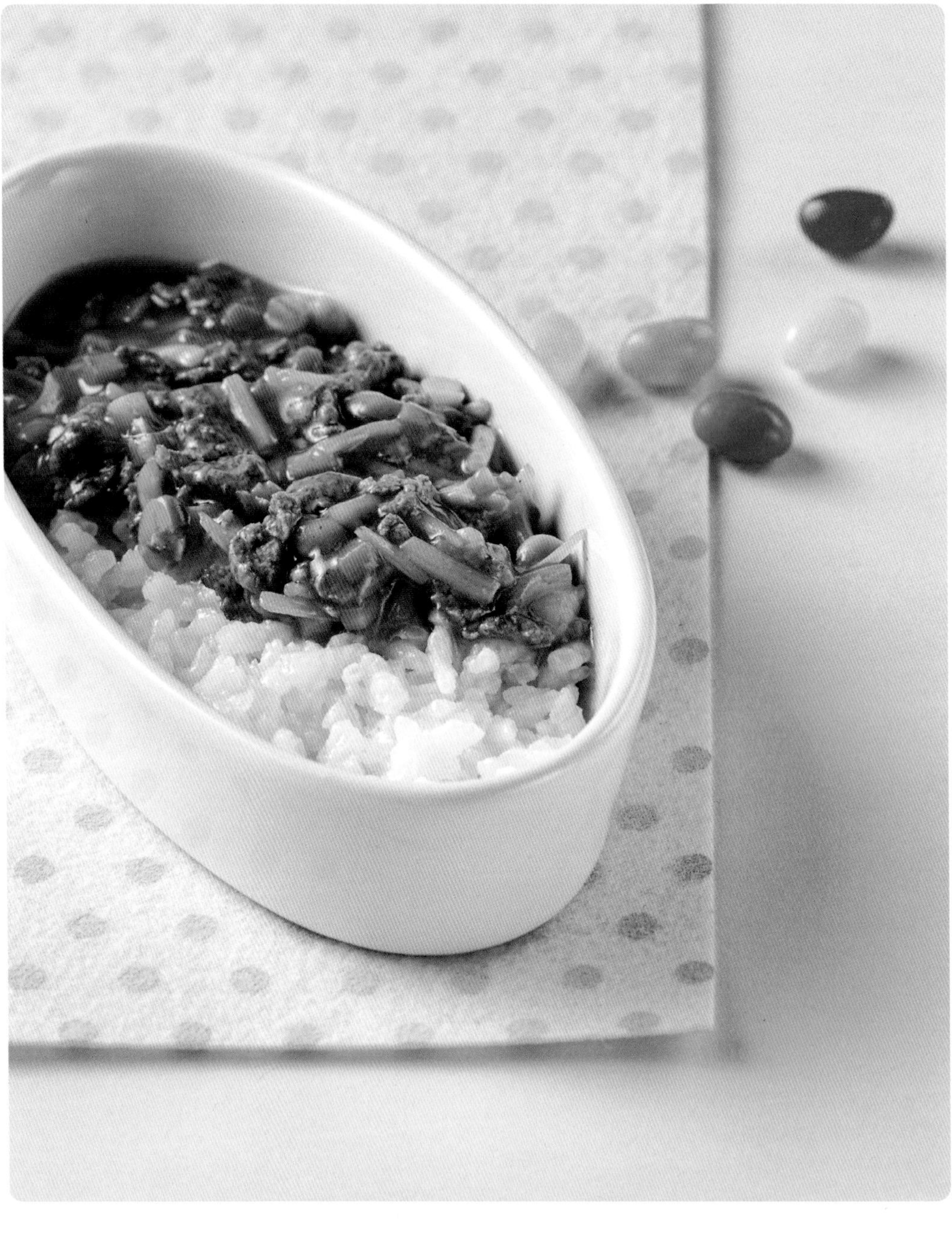

20~30분

약 1회분

- 진 밥 60g(수북하게 2큰술)
- 다진 쇠고기 안심 20g
  (이유식용, 1과 1/3큰술, 또는
  쇠고기 안심 약 4×3×1.5cm)
- 숙주 15g
- 당근 5g(사방 약 1.5cm)
- 냉동 완두콩 5g(1/2큰술)
- 육수 1/2컵(100㎖)
  ※ 육수 만들기 38쪽
- 녹말물 1작은술
  (감자전분 1/2작은술 + 물 1작은술)
- 참기름 약간

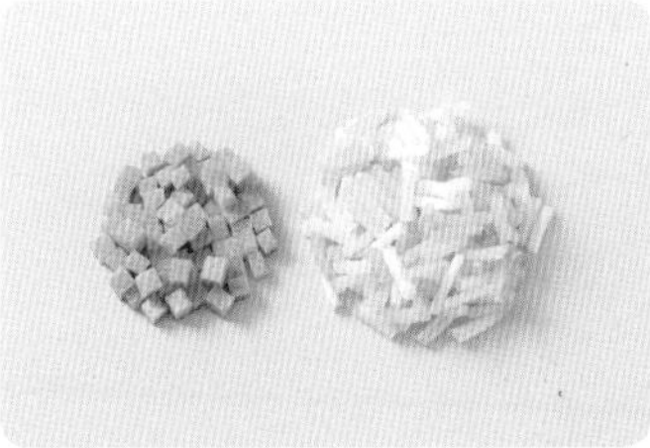

1 당근은 0.4~0.5cm 크기로 다진다. 숙주는 머리와 꼬리를 떼어내고 1cm 길이로 썬다.

2 끓는 물(2컵)에 완두콩을 넣고 센 불에서 1분간 삶아 껍질을 벗긴 후 절구에 넣어 살짝 으깬다.

3 달군 팬에 참기름을 두르고 다진 쇠고기, 숙주, 당근을 넣어 중약 불에서 2분간 볶는다.
※ 쇠고기가 덩어리지지 않게 주걱으로 으깨가며 볶는다.

4 숙주, 당근이 완전히 익으면 완두콩, 육수를 넣고 센 불에서 끓인다.

5 ④가 끓어오르면 중간 불로 줄여 3분간 끓인 후 녹말물을 둘러가며 넣고 1분간 더 끓인다. 그릇에 진 밥을 담고 덮밥 소스를 올린다. ※ 녹말물은 넣기 전에 한 번 더 섞는다.

Tip

숙주는 구입 후 바로 조리하세요.

숙주는 줄기가 굵고 색이 희며 뿌리가 투명한 것으로 구입하세요. 빨리 상하기 때문에 구입 후 바로 조리하고, 조리한 이유식도 빨리 먹이는 것이 좋아요. 숙주로 만든 이유식은 냉장 보관하고 이틀 안에 다 먹이세요. 남은 숙주는 국을 끓이거나 볶거나, 삶아서 무쳐 드세요. 숙주는 빨리 상하므로 구입한 후 빠른 시일 내에 먹어야 하는 재료예요.

쇠고기전

이유식을 만들다보면 냉장고에 자투리 채소들이 많이 생깁니다. 쇠고기전은 고단백 이유식일 뿐만 아니라 냉장고 속 자투리 채소를 정리하기도 좋은 이유식이에요. 당근, 적양배추, 브로콜리, 시금치, 양파 등 냉장고 속 재료들을 자유롭게 활용하세요. 고기와 채소를 뚝딱 다져서 반죽한 후 팬에 구우면 끝! 간단하면서도 맛있는 한 끼 이유식이 된답니다.

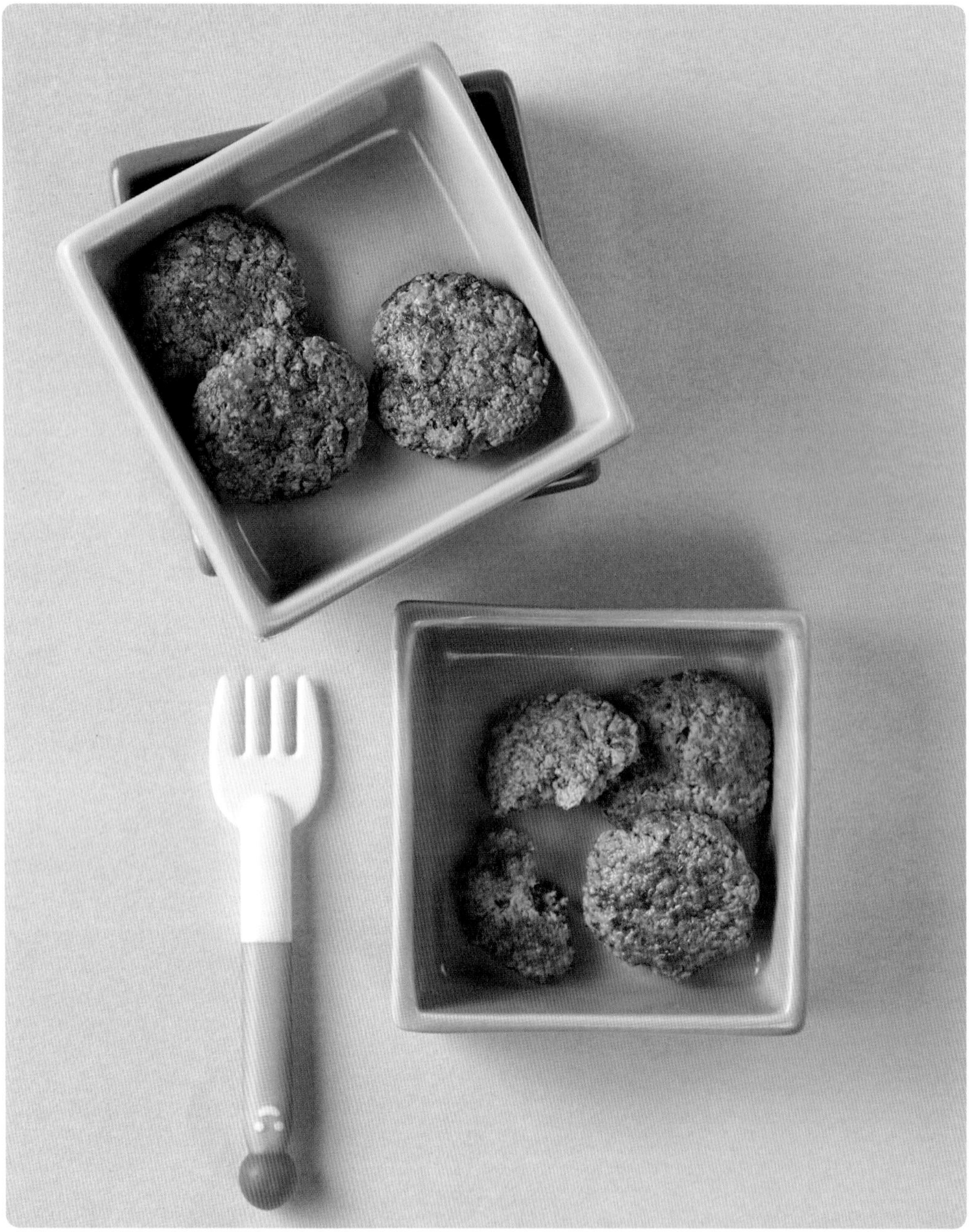

20~30분

약 15개(약 3회분)

- 다진 쇠고기 안심 100g (이유식용, 6과 2/3큰술)
- 두부 작은 팩 1/2모(약 50g)
- 당근 10g(사방 약 2cm)
- 브로콜리 10g(꽃 부분, 사방 4cm)
- 양파 10g(약 6×7cm)
- 포도씨유 약간

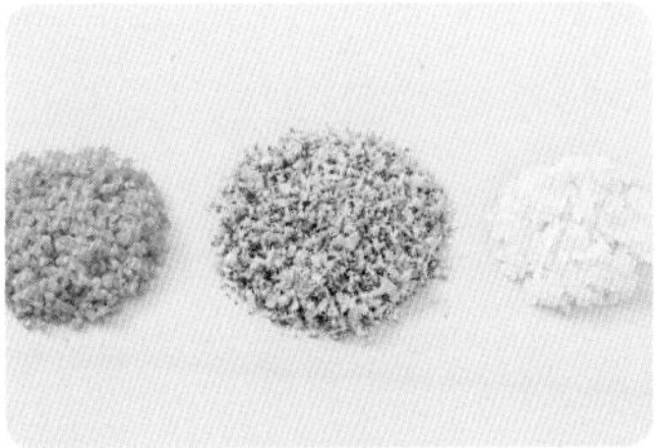

1 당근, 브로콜리, 양파는 0.2~0.3cm 크기로 잘게 다진다.

2 끓는 물(2컵)에 두부를 넣어 중간 불에서 1분간 데친 후 체에 밭쳐 물기를 뺀다. 완전히 식혀 칼 옆면으로 곱게 으깨 키친타월로 감싸 물기를 완전히 제거한다.

3 볼에 포도씨유를 제외한 모든 재료를 넣고 한 덩어리로 반죽해 치댄 후 지름 4cm, 두께 0.5cm 크기로 동글납작하게 빚는다.
※ 반죽이 질다면 밀가루를 넣어 조절한다.

4 달군 팬에 포도씨유를 두르고 키친타월로 골고루 펴 바른다. ③을 올려 앞뒤로 뒤집어가며 약한 불에서 4분간 노릇하게 굽는다.

Tip

쇠고기는 안심 부위를 구입해 칼로 직접 다져서 만들면 더 맛있어요.
다진 쇠고기를 구입해 만들어도 되지만 아기들은 아직 면역력이 약하기 때문에 집에서 직접 다지는 게 더 좋아요. 그리고 직접 칼로 다진 고기로 만든 전이 더 맛있어요. 쇠고기 전은 외출할 때 가지고 나가기도 좋고, 전을 붙여 놓으면 아기가 간식처럼 집어 먹기도 한답니다.

넉넉하게 만들어 냉동 보관해도 좋아요.
금속 트레이에 동글납작하게 빚은 반죽을 올린 후 종이 포일을 덮고 그 위에 다시 반죽을 올리는 것을 반복해 쌓은 후 랩으로 감싸거나 뚜껑을 덮어 냉동하세요. 반죽이 속까지 잘 얼면 떼어내 위생팩에 옮겨 담아 보관한 후 해동해 먹이면 됩니다(5일간 보관 가능).

생선완자탕

원래 생선완자는 달걀흰자와 노른자를 모두 사용하지만 돌 전 아기용 생선완자를 만들 때 달걀노른자만 사용해요. 생선으로 이유식을 만들 때는 특히 가시에 주의하세요. 엄마가 잘 살펴보면서 만들어도 조금만 방심하면 이유식을 먹일 때 가시가 발견되기도 한답니다. 돌 이후에는 삼치 등 다른 생선을 활용해 만들어도 됩니다.

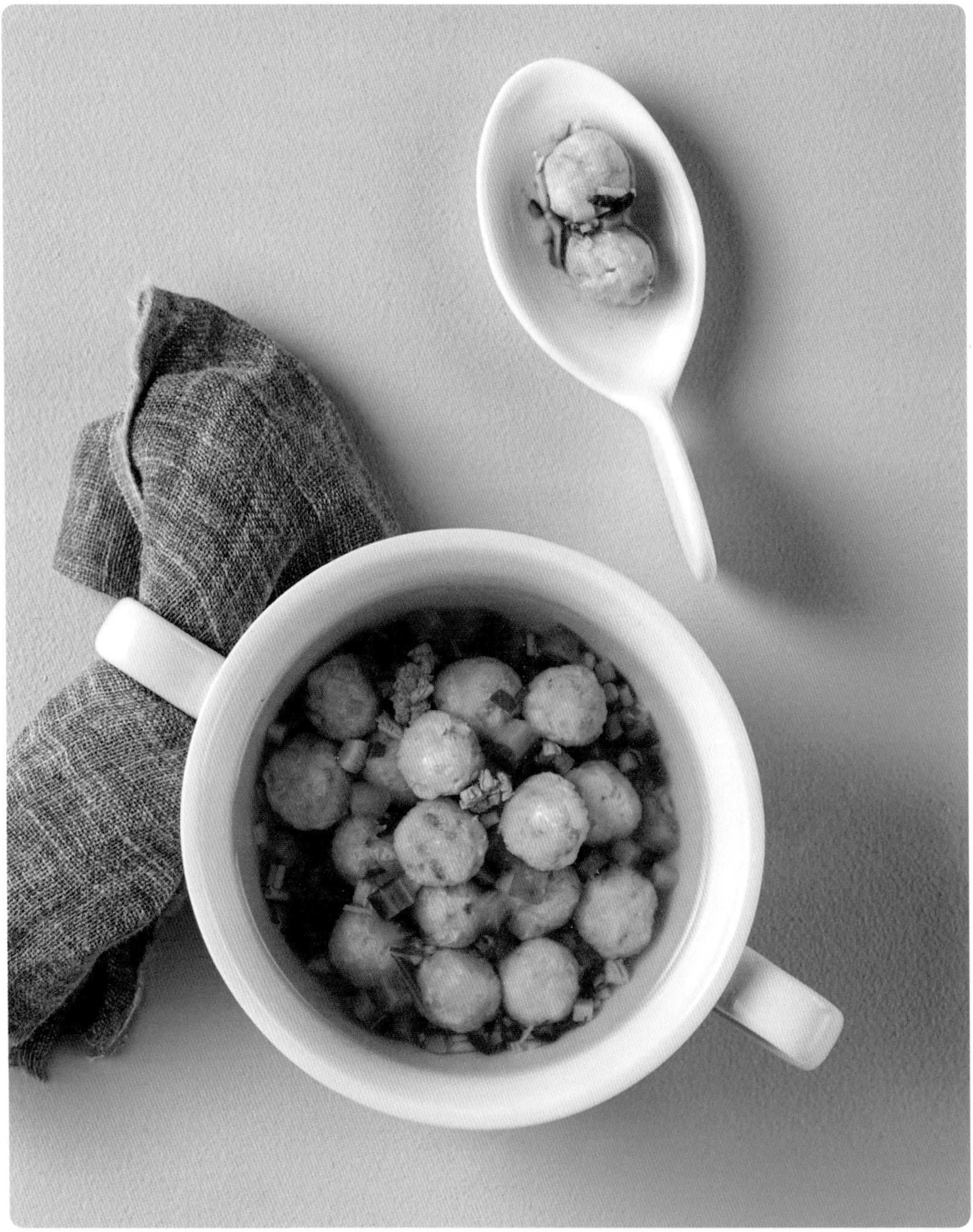

25~35분

약 65개(약 3회분)

반죽

- 흰살 생선 120g(익힌 후 약 100g)
- 양파 30g(약 1/6개)
- 달걀노른자 2개분
- 감자전분 2작은술

국물

- 쇠고기 안심 15g(약 4×4×1cm)
- 팽이버섯 10g
- 표고버섯 10g(약 1/3개)
- 가지 15g(지름 약 4cm, 두께 약 1.5cm)
- 근대(잎 부분) 5g
- 육수 1과 1/2컵(300㎖)
  ＊ 육수 만들기 38쪽
- 녹말물 1큰술
  (감자전분 1/2큰술 + 물 1큰술)

1 양파는 0.2~0.3cm로, 국물용 버섯과 채소는 0.5~0.6cm로, 쇠고기는 0.4~0.5cm 크기로 다진다. 끓는 물(2컵)에 양파를 넣고 중간 불에서 2분간 데친 후 체에 밭쳐 완전히 식힌다.

2 김이 오른 찜기에 흰살 생선을 넣어 생선 살이 하얗고 단단해질 때까지 센 불에서 8~10분간 찐 후 완전히 식힌 후 껍질과 가시를 제거한다.
＊ 물기가 많으면 잘 뭉쳐지지 않으니 키친타월로 감싸 완전히 제거한다.

3 볼에 반죽 재료를 모두 넣어 버무린다.
＊ 반죽이 질어 손에 많이 묻으면 감자전분을 더해가며 반죽한다.

4 ③을 아기가 한입에 먹기 좋은 크기(지름 1~1.5cm)로 동그랗게 빚는다. 김이 오른 찜기(또는 찜통)에 종이 포일을 깔고 반죽을 올려 뚜껑을 덮고 10분간 찐다.

5 냄비에 녹말물을 제외한 국물 재료를 모두 넣고 센 불에서 5분간 끓인다.

6 채소가 다 익으면 ④의 완자, 녹말물을 넣어 국물이 주르륵 흐르는 농도가 될 때까지 센 불에서 1분간 저어가며 끓인다. ＊ 녹말물은 넣기 전에 한 번 더 섞는다.

Tip

완자를 빚을 때는 생물 생선을 이용하세요.
동태 등의 냉동 생선으로는 완자를 빚기가 어려우니 생물 생선을 이용하세요. 국물에 들어가는 채소는 냉장고 속 자투리 채소를 자유롭게 활용하면 됩니다.

부드러운 완자탕을 만들려면 녹말물을 적게 넣으세요.
완자탕의 국물을 묽게 만들고 싶을 때는 녹말물을 적게 넣어 농도를 조절하면 됩니다.

흰살 생선 크림소스 그라탱

흰살 생선 크림소스 그라탱은 이탈리아 음식 같은 이유식이에요. 고소하면서 부드러워 아기들이 아주 잘 먹는답니다. 마지막에 달걀노른자를 체에 내려 섞는 것이 깊은 맛의 포인트예요. 입맛을 깔끔하게 정리 할 피클 같은 반찬을 주고 싶다면 피클은 단맛과 짠맛이 강하니 대신 오이를 작게 썰어 같이 먹이면 돼요.

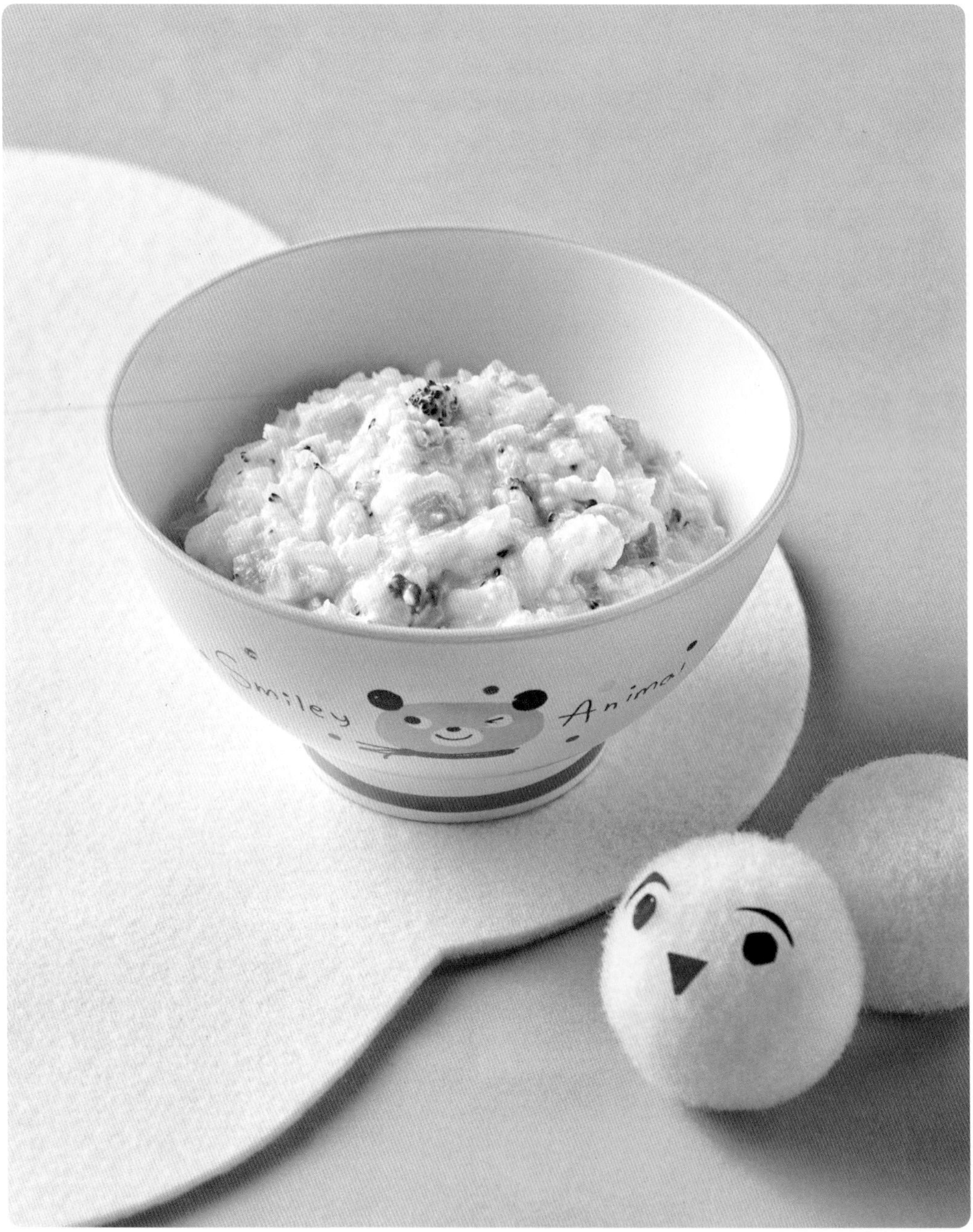

25~35분
약 2회분

- 진 밥 60g(5큰술)
- 흰살 생선 20g
- 양파 10g(약 6×7cm)
- 당근 5g(사방 약 1.5cm)
- 브로콜리 5g(꽃 부분, 사방 약 2cm)
- 삶은 달걀노른자 1개분
- 아기용 저염 슬라이스 치즈 1장(20g)
- 육수 1/2컵(100㎖)
  ＊ 육수 만들기 38쪽
- 모유 1/4컵(또는 분유, 50㎖)

1 흰살 생선은 끓는 물에 넣어 생선이 하얗고 단단해질 때까지 중간 불에서 8~10분간 익힌다. 껍질과 가시를 제거한다.

2 삶은 달걀노른자는 체에 내리고, 양파, 당근, 브로콜리는 0.4~0.5cm 크기로 다진다.

3 냄비에 육수, 생선 살, 양파, 당근, 브로콜리를 넣고 주걱으로 으깨가며 센 불에서 끓인다.

4 끓어오르면 약한 불로 줄여 채소가 다 익을 때까지 3분간 끓인다. 진 밥, 달걀노른자, 모유(분유)를 넣고 저어가며 한소끔 끓인다.

5 슬라이스 치즈를 넣고 녹을 때까지 저어가며 끓인다.

크림소스 소면

크림소스는 원래 생크림으로 만들지만 아기용이니 모유나 분유로 만들었어요. 삶은 달걀노른자를 넣어 진하고 고소한 맛을 더했습니다. 면 대신 진 밥을 넣으면 그라탱이 되지요. 아기들은 대부분 면류를 좋아하니 가끔 특별식으로 만들어 먹이세요.

⏱ **25~35분**
약 1회분

- 소면 1/2줌(35g)
- 쇠고기 안심 20g(약 4×3×1.5cm)
- 감자 60g(약 1/3개)
- 양파 20g(약 6×7cm 2장)
- 브로콜리 15g(꽃 부분, 사방 약 5cm)
- 팽이버섯 15g
- 가지 10g(지름 약 4cm, 두께 약 1cm)
- 삶은 달걀노른자 1개분
- 모유 3/5컵(또는 분유, 120㎖)
- 포도씨유 약간

1 끓는 물(2컵)에 쇠고기를 넣어 중간 불에서 5분간 삶아 건진 후 0.4~0.5cm 크기로 다진다.

2 냄비를 닦고 물(3컵), 한입 크기로 썬 감자를 넣어 중간 불에서 7~10분간 삶은 후 건져낸다. 볼에 넣어 포크(또는 매셔)로 으깬다.

3 양파, 브로콜리, 가지는 사방 0.5~0.6cm, 팽이버섯은 0.4~0.5cm 크기로 썬다. 삶은 달걀노른자는 체에 내린다.

4 달군 팬에 포도씨유를 두르고 양파를 넣어 중간 불에서 1분, 쇠고기, 감자, 브로콜리, 팽이버섯, 가지를 넣고 2분간 볶는다.

5 끓는 물(3컵)에 소면을 반으로 잘라 펼쳐 넣고 센 불에서 끓어오르면 찬물(1컵)을 넣어 2분~2분 30초간 삶는다. 체에 밭쳐 찬물에 헹군 후 그대로 물기를 빼 그릇에 담는다.

6 모유(분유), 달걀노른자를 넣고 끓어오르면 불을 끈다. ⑤의 그릇에 소스를 부어 버무린다.

잔치국수

대부분의 아기들은 국수를 무척 좋아해요. 국수를 만들어주면 포크를 사용하다 못해 손으로도 막 집어 먹지요. 아기가 손으로 집어 먹고 온 바닥을 난장판으로 만들면서 이유식을 먹어도 화내지 마세요. 아기들은 지금 온몸으로 세상을 경험하고 있는 중이랍니다.

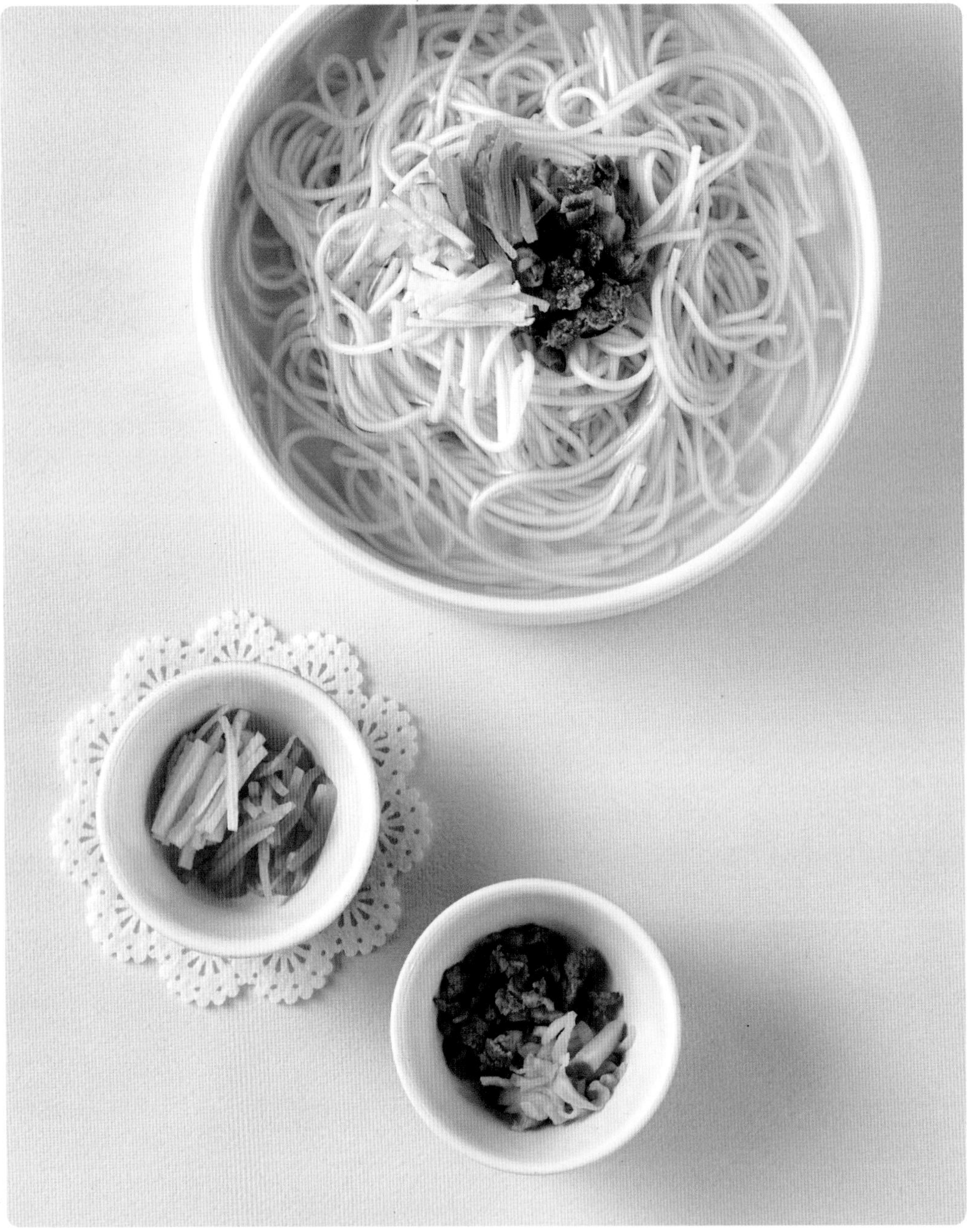

25~35분

약 1회분

- 소면 1/2줌(약 35g)
- 다진 쇠고기 안심 10g
  (이유식용, 2/3큰술)
- 백만송이버섯(또는 다른 버섯) 5g
- 애호박 10g(지름 5cm, 두께 0.5cm)
- 당근 5g(사방 약 1.5cm)
- 달걀노른자 1개분
- 양파즙 1작은술(생략 가능)
- 참기름 약간
- 포도씨유 약간
- 육수 1/2컵(100㎖)
  ※ 육수 만들기 38쪽

1 백만송이버섯은 0.4~0.5cm 크기로 다진다. 애호박, 당근은 가늘게 채 썬다. 볼에 달걀노른자를 넣어 푼다.

2 볼에 다진 쇠고기, 다진 버섯, 양파즙, 참기름을 넣고 버무린다.

3 끓는 물(5컵)에 당근을 넣고 중간 불에서 2분, 애호박을 넣고 3분간 더 익힌 후 체에 밭쳐 물기를 뺀다. 이때 물은 계속 끓인다.

4 ③의 끓는 물에 소면을 반으로 잘라 펼쳐 넣고 센 불에서 끓어오르면 찬물(1컵)을 넣어 2분~2분 30초간 삶는다. 체에 밭쳐 헹군 후 물기를 빼 그릇에 담는다.

5 달군 팬에 포도씨유를 두르고 키친타월로 펴 바른다. 달걀노른자를 넣고 중약 불에서 1분, 뒤집어서 30초간 익힌 후 가늘게 채 썬다.

6 팬을 닦고 다시 달궈 ②를 넣고 약한 불에서 2~3분간 으깨가며 볶는다.

7 냄비에 육수를 붓고 끓인다. ④의 그릇에 모든 재료를 골고루 올린 후 육수를 붓는다.

Tip

쇠고기와 버섯은 약한 불에서 볶으세요.
쇠고기와 버섯을 팬에 볶을 때는 팬을 달군 다음 약한 불로 줄여 주걱으로 으깨가며 볶으세요. 그래야 다진 고기가 뭉치지 않는답니다.

애호박과 당근을 삶을 때는 당근을 먼저 삶다가 애호박을 넣으세요.
애호박과 당근을 삶을 때는 단단한 당근을 먼저 삶다가 애호박을 넣어야 골고루 익습니다.

소면을 2등분해 넣으면 편해요.
소면은 처음부터 반으로 잘라 삶으면 삶은 후 가위로 자르지 않아도 되므로 편하답니다.

압력솥 쇠고기 영양죽

압력솥 하나만 있으면 이래저래 쓰임새가 많아요. 3~5인용이면 충분합니다. 이유식은 물론 찰진 밥, 죽, 찜요리 등 많은 것을 할 수 있답니다. 압력솥을 사용한 이유식에는 재료를 자유롭게 넣어도 되지만 푸른 잎채소는 처음부터 넣으면 색이 변하기 때문에 거의 다 끓인 후 넣고 뚜껑을 연 상태로 한 번 더 끓여서 완성하면 좋아요.

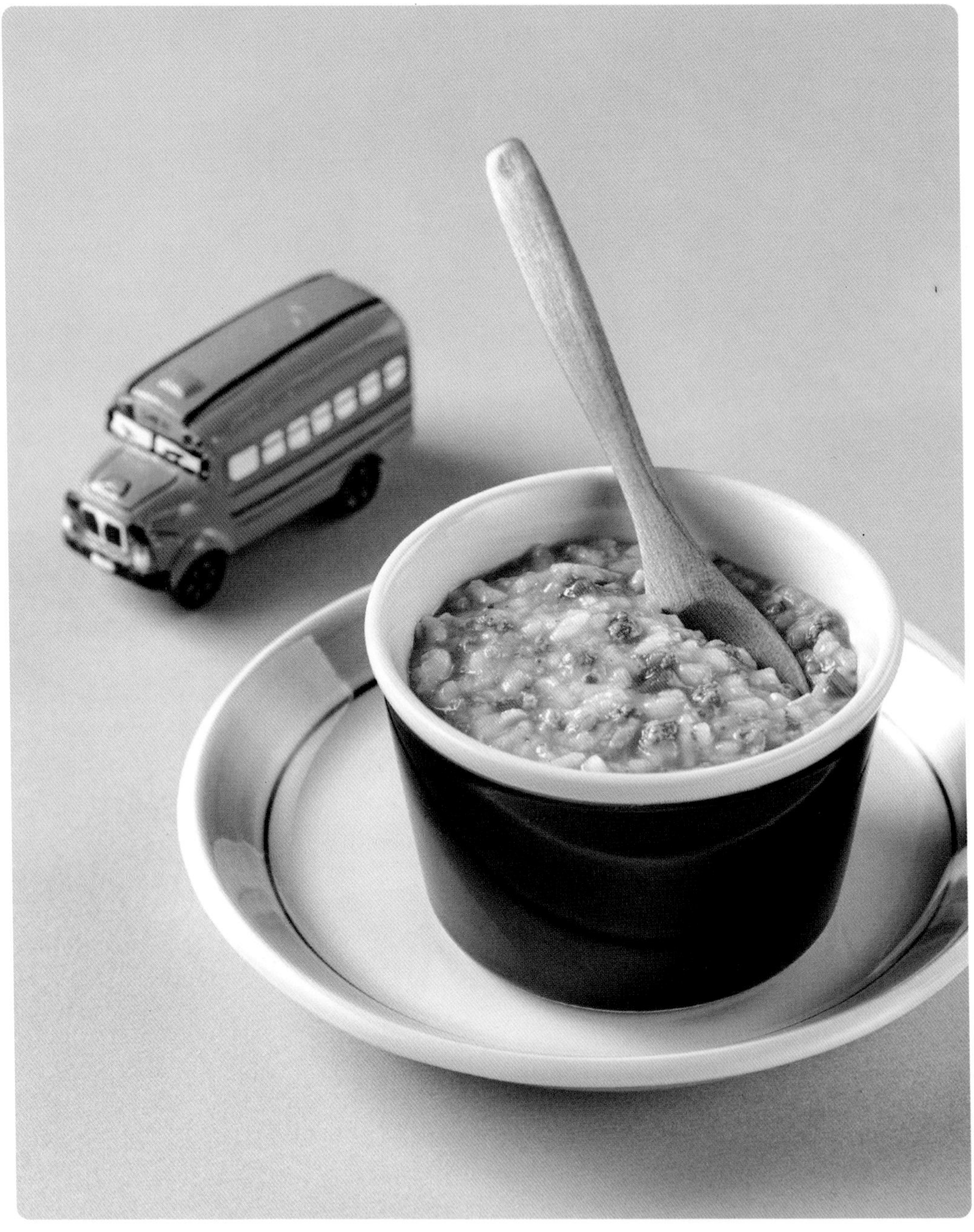

20~30분(+ 콩 삶기 30~40분)
약 5~7회분

- 쌀 160g(1컵, 불린 쌀 210g)
- 모둠 콩 10g(검은콩, 강낭콩 등)
  ※ 모둠 콩은 미리 넉넉한 물에 담가 3시간 이상 불린다.
- 다진 쇠고기 안심 80g (이유식용, 5와 1/3큰술)
- 양파 20g(약 6×7cm 2장)
- 파프리카 15g
- 무 10g(사방 약 2cm)
- 배추 15g(약 1/2장)
- 백만송이버섯 10g
- 표고버섯 5g
- 육수 3과 1/2컵(700㎖)
  ※ 육수 만들기 38쪽

1 냄비에 불린 콩과 물(5컵)을 넣고 중간 불에서 30~40분간 삶는다. 쌀을 씻은 후 볼에 넣고 잠길 만큼의 물을 부어 30분간 불린다.

2 삶은 콩은 체에 밭쳐 흐르는 물에 씻은 후 물기를 제거하고 껍질을 벗긴다.

3 삶은 콩, 파프리카, 양파, 배추, 무는 0.5~0.6cm 크기로, 버섯은 0.4~0.5cm 크기로 다진다.

4 압력솥에 모든 재료를 넣고 뚜껑을 닫아 센 불에서 끓인다. 끓기 시작하면 약한 불로 줄여 10분간 더 끓인다.

5 불을 끄고 압력솥의 김이 다 빠질 때까지 뚜껑을 열고 골고루 섞는다.

Tip

압력솥에서 조리할 때는 처음에는 센 불에서 끓이다가 약한 불로 줄이세요.
압력솥에 음식을 할 때는 뚜껑을 잘 닫고, 김을 빼는 버튼이나 추가 잘 닫혀있는지 확인 후 불에 올리세요. 압력솥으로 밥을 지을 때는 센 불에 올렸다가 김이 올라오면서 끓기 시작하면 가장 약한 불로 줄여 5분 정도 더 끓여 불을 끄고 김이 빠져나갈 때까지 기다리면 돼요. 누룽지를 만들고 싶으면 10분 정도 약한 불에 올려두면 됩니다.

한 끼 분량으로 나누어 냉동 보관해요.
한 번 만들어 온가족 영양식으로 먹어도 좋지만, 아기 위주로 먹인다면 1회분씩 소분해 냉동 보관해도 됩니다.

압력솥 닭죽

압력솥 닭죽은 이유식이면서 온 가족이 함께 먹을 수 있는 영양식이에요. 압력솥에 닭죽을 끓이면 그냥 냄비에 끓이는 것보다 맛이 훨씬 더 진하며 부드럽습니다. 그리고 불 앞에서 계속 저어주지 않아도 되니 힘도 덜 들죠. 한 솥 끓여서 온 가족이 함께 드세요. 아기가 좀 더 큰 후에는 파와 마늘을 넣고 끓이면 더 맛있어요. 저희 가족은 지금도 입맛 없을 때 종종 만들어 먹는답니다.

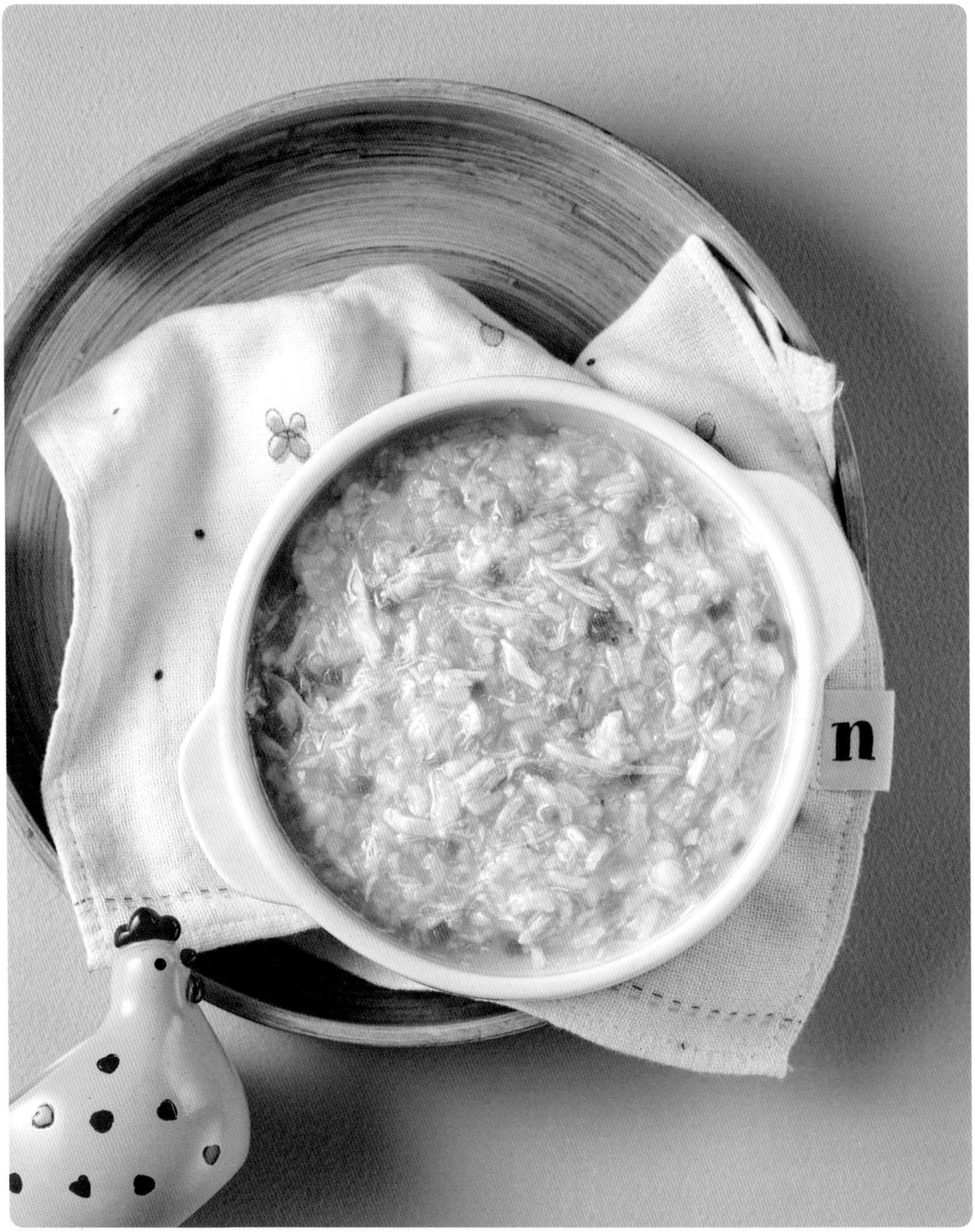

30~40분

약 5회분

- 찹쌀 + 멥쌀 160g
  (1컵, 불린 찹쌀 + 멥쌀 210g)
  * 쌀은 미리 30분 이상 불린다.
- 닭 1마리(영계, 약 600~800g)
- 양파 50g(약 1/4개)
- 당근 30g(약 1/6개)
- 물 10컵(2ℓ)

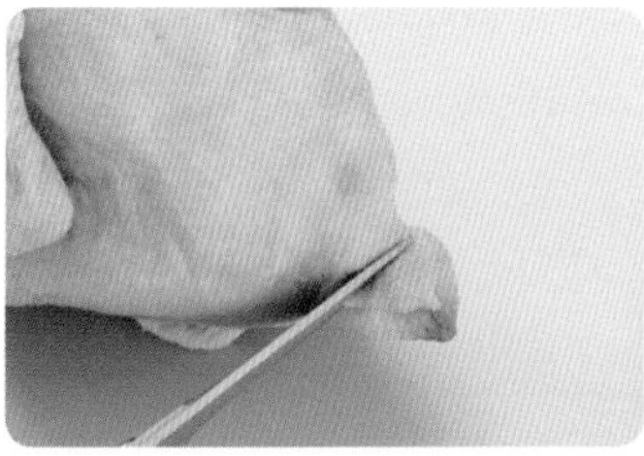

1 닭은 내장을 긁어내고 꽁지의 지방을 가위로 잘라낸 후 찬물에 깨끗이 씻는다.

2 압력솥에 닭, 물을 넣고 뚜껑을 닫아 센 불에서 끓인다. 끓기 시작하면 불을 약하게 줄이고 10분간 더 끓인다.

3 양파와 당근은 0.5cm 크기로 다진다.

4 압력솥의 김을 빼고 뚜껑을 열어 닭을 꺼낸 후 한 김 식힌다. 살만 발라 가늘게 찢고(약 180g) 0.5cm 크기로 다진다. 닭 삶은 물은 그대로 둔다.

5 ④의 닭 삶은 물(약 8컵)에 닭고기, 불린 쌀, 양파, 당근을 넣고 뚜껑을 닫아 센 불에서 끓인다.

6 끓기 시작하면 약한 불로 줄여 10분간 더 끓인다. 불을 끄고 김이 다 빠질 때까지 뜸을 들인 후 뚜껑을 열어 골고루 섞는다.

Tip

닭 속에 남아있는 내장은 손을 넣어 다 긁어내세요.
통닭으로 이유식을 만들 때는 내장을 깨끗이 제거하고 꽁지와 주변의 지방도 말끔히 제거한 후 조리해야 잡냄새가 나지 않고 담백한 맛이 나요. 생 닭을 만지지 못하는 분들! 아기가 잘 먹는다면 무엇이든 못하겠습니까. 용기를 내세요.

삶은 닭 살을 다 넣지 않고 살을 발라 일부는 그냥 먹어도 돼요.
방금 삶은 닭이 가장 맛있어요. 좀 질길 수 있는 다릿살 등은 살 바르면서 어른들이 드세요.

두부 채소찜

한 끼 식사로도 좋고 아기 간식으로도 좋은 이유식이에요.
찜에 넣을 재료는 냉장고 속 재료들로 다양하게 응용해도 좋아요.
식어도 맛있어 외출용 이유식으로도 적당하답니다. 유리나 도자기로
된 밀폐 용기에 찐 다음 식혀서 뚜껑을 덮고 외출할 때 가지고 나가세요.
분량의 재료에 밥을 더해 만들어도 맛있답니다.

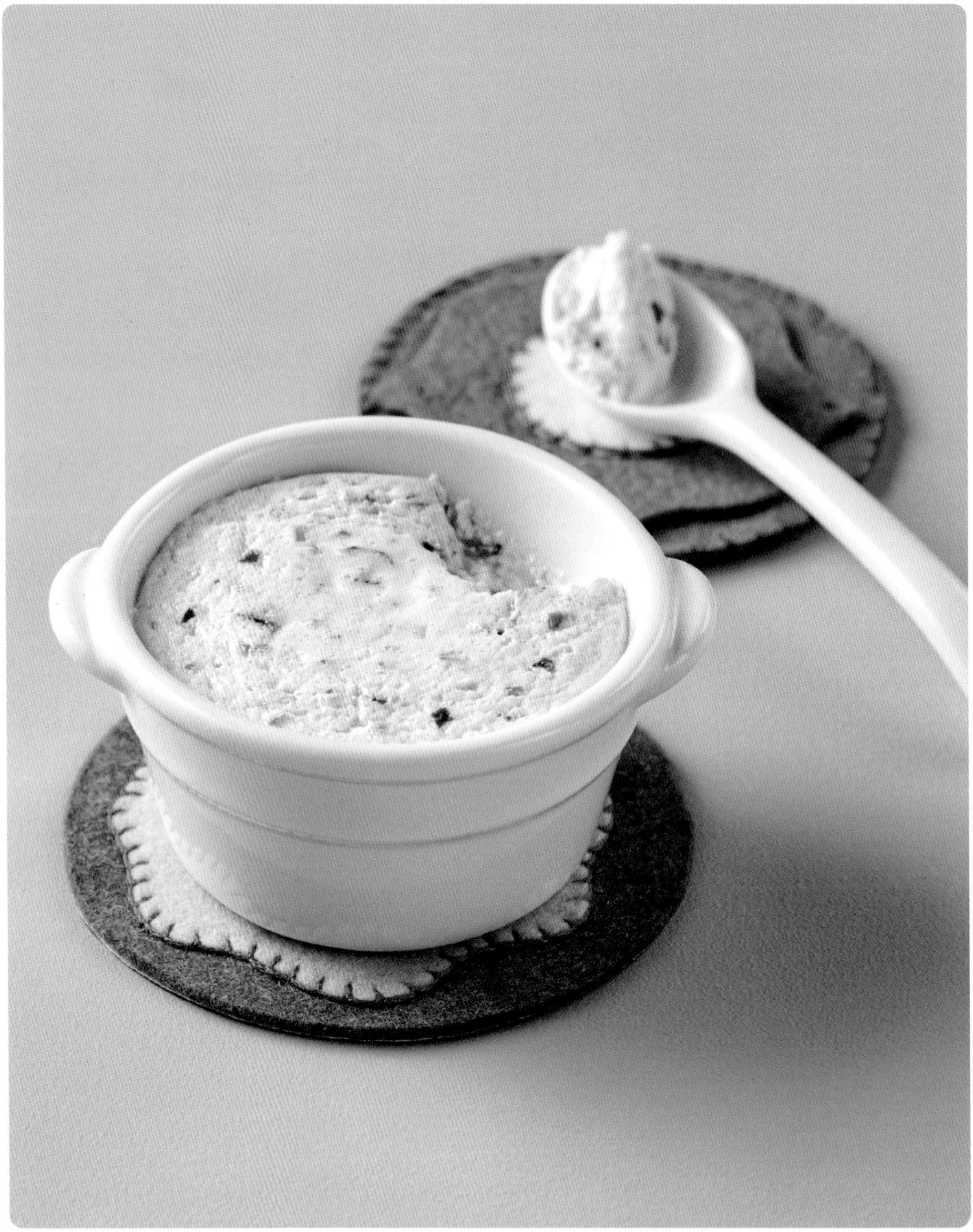

20~30분
약 2회분

- 두부 작은 팩 1/2모(105g)
- 양파 10g(약 6×7cm)
- 당근 10g(사방 약 2cm)
- 시금치(잎 부분) 5g
- 달걀노른자 1개분
- 모유 1/4컵(또는 분유, 50㎖)
- 다시마 물 1/4컵(50㎖)
  ※ 다시마 물 만들기 39쪽

1 두부는 큼직하게 4등분한다.

2 양파, 당근, 시금치는 0.3~0.4cm 크기로 다진다.

3 믹서에 두부, 달걀노른자, 모유(분유), 다시마 물을 넣고 30초간 곱게 간다.

4 내열 용기에 모든 재료를 넣고 섞은 후 김이 오른 찜기(또는 찜통)에 넣어 뚜껑을 덮고 약한 불에서 10분간 찐다.

호기심이 왕성해 손을 쓰기 좋아해요

이유식 후기 간식

이유식 중기가 끝나고 후기로 이어질 즈음이면 아기들은 뭐든 손으로 잡으려고 해요. 소근육 키우기를 연습하기 좋은 시기이니 스스로 집어 먹을 수 있는 핑거푸드 간식을 많이 만들어 주세요. 이 시기에 아기가 모유(분유)나 이유식을 잘 안 먹는다고 당류가 많은 간식을 주는 경우가 있는데요, 절대 안됩니다. 건강한 간식을 주세요. 모유(분유)와 이유식을 잘 안 먹으면 간식은 과감하게 주지 않아도 됩니다. 아직은 모유(분유)가 우선이 되어야 하며, 이유식은 밥 먹는 연습을 위한 것입니다.

채소스틱

10~20분 1~2회분

모둠 채소(고구마, 당근, 감자, 비트, 오이 등) 110g

1 채소는 껍질을 제거한 후 엄마 검지 크기(약 1×1×7cm)로 썬다. ＊ 오이는 껍질, 씨를 제거한다.

2 끓는 물(3컵)에 채소를 넣고 중간 불에서 4~5분간 익힌다. ＊ 너무 오래 익히면 부스러지거나 아삭한 식감이 없어지니 주의한다. ＊ 비트는 따로 익혀야 다른 채소에 물이 들지 않는다. ＊ 냉장실에서 2~3일간 보관 가능하다.

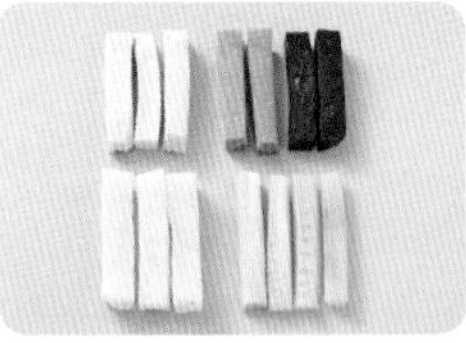

Tip

아보카도는 껍질이 검고 꼭지가 밝은 것으로 고르세요. 꼭지 부분을 눌렀을 때 살짝 들어가고, 묵직한 것이 좋습니다. 과육이 갈변되었다면 그 부분만 잘라내고 사용하세요.

아보카도 오이 냉수프

10~20분 **1회분**

아보카도 과육 40g(약 1/3개), 오이 40g(약 1/5개), 떠먹는 플레인 요구르트 30g(1/3통), 생수 1/4컵(또는 아기용 주스, 50㎖)

1 오이는 껍질을 벗긴 후 강판에 곱게 간다. 아보카도는 손질해 칼 옆면(또는 매셔)으로 덩어리지지 않게 으깬다.
2 볼에 아보카도와 오이, 생수를 넣어 섞은 후 떠먹는 플레인 요구르트와 섞는다.

감자 파수프

15~25분 **1회분**

감자 80g(2/5개), 대파 30g(흰 부분, 10cm 3대), 모유 1/2컵(또는 분유, 100㎖)

1 감자는 껍질을 벗기고 한입 크기로 썰고 대파는 2~3등분한다. 냄비에 감자, 물(3컵)을 넣고 중간 불에서 5분, 대파를 넣고 3분간 더 삶아 체에 밭쳐 물기를 뺀다.
2 감자는 절구에 넣어 으깨고, 대파는 곱게 다진다. 냄비에 모든 재료를 넣고 센 불에서 저어가며 한소끔 끓인다.

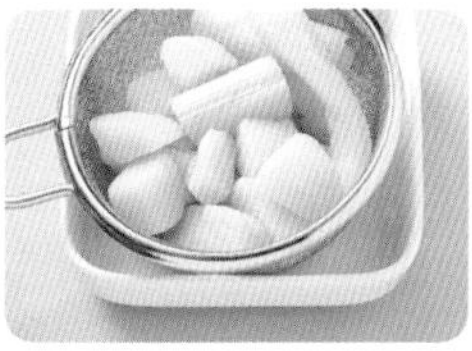

고구마요구르트

15~25분 1회분

떠먹는 플레인 요구르트 80g(1통),
고구마 30g(또는 감자, 약 1/6개)

1 고구마는 껍질을 벗기고 한입 크기로 썬다.
끓는 물(3컵)에 고구마를 넣고 젓가락으로 찔러 부드럽게 들어갈 때까지 센 불에서 5~7분간 삶아 체에 밭쳐 물기를 뺀다.

2 고구마를 절구에 넣어 으깬다.
떠먹는 플레인 요구르트에 고구마를 넣어 섞는다.
* 고구마는 곱게 다져도 좋다.

단호박요구르트

15~25분 1회분

떠먹는 플레인 요구르트 80g(1통), 단호박 30g

1 단호박은 껍질을 벗겨 한입 크기로 썬 후 끓는 물(3컵)에 단호박을 넣고 센 불에서 끓어오르면 4~5분간 더 삶아 체에 밭쳐 물기를 뺀다.

2 단호박을 한 김 식혀 절구에 넣어 으깬다.
떠먹는 플레인 요구르트에 단호박을 넣어 섞는다.
* 단호박은 곱게 다져도 좋다.

블루베리요구르트

5~15분 1회분

떠먹는 플레인 요구르트 80g(1통),
블루베리 20g(10~15개)

1 블루베리는 체에 밭쳐 흐르는 물에 씻은 후 사방 0.5cm 크기로 다진다.
2 떠먹는 플레인 요구르트에 블루베리를 넣어 섞는다.

바나나 아보카도요구르트

5~15분 1회분

떠먹는 플레인 요구르트 80g(1통),
바나나 20g(약 1/5개), 아보카도 과육 10g

1 바나나는 껍질을 벗겨 양 끝을 제거한다. 아보카도는 손질한다(바나나 아보카도매시 179쪽 참고).
2 바나나와 아보카도는 각각 사방 0.5cm 크기로 다진다. 떠먹는 플레인 요구르트에 바나나, 아보카도를 넣어 섞는다. ＊ 바나나와 아보카도는 으깨도 좋다.

후기
간식

달걀볼

30~40분 약 45개(2~3회분)

삶은 달걀노른자 2개분, 감자전분 2큰술,
모유(또는 분유) 1과 1/2큰술

1. 오븐을 180℃(미니 오븐 동일)로 예열한다. 볼에 삶은 달걀노른자를 넣어 으깬 후 감자전분, 모유를 조금씩 넣어가며 한 덩어리로 반죽한다.
2. 반죽을 떼어 지름 1cm 크기로 동그랗게 빚는다. 오븐 팬에 종이 포일을 깔고 반죽을 올려 180℃로 예열된 오븐의 가운데 칸에서 15분간 구운 후 식힌다.
   * 냉장실에서 3~5일간 보관 가능하다.

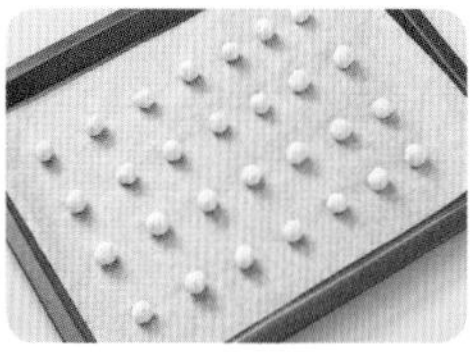

감자 치즈 치킨볼

30~40분 약 50개분(2~3회분)

감자 90g(약 1/2개), 닭안심 20g(또는 닭가슴살),
아기용 저염 슬라이스 치즈 1/2장(10g)

1. 감자는 껍질을 벗겨 한입 크기로 썬다. 냄비에 감자, 물(3컵)을 붓고 중간 불에서 7~10분간 삶아 건져내고 닭안심을 넣어 5분간 삶아 건져낸다.
2. 볼에 감자를 넣어 으깬 후 슬라이스 치즈를 넣고 뜨거울 때 섞는다. 닭안심은 한 김 식혀 0.2cm 크기로 다진 후 함께 섞는다. 지름 1cm 크기로 동그랗게 빚는다.

고구마경단

15~25분 약 50개(2~3회분)

고구마 100g(1/2개), 삶은 달걀노른자 1개분, 통깨 간 것 1큰술, 모유(또는 분유) 1~2큰술

1 고구마는 삶아서 절구에 넣어 으깨고 삶은 달걀노른자는 체에 내린다.

2 볼에 고구마, 달걀노른자, 통깨 간 것, 모유(분유)를 넣고 섞은 후 아기가 한입에 먹을 수 있게 1cm 크기로 동그랗게 빚는다. * 고구마의 수분 함량에 따라 모유(분유)를 가감한다.

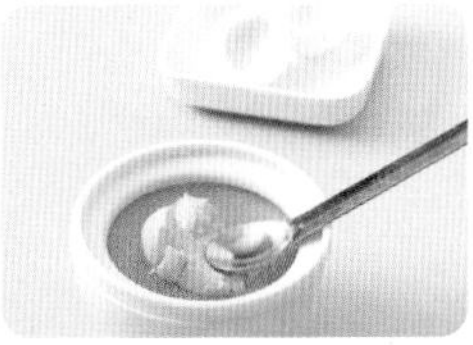

치즈볼

5~15분 9개(2~3회분)

아기용 저염 슬라이스 치즈 1장(20g)

1 슬라이스 치즈는 9등분한다.

2 내열 접시에 종이 포일을 깔고 간격을 넓게 두어 치즈를 올린다. 전자레인지(700W)에서 부풀어 오를 때까지 1분 30초간 돌린 후 한 김 식힌다.

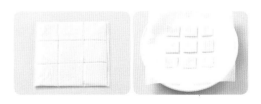

후기
간식

사과구이

10~15분 1회분

사과 100g(약 1/2개)

1 사과는 껍질과 씨를 제거하고
사방 1cm 크기로 썬다.

2 달군 팬에 사과를 넣어 약한 불에서 저어가며
3분간 굽는다. 코티지치즈 1큰술을 곁들여도 좋다.
* 코티지치즈 만들기 196쪽

바나나구이

5~10분 1회분

바나나 1개(약 100g)

1 바나나는 껍질과 양 끝을 제거하고 0.5cm 두께로 썬다.

2 달군 팬에 바나나를 넣어 약한 불에서 과육이
살짝 물러질 정도로 앞뒤로 각각 1분씩 굽는다.

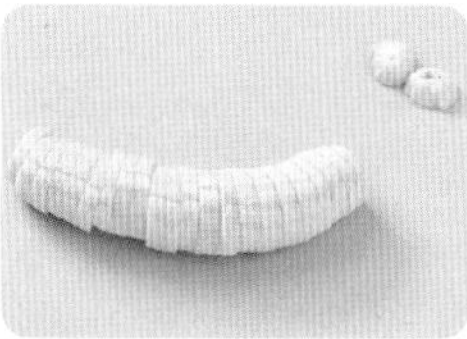

감자완자 핑거푸드

20~30분 약 25개(1~2회분)

감자 30g(약 1/6개), 쇠고기 안심 10g(약 4×3×1cm), 당근 10g(사방 약 2cm), 브로콜리 5g(사방 약 2cm)

1 감자는 삶아서 포크로 으깬다. 쇠고기는 0.1~0.2cm 크기로 다진 후 달군 팬에 넣고 중약 불에서 으깨가며 1분 30초간 볶는다. 당근과 브로콜리는 끓는 물에 넣어 데친 후 0.1~0.2cm 크기로 잘게 다진다.

2 으깬 감자는 지름 1cm 크기로 동그랗게 빚고 쇠고기, 당근, 브로콜리를 고명으로 올린다.
＊ 모든 재료를 섞어 빚어도 좋다.

고구마 밥새우전

15~25분 약 20개(2~3회분)

고구마 150g(약 3/4개), 밥새우 1큰술, 식용유 약간

1 고구마는 한입 크기로 썬다. 끓는 물(3컵)에 넣고 센 불에서 5~7분간 익힌 후 큰 볼에 넣어 으깬다. 밥새우는 잘게 다진다.

2 ①의 고구마가 담긴 볼에 밥새우를 넣고 섞어 동글납작하게 빚는다. 달군 팬에 식용유를 두르고 반죽을 올려 약한 불에서 앞뒤로 각각 1분 30초간 노릇하게 굽는다.

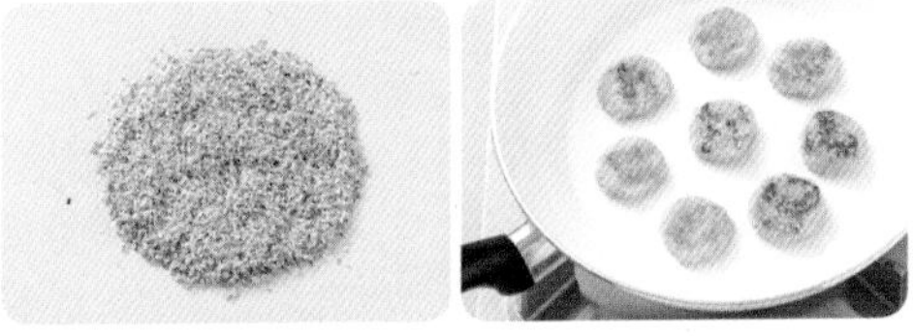

단호박 치즈버무리

5~15분 약 1회분

단호박 150g(약 1/5개), 아기용 저염 슬라이스 치즈 1장(20g), 건포도 2g(5개)

1 단호박은 껍질을 벗겨 삶은 후 볼에 넣어 뜨거울 때 슬라이스 치즈와 함께 으깬다.
2 건포도는 끓는 물에 넣어 중간 불에서 1분간 데친 후 건져낸다. 데친 건포도는 0.3cm 크기로 다진다. ①의 볼에 넣고 섞는다.

과일 요구르트범벅

5~15분 약 1회분

모둠 과일(멜론 · 바나나 · 사과 등) 90g, 떠먹는 플레인 요구르트 2큰술

1 과일은 모두 사방 0.5cm 크기로 썬다.
2 볼에 떠먹는 플레인 요구르트, 다진 과일을 넣고 버무린다.
＊ 아기 개월 수에 맞는 과일은 무엇이든 상관없다.

Tip

두부는 무유전자 변형 식품(GMO-free)으로 고르세요. 국산 콩으로 만든 것이나 유기농 제품을 구입하면 됩니다. 첨가물 확인도 잊지 마시고요.

치즈두부

10~20분 **약 16개분(1~2회분)**

두부 작은 팩 1/2모(약 105g), 아기용 저염 슬라이스 치즈 1장(20g)

1 두부는 끓는 물에 넣어 1분간 데친 후 사방 2cm 크기로 썬다. 키친타월로 감싸 물기를 제거한다. 슬라이스 치즈는 두부와 같은 크기로 썬다(약 12~16등분).

2 내열 용기에 간격을 두고 두부를 올린 후 그 위에 슬라이스 치즈를 1조각씩 올린다. 전자레인지(700W)에서 40~50초간 치즈가 녹을 때까지 돌린다.

사과소스 연두부

15~25분 **약 1회분**

연두부 110g(약 1/2모), 사과 20g(사방 약 2cm), 양파 5g(약 3.5×6cm), 물 1큰술

1 사과와 양파는 강판에 간다. 체에 연두부를 넣고 끓는 물을 부어 살짝 데친 후 그대로 물기를 뺀다.
＊ 사과 일부는 다져 넣어도 좋다.

2 냄비에 연두부를 제외한 나머지 재료를 넣고 중간 불에서 끓어오르면 약한 불로 줄여 저어가며 2분간 더 익힌다. 연두부에 곁들인다.

고구마팬케이크

25~35분 6개분(약 2회분)

고구마 50g(또는 단호박, 약 1/4개), 밀가루 25g (중력분, 4큰술), 달걀노른자 1개분, 모유 1/4컵(또는 분유, 50㎖), 포도씨유 1작은술

1 고구마는 삶아 으깬다(고구마요구르트 과정 참고). 볼에 포도씨유를 제외한 모든 재료를 넣고 한 번 더 섞는다.

2 달군 팬에 포도씨유를 두르고 키친타월로 펴 바른 후 반죽을 1큰술씩 올려 지름 4cm 크기의 동글납작한 모양을 만든다. 앞뒤로 약한 불에서 각각 50초~1분간 노릇하게 굽는다.

단호박찐빵

30~40분 10개분(약 2회분)

단호박 100g(약 1/8개), 밀가루 100g(1컵), 베이킹파우더 1/2작은술, 두유 1/4컵(50㎖)

1 단호박은 삶은 후 뜨거울 때 포크로 으깬다 (단호박요구르트 과정 참고). 밀가루와 베이킹파우더는 섞어서 체에 내린다.

2 볼에 모든 재료를 넣고 섞은 후 지름 3cm 크기로 동글납작하게 빚는다. 김이 오른 찜기(또는 찜통)에 넣고 종이 포일을 덮은 후 뚜껑을 덮어 중간 불에서 15분간 찐다.

Tip

스크램블드 에그에 이유식을 만들고 남은 자투리 재료를 다양하게 넣어보세요.

채소 스크램블드 에그

15~25분 1회분

달걀노른자 2개분, 모유(또는 분유) 2큰술, 양파 5g(약 3.5×6cm), 당근(또는 브로콜리) 5g, 포도씨유 1/2작은술

1 끓는 물(2컵)에 당근을 넣고 센 불에서 끓인다. 끓어오르면 3분 후 양파를 넣어 2분간 더 익힌다. 당근, 양파를 건져낸 후 사방 0.3cm 크기로 다진다. 볼에 달걀노른자와 모유를 넣어 섞은 후 당근과 양파를 넣어 한 번 더 섞는다.

2 달군 팬에 포도씨유를 두른 후 키친타월로 펴 바른다. ①을 넣고 약한 불에서 2분간 저어가며 익힌다.

치즈 스크램블드 에그

5~15분 1회분

달걀노른자 2개분, 모유(또는 분유) 2큰술 ,아기용 저염 슬라이스 치즈 1/2장(10g), 포도씨유 1/2작은술

1 슬라이스 치즈는 6등분한 후 볼에 넣고 달걀노른자와 모유, 슬라이스 치즈를 함께 섞는다.

2 달군 팬에 포도씨유를 두르고 키친타월로 팬 전체에 펴 바른다. ①을 넣고 약한 불에서 2분간 저어가며 익힌다.

수박젤리 · 배젤리

10~20분(+ 굳히기 30분) 2~3회분

수박 과육 280g, 한천가루 2작은술

1 수박은 껍질을 제거한 후 2~3등분한다. 강판에 간 후 체에 내려 씨를 제거한다.

2 냄비에 수박즙(약 250㎖)과 한천을 넣어 섞은 후 저어가며 중간 불에서 끓어오르면 약한 불로 줄여 1~2분간 더 저어가며 끓인다. 틀에 붓고 실온에서 30분 이상 굳힌 후 냉장 보관한다.
※ 배젤리는 수박 대신 배 300g(또는 배즙 1과 1/4컵, 250㎖)를 넣어 만들고, 다른 과정은 동일하다.

멜론젤리

10~20분(+ 굳히기 30분) 1회분

멜론 과육 300g, 한천가루 2작은술

1 멜론은 껍질과 씨를 제거하고 3~5등분한다. 강판에 갈아 체에 밭친다. ※ 체에 밭치는 과정은 생략해도 좋고 섬유질을 다져 넣어도 좋다.

2 냄비에 멜론즙(약 250㎖)과 한천가루를 넣어 섞은 후 저어가며 중간 불에서 끓인다. 끓어오르면 약한 불로 줄여 1~2분간 더 저어가며 끓인 후 틀에 부어 실온에서 30분 이상 굳힌 후 냉장 보관한다.

사과 포도주스

5~15분 1회분

사과 100g(약 1/2개), 포도 100g(약 1컵, 20~25알)

1 사과는 껍질과 씨를 제거하고, 포도는 2등분해 껍질과 씨를 제거한다.

2 믹서에 모든 재료를 넣어 1분간 곱게 간 후 고운 체에 내린다. 숟가락 뒷부분으로 눌러가며 꼭 짠다.

오이 멜론주스

5~15분 1회분

멜론 과육 70g, 오이 30g(약 1/6개), 생수 1/2컵(100㎖)

1 멜론과 오이는 껍질과 씨를 제거하고 한입 크기로 썬다.

2 믹서에 모든 재료를 넣고 1분간 곱게 간다.
※ 체에 걸러 먹여도 좋다.

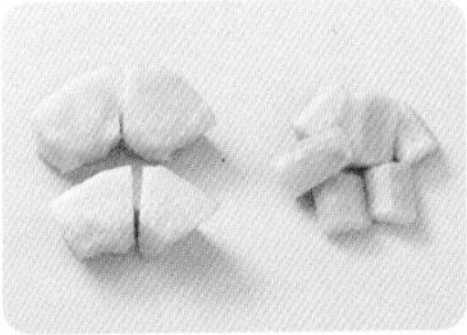

완료기 이유식

만 12개월 이상

이유식 1일 횟수 __ 3회(간식 1~2회)

이유식 한 회 분량 __ 120~180㎖

간식 한 회 분량 __ 약 130㎖

1일 수유량 __ 400~600㎖

완료기 이유식 시작하기 전에 알아야 할 것

첫돌이 지난 후 완료기 이유식에 접어들면 어른 음식처럼 간을 하는 것에 대해 고민을 하게 됩니다.

많은 아기들이 돌 이후 갑자기 이유식을 잘 안 먹는 시기가 오는데, 바로 그때 간을 하는 것에 타협을 하게 되지요.
여러 이유식책에서 두 돌 전까지는 간을 절대 하지 말라고 당부하지만 현실적으로 쉽지 않습니다.
그래서 생각한 것이 비교적 건강한 소금과 간장, 아가베시럽을 사용하는 거예요.
설탕과 조미료는 사용하지 않고, 소스류도 시판 소스는 사용하지 마세요.
완료기가 되면 '아기에게 무엇을 어떻게 먹일까'에 대한 대답은 엄마 스스로가 판단하는 것입니다.
정답은 없습니다.

아기에 따라서 다르겠지만 돌이 지났다고 간이 센 음식, 어른처럼 먹이는 밥은 금물이에요.
이때의 식습관이 평생 간다는 사실을 명심하세요.

소금

전기와 여과장치를 통해 바닷물에서 염화나트륨만 뽑아낸 정제염은 무기질 성분이 포함되지 않은 짠맛만 나는 소금입니다. 맛소금은 화학조미료가 첨가된 소금이고요. 좋은 소금은 무기질이 풍부하고 적당한 짠맛 끝에 단맛이 느껴지는 소금입니다. 간수를 뺀 천일염이나 호수소금을 추천합니다.

* 천연 조미료와 소스 만드는 법 40쪽 참조

간장

간장은 첨가물이 들어 있지 않고, 양조간장에 산분해간장을 섞은 혼합 간장이 아닌 저염 유기농 간장을 추천합니다.

아가베시럽

멕시코 선인장에서 추출한 단맛이 나는 시럽입니다. 천연 유기농 제품이고 혈당 상승 지수도 설탕의 1/3정도라서 아기들이 먹어도 비교적 안전합니다. 꿀도 많이 사용하는데, 꿀은 믿을 수 있는 제품이 아니면 안 먹이는 게 좋습니다.

흑설탕이나 황설탕을 구입할 경우 색을 내기 위한 캐러멜 색소가 들어 있지 않은지 확인하세요. 설탕을 사용할 경우 유기농 비정제 설탕을 추천합니다.

완료기 이유식 레시피를 활용할 때 알아야 할 것

1 돌 이후 완료기에 들어서면 어른과 비슷하게 먹을 수 있지만 덩어리는 더 작게, 상태는 더 무르게, 그리고 밥은 진 밥을 기본으로 합니다.(진 밥 만드는 법 194쪽 2번 참조) 음식 크기는 서서히 키우되 아기가 먹는 것을 부담스러워하면 더 작게 만드세요.

2 포도씨유 등의 기름의 양은 최소한으로 사용하세요.

3 이유식 간은 최대한 늦게 하는 것이 좋습니다. 간을 하되 양은 최소한만 사용하세요.

4 완료기 레시피는 유아식 시기에도 활용 가능합니다.

5 완료기에 들어서면 어른들과 비슷하게 먹일 수 있으므로 부모가 주로 먹는 식재료로 만들 수 있는 아기 음식을 만들고 남는 재료로 어른 밥을 만들면 경제적이에요. 이때 중요한 것은 부모의 편식이 아기에게 그대로 이어지지 않도록 다양한 식재료를 접하게 신경 써주세요.

아기의 상황에 맞춘 완료기 이유식 재료 가이드

알레르기·아토피 알레르기나 아토피가 있다면 고위험군에 속하는 이유식 재료를 하나씩 시도해 볼 수 있습니다. 만일 이상 반응(두드러기, 설사 등)을 보인다면 잠시 쉬었다가 나중에 다시 시도하세요. 달걀, 등푸른 생선, 조개류, 밀가루, 새우, 견과류 등은 만 24개월(두 돌) 이전에 먹이지 마세요.

상황별 추천 재료

- **감기** 감자, 양배추, 브로콜리, 오이(열 감기), 단호박, 고구마, 사과, 배, 닭고기, 무(기침 감기), 당근, 대추, 배추, 아욱(기침 감기), 연근(열 감기), 감, 콩나물, 숙주(열 감기), 파, 파프리카, 콩나물
- **변비** 양배추, 브로콜리, 고구마, 청경채, 잘 익은 바나나, 사과, 자두, 살구, 시금치, 배추, 건포도, 아욱, 미역, 우엉, 플레인 요구르트
- **설사** 찹쌀, 감자, 완두콩, 단호박, 익힌 사과, 쇠고기, 차조, 익힌 당근, 대추, 흰살 생선, 감
- **빈혈** 브로콜리, 콜리플라워, 완두콩, 시금치, 미역, 달걀노른자, 대추, 강낭콩, 표고버섯, 우엉, 멸치, 깨, 치즈, 선지, 마늘종, 홍합
- **식욕부진·보양식** 구기자, 대추, 전복, 낙지, 알
- **특히 잘 먹는 이유식** 약밥, 꼬마김밥, 돼지고기 파인애플볶음밥, 굴 넣은 알탕, 닭 시금칫국, 과일양념 돼지고기, 베이비립구이, 닭봉구이, 미니 떡국
- **외출할 때** 꼬마김밥, 볶음밥류, 밥전, 베이비립구이, 닭봉구이, 후리가케를 이용한 비빔밥과 주먹밥

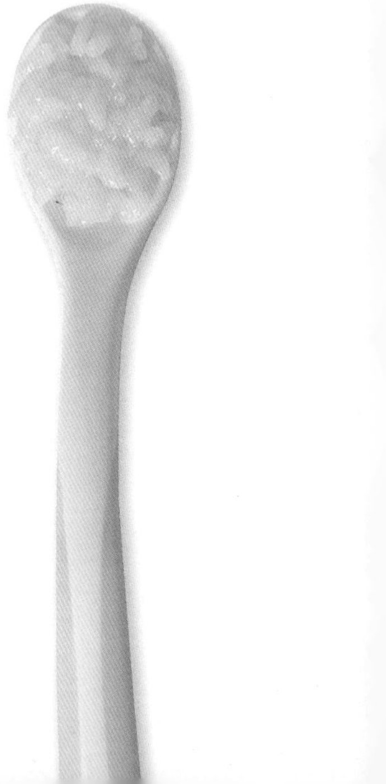

완료기 이유식 식단표

- 3회 / 1일 -

이유식 식단은 참고용입니다.

이유식 완료기의 식단은 이 책에 소개된 풍성한 레시피들을 활용해 영양, 맛, 색감, 조리 편의성 등을 고려해 구성했습니다. 가족들 식단도 재료 등을 비슷하게 맞춘다면 보다 수월하게 준비할 수 있습니다. 미리 만들어둔 반찬을 추가해서 주면 더욱 풍성하게 먹일 수 있어요.

1주차

Day 1	Day 2	Day 3	Day 4	Day 5	Day 6	Day 7
쇠고기 낙지죽	쇠고기 밥전 + 콩나물국	진 밥 + 쇠고기 굴탕국	콩나물 새우 진 밥 + 된장국	진 밥 + 전복 미역국	새우 무른 볶음밥	전복죽
콩나물 새우 진 밥 + 콩나물국	날치알밥	돼지고기 파인애플볶음밥	쇠고기 밥전 + 된장국	꼬마김밥 + 새우전 핑거푸드	진 밥 + 전복 미역국 + 피 없는 데친 만두	약밥
진 밥 + 달걀찜 (명란 빼고) + 콩나물국	꼬마김밥	쇠고기 낙지죽	전복죽	아기 카레 + 전복 미역국	돼지고기 파인애플볶음밥 + 콩나물국	진 밥 + 된장국 + 새우전 핑거푸드

2주차

Day 1	Day 2	Day 3	Day 4	Day 5	Day 6	Day 7
쇠고기 밥전 +된장국	쇠고기 낙지죽	콩나물 새우 진 밥	진 밥+새우전 핑거푸드 +닭 시금칫국	진 밥 +명란 달걀찜 +전복 미역국	전복죽	진 밥 + 굴 넣은 알탕 + 시금치 깨 두부무침
진 밥 + 된장국 + 순두부볶음	새우 무른 볶음밥 + 아욱 배춧국	아기 카레 +오이냉국	미니 깻잎 미트로프	만둣국	진 밥 + 김치 넣은 돼지고기 콩비지찌개	꼬마김밥 + 미니 굴림 만두
진 밥 + 순두부볶음	날치알밥 + 아욱 배춧국	진 밥 +달걀찜 (명란 빼고) + 닭 시금칫국	진 밥 + 감자볶음 +시금치 깨 두부무침	쇠고기 밥전 +감자볶음	아기 카레 + 콩전	새우 무른 볶음밥 + 굴 넣은 알탕

3주차

Day 1	Day 2	Day 3	Day 4	Day 5	Day 6	Day 7
콩나물 새우 진 밥+굴 넣은 알탕	진 밥+김치 넣은 돼지고기 콩비지찌개	쇠고기 낙지죽	진 밥+두부조림 + 콩나물무침 + 굴 넣은 알탕	진 밥 + 감자볶음 + 감자 애호박 밥새우반찬	진 밥 + 명란 달걀찜 + 아욱 배춧국	진 밥 + 쇠고기장조림 + 전복 미역국
진 밥 + 시금치 깨 두부무침 + 명란 달걀찜	쇠고기 밥전 + 버섯무침	진 밥 + 굴전 + 버섯무침	아기 카레 + 두부조림	만둣국 + 대구전	진 밥 + 닭고기 카레볶음	돼지고기 파인애플볶음밥 + 전복 미역국
진 밥 + 전복 송이조림	진 밥 + 콩나물국 + 전복 송이조림	진 밥 + 콩나물무침 + 굴 넣은 알탕	진 밥 + 맵지 않은 김치 오징어전 + 감자볶음	진 밥 + 쇠고기장조림 + 아욱 배춧국	꼬마김밥 + 미니 동그랑땡	전복죽 + 쇠고기장조림

4주차

Day 1	Day 2	Day 3	Day 4	Day 5	Day 6	Day 7
진 밥 + 쇠고기 간장볶음 + 감자 애호박 밥새우반찬	콩나물 새우 진 밥 + 멸치 호두조림	후리가케주먹밥 + 쇠고기 굴탕국	진 밥 + 과일양념 돼지고기	진 밥 + 된장국 + 카레 토마토소스 볶음	프렌치 토스트	진 밥 + 마늘종 돼지고기볶음
진 밥+쇠고기 토마토볶음 + 콩나물무침	진 밥 + 감자 애호박 밥새우반찬 + 카레 토마토소스볶음	진 밥 + 시금치 깨 두부무침 + 과일양념 돼지고기	약밥 + 궁중 떡볶이	홍합 토마토소스 소면	진 밥 + 파래전 + 쇠고기 간장볶음	미니 떡국
파프리카 밥비빔이 + 멸치 호두조림 + 콩나물무침	진 밥 + 콩전 + 쇠고기 굴탕국	수제 햄버그 스테이크	쇠고기 밥전 + 된장국	후리가케주먹밥 + 베이비립구이 + 된장국	파프리카 밥비빔이 + 닭봉구이	진 밥 + 순두부볶음 + 미니 동그랑땡

전복죽

많은 아기들이 첫돌 전후로 돌치레를 해요. 갑자기 이유식 먹는 양이 확 줄어들기도 하죠. 이때 아기의 입맛을 돋우고 몸보신도 확실하게 해주는 보양 이유식이 바로 전복죽과 282쪽의 쇠고기 낙지죽이랍니다. 살아있는 꽃게나 대게를 찐 다음 살을 발라 죽을 끓여도 좋아요.

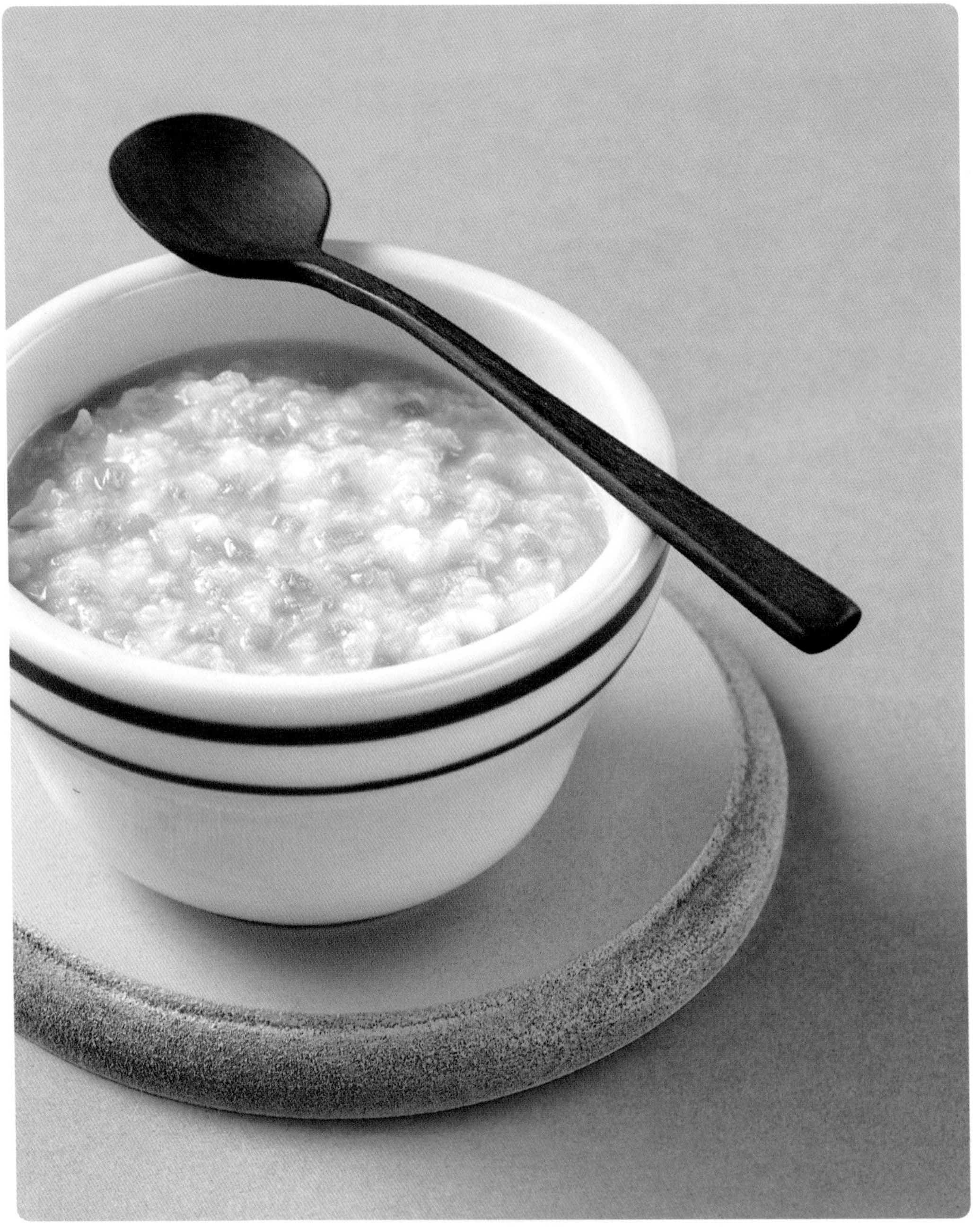

30~40분
완성량 300㎖(약 2회분)

- 쌀 35g(2와 1/3큰술, 또는 불린 쌀 40g)
  ＊ 쌀은 미리 20분 이상 불린다.
- 전복 1마리(50g, 손질 후 약 30g)
- 양파 20g(약 6×7cm 2장)
- 당근 10g(사방 약 2cm)
- 참기름 약간
- 물 2큰술 + 2와 1/2컵(500㎖)

1 전복은 조리용 솔로 이물질을 닦는다. 살과 껍데기 사이에 숟가락을 넣어 분리한다.

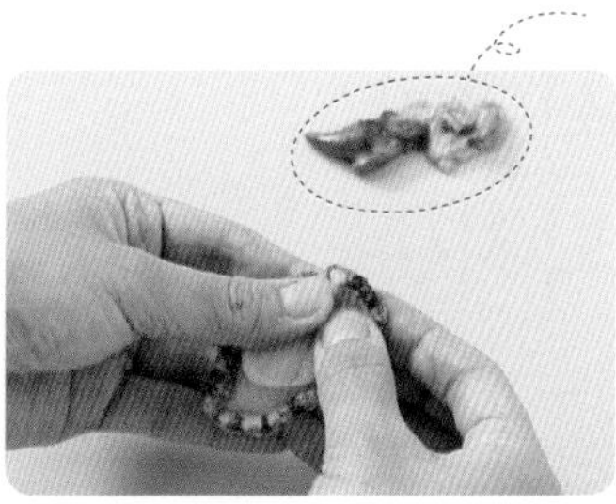

2 내장을 제거한 후 가위로 전복의 입 부분을 잘라낸다. 잘라낸 부분을 손으로 꾹 눌러 이빨을 제거한 후 6~8등분한다.

3 믹서에 전복과 물 2큰술을 넣고 곱게 간다.

4 양파와 당근은 0.4~0.5cm 크기로 다진다.

5 냄비에 참기름을 두르고 전복, 양파, 당근, 쌀을 넣어 쌀이 불투명하게 익을 때까지 센 불에서 1분간 볶는다.

6 물 2와 1/2컵을 붓고 센 불에서 끓어오르면 중약 불로 줄여 쌀이 푹 퍼질 때까지 15분간 저어가며 끓인다.

{ 전복 }

전복은 모유 수유에도 좋은 식재료로 젖이 잘 나오게 해 영양을 보충하고 원기 회복과 기력을 찾는데 도움을 줘요. 입맛도 돌게 하죠. 고를 때는 껍질에 광택이 있고, 무늬가 선명한 것, 살이 탄력있고 통통하며 가운데 부분이 노란 빛을 띠고 움직임이 활발한 것을 고르세요.

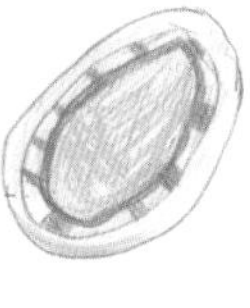

쇠고기 낙지죽

쓰러진 소도 벌떡 일어나게 한다는 낙지와 쇠고기로 만든 보양 이유식이에요. 낙지와 쇠고기의 진한 맛이 입맛을 돋워준답니다. 아기가 돌치레로 힘들어 할 땐 잘 먹는 것 위주로 먹이고 푹 쉬게 하세요. 더불어 아기가 잘 땐 엄마도 집안일을 잠시 미루고 같이 쉬세요. 그래야 엄마도 아프지 않고 같이 버텨낼 수 있으니까요.

25~35분

완성량 300㎖(약 2회분)

- 쌀 35g(2와 1/3큰술,
  또는 불린 쌀 40g)
  ※ 쌀은 미리 20분 이상 불린다.
- 손질한 낙지 30~40g(다리 2개)
- 쇠고기 안심 20g(약 4×3×1.5cm)
- 애호박 10g(지름 약 4cm,
  두께 약 1cm)
- 청경채(잎 부분) 5g
- 당근 5g(사방 약 1.5cm)
- 양파 10g(약 6×7cm)
- 참기름 약간
- 물 1큰술 + 2컵(400㎖)

1 낙지는 볼에 넣고 밀가루(1큰술)를 넣어 맑은 물이 나올 때까지 물을 갈아가며 주물러 씻은 후 4~5등분한다.

2 믹서에 낙지, 물 1큰술을 넣고 1분간 곱게 간다.

3 애호박, 청경채, 당근, 양파는 사방 0.6~0.7cm 크기로 썬다. 쇠고기는 키친타월로 감싸 핏물을 제거한 후 0.5cm 크기로 다진다.

4 달군 냄비에 참기름을 두르고 쌀, 쇠고기를 넣은 후 센 불에서 1분간 볶는다.

5 양파, 애호박, 당근, 물 2컵을 넣고 센 불에서 끓인다.

6 끓어오르면 낙지를 넣고 중약 불로 줄여 쌀이 푹 퍼질 때까지 저어가며 15분간 끓인다. 청경채를 넣고 1분간 더 끓인다.

{ 낙지 }

DHA와 아미노산이 풍부해 아기들 두뇌 발달에 도움을 주고 칼슘 흡수를 도와 성장기 아기들에게도 좋은 재료입니다. 철분도 풍부해 빈혈 예방 및 개선에 효과적이며 기력을 북돋워주고 원기 회복, 피로 해소에도 좋아요. 고를 때는 표면은 검은 색을 띠고 다리 안쪽이 하얀색인 것, 만졌을 때 미끈거리지 않고 탄력이 있는 신선한 것을 고르세요.

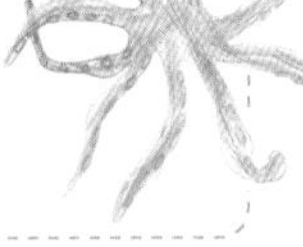

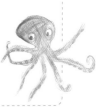

콩나물
새우 진 밥

새우는 칼슘이 많이 들어있어서 성장 발달에 좋고, 콩나물은 비타민 C가 많아 피로 해소에 좋아요. 활동량이 많아진 아기의 피로를 풀어주는 고단백 이유식을 만들어 주세요. 진 밥을 만들 때는 아기가 받아들이는 정도에 따라 밥알을 퍼지게 만들 수도, 밥알을 조금 으깨서 만들 수도 있으니 내 아기에 맞게 조절하세요.

30~40분
완성량 250㎖(약 2회분)

- 진 밥 60g(5큰술)
- 새우 1마리(중하, 또는 냉동 생새우살 2마리, 20g)
- 콩나물 15g
- 육수 3/4컵(또는 물, 150㎖)
  ＊ 육수 만들기 38쪽

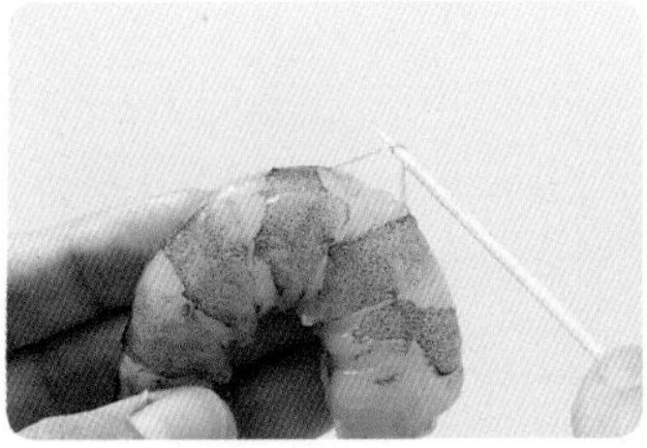

1 새우는 머리와 껍질을 제거하고 등쪽 두 번째와 세 번째 마디 사이에 이쑤시개를 넣어 내장을 제거한다.

2 콩나물은 머리, 꼬리를 제거하고 1cm 길이로 썬다. 새우는 굵게 다진다.
＊ 냉동 생새우살을 사용할 때는 물에 담가 해동한 후 사용한다.

3 냄비에 육수, 콩나물을 넣고 센 불에서 끓어오르면 진 밥과 새우를 넣는다.

4 끓어오르면 중약 불로 줄여 밥이 푹 퍼질 때까지 저어가며 3분간 끓인다.

Tip

콩나물은 몸통만 사용하세요.
콩나물의 머리와 꼬리는 아기가 먹기에 부담스러우니 제거하세요.

짠맛이 있는 새우는 사용하지 마세요.
간혹 짠맛이 나는 새우가 있어요. 이런 새우는 사용하지 마세요. 이유식을 만들 때 가장 좋은 새우는 싱싱한 국내산 중하랍니다. 새우 머리는 버리지 말고 냉동실에 보관했다가 육수를 만들 때 활용하면 좋아요.

{ 콩나물 }

비타민이 풍부해 감기에 좋은 재료입니다. 해열 효과도 있어요. 식이섬유 함량도 많아 변비 완화와 노폐물 배출에 도움을 주지요. 고를 때는 검은 반점이 없고 머리가 노랗고 싱싱하며 잔뿌리가 적은 것을 고르세요. 이상한 냄새가 나는 것은 상한 것이니 피하세요. 물에 닿으면 금방 물러지니 씻지 말고 그대로 냉장 보관하세요.

약밥

약밥은 한 끼 식사나 간식으로 좋고 외출할 때 싸가지고 가기도 좋은 이유식이에요. 첫돌이 지나 양조간장과 아가베시럽을 조금 넣어서 약밥을 만들었더니 아기가 정말 잘 먹더라고요. 견과류는 집에 있는 것으로 넣으면 됩니다. 건포도는 이유식에 넣으면 맛을 살려주고 가지고 다니면서 아기에게 간식으로 주면 잘 먹어요. 이유식에 간을 하는 것이 아직 부담스럽다면 이 레시피는 나중에 활용하세요.

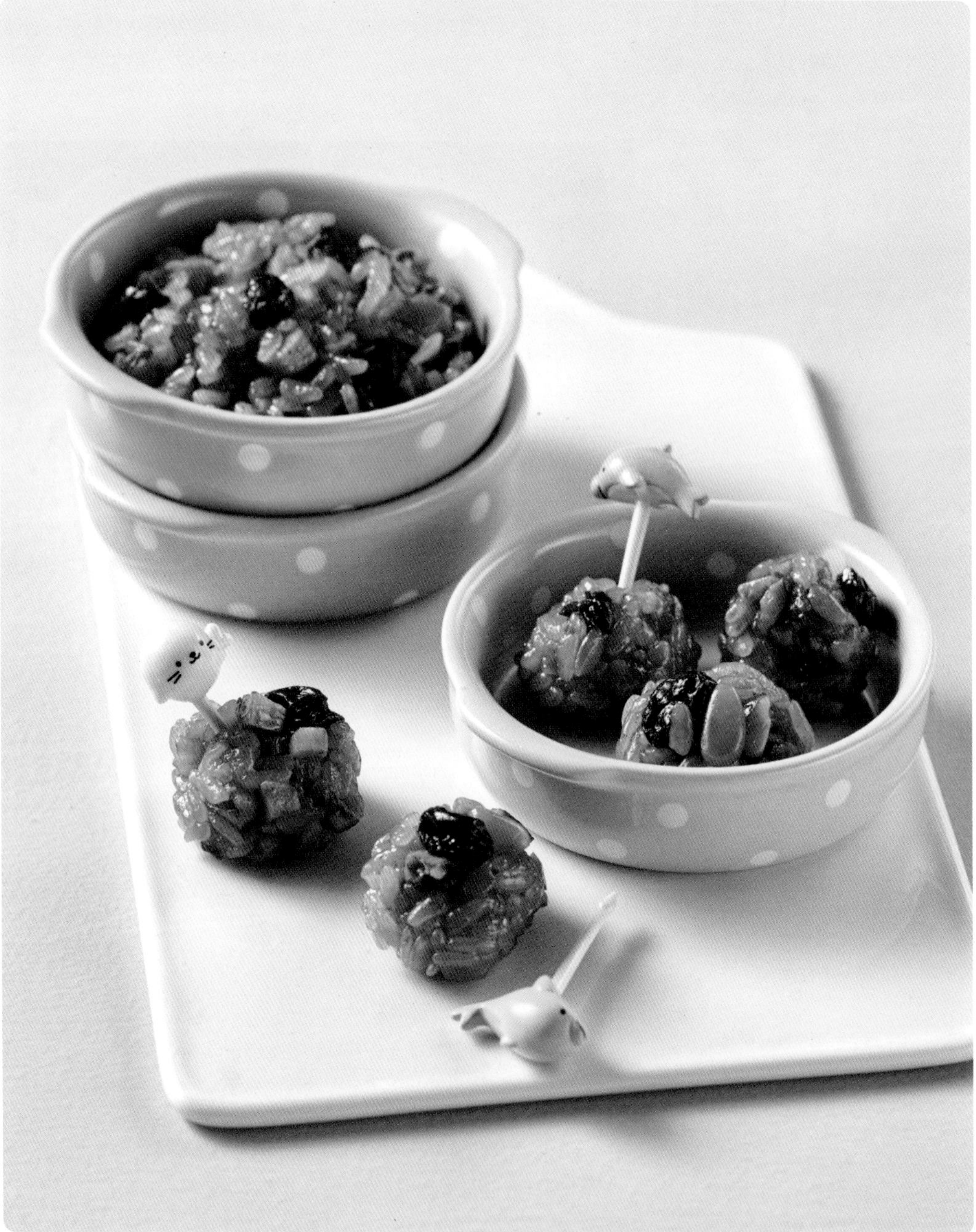

15~25분
약 5~7회분

- 찹쌀 160g(1컵, 불린 찹쌀 210g)
  * 찹쌀은 미리 2시간 이상 불린다.
- 깐 밤 2개(20g)
- 호두 1큰술(10g)
- 건포도 10개(약 4g)
- 잣 1/2큰술(약 5g)
- 물 1/2컵(100㎖)
- 양조간장 1과 1/2큰술
- 아가베시럽 1작은술
- 참기름 1작은술

1 불린 찹쌀은 체에 밭쳐 물기를 뺀다.

2 깐 밤과 호두는 사방 0.5cm 크기로 썬다. 볼에 물, 양조간장, 아가베시럽, 참기름을 넣어 섞는다.

3 압력솥에 모든 재료를 넣고 섞은 후 뚜껑을 닫고 센 불에서 끓인다.

4 끓어오르면 가장 약한 불로 줄여 5~7분간 끓인다. 김이 빠지면 뚜껑을 연 후 주걱으로 2~3번 섞는다.
* 한 김 식혀 한 번 먹을 분량씩 이유식 용기에 담아 냉장실에서 2일간, 냉동실에서 5일간 보관 가능하다.

Tip

찹쌀은 꼭 미리 불리세요.
찰지고 쫀득한 약밥을 만들려면 찹쌀은 2시간 이상 미리 불려두는 게 좋아요. 여기에 사용한 압력솥은 3인용 압력솥인데, 10인분 이상의 전기 압력솥을 사용할 경우에는 분량을 2배로 늘리고 잡곡 코스로 조리하면 됩니다.

양조간장은 천연 양조간장을 사용하세요.
양조간장을 고를 때는 혼합 양조간장이나 합성 첨가물이 들어있지 않는 제품으로 고르세요. 제품 뒷면에 첨가물들이 복잡하게 적혀있지 않은 양조간장이 좋습니다.

{ 말린 과일·견과류 }

포도, 푸룬, 크랜베리, 블루베리 등을 말린 과일을 구입할 때는 당분과 식품첨가물이 들어있지 않은 유기농 제품을 고르세요.
호두, 땅콩, 아몬드, 캐슈너트, 해바라기씨와 같은 견과류와 씨앗은 열량이 높아 적은 양만 먹어도 영양 보충용으로 충분해요.
오래된 견과류는 기름진 냄새가 나니 고소한 냄새가 나는 신선한 것을 고르세요.

아기 카레

카레는 순한 맛으로 준비하고, 색과 향이 날 정도로만 아주 조금 넣으세요. 흔히 구할 수 있는 카레에는 인공 첨가물이 많이 들어있어요. 유기농 숍에서 첨가물이 들어있지 않은 카레를 구입하세요. 첨가물에 익숙해진 입맛에는 맛이 없을 수도 있겠지만 아직 첨가물이 뭔지 모르는 아기에게는 처음부터 이것이 카레 맛이라고 알려주면 돼요. 아기가 편식한다면 채소를 볶음밥 채소처럼 잘게 다져 넣어 먹여보세요.

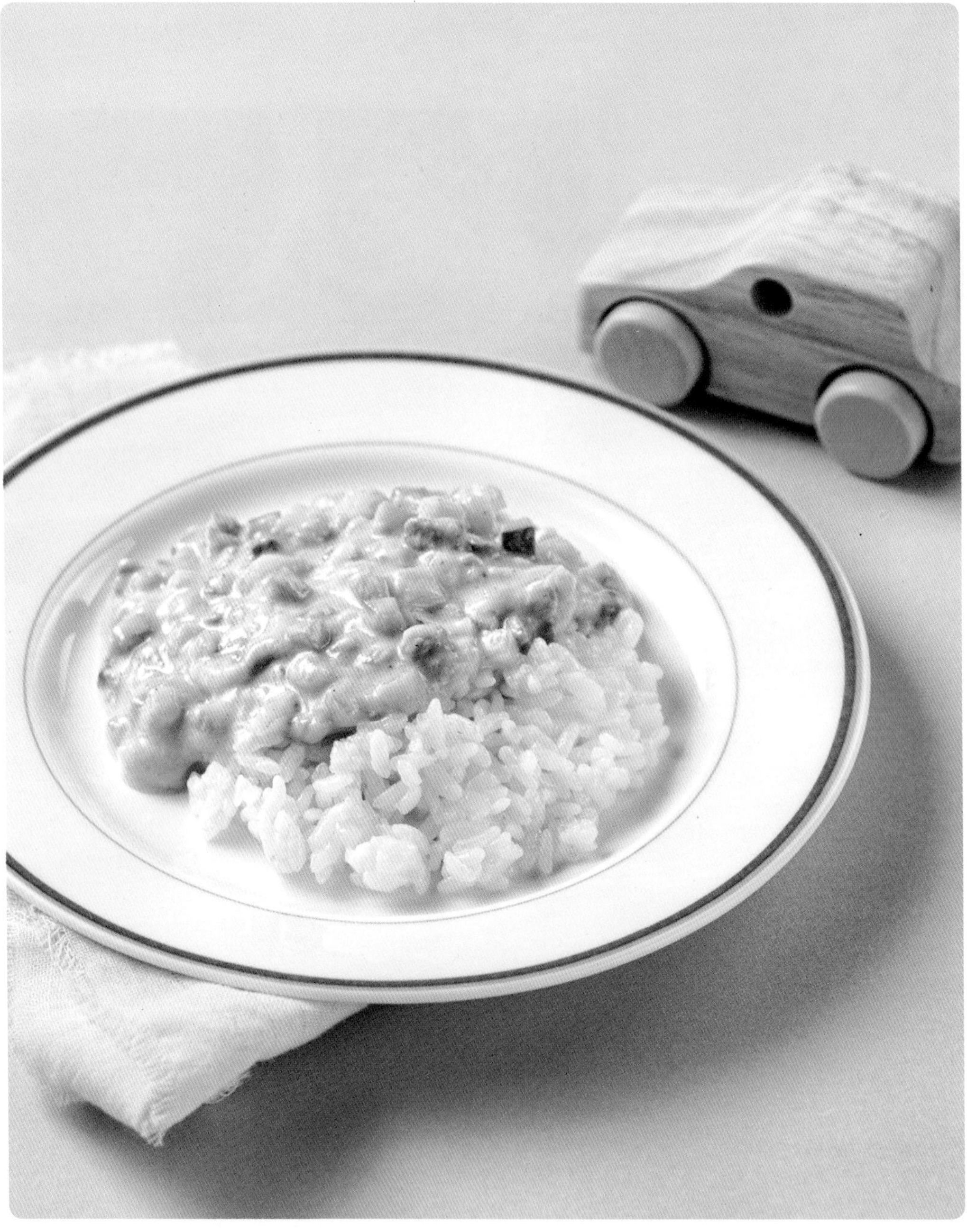

20~30분

완성량 200㎖(약 2회분)

- 쇠고기 안심 40g
  (또는 돼지고기 안심 · 닭안심)
- 당근 10g(사방 약 2cm)
- 감자 15g(사방 약 2.5cm)
- 애호박 20g(지름 약 5cm, 두께 약 1cm)
- 양파 30g(약 1/6개)
- 사과 20g(사방 약 4cm)
- 카레가루 1큰술(10g)
- 우유 1/2컵(100㎖)
- 포도씨유 약간
- 물 1/2컵(100㎖)

1 당근, 감자, 애호박, 양파는 0.7~1cm로, 쇠고기는 키친타월로 감싸 핏물을 제거한 후 0.5cm 크기로 다진다.

2 사과는 강판에 간다. 볼에 카레가루, 우유를 넣어 푼다.
* 카레에 우유를 넣으면 부드럽고 풍미가 더 좋다.

3 달군 냄비에 포도씨유를 두르고 쇠고기와 채소를 넣어 센 불에서 1분 30초간 볶는다.

4 물, 사과를 넣고 채소가 익을 때까지 중간 불에서 3분 30초간 끓인다.

5 ②의 카레를 넣고 중간 불에서 끓인다.

6 끓어오르면 2분 30초간 저어가며 끓인다.

Tip

고기와 채소는 기름에 볶지 않고 물을 넣고 끓여서 조리해도 좋아요.
고기와 채소는 기름에 볶는 것이 더 맛있지만 기름 사용을 줄이려면 재료를 볶지 말고 물에 넣어 끓인 후 카레를 만드세요.

카레에 전분기가 없으면 녹말물을 더 넣어요.
녹말물(감자전분 1/2작은술 + 물 1작은술)을 과정 ⑥에 넣어 농도를 조절하세요.

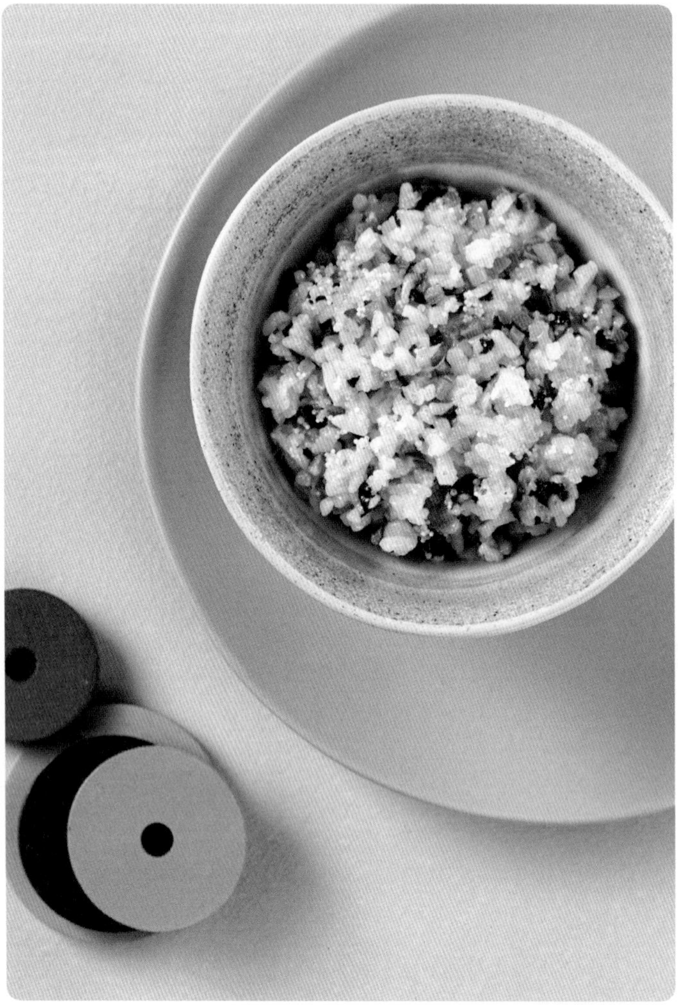

날치알밥

날치알은 단백질과 무기질이 풍부해서 아기들의 성장 발달에 좋아요. 그리고 톡톡 씹히는 맛이 먹는 즐거움을 주지요.
날치알을 구입하실 때는 인공 식품첨가물과 색소를 넣지 않은 날치알로 구입하세요.

15~25분
약 2회분

- 진 밥 60g(5큰술)
- 냉동 날치알 1작은술(7g)
- 양파 5g(약 3.5×6cm)
- 당근 5g(사방 약 1.5cm)
- 애호박 5g(지름 약 4cm, 두께 약 0.5cm)
- 김가루 약간(생략 가능)
- 포도씨유 약간

1 양파, 당근, 애호박은 사방 0.5cm 크기로 다진다. 볼에 날치알, 잠길 만큼의 물에 담아 해동한 후 고운 체에 밭쳐 물기를 뺀다.

2 달군 팬에 포도씨유를 두르고 양파, 당근, 애호박을 넣어 중약 불에서 5분간 볶는다.

3 진 밥과 날치알을 넣고 중간 불에서 1분간 볶은 후 김가루를 뿌려 버무린다. * 김가루는 조미되지 않은 것을 사용한다.

쇠고기 밥전

어떤 날은 아기 밥 챙겨주기도 귀찮고, 아기가 이유식을 흘려 난장판이 된 주방을 치우는 것도 싫은 날이 있지요. 이럴 때 만들면 좋은 이유식이 바로 밥으로 만든 전이랍니다. 만들기도 간단하면서 뒤처리도 깔끔하게 할 수 있지요. 밥전 재료의 버섯은 집에 있는 채소로 대체해도 상관없으니 다양하게 응용하세요.

20~30분
약 20개분(약 2회분)

- 진 밥 60g(5큰술)
- 쇠고기 안심 50g
- 백만송이버섯(또는 다른 버섯, 채소) 5g
- 다진 파 1/2작은술
- 다진 마늘 1/3작은술
- 양조간장 약간
- 아가베시럽 약간
- 참기름 약간
- 포도씨유 약간

1 쇠고기는 키친타월로 감싸 핏물을 제거한다. 백만송이버섯과 쇠고기는 잘게 다진다.

2 볼에 포도씨유를 제외한 모든 재료를 넣고 섞어 지름 3cm, 두께 1cm 크기로 동글납작하게 빚는다.

3 달군 팬에 포도씨유를 두르고 ②를 올려 약한 불에서 앞뒤로 3분간 노릇하게 굽는다. ※ 팬의 크기에 따라 나누어 구워도 좋다.

꼬마김밥

외출이나 나들이 갈 때 좋은 이유식이에요. 간단한 주먹밥도 좋지만 나들이 분위기에는 김밥이 딱 맞지요. 집에서 만든 김밥이 먹고 싶을 때 김밥을 싸면서 아기도 먹을 수 있게 작게 만들면 좋아요. 단무지는 짜기 때문에 꼭 물에 담가 짠맛을 뺀 후 넣으세요. 그래도 걱정된다면 단무지는 생략해도 돼요. 아기들은 김밥에 단무지가 없어도 잘 먹는답니다.

35~45분
8줄(3~4회분)

- 진 밥 100g(약 7과 1/2큰술)
- 김밥용 단무지 1/2줄(생략 가능)
- 달걀 1개
- 시금치 20g
- 당근 10g(사방 약 2cm)
- 다진 쇠고기 안심 30g (이유식용, 2큰술)
- 구운 김밥용 김 2장(A4 용지 크기)
- 포도씨유 약간
- 참기름 약간

1 단무지는 9cm 길이로 2등분한 후 가늘게 8등분한다. 물에 10분간 담가 짠맛을 뺀다. 볼에 달걀을 넣고 푼다.

2 시금치는 끓는 물(2컵)에 넣고 중간 불에서 1분간 데친다. 체에 밭쳐 물기를 빼고 꼭 짠 후 잘게 다진다. 당근은 0.2cm 두께로 가늘게 채 썬다.

3 달군 팬에 포도씨유 약간을 두르고 키친타월로 펴 바른 후 달걀을 붓고 중약 불에서 1분 30초, 뒤집어 30초간 구워 덜어둔다. * 반을 접어 두툼한 지단을 부쳐도 좋다.

4 달군 팬에 포도씨유 약간, 당근을 넣어 중간 불에서 2분간 볶아 덜어둔다. 팬을 다시 달궈 포도씨유 약간, 다진 쇠고기를 넣어 중간 불에서 1분 30초간 뭉치지 않도록 으깨가며 볶는다.

5 볼에 진 밥, 참기름을 넣고 섞는다. 달걀 지단은 9cm 길이로 가늘게 채 썰고, 김밥 김은 4등분한다.

6 도마에 김을 깔고 그 위에 밥 1/8 분량을 올려 김의 3/4지점까지 편다. 밥 위에 모든 재료를 나눠서 올리고 돌돌 만다. 같은 방법으로 7개 더 만든다. * 손에 물 약간을 묻히면 밥알이 붙지 않는다.

Tip

김밥용 김 1장을 4등분하면 아기가 먹기 좋은 크기가 돼요.
김밥용 김 1장을 4등분하면 아기용 꼬마김밥을 싸기 좋은 크기가 됩니다. 김밥을 썰 때는 칼에 참기름이나 물을 조금 묻히면 깔끔하게 썰 수 있어요.

단무지를 구입할 때는 인공 식품첨가물이 들어 있지 않은지 꼭 확인하세요.
시판 단무지에는 인공 식품첨가물이 많이 들어 있어요. 요즘은 식품첨가물 무첨가 단무지도 쉽게 구할 수 있으니 인공 식품첨가물이 들어있지 않은지 꼭 확인하고 구입하세요.

완료기

돼지고기 파인애플 볶음밥

돼지고기는 체내 중금속을 배출시키는 데 도움을 주고 소화가 잘 되며 영양이 풍부해서 아기들의 성장 발달에 좋아요. 돼지고기와 파인애플로 태국식 볶음밥을 만들어 보세요. 파인애플의 달콤한 맛이 천연 조미료 역할을 해서 밥 한 공기를 뚝딱 해치울거예요.

20~30분
약 2회분

- 진 밥 60g(5큰술)
- 돼지고기 안심 30g(사방 약 5cm)
- 양파 10g(약 6×7cm)
- 파인애플 10g(사방 약 2cm)
- 감자 10g(사방 약 2cm)
- 애호박 10g(지름 약 5cm, 두께 약 0.5cm)
- 당근 10g(사방 약 2cm)
- 다진 파 1작은술
- 포도씨유 약간
- 물 3큰술

1 양파, 파인애플, 감자, 애호박, 당근은 0.5cm 크기로 썬다.

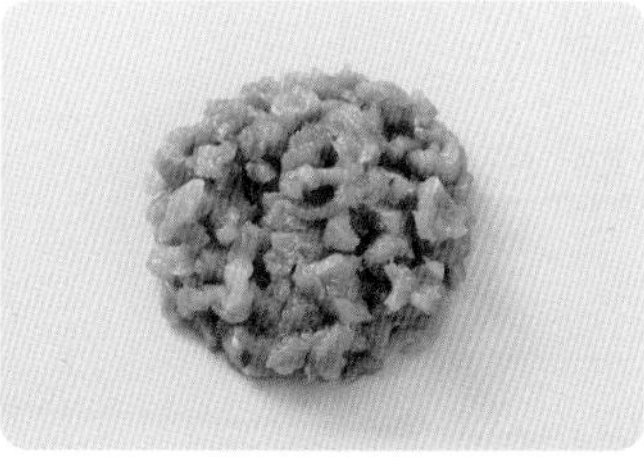

2 돼지고기는 키친타월로 감싸 핏물을 제거한 후 잘게 다진다.

3 달군 팬에 포도씨유를 두르고 양파, 다진 파를 넣고 약한 불에서 1분간 볶는다.

4 돼지고기, 파인애플, 감자, 애호박, 당근을 넣고 당근과 감자가 익을 때까지 약한 불에서 3분간 볶는다.

5 진 밥과 물을 넣고 물기가 없어질때까지 약한 불에서 2분간 볶는다.

Tip

돼지고기는 안심이나 우둔살(다짐육)을 사용하세요.
돼지고기를 사용할 때는 기름기가 적고 부드러운 안심이나 등심, 우둔살(다짐육)이 좋아요. 돼지고기 대신 쇠고기, 닭고기, 새우 등 다양한 재료를 응용해서 만드세요.

파인애플은 향이 많이 나는 것으로 고르세요.
달콤한 향이 나는 것은 물론 껍질이 노란색을 띠며 잎이 파란색인 것을 고르세요. 바닥이 위로 향하게 뒤집어 후숙합니다. 통조림 파인애플은 당 함량이 많으니 생 파인애플로 만드는 것이 좋답니다.

볶음밥을 만들 때는 물을 조금 넣으세요.
완료기 볶음밥을 만들 때 물을 조금 넣으면 밥이 물러져 아기들이 먹기 좋은 촉촉한 볶음밥이 됩니다.

{ 돼지고기 }

단백질과 칼슘이 풍부해 성장기 아기들의 발육과 건강에 도움을 주는 식재료입니다. 철분이 많이 들어있어 빈혈 예방에 좋아요. 고를 때는 살코기가 붉은 선홍색을 띠며 결이 곱고 윤기와 탄력이 있는 것을 고르세요. 스트레스를 받은 돼지고기는 고기 색이 연하고 탄성이 적으며 물렁거려요.

새우 무른 볶음밥

새우는 고단백 식품으로 칼슘이 풍부하고 각종 비타민과 무기질이 다량 함유되어 있어 아기들의 성장 발달에 좋아요. 게다가 맛까지 좋으니 새우를 넣어서 이유식을 만들면 아기가 잘 먹는답니다. 새우가 들어간 이유식은 따로 간을 하지 않아도 감칠맛이 풍부해서 아기들이 더 좋아하는 것 같아요.

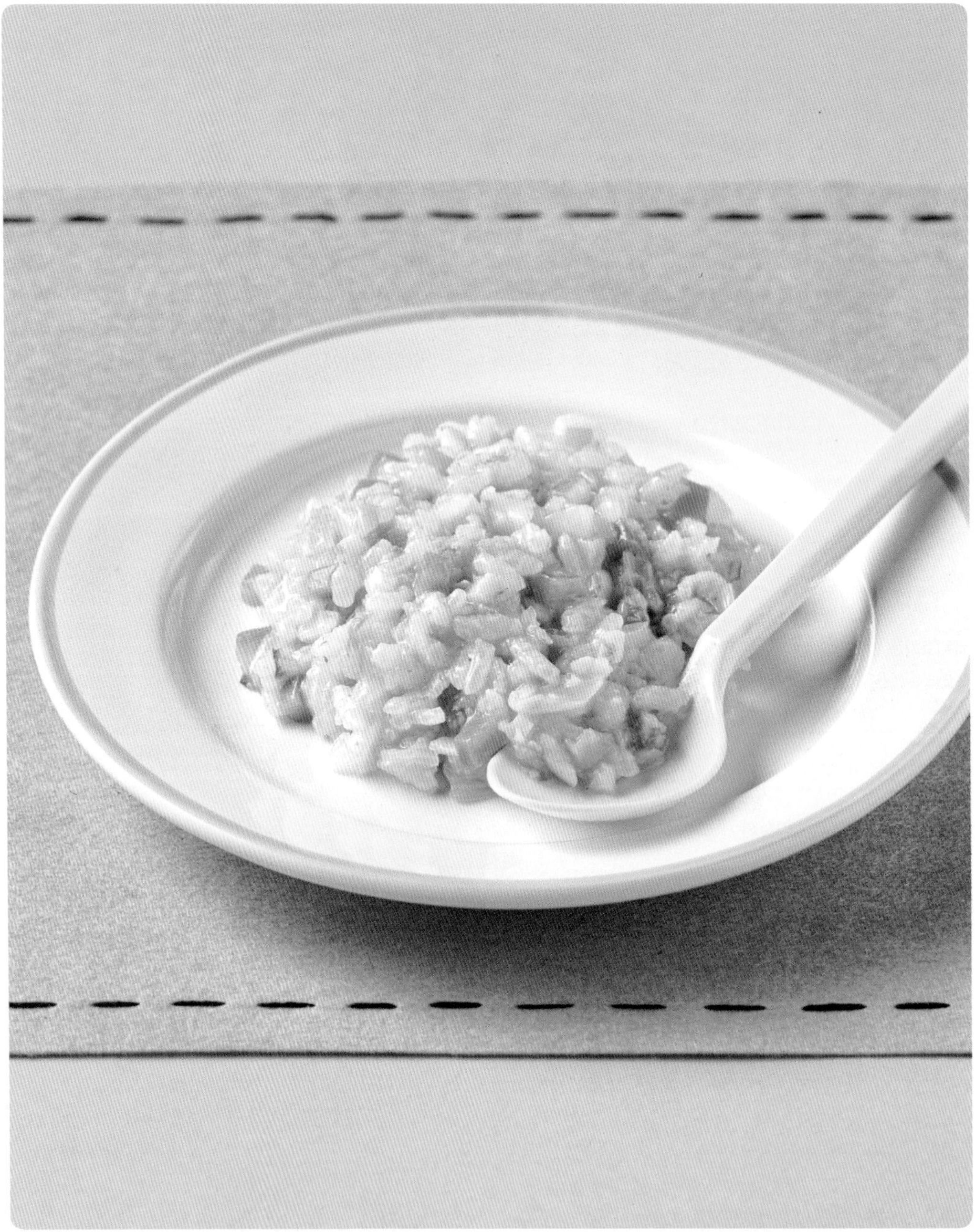

25~35분

약 2회분

- 쌀 30g(2큰술, 또는 불린 쌀 38g)
  ※ 쌀은 미리 20분 이상 불린다.
- 새우 2마리(중하, 또는 냉동 생새우살 4마리, 약 40g)
- 콜리플라워 10g(사방 약 4cm)
- 양파 15g(약 5×6cm 2장)
- 배추 10g
- 당근 15g(사방 약 2.5cm)
- 수제 버터 3g(또는 포도씨유, 1/3큰술)
  ※ 수제 버터 만들기 41쪽
- 육수 1/2컵(100㎖) + 1컵(200㎖)
  ※ 육수 만들기 38쪽

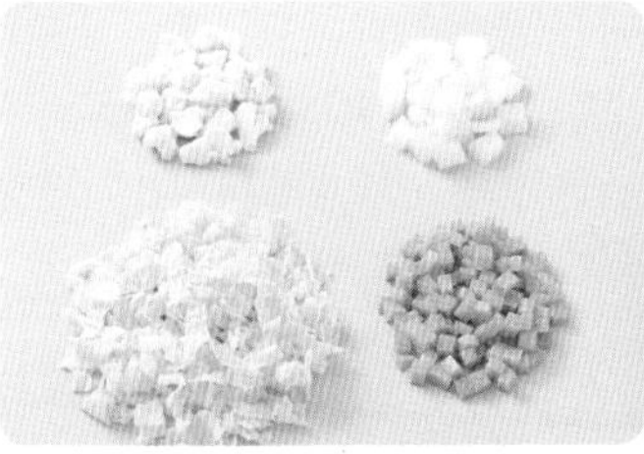

1 콜리플라워, 양파, 배추, 당근은 0.7cm 크기로 썬다.

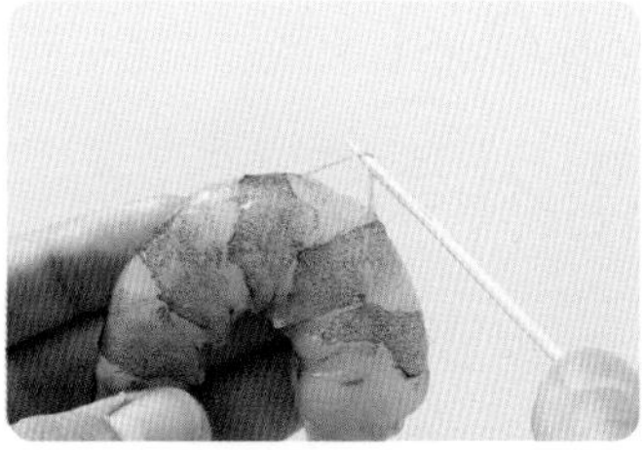

2 새우는 머리와 껍질을 제거하고 등쪽 두 번째와 세 번째 마디 사이에 이쑤시개를 넣어 내장을 제거한다.

3 김이 오른 찜기(또는 찜통)에 새우를 넣고 뚜껑을 덮고 중간 불에서 5분간 찐 후 잘게 다진다. ※ 끓는 물(3컵)에 넣어 2분간 데쳐도 좋다.

4 달군 팬에 수제 버터와 새우, 모든 채소를 넣어 중간 불에서 2분간 볶는다.

5 팬에 불린 쌀, 육수 1/2컵을 넣고 센 불에서 끓어오르면 약한 불로 줄여 쌀이 불투명하게 익을 때까지 저어가며 6분 30초간 볶는다.

6 육수 1컵을 넣고 중간 불에서 끓어오르면 쌀이 무르게 익을 때까지 6분간 끓인다.

{ 새우 }

칼슘 함량이 많아 뼈를 튼튼하게 해주고 껍질의 키토산 성분은 면역력을 높여주지요. DHA 성분도 들어있어 두뇌 발달은 물론 기억력 향상에도 좋은 재료예요. 고를 때는 껍질에 윤기가 흐르고 단단한 것, 몸통은 투명하고 수염과 다리가 단단하게 서 있으며 목을 꺾었을 때 잘 꺾이지 않고 속 살이 보이지 않는 신선한 것을 고르세요.

완료기

새우전 핑거푸드

새우로 만든 전은 고소하고 달콤한 맛이라 아기들이 좋아하지 않을 수 없지요. 손톱 만한 크기로 동글납작하게 빚으며 하나하나 굽다보면 인내심의 한계가 느껴지지만 아기가 잘 먹는 모습을 보면 그 피로가 다 사라진답니다.

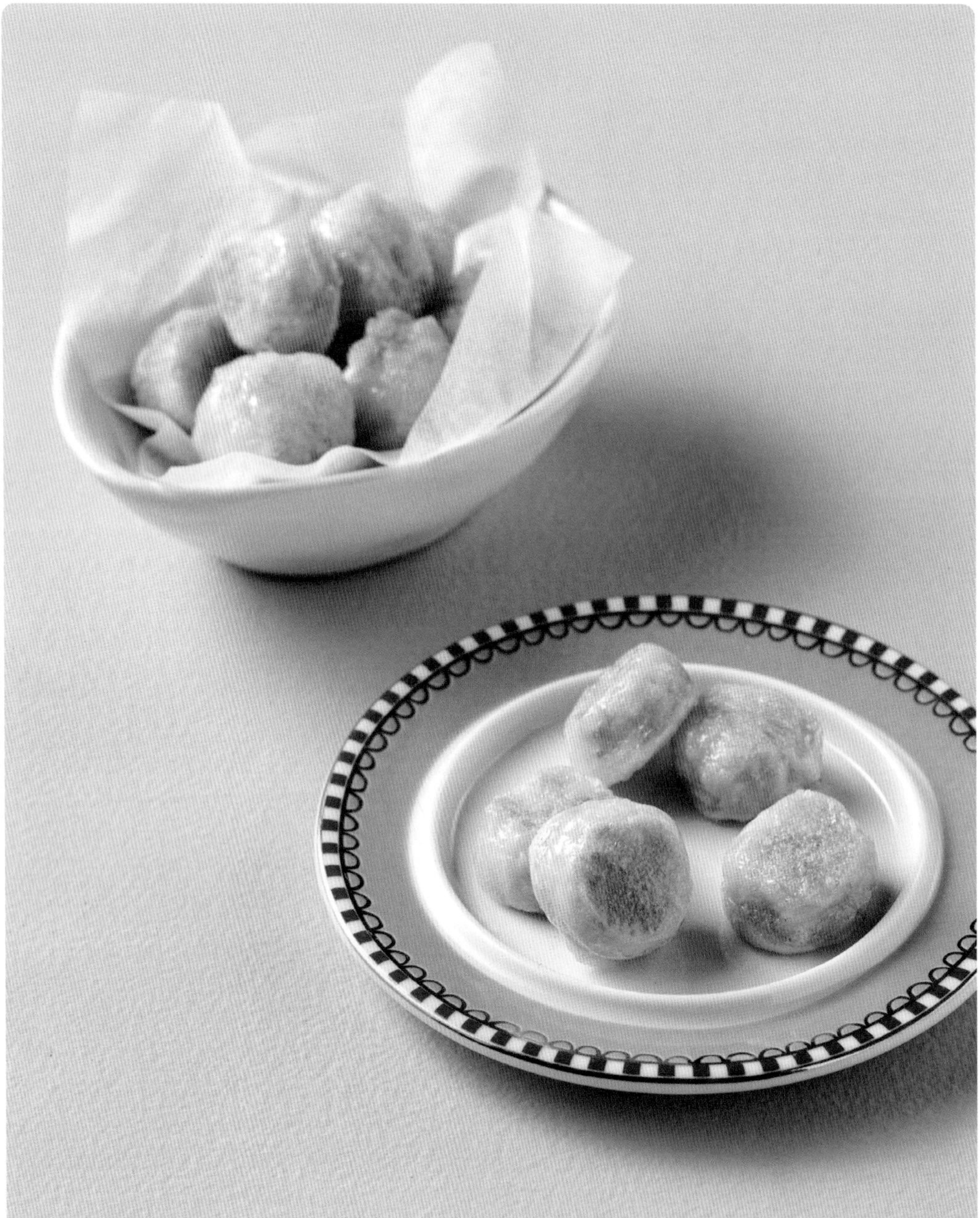

25~35분

약 20개분(2~3회분)

- 새우 7마리(중하, 또는 냉동 생새우살 12~14마리, 약 140g)
- 양파 15g(약 5×6cm 2장)
- 당근 10g(사방 약 2cm)
- 달걀노른자 2개분
- 밀가루 2큰술
- 포도씨유 약간

1 새우는 머리와 껍질을 제거하고 등쪽 두 번째와 세 번째 마디 사이에 이쑤시개를 넣어 내장을 제거한다. * 냉동 생새우살은 잠길 만큼의 물에 담가 해동한 후 사용한다.

2 양파와 당근은 0.2~0.3cm 크기로 다진다.

3 새우는 찰기가 생길 때까지 곱게 다진다. * 믹서(또는 푸드 프로세서)를 사용해도 좋다.

4 볼에 새우, 양파, 당근을 넣고 섞는다. 그릇에 밀가루를 넣고 그 위에 숟가락 2개를 이용해 사진과 같이 지름 2cm 크기로 반죽을 떼어 넣는다.

5 볼에 달걀노른자를 넣어 푼다. ④의 새우완자에 밀가루 → 달걀물 순으로 옷을 입힌다.

6 달군 팬에 포도씨유를 두르고 ⑤를 넣어 중약 불에서 3분간 뒤집어가며 노릇하게 굽는다. * 눌러보았을 때 단단하면 잘 익은 것이다.

Tip

④번 과정이 익숙하지 않다면 손으로 빚어도 돼요.

손에 물이나 포도씨유를 살짝 묻힌 후 2cm 크기로 동글납작하게 빚으세요. 또는 반죽을 넓게 펼쳐 구운 후 잘라가며 먹어도 돼요.

콩나물국

진 밥, 반찬과 함께 혹은 덮밥이나 볶음밥에 곁들여 먹이기 좋은 메뉴예요. 간은 약간의 소금이나 새우젓으로 하세요. 간을 하지 않아도 좋아요. 어른 입맛엔 심심해도 아기들은 잘 먹어요. 아기 때부터 저염식에 익숙해지도록 간을 약하게 하는 것이 건강에 좋습니다. 물 대신 다시마 물(만들기 39쪽)을 사용해도 돼요.

15~25분
완성량 200㎖(2~3회분)

- 콩나물 40g
- 다진 파 1/2작은술
- 새우젓 약간
- 물 1과 1/2컵(또는 다시마 물, 300㎖)

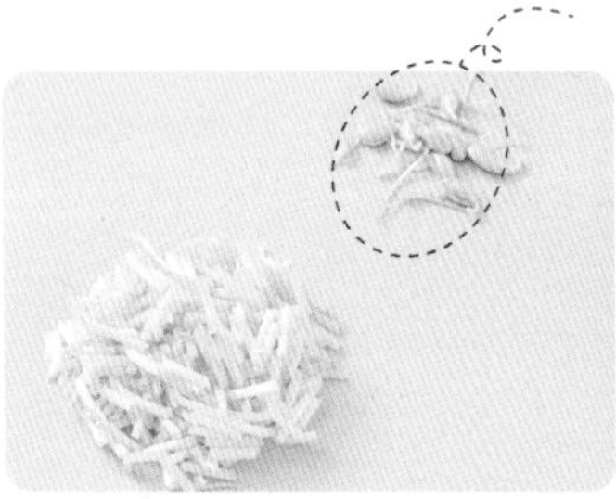

1 콩나물은 머리와 꼬리를 제거하고 1cm 길이로 썬다. 새우젓은 잘게 다진다.

2 냄비에 물, 콩나물을 넣고 센 불에서 끓어오르면 중간 불로 줄여 3분간 끓인다.

3 다진 파, 새우젓을 넣고 3분간 더 끓인다.

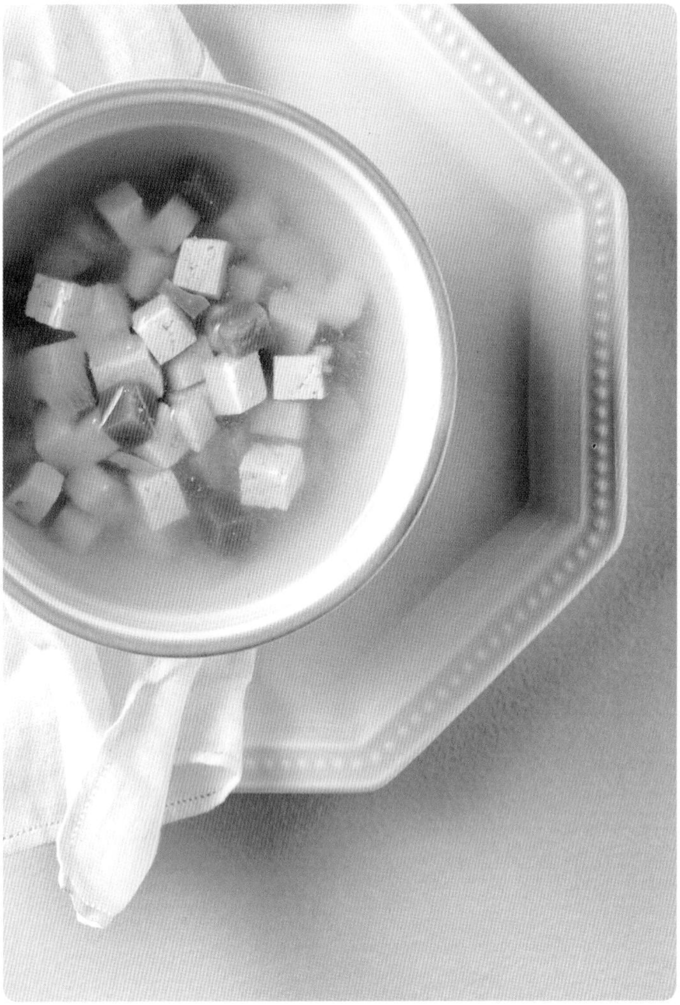

된장국

완료기 이유식부터 밥, 국, 반찬으로 된 이유식을 먹이기 시작해요. 어른 밥상처럼 차리게 되는거죠. 완료기 이후에도 한동안 계속 죽을 먹는 아기들도 있는데, 서서히 고형식 먹는 연습을 시키세요. 하지만 어른 음식처럼 짠 음식은 금물입니다. 어른 국을 끓이면서 간을 하기 전에 아기용 국으로 미리 덜어두면 편해요.

20~30분
완성량 200㎖(약 2회분)

- 두부 작은 팩 1/6모(약 40g)
- 양파 10g(약 6×7cm)
- 당근 10g(사방 약 2cm)
- 감자 20g(약 1/10개)
- 된장 1/3작은술(염도에 따라 가감)
- 다시마 물 2컵(400㎖)
  ※ 다시마 물 만들기 39쪽

1 양파, 당근, 감자, 두부는 사방 0.7~1cm 크기로 썬다.

2 냄비에 다시마 물, 양파, 당근, 감자를 넣는다. 체에 된장을 올린 후 숟가락으로 눌러가며 푼다.

3 센 불에서 끓어오르면 중간 불로 줄여 두부를 넣고 재료가 완전히 익을 때까지 10분간 끓인다.

오이냉국

입맛 없을 때 먹기 제격인 국이에요. 수분 보충과 갈증 해소에도 좋답니다. 식초는 한 방울 넣지만 아기가 먹는 식초는 합성첨가물이 들어 있지 않는, 자연 발효된 천연 양조식초를 사용하세요.

25~35분(+ 식히기 30분)
완성량 250㎖(약 2회분)

- 불린 미역 10g(말린 미역 2g)
  ※ 미역은 미리 10분 이상 불린다.
- 오이 15g(지름 약 3.5cm, 두께 2.5cm)
- 식초 한 방울
- 통깨 1/4작은술

국물
- 두절 건새우 7마리(약 15g)
- 다시마 5×5cm
- 물 1과 1/2컵(300㎖)

1 냄비에 국물 재료를 넣고 센 불에서 끓어오르면 3분, 다시마를 건지고 중약 불로 줄여 10분간 끓인 후 모두 건진다. 국물은 볼에 담아 한 김 식힌 후 냉장실에 넣고 30분 이상 두어 차게 식힌다.

2 불린 미역은 줄기를 제거한 후 끓는 물(2컵)에 넣어 중약 불에서 3분간 데친다. 오이는 껍질과 씨를 제거한 후 데친 미역과 함께 0.6cm 크기로 다진다.

3 ①의 국물이 차게 식으면 그릇에 미역, 오이, 식초를 넣고 통깨를 뿌린다.

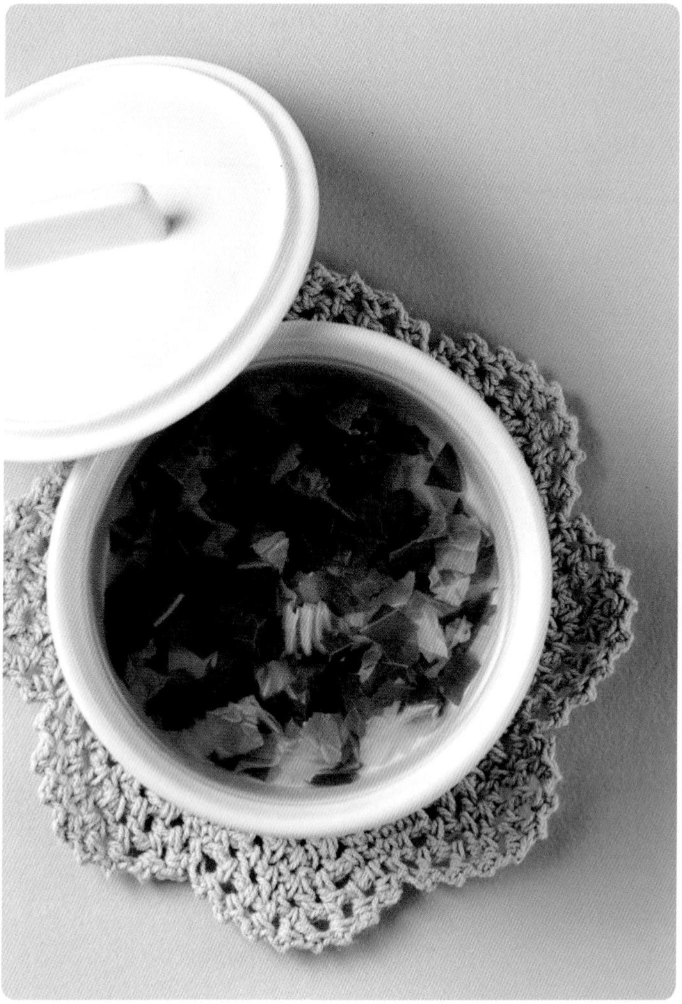

아욱 배춧국

아욱 배춧국은 어른과 아기가 함께 먹을 수 있어요. 아기용으로 간을 하지 않고 끓이다가 덜어둔 후 양념을 조금 추가하면 어른 식탁에도 올릴 수 있답니다. 밥과 국을 먹일 때, 국에 밥을 말아서 먹이지 마세요. 잘 씹지 않고 넘기게 되어 위에 부담이 가기 때문에 밥은 국을 살짝 적셔서 먹이거나 따로 먹이는 게 좋아요.

25~35분
완성량 200㎖(약 2회분)

- 아욱(잎 부분) 10g
- 배추 10g
- 다진 파 1/2작은술

국물

- 두절 건새우 7마리(약 15g)
- 다시마 5×5cm
- 물 1과 1/2컵(300㎖)

1 냄비에 국물 재료를 넣고 센 불에서 끓어오르면 3분, 다시마를 건지고 중약 불로 줄여 10분간 더 끓인 후 건새우를 건져낸다.

2 아욱과 배추는 0.7cm 크기로 썬다.

3 ①의 국물에 모든 재료를 넣고 센 불에서 끓어오르면 중간 불로 줄여 5분간 끓인다.

닭 시금칫국

된장국은 아기들이 항상 잘 먹는 국이에요. 된장은 재래식 된장을 사용하세요. 된장에 따라 염도가 다를 수 있으니 간을 보고 양을 가감하세요. 미소 된장은 식품첨가물 여부를 꼼꼼히 확인하고 구입하세요.

20~30분

완성량 200㎖(2~3회분)

- 닭안심 50g(약 2쪽)
- 시금치 20g
- 된장 1/3작은술(염도에 따라 가감)
- 육수 1과 3/4컵(또는 물, 350㎖)
  * 육수 만들기 38쪽

1 냄비에 육수를 붓고 센 불에서 끓어오르면 닭안심을 넣고 중간 불로 줄여 5분간 삶아 건진다. 불을 끄고 육수는 그대로 둔다.

2 시금치는 0.7cm 크기로 썬다. 삶은 닭안심은 한 김 식혀 0.5cm 크기로 다진다.

3 ①의 육수에 닭안심, 시금치를 넣는다. 체에 된장을 올려 숟가락으로 눌러가며 푼 후 센 불에서 끓어오르면 중간 불로 줄여 3~4분간 끓인다.

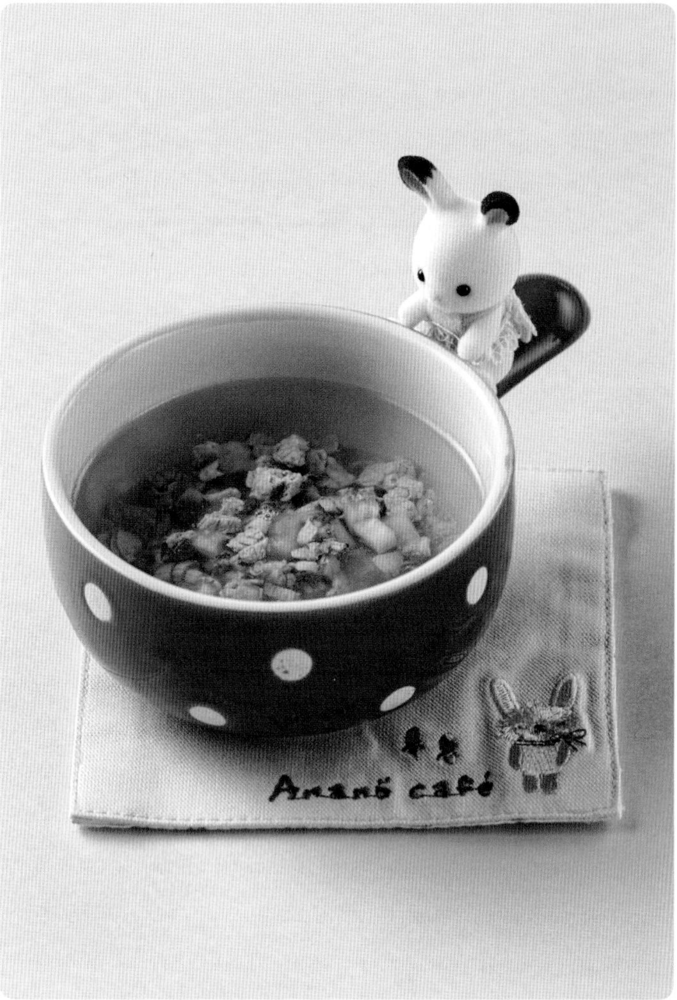

쇠고기 굴탕국

굴은 '바다의 우유'라고 불릴 정도로 몸에 좋은 음식이에요. 비타민, 칼슘, 단백질, 무기질이 많이 함유되어 있어서 성장 발달에 도움을 주고 면역력을 키워준답니다. 그리고 빈혈에 특히 좋은 재료이기도 해요. 굴은 9월부터 2월까지가 제철이에요. 살이 희고 통통하며 탄력이 있고 주위의 막이 검은색일수록 신선하고 맛있답니다.

20~30분
완성량 250㎖(2~3회분)

- 쇠고기 안심 20g(약 4×4×1cm)
- 굴 30g(4~5개)
- 무 5g(사방 약 1.5cm)
- 다진 파 1/2작은술
- 다시마 물 1과 3/4컵(350㎖)
  ＊ 다시마 물 만들기 39쪽

1 쇠고기는 키친타월로 감싸 핏물을 제거한다. 굴을 체에 밭쳐 소금물에 흔들어 씻는다. 무, 쇠고기, 굴은 사방 0.5cm 크기로 다진다.

2 냄비에 다시마 물을 붓고 센 불에서 끓어오르면 쇠고기와 무를 넣는다. 중약 불로 줄여 무가 투명해질 때까지 7분간 끓인 후 굴, 다진 파를 넣는다.

3 국물이 끓어오르면 중약 불로 줄여 2분간 끓인다.

굴 넣은 알탕

어느날 아이가 저에게 물었어요. "엄마는 날 낳은 거 후회한 적 없어?" '엄마는 네가 밤새 잠을 안자서 하루에 3시간이라도 푹 자는 것이 소원이었을 때도, 뜨거운 불앞에서 널 업고 흔들흔들 달래며 이유식을 만들 때도, 요즘처럼 엄마 말 안들어서 너에게 화내는 그 순간에도 단 한 번도 너를 낳은 것을 후회해본 적은 없단다. 사랑해.'

35~45분

완성량 250㎖(2~3회분)

- 명란 · 굴 · 곤이 등 100g
- 무 15g(사방 약 2cm)
- 다진 파 1/2작은술
- 다진 마늘 1/3작은술
- 다진 새우젓 약간

국물

- 무 10g
- 두절 건새우 7마리(약 15g)
- 대파 5cm
- 다시마 5×5cm 2장
- 물 3컵(600㎖)

1 냄비에 국물 재료를 넣어 센 불에서 끓어오르면 3분, 다시마를 건지고 중약 불로 줄여 10분간 더 끓인 후 건새우, 대파, 무를 건진다. 불을 끄고 국물은 그대로 둔다.

2 명란, 굴, 곤이는 각각 체에 밭쳐 소금물에 살살 흔들어가며 씻는다.

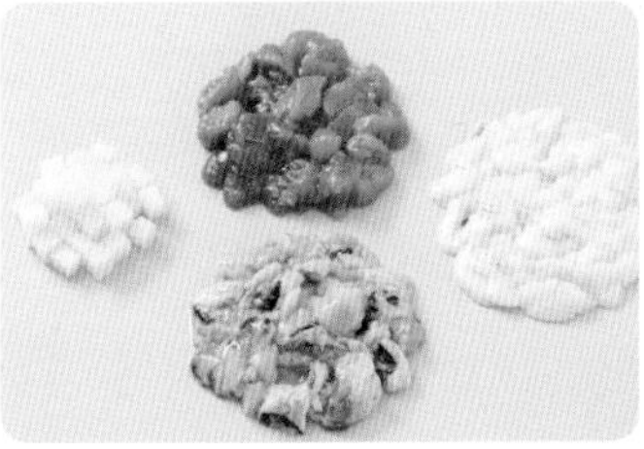

3 무는 사방 0.7cm 크기로, 명란, 굴, 곤이는 2cm 크기로 썬다.

4 ①의 국물에 무를 넣어 중약 불에서 7분, 명란, 굴, 곤이를 넣고 2분간 끓인다. * 명란은 육수가 끓을 때 넣어야 퍼지지 않는다.

5 다진 파와 다진 마늘을 넣고 5분간 더 끓인 후 다진 새우젓으로 간한다.

전복 미역국

전복 미역국은 산모들이 산후 조리할 때 먹어도 좋은 국이에요. 변비로 힘들어 하는 아기에게 먹여도 좋고 허약 체질 개선에도 좋은 고단백 보양 이유식입니다. 전복은 볶으면 부드러워지므로 크기가 조금 커도 아기가 부담 없이 먹을 수 있어요. 만약 아기가 먹기 힘들어하거나 아직 이가 몇 개 나지 않았다면 좀 더 작게 썰어 만드세요.

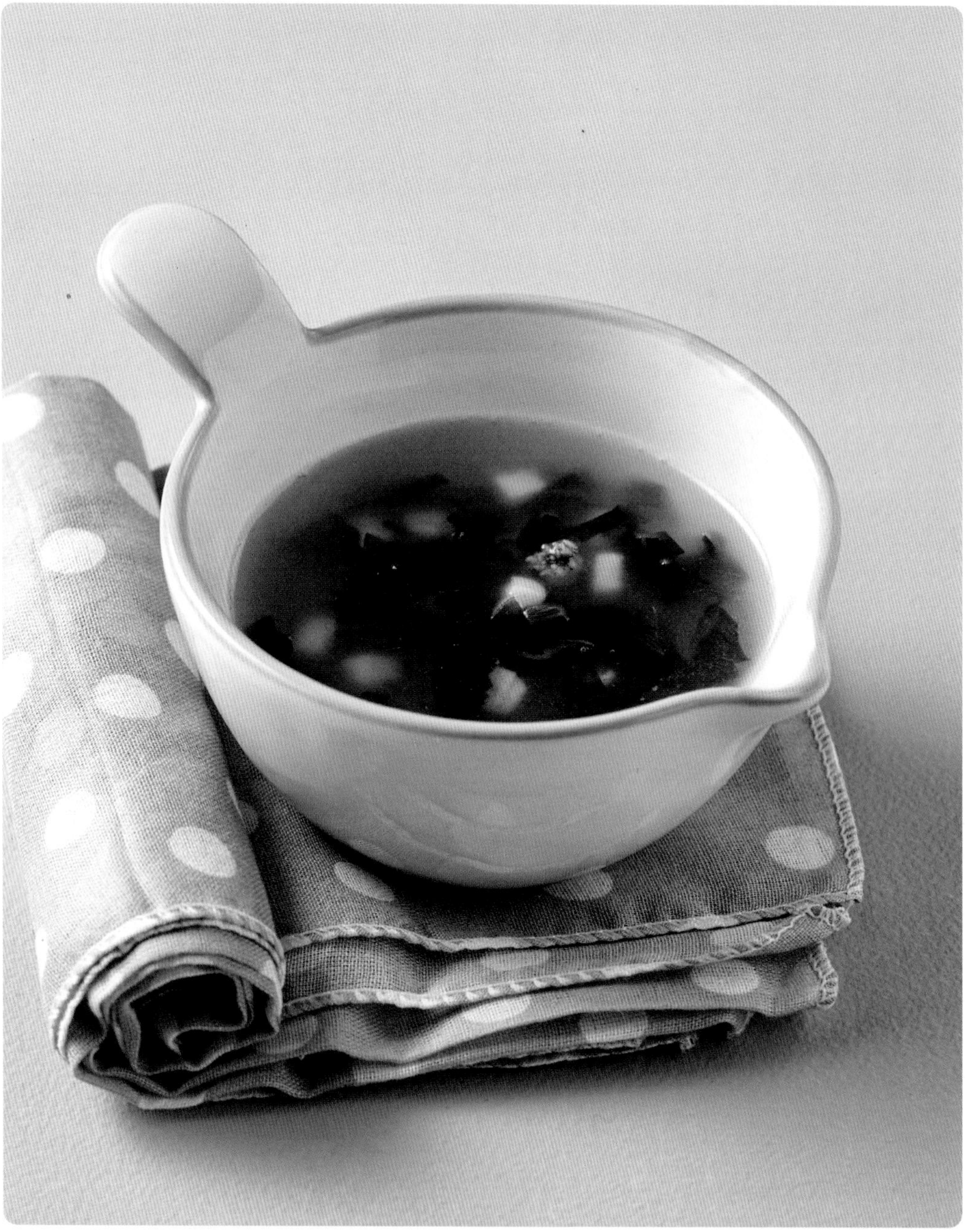

🕑 25~35분
완성량 250㎖(2~3회분)

- 전복 1마리(50g, 손질 후 30g)
- 불린 미역 10g(마른 미역 2g)
  * 미역은 미리 10분 이상 불린다.
- 참기름 약간
- 국간장 약간
- 물 1과 3/4컵(350㎖)

1 전복은 조리용 솔로 이물질을 닦는다. 살과 껍데기 사이에 숟가락을 넣어 분리한다.

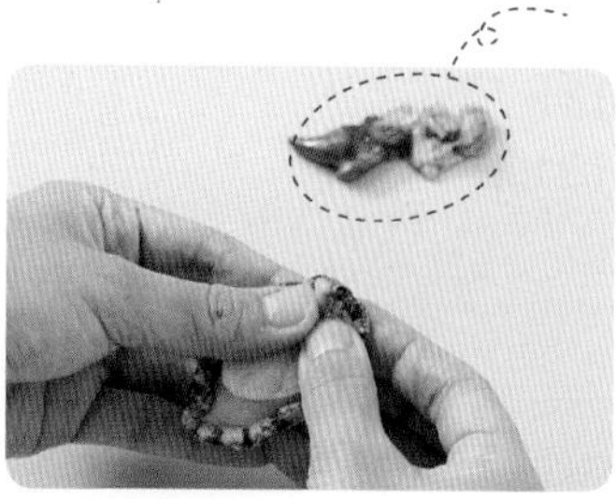

2 내장을 제거한 후 가위로 전복의 입 부분을 자른다. 잘라낸 부분을 손으로 꾹 눌러 이빨을 제거한다.

3 손질한 전복 살을 0.5cm 크기로 다진다.

4 미역은 줄기를 제거하고 잎 부분만 0.5cm 크기로 다진다.

5 달군 냄비에 참기름을 두르고 전복, 미역을 넣어 중약 불에서 1분간 볶는다. * 기름기가 보이지 않을 때까지 볶아야 참기름이 겉돌지 않는다.

6 물, 국간장을 넣고 센 불에서 끓어오르면 약한 불로 줄여 10분간 끓인다.

만둣국

한입에 쏙 들어가는 작은 크기로 만두를 빚어서 만둣국을 끓여주세요.
고기와 채소를 듬뿍 넣어 영양은 물론 먹는 재미도 쏠쏠하답니다.
하지만 정성들여 만들어야 하는, 손이 많이 가는 이유식이라서 한 번
만들 때 많이 만들어두는 것이 좋아요. 반죽 상태 그대로 혹은 찜통에
찐 후 냉동 보관해두면 두고두고 이유식이나 간식으로 먹이기 좋답니다.

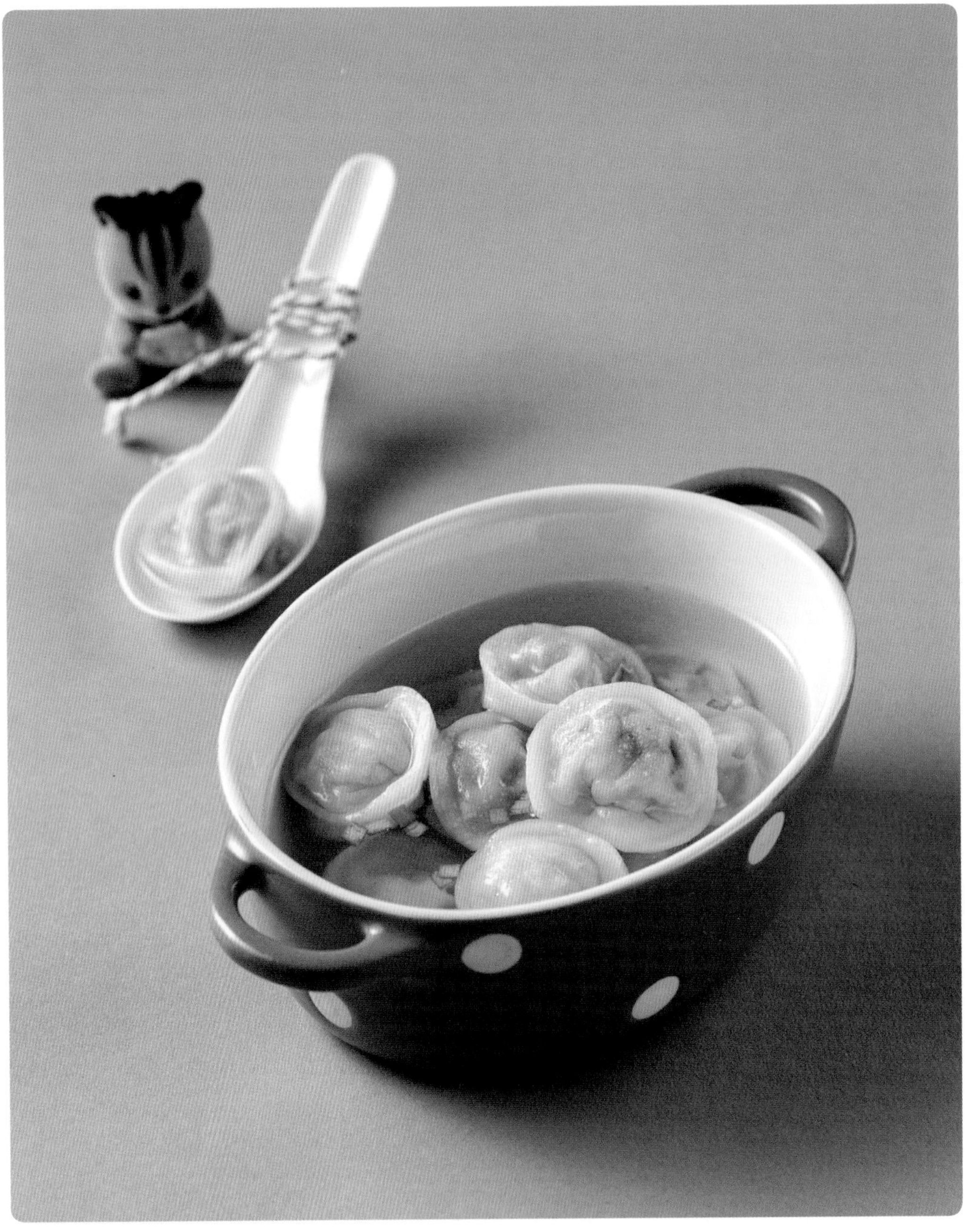

40~50분(+ 숙성하기 30분)

만두 약 60개(4~5회분)

국물(1회분)

- 육수 1과 1/2컵(300㎖)
- 다진 파 약간

만두피

- 밀가루 1컵(100g)
- 미지근한 물 2와 1/2큰술(80㎖)

만두소

- 다진 쇠고기 안심 50g (이유식용, 3과 1/3큰술)
- 다진 돼지고기 50g(3과 1/3큰술)
- 배추 15g
- 백만송이버섯 15g
- 대파 10g(2cm)
- 멸치가루 1작은술(생략 가능)
  ＊ 멸치가루 만들기 40쪽
- 양파즙 약간
- 참기름 약간

1 볼에 밀가루를 넣고 미지근한 물을 조금씩 부어가며 반죽한다. 반죽이 하나로 뭉쳐지면 위생팩에 넣어 상온에서 30분간 숙성시킨다.

2 배추, 백만송이버섯, 대파는 0.2~0.3cm 크기로 다진다.

3 볼에 만두소 재료를 모두 넣어 치댄다.

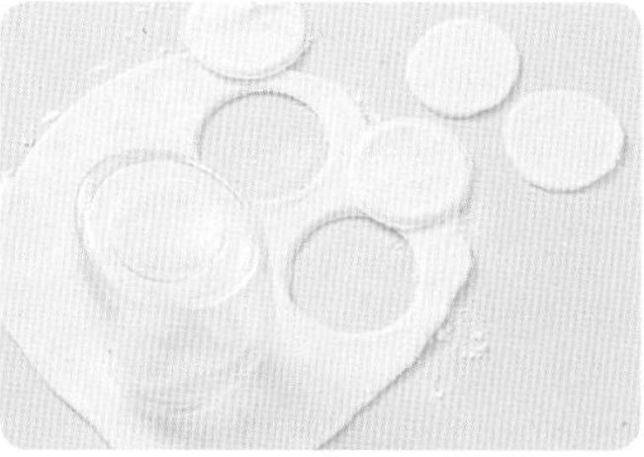

4 밀대로 ①의 반죽을 얇게 편 후 작은 크기(지름 약 4cm)의 만두피를 만든다.

5 만두피에 만두소를 올려 아기가 먹기 좋은 크기로 빚는다.
＊ 만두피 가장자리에 물을 약간 바르면 끝이 잘 붙는다.

6 김이 오른 찜기(또는 찜통)에 종이 포일을 깔고 만두를 올려 중간 불에서 뚜껑을 덮고 10분간 찐다. 먹을 만큼만 남겨두고 나머지는 냉동 보관한다(7일).

7 냄비에 육수를 붓고 센 불에서 끓어오르면 만두를 넣어 중간 불에서 2~3분간 끓인 후 다진 파를 넣는다.

Tip

유기농 우리밀 밀가루를 사용하세요.
밀가루를 살 때는 원산지를 확인하세요. 만두피를 반죽할 때 윤기가 돌면서 매끈해지면 랩이나 젖은 행주로 그릇을 덮어서 휴지시키면 됩니다. 위생팩에 반죽 재료를 넣어 뭉친 후 그대로 휴지시켜도 됩니다.

멸치가루는 직접 만드세요.
마른 멸치를 전자레인지에 넣어 돌리거나 마른 팬에 바삭하게 구워서 믹서에 넣고 갈아 만들 수 있어요(38쪽 참고). 소금 대신 멸치가루로 간할 수 있습니다.

완료기

미니 굴림 만두

만두피 빚는 게 귀찮을 때 아주 간단하게 만들 수 있는 만두랍니다. 겉에 묻힌 밀가루 옷이 익으면 물만두처럼 식감이 좋아요. 하지만 만두끼리 서로 잘 붙어서 밀가루 옷이 벗겨질 수 있으니 익힌 후 물, 또는 육수를 뿌려두거나 참기름을 살짝 바르세요.

35~45분

약 60개(2~3회분)

- 다진 쇠고기 안심 50g(이유식용, 3과 2/3큰술)
- 두부 작은 팩 1/4모(약 50g)
- 양파 10g(약 6×7cm)
- 부추 10g
- 밀가루 2/3컵(약 70g)
- 참기름 약간

1 두부는 면포에 싸서 물기를 꼭 짠 후 칼등으로 한 번 더 으깬다.

2 양파와 부추는 0.2~0.3cm 크기로 다진다.

3 볼에 다진 쇠고기, 두부, 양파, 부추, 참기름을 넣고 섞어 치댄다.

4 만두소를 지름 1cm 크기로 동그랗게 빚는다.

5 밀가루 → 물 → 밀가루 순으로 옷을 입힌다. 만두 데칠 물(3컵)을 끓인다.

6 ⑤의 끓는 물에 만두를 넣어 만두가 떠오를 때까지 중간 불에서 3분간 익혀 건져낸 후 넓은 접시에 펼쳐 식힌다.

Tip

만두소는 20분 이상 치대야 찰기가 생겨요.

만두소를 20분 이상 치대서 찰기가 생기게 해야 끓는 물에 익힐 때 풀어지지 않아요. 만두는 물이 팔팔 끓어오를 때 넣으세요.

김치 넣은 돼지고기 콩비지찌개

콩비지 한 봉지를 사면 찌개와 반찬을 함께 만들 수 있어요. 콩비지에는 칼슘과 식이섬유가 풍부해 성장 발육은 물론 변비에도 좋답니다. 김치에 익숙해지도록 김치를 활용해 이유식을 만들어 보세요. 김치는 깨끗이 씻고 물에 한참 담가둔 후 흐르는 물에 여러 번 씻어 짠맛과 매운맛을 최대한 제거하세요.

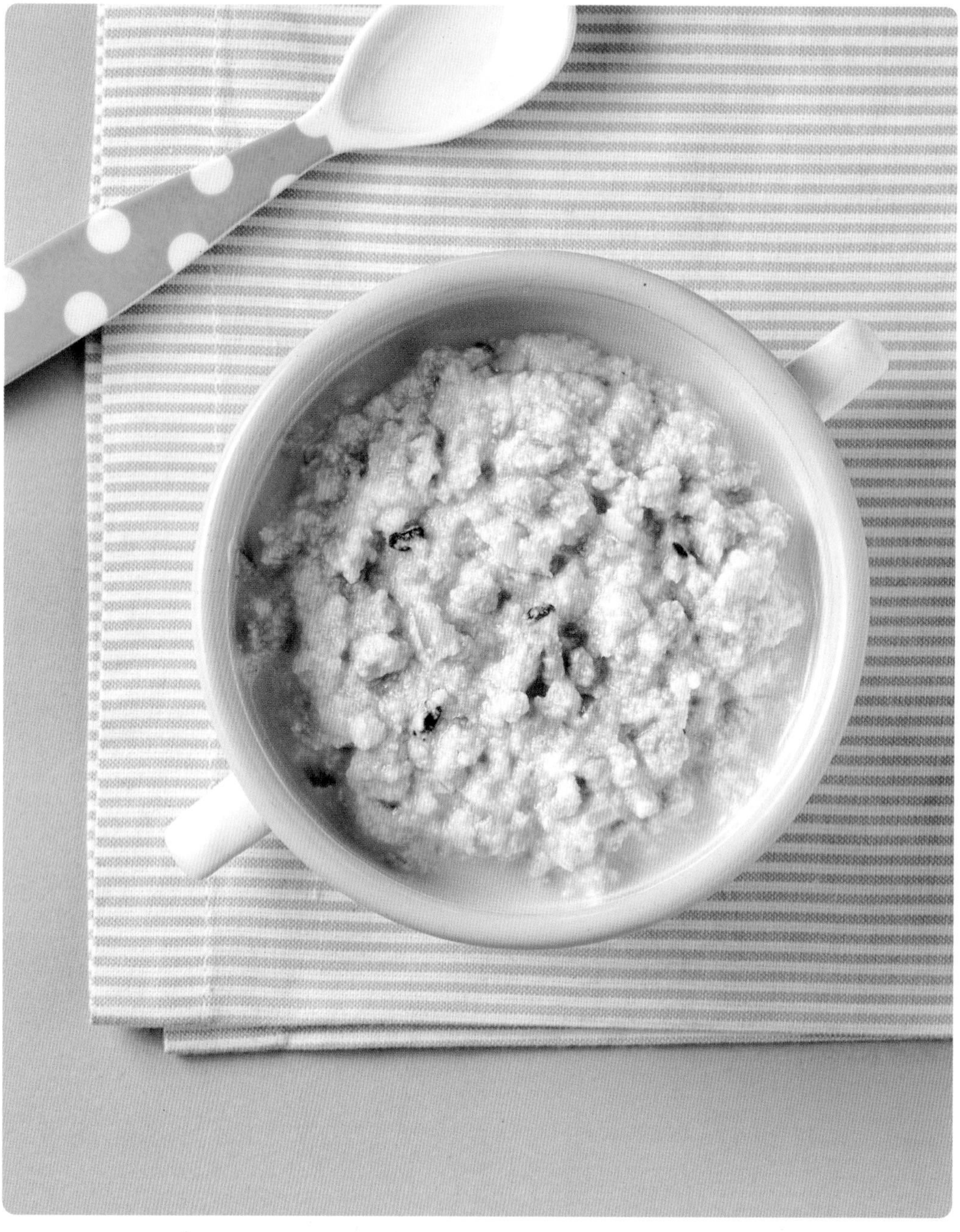

20~30분
2~3회분

- 콩비지 150g(약 3/4컵)
- 다진 돼지고기 50g(3과 1/3큰술)
- 배추김치 10g
- 양파 10g(약 6×7cm)
- 백만송이버섯(또는 다른 버섯) 10g
- 다진 파 1작은술
- 다진 마늘 1/3작은술
- 참기름 약간
- 다진 새우젓 약간(또는 소금, 생략 가능)
- 물 1/2컵(100㎖)

1 배추김치는 흐르는 물에 양념을 씻어낸 후 물에 10분간 담가 짠맛과 매운맛을 뺀다.

2 배추김치, 양파, 백만송이버섯은 0.5cm 크기로 다진다.

3 볼에 다진 돼지고기, 양파, 백만송이버섯, 다진 파, 다진 마늘을 넣고 섞는다.

4 냄비에 참기름을 두르고 배추김치, ③을 넣어 중간 불에서 고기가 다 익을 때까지 1분간 볶는다.

5 콩비지, 물을 넣고 센 불에서 끓어오르면 약한 불로 줄여 3분간 끓인다. ＊ 콩비지의 농도에 따라 물을 가감한다.

6 기호에 따라 다진 새우젓으로 간한다.

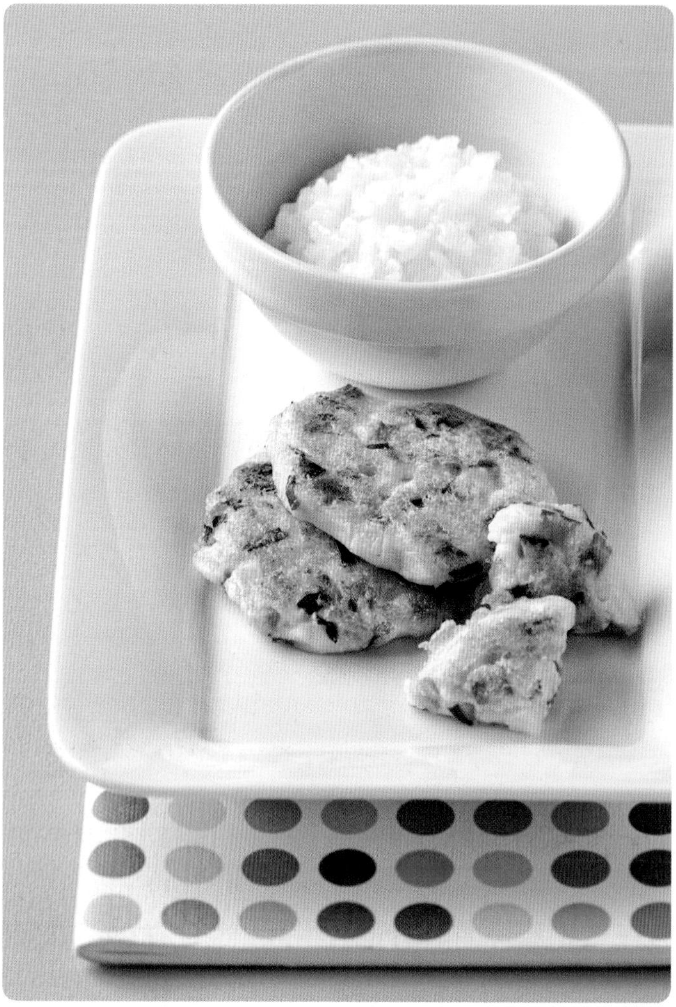

콩전

콩비지찌개와 함께 반찬으로 콩전을 만들어 보세요. 부담 없는 가격에 아기 반찬, 어른 반찬이 모두 해결된답니다. 냉장고에 남아있는 자투리 채소를 다양하게 활용해도 좋아요. 아기용 밀가루는 되도록 유기농 통밀가루를 사용하세요. 식감은 정제된 일반 밀가루에 비해 조금 거칠어도 더 건강하답니다.

15~25분

약 15개분(2~3회분)

- 콩비지 150g(3/4컵)
- 애호박 30g(지름 5cm, 두께 1.5cm)
- 당근 5g(사방 약 1.5cm)
- 양파 10g(약 6×7cm)
- 부추 10g
- 밀가루 3큰술
- 소금 약간
- 포도씨유 약간

1 애호박, 당근, 양파, 부추는 0.4~0.5cm 크기로 다진다.

2 볼에 콩비지, 밀가루를 넣어 뭉치지 않게 섞은 후 채소와 소금을 넣고 섞는다. * 콩비지의 농도에 따라 밀가루의 양을 가감한다.

3 달군 팬에 포도씨유를 두르고 반죽을 1/2큰술씩 떠서 2개의 숟가락을 이용해 사진처럼 동글납작하게 만든다. 중간 불에서 1분 30초, 뒤집어서 1분간 굽는다.

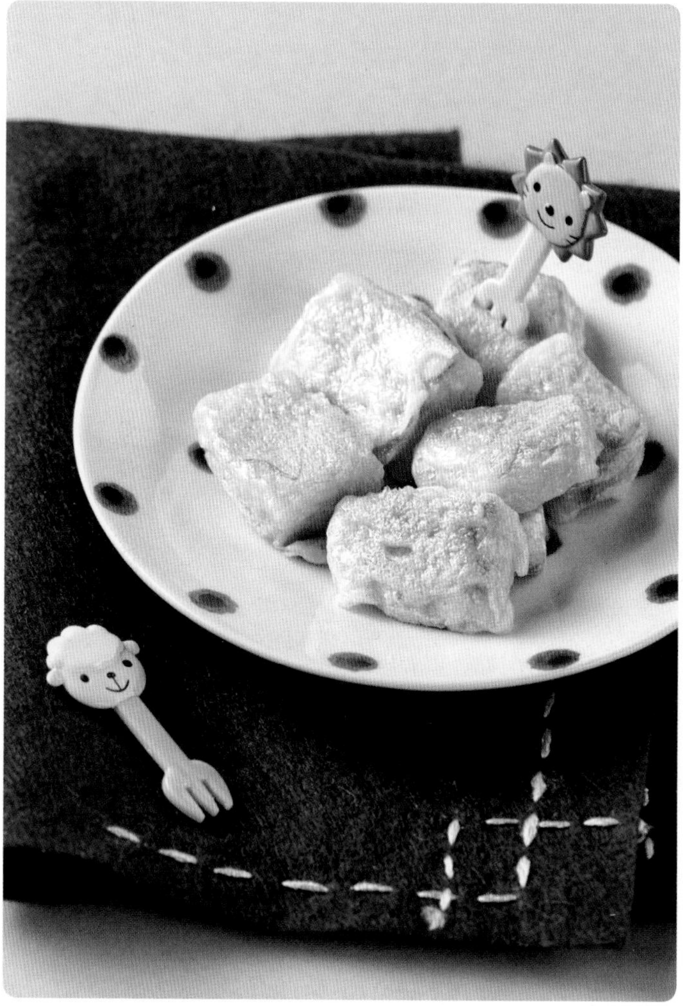

대구전

밥 한 그릇 뚝딱 해치우는 밥 도둑 반찬이에요. 아기용, 어른용으로 넉넉하게 만들어도 좋아요. 남은 전은 쿠킹 포일로 감싼 후 밀폐 용기에 넣어 냉동 보관하시면 바쁠 때, 시간이 없을 때, 간편하게 먹일 수 있어요. 크게 한 덩어리로 구워 잘라가며 먹여도 됩니다.
냉동 대구는 냉장실에서 자연 해동하거나 비닐 포장째 흐르는 물에 담가 해동한 후 사용하세요.

15~25분
약 9개분(약 2회분)

- 냉동 대구 살(또는 흰살 생선 살) 30g
- 달걀 1개
- 밀가루 2큰술
- 포도씨유 약간

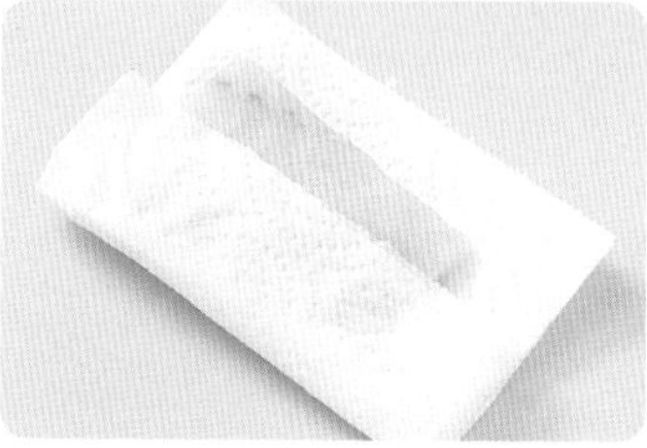

1 냉동 대구 살은 냉장실에 넣어 자연 해동한 후 흐르는 물에 씻는다. 키친타월로 감싸 물기를 완전히 없애고 2×2cm 크기로 썬다.

2 볼에 달걀을 넣어 곱게 푼다. 대구 살에 밀가루 → 달걀물 순으로 옷을 입힌다.

3 달군 팬에 포도씨유를 두르고 ②를 올려 중약 불에서 앞뒤로 각각 2분씩 노릇하게 굽는다.

맵지 않은 김치 오징어전

김치를 잘 먹는 아기를 보면 부럽기도 하고 한편으로는 아직은 맵고 짠 음식은 먹이고 싶지 않다는 생각이 들기도 했어요. 맵지 않은 김치 오징어전은 자극적이지 않으면서 깔끔해 맛있어요. 넉넉하게 만들어 냉동실에 보관했다가 급할 때 꺼내서 데워 먹이면 편하답니다.

20~30분
약 10개분(약 2회분)

- 배추김치 10g
- 손질된 오징어 30g
- 달걀 1개
- 포도씨유 약간

1 배추김치는 흐르는 물에 양념을 씻어낸 후 물에 10분간 담가 짠맛과 매운맛을 뺀다. 오징어는 껍질을 벗긴다.

2 배추김치, 오징어는 0.5cm~0.7cm 크기로 썬다. 볼에 포도씨유를 제외한 모든 재료를 넣어 섞는다.

3 달군 팬에 포도씨유를 두르고 ②의 반죽을 한 큰술씩 올려 지름 3cm 크기로 편 후 중약 불에서 2분, 뒤집어 1분간 노릇하게 굽는다.

{ 오징어 }

오징어는 고단백, 저지방 식품으로 아기와 엄마가 같이 먹으면 좋은 재료예요. 특히 DHA, EPA가 풍부해서 성장기 아기들의 두뇌 발달에 도움을 주지요. 잡은지 얼마 되지 않은 신선한 오징어는 통이 초콜릿 색을 띤답니다. 구입할 때 내장을 제거해달라고 하면 손질하기가 더 편해요.

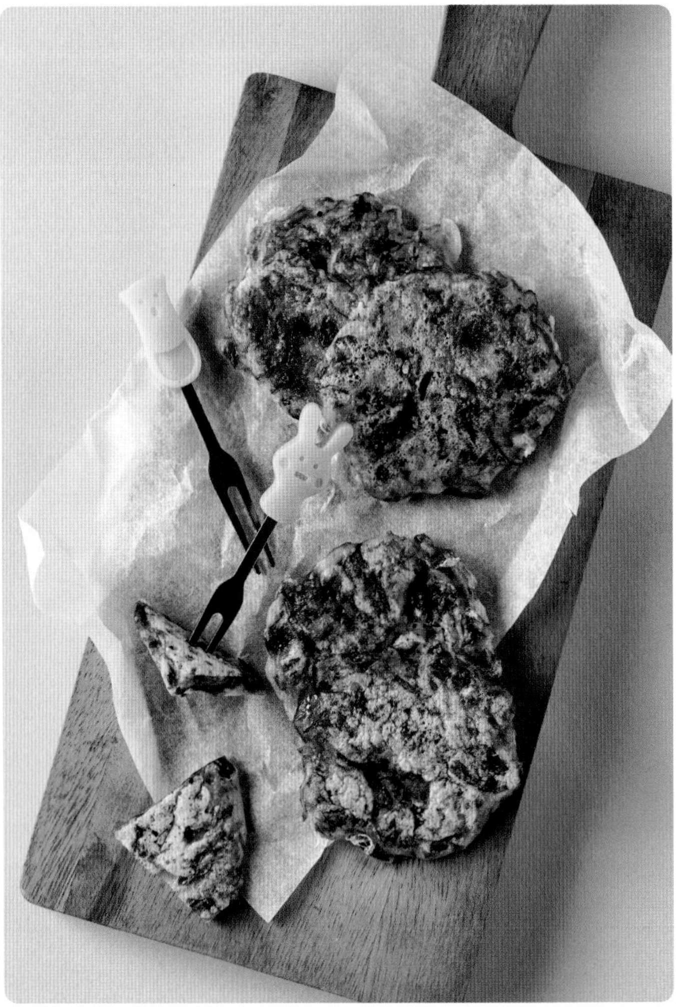

파래전

파래에는 칼슘, 칼륨 등의 무기질이 많이 들어 있어요. 파래를 고를 때는 색이 검고 윤기가 나며 특유의 향이 진한 것으로 고르세요. 물에 담가 짠맛을 제거한 후 전을 만들면 아기들이 잘 먹는답니다. 굴과 파래를 섞어서 전을 만들어도 좋아요. 파래는 무침, 볶음, 볶음밥 등으로 응용하세요.

20~30분

약 15개분(2~3회분)

- 파래 20g(2큰술)
- 밀가루 1/2컵(50g)
- 물 1/2컵(100㎖)
- 포도씨유 약간

1 볼에 파래가 잠길 만큼의 물을 붓고 체를 올린다. 체에 파래를 넣고 물에 담가 조물조물 주물러가며 짠맛을 뺀다. 물을 갈아가며 여러 번 씻어 잘게 다진다.

2 볼에 포도씨유를 제외한 모든 재료를 넣고 반죽한다.

3 달군 팬에 포도씨유를 두르고 반죽을 1큰술씩 올려 지름 3cm가 되도록 편 후 중간 불에서 2분 30초, 뒤집어 2분간 굽는다.

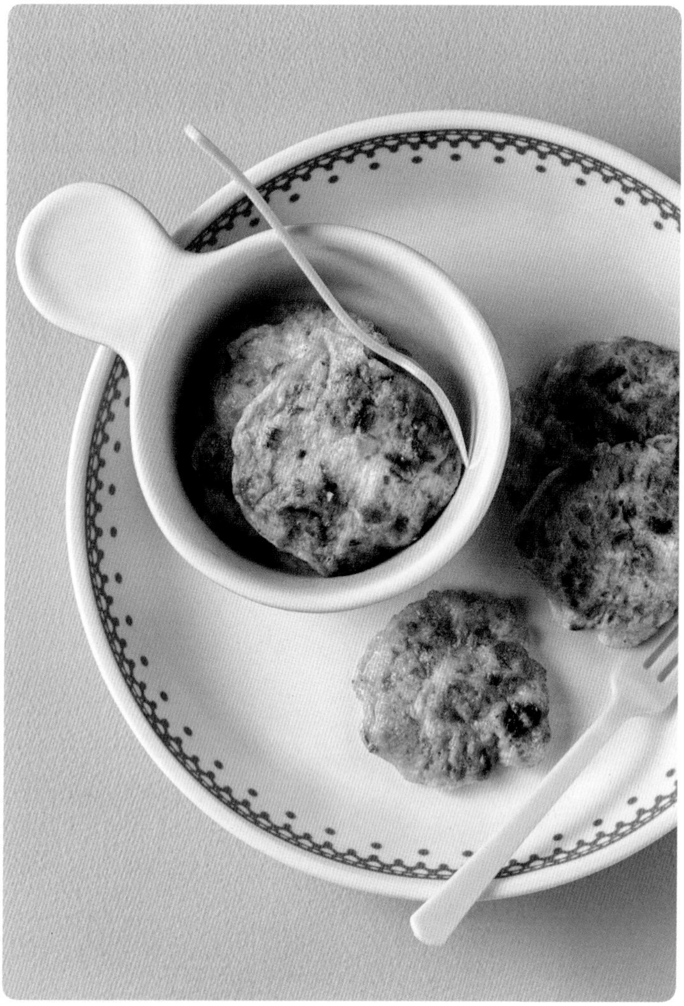

굴전

굴은 특유의 향 때문에 호불호가 있는 음식이에요. 굴에 밀가루, 달걀을 묻혀 전으로 구우면 향이 약해져 굴을 잘 못 먹는 사람도 먹기 좋습니다. 이유식용 굴전은 특히 신선한 굴을 골라야 하고 잘게 다진 후 구워, 먹기 편한 식감을 만들어 주세요. 아기 때 다양하게 먹여야 편식하지 않는다는 점! 꼭 기억하세요.

20~30분

약 10개분(약 2회분)

- 굴 100g(15~20개)
- 달걀 1개
- 쪽파 2줄기
- 포도씨유 약간

1 굴은 체에 밭쳐 잠길 만큼의 물이 담긴 볼에 넣고 살살 흔들어 씻은 후 물기를 뺀다. 쪽파는 송송 썰고, 굴은 2cm 크기로 썬다.

2 볼에 달걀을 넣어 푼 후 굴, 쪽파를 넣어 섞는다.

3 달군 팬에 포도씨유를 두르고 반죽 1큰술씩 올려 중간 불에서 2분 30초, 뒤집어 2분간 노릇하게 굽는다.

완료기

미니 동그랑땡

돼지고기와 쇠고기를 섞으면 더 맛있는 동그랑땡이 된답니다.

쇠고기만으로 동그랑땡을 만들면 자칫 퍽퍽할 수 있어요. 돼지고기를 섞어야 더 부드럽답니다. 동그랑땡에 들어가는 두부는 부드러운 식감을 더해주기도 하지만 많은 양의 고기를 넣기 부담스러우니 양을 늘리기 위해 넣는 이유도 있어요. 한꺼번에 많이 만들어 익히지 않은 채로 냉동실에 넣었다가 먹기 직전에 밀가루와 달걀물을 묻혀 구워 먹어도 돼요.

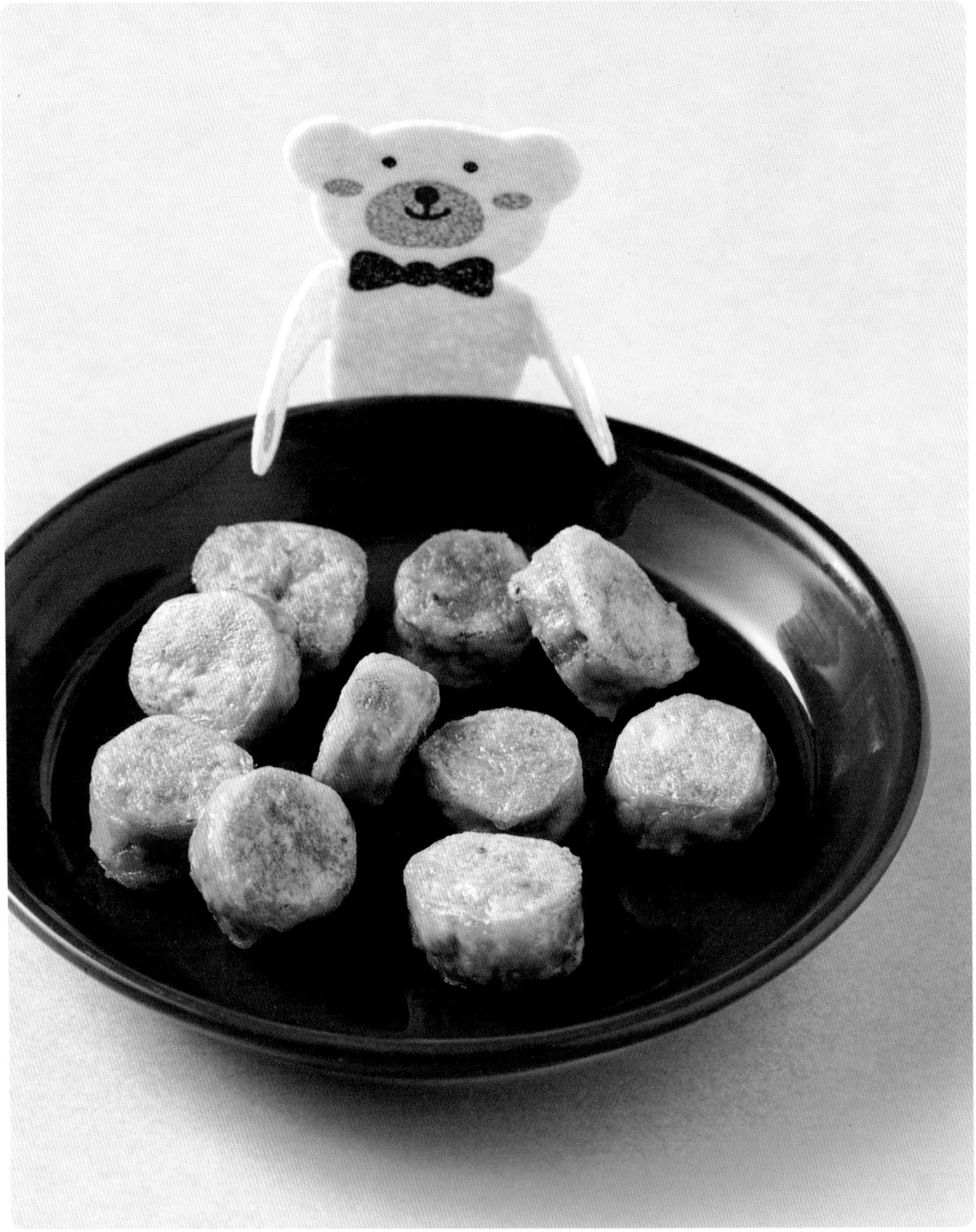

30~40분

약 45개분(약 4회분)

- 달걀 1개
- 밀가루 3큰술
- 포도씨유 약간

반죽

- 다진 돼지고기 30g(2큰술)
- 다진 쇠고기 30g(2큰술)
- 두부 30g(사방 약 3.5cm)
- 양파 5g(약 3.5×6cm)
- 당근 5g(사방 약 1.5cm)
- 다진 파 1작은술
- 소금 약간
- 참기름 약간

1 끓는 물(2컵)에 두부를 넣어 중간 불에서 1분간 데친 후 건져내 한 김 식힌다. 면포로 감싸 물기를 제거하면서 으깬다.

2 양파, 당근은 0.2~0.3cm 크기로 다진다. 볼에 달걀을 넣고 푼다.

3 볼에 반죽 재료를 넣고 섞은 후 찰기가 생기도록 5~10분간 치댄다.

4 반죽을 2cm 크기로 동글납작하게 빚는다. * 가운데 부분을 눌러야 익을 때 골고루 익는다.

5 ④의 반죽에 밀가루 → 달걀물 순으로 옷을 입힌다.

6 달군 팬에 포도씨유를 두르고 ⑤를 올려 중약 불에서 3~4분간 뒤집어가며 노릇하게 굽는다.

Tip

반죽은 많이 치대세요.

반죽은 많이 치대야 잘 뭉쳐지고 식감이 좋으며 팬에 구웠을 때 갈라지지 않아요.

속까지 잘 익게 구우려면?

구울 때는 팬을 달군 후 기름을 조금 넣고 기름이 달궈진 후 음식을 넣어 구워요. 그래야 속까지 맛있게 잘 익어요.

명란 달걀찜

명란 달걀찜은 빈혈에 좋은 고단백 이유식이에요. 아기용 명란 달걀찜은 저염 명란젓을 소량만 넣으세요. 어른용으로 만들 때는 달걀 2개에 명란젓 1개를 넣으면 됩니다. 발색제와 착색료 등 인공 식품첨가물이 들어 있지 않은 무첨가 명란젓은 온·오프라인의 친환경 숍에서 구입할 수 있어요.

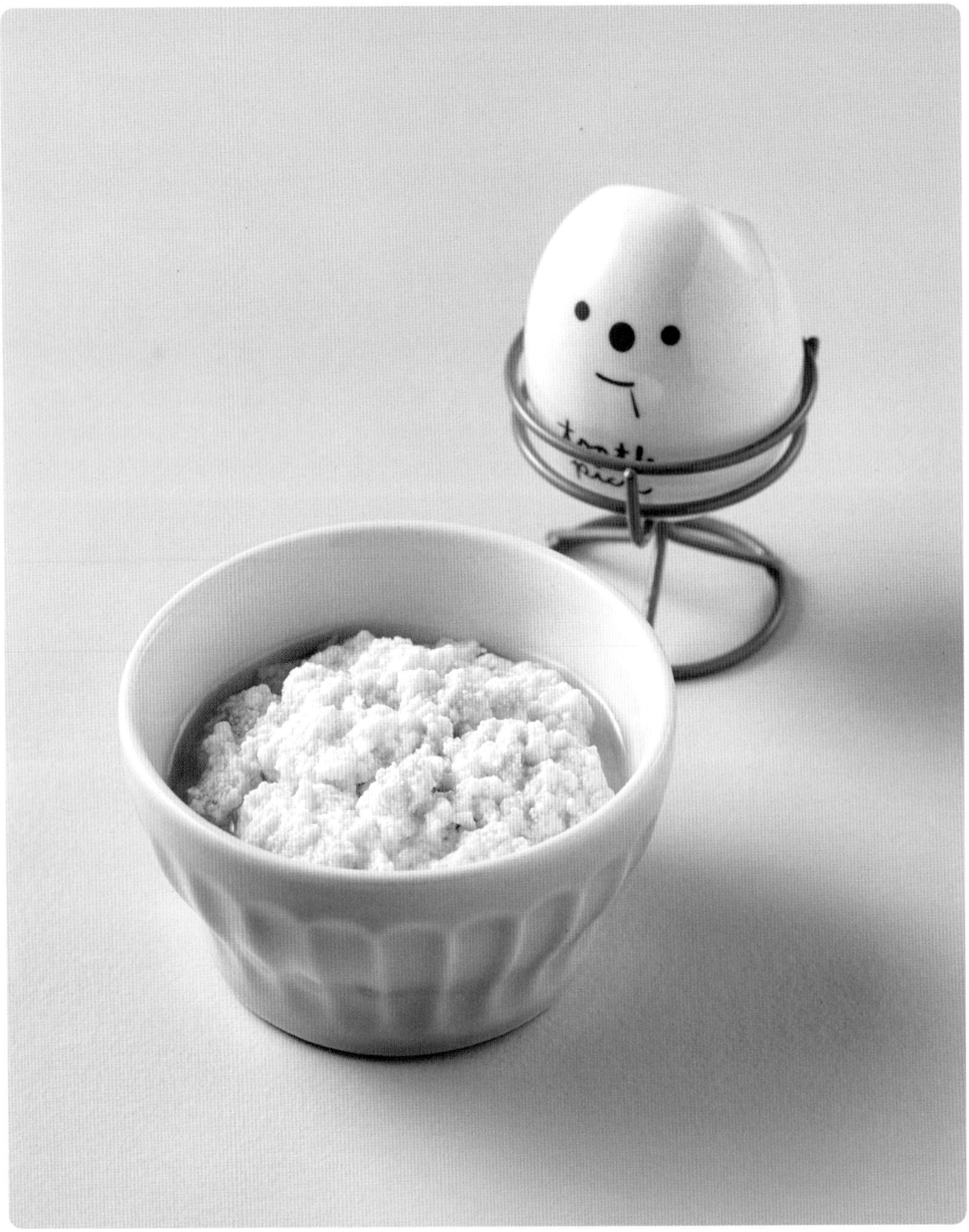

25~35분
2~3회분

- 명란젓 15g(1큰술)
- 달걀 2개
- 물 1과 1/4컵(250㎖)

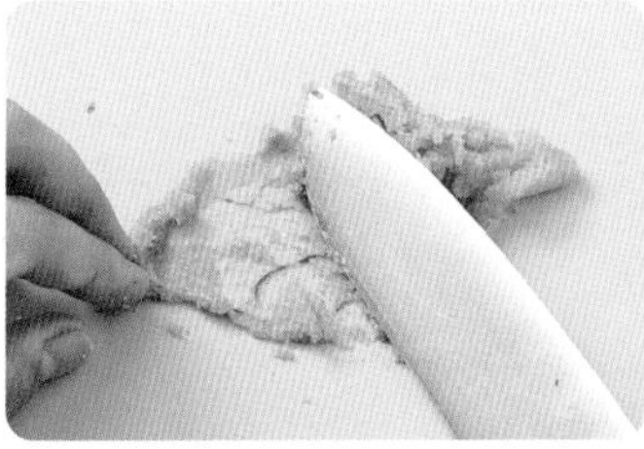

1 명란젓은 흐르는 물에 씻어 양념을 씻어낸 후 칼집을 내어 칼등으로 알만 꺼낸다. ＊ 냉동 명란은 흐르는 물에 씻어가며 껍질을 벗긴다.

2 볼에 달걀, 물을 넣어 푼 후 체에 내려 뚝배기에 넣는다.

3 명란을 넣어 섞은 후 중약 불에서 끓인다.

4 끓어오르면 숟가락으로 바닥까지 긁어 뒤섞어준다.

5 뚜껑을 덮고 약한 불로 줄여 2~3분간 끓인 후 불을 끄고 1~2분간 뜸을 들인다.

TIP

명란젓은 식품첨가물이 함유되어 있는지 확인하고 고르세요.
숙성이 잘 되어 알의 크기와 색이 균일하고 알 주머니가 얇은 것, 광택이 나는 것, 색소나 식품첨가물이 들어있지 않은 무첨가 명란젓을 고르세요.

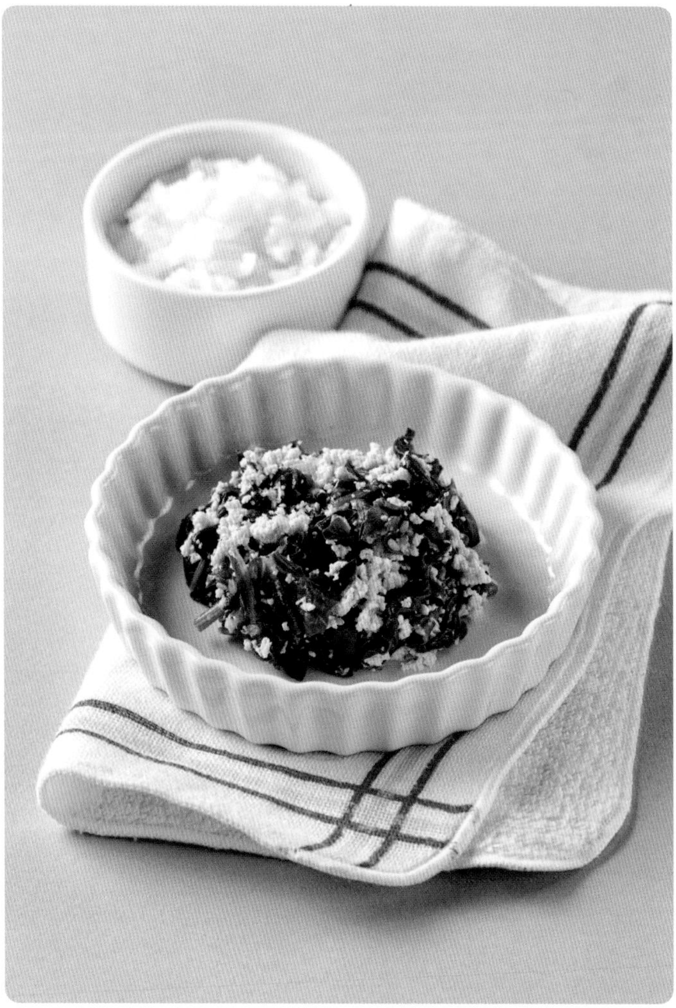

시금치 깨 두부무침

시금치 깨 두부무침은 빈혈에 좋은 이유식 반찬이에요. 비교적 만들기가 간단하답니다. 완료기에 들어서면 한 그릇에 영양을 담아 먹였던 중기, 후기 이유식에 비해 영양소를 골고루 섭취할 수 있도록 다양한 반찬을 먹여야해서 참 어려워요. 엄마의 손이 더 가고 신경써야 할 부분이 많아지지만 아기 반찬과 어른 반찬을 함께 만드는 방법도 있으니 여러 반찬에 도전해보세요.

25~35분
2~3회분

- 시금치 50g(1줌)
- 두부 작은 팩 1/4모(약 50g)
- 통깨 간 것약간
- 참기름 약간
- 소금 약간

1 끓는 물에 두부를 넣고 중간 불에서 1분간 데친 후 건져낸다. 물은 계속 끓인다. 시금치는 뿌리를 제거하고 흐르는 물에 씻는다.

2 ①의 끓는 물에 시금치를 넣고 무르게 1분 30초간 데쳐 체에 밭쳐 찬물에 헹군 후 물기를 꼭 짜고 2cm 길이로 썬다. 두부는 칼등으로 으깬다.

3 볼에 모든 재료를 넣고 무친다.

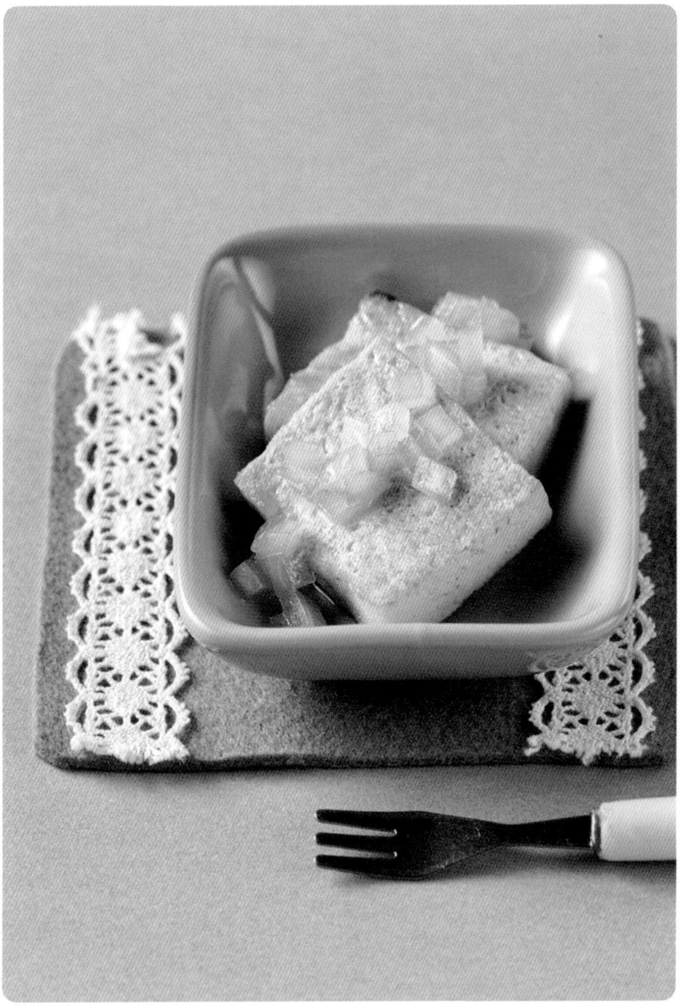

두부조림

두부는 만드는 과정과 가열 시간, 굳히는 방법에 따라 여러 종류의 두부가 만들어져요. 순두부는 두부를 만들기 직전 단백질이 응고된 상태이며, 두부를 만들고 남은 것이 바로 비지예요. 콩은 정말 버릴 것이 없는 재료랍니다.

15~25분

약 2회분

- 두부 작은 팩 1/4모(약 50g)
- 포도씨유 약간

양념장

- 양파 5g(약 3.5×6cm)
- 물 2큰술
- 양조간장 1/4작은술
- 아가베시럽 1/3작은술

1 두부는 4×3×1cm 크기로 납작하게 썬다. 양파는 0.5cm 크기로 다진다. 볼에 양념장 재료를 넣어 섞는다.

2 달군 팬에 포도씨유를 두른 후 두부를 올려 센 불에서 앞뒤로 각각 1분씩 노릇하게 굽는다.

3 ①의 양념장을 넣고 약한 불에서 2분간 조린다.

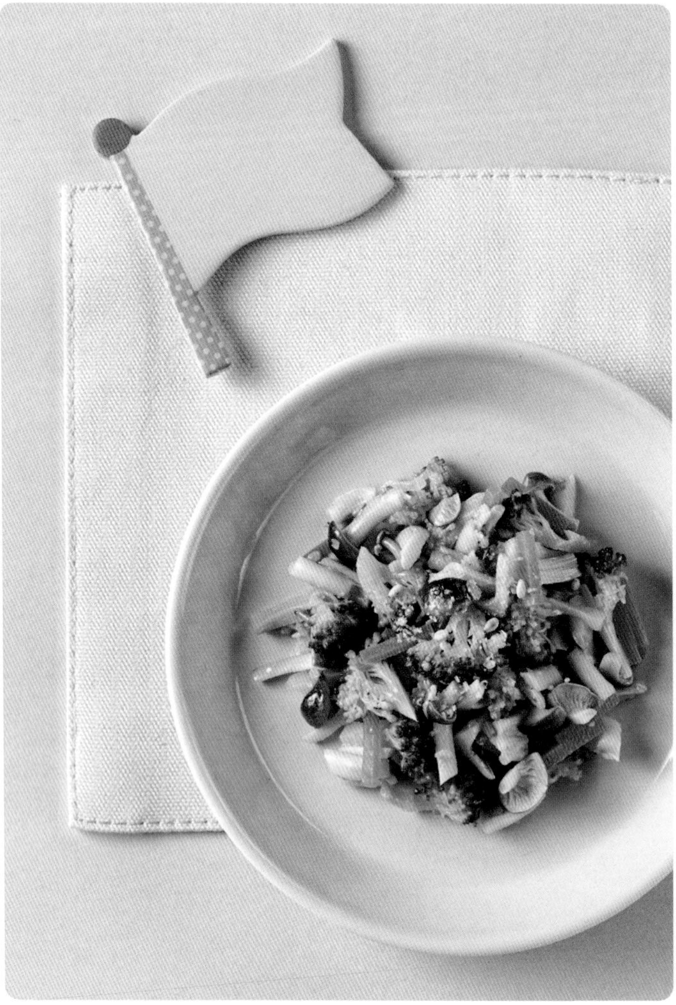

버섯무침

편식하지 않는 아기로 키우고 싶다면 버섯과 나물 반찬도 자주 만들어 주세요. 나물 무침은 재료 본연의 맛을 살리는 조리법으로 아기의 미각을 발달시키는데 도움이 됩니다. 나물 무침은 만든 후 아기가 먹기 좋게 잘라 먹이거나 짧게 썰어 무쳐도 됩니다. 버섯은 백만송이버섯, 팽이버섯, 애느타리버섯 등 다양한 버섯으로 응용하세요.

15~25분
2~3회분

- 백만송이버섯(또는 다른 버섯) 15g
- 당근 5g(사방 약 1.5cm)
- 브로콜리 5g(사방 약 2cm)
- 소금 약간
- 통깨 약간
- 참기름 약간

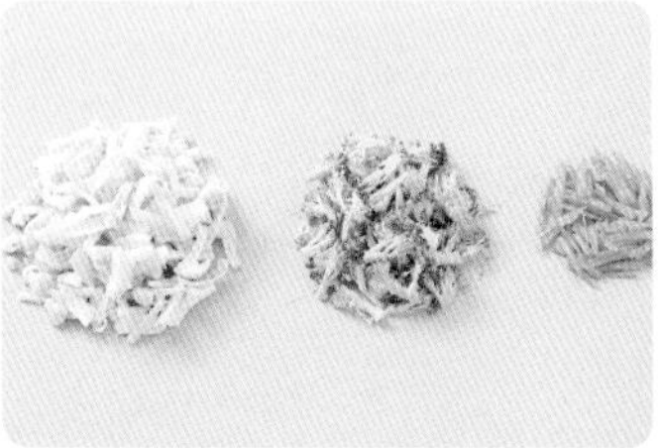

1 백만송이버섯은 결대로 찢어 1~2cm 길이로 썬다. 브로콜리, 당근도 버섯과 같이 채 썬다.

2 끓는 물(3컵)에 백만송이버섯을 넣어 중간 불에서 3분간 데친 후 건져낸다. 당근, 브로콜리를 넣어 2분간 삶아 체에 밭쳐 물기를 뺀다.

3 볼에 모든 재료를 넣어 버무린다.

콩나물무침

아기가 먹는 콩나물은 머리와 꼬리를 떼고 만들어야 해요. 그래야 아기가 먹기 좋은 상태의 반찬을 만들 수 있어요. 콩나물을 무로 대체해 무나물을 만들 수 있습니다. 간을 조금 더 해서 어른 반찬으로 활용해도 좋아요.

15~25분
2~3회분

- 콩나물(또는 무) 70g
- 참기름 약간
- 포도씨유 약간
- 다시마 물 1/4컵(50㎖)
  ※ 다시마 물 만들기 39쪽
- 소금 약간
- 통깨 간 것 약간

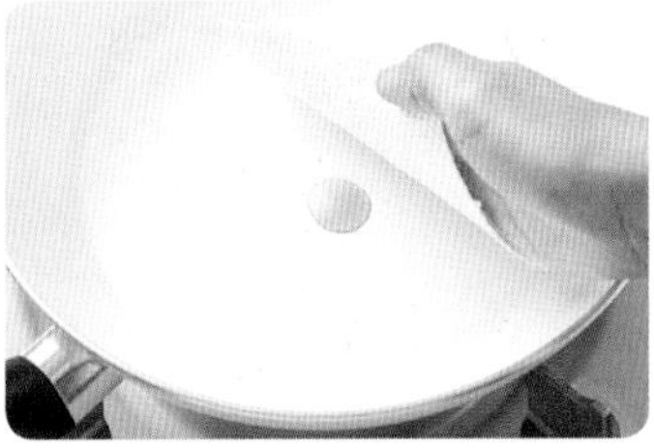

1 콩나물은 머리와 꼬리를 제거하고 1cm 길이로 썬다.

2 달군 팬에 참기름과 포도씨유를 1:1 비율로 넣고 키친타월로 펴바른 후 콩나물을 넣어 중약 불에서 3분간 숨이 죽을 때까지 볶는다.

3 다시마 물을 붓고 중약 불에서 1분간 끓인다. 기호에 따라 소금으로 간하고 통깨 간 것을 뿌린다.

쇠고기장조림

매끼 새로운 반찬을 만들어 먹이기는 힘들어요. 한 번 만들어 두면 요긴하게 활용할 수 있는 장조림을 준비하세요. 장조림은 짜지 않게 만드는 것이 포인트랍니다. 간이 약해 쉽게 상할 수 있으므로 유리로 된 밀폐 용기에 나누어 담아 보관하세요. 유리병에 담을 경우 뜨거운 물로 소독한 다음 뜨거운 장조림을 넣고 뚜껑을 닫아 거꾸로 뒤집어두세요. 공기가 빠져나가 진공 포장이 된답니다.

35~45분(+ 핏물 빼기 20분)
3~4회분

- 쇠고기 안심 70g
- 메추리알 14개
- 양파 30g(약 1/6개)
- 표고버섯 10g(약 1/2개)
- 양조간장 1큰술
- 아가베시럽 1큰술
- 다진 마늘 1/2작은술
- 물 1과 3/4컵(350㎖)

1 쇠고기는 찬물에 20분간 담가 핏물을 뺀다.

2 끓는 물(3컵)에 메추리알을 넣고 6분간 삶은 후 체에 밭쳐 찬물에 담가 식힌 후 껍데기를 벗긴다.

3 냄비에 물을 붓고 센 불에서 끓어오르면 쇠고기를 넣어 중약 불에서 10분간 삶아 건져낸다. 불을 끄고 국물은 그대로 둔다.

4 삶은 쇠고기는 한 김 식혀 8등분하고, 양파는 1cm 크기로, 표고버섯은 사방 0.5cm 크기로 다진다.

5 ③의 국물에 모든 재료를 넣고 센 불에서 끓인다.

6 끓어오르면 약한 불로 줄여 15분간 뭉근하게 끓인다. 국물이 반 정도 졸아들면 불을 끈다.

Tip

메추리알은 팔팔 끓는 물에 넣어 삶으세요.

메추리알을 예쁘게 삶으려면 팔팔 끓는 물에 넣고 중간 불에서 6분 정도 삶으면 돼요. 냄비에 메추리알을 넣은 직후 몇 번 앞뒤로 흔들면 노른자가 예쁘게 자리 잡아 잘랐을 때 단면이 예쁘답니다. 삶은 메추리알은 찬물에 담가 식힌 후 껍질을 바닥에 굴려가며 으깨어 벗기세요.

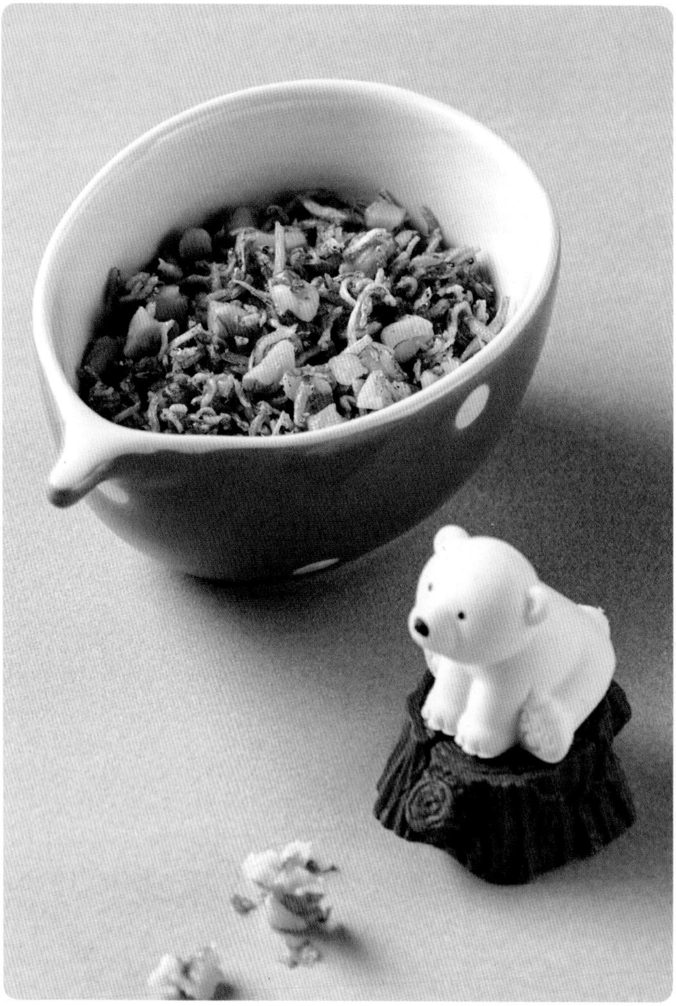

멸치 호두조림

멸치 호두조림은 머리가 좋아지고 뼈를 튼튼하게 해주는 반찬이랍니다. 과자같은 식감이 나도록 바삭하게 구워 만들면 아기들이 더 잘 먹어요. 멸치 자체에 짠맛이 있으므로 따로 간을 하지 않아도 충분히 짭조름해요. 호두 대신 집에 있는 땅콩이나 아몬드 등의 견과류를 넣어도 돼요. 밥과 함께 비벼 먹이거나 주먹밥으로 만드는 등 다양하게 활용해보세요.

15~25분
3~4회분

- 잔멸치 30g(9큰술)
- 호두 15g(또는 다른 견과류, 1과 1/2큰술)
- 아가베시럽 1/2작은술
- 참기름 약간

1 기름을 두르지 않은 팬에 잔멸치를 넣고 바삭하게 약한 불에서 3분간볶는다.

2 호두는 키친타월에 올려 사방 0.7cm 크기로 썬다. 절구에 멸치를 넣고 1/2~1/3 크기가 되도록 으깬 후 체에 내려 불순물을 제거한다.

3 달군 팬에 참기름을 두르고 잔멸치와 호두를 넣어 약한 불에서 3분간 볶은 후 불을 끈다. 아가베시럽을 넣고 여열로 버무린다.

쇠고기 간장볶음

휘리릭 만들어 냉장고 속에 넣어두면 언제든 밥과 비벼 먹이기 좋은 반찬이에요. 양조간장은 기호에 맞게 넣고, 아가베시럽이 없다면 올리고당이나 꿀을 넣어서 만드세요. 가급적 설탕은 사용하지 마시고, 사용한다면 유기농 비정제 설탕을 사용하세요. 이 반찬은 냉장고에서 3~4일 정도 보관 가능합니다. 하지만 되도록 빠른 시일내에 먹이세요.

20~30분
2~3회분

- 다진 쇠고기 안심 50g (이유식용, 3과 1/3큰술)
- 양파 10g(약 6×7cm)
- 양배추 5g(잎 부분, 약 5×6cm)
- 백만송이버섯(또는 다른 버섯) 5g
- 포도씨유, 참기름 약간
- 양조간장 약간
- 통깨 약간

1 볼에 다진 쇠고기, 양조간장을 넣고 섞어 10분간 둔다.

2 양파, 양배추는 0.7~1cm로, 백만송이버섯은 0.5cm 크기로 썬다.

3 달군 팬에 포도씨유를 두르고 다진 쇠고기를 넣어 중약 불에서 1분 30초, 양파, 양배추, 백만송이버섯을 넣고 1분간 볶는다. 통깨와 참기름을 넣고 섞는다.

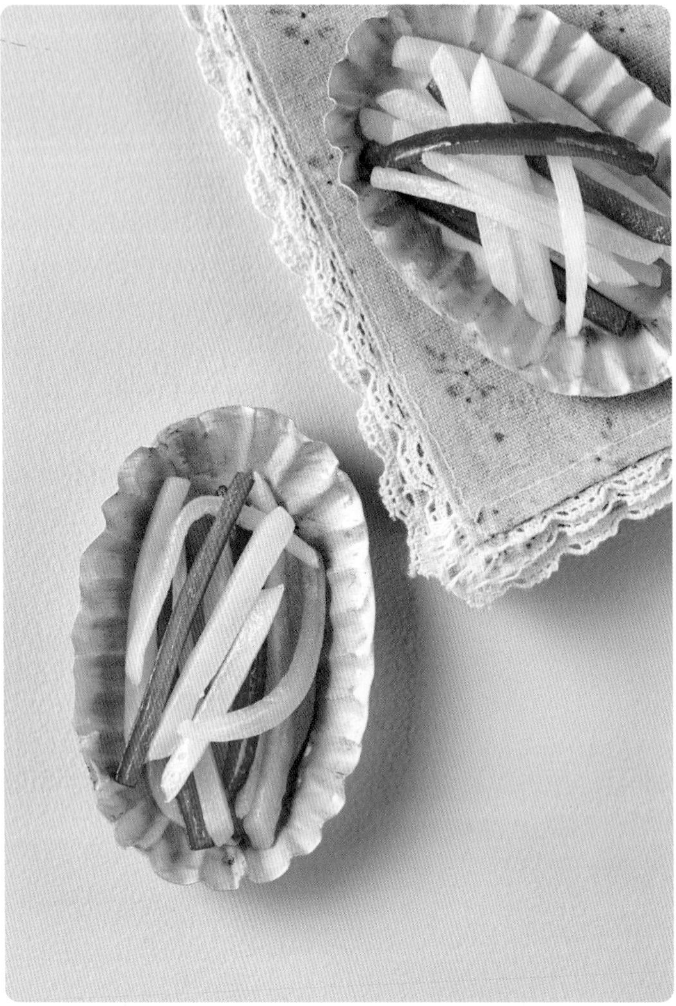

감자볶음

감자볶음을 만들 때 알록달록한 채소를 넣어 조리하면 영양도 더 풍부해지고 아기의 시각 발달에도 도움을 줍니다. 파프리카는 특유의 향이 있어 먹지 않는 아이들이 많더라고요. 저희 아이는 이유식을 먹을 때부터 파프리카를 꾸준히 먹어서 그런지 지금도 생 파프리카는 물론 익힌 파프리카도 매우 좋아한답니다.

15~25분

약 3회분

- 감자 1개(200g)
- 양파 15g(약 5×6cm 2장)
- 파프리카 20g(약 1/10개, 또는 당근 사방 약 2.5cm)
- 포도씨유 약간
- 소금 약간

1 감자는 0.7cm 두께로 채 썬다. 양파, 파프리카는 0.5cm 두께로 채 썬다.

2 냄비에 물(2컵), 감자를 넣어 중간 불에서 4~5분간 살캉하게 삶은 후 체에 밭쳐 물기를 뺀다.

3 달군 팬에 포도씨유, 감자를 넣어 중간 불에서 2분, 양파, 파프리카를 넣고 중간 불에서 2분간 볶은 후 불을 끈다. 소금을 넣어 간한다.

순두부볶음

순두부는 두부를 만들기 직전 단백질이 응고된 상태를 말하는데, 전문 식당이 아니면 요즘은 진짜 순두부를 구하기가 쉽지 않아요. 그래서 쉽게 구할 수 있는 연두부로 순두부를 대신 하기도 합니다. 순두부볶음은 이유식뿐만 아니라 환자들의 유동식으로도 좋아요.

15~25분
2~3회분

- 순두부 1/2봉(170g)
- 양파 50g(약 1/4개)
- 달걀 1개
- 통깨 간 것 1작은술
- 다시마 물 1/2컵(100㎖)
  - * 다시마 물 만들기 39쪽

1 순두부는 체에 올린 후 숟가락으로 눌러가며 내린다.

2 양파는 0.7cm 크기로 다진다. 볼에 달걀을 넣어 곱게 푼다.

3 냄비에 모든 재료를 넣고 센 불에서 끓어오르면 중간 불로 줄여 주걱으로 저어가며 2~3분간 볶는다.

전복 송이조림

간단하게 만들면서도 아기의 기력을 보충할 수 있는 영양만점 반찬을 먹이고 싶다면 전복 송이조림을 만들어 주세요. 전복은 살아있는 활전복으로 구입하세요. 전복 내장을 어떻게 할지 고민스럽다면 전복 내장밥을 지어보세요. 전복 내장을 물과 함께 믹서에 간 다음 밥물에 같이 넣어 밥을 지으면 된답니다. 여기에 참기름을 살짝 더해 비벼 먹으면 그 향과 맛이 일품이지요.

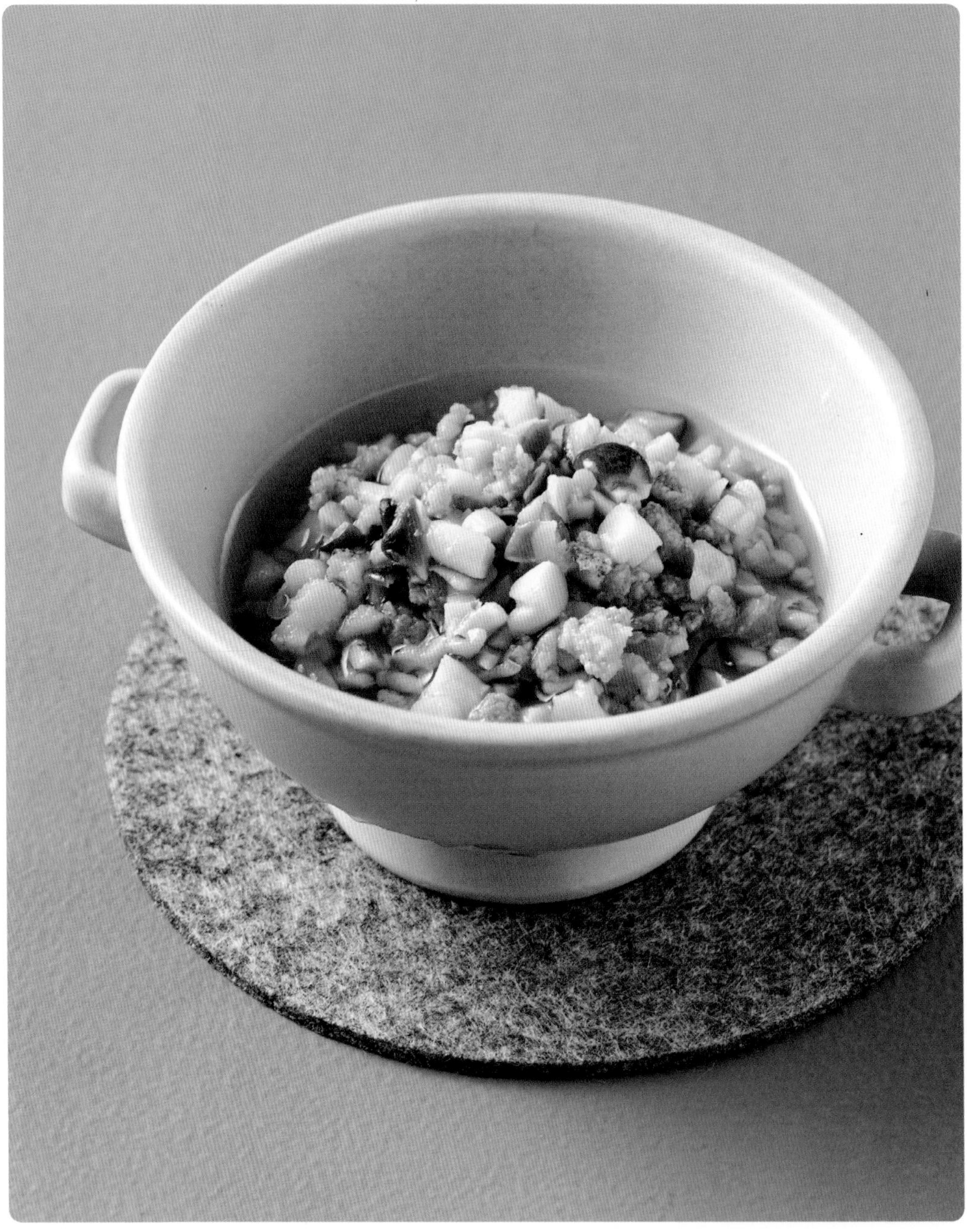

15~25분
약 2회분

- 전복 2마리(100g, 손질 후 60g)
- 백만송이버섯(또는 다른 버섯) 30g
- 물 1/2컵(100㎖)
- 양조간장 약간
- 아가베시럽 약간

1 전복은 조리용 솔로 이물질을 닦는다. 살과 껍데기 사이에 숟가락을 넣어 분리한다.

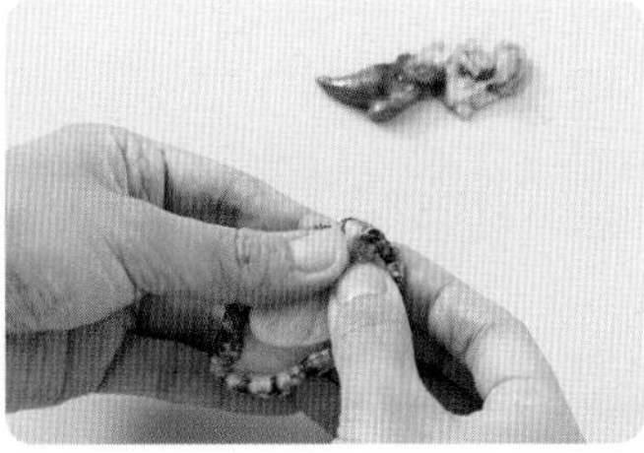

2 내장을 제거한 후 가위로 전복의 입 부분을 자른다. 잘라낸 부분을 손으로 꾹 눌러 이빨을 제거한다.

3 백만송이버섯은 사방 0.5~0.7cm 크기로 썬다.

4 전복은 한입 크기로 썬 후 믹서에 넣어 백만송이버섯과 같은 크기가 되도록 약 1분간 간다.

5 달군 냄비에 전복, 백만송이버섯, 물을 넣고 중간 불에서 1분간 끓인다.

6 양조간장, 아가베시럽을 넣고 중약 불로 줄여 2~3분간 국물이 자작하게 남을 때까지 조린다.

Tip

전복 내장은 활전복의 내장만 사용하세요.

전복 내장은 무기질이 풍부해 성장기 아기들에게 좋답니다. 단, 죽은 전복의 내장은 사용하지 마세요. 전복은 내장으로 암수를 구분하는데 초록색이면 암컷, 노란색이면 수컷이에요. 암컷은 수컷에 비해 육질이 연한 편이라 죽, 구이, 찜 등의 익히는 요리에 적당하고 수컷은 회로 먹는 게 맛있어요.

감자 애호박 밥새우반찬

이유식을 시작하면 감자, 양파, 애호박은 늘 냉장고에 있게 마련입니다. 감자 애호박 밥새우반찬은 냉장고 속 자투리 채소로 쉽게 만들 수 있어요. 게다가 밥과 함께 비벼 먹이면 밥 한 그릇은 뚝딱이랍니다. 새우의 식감을 느끼게 해주고 싶다면 밥새우를 칼로 다져 넣으세요.

15~25분

2~3회분

- 애호박 20g(지름 5cm, 두께 1cm)
- 양파 15g(약 5×6cm 2장)
- 감자 15g(사방 약 2.5cm)
- 밥새우 5g(1큰술)
- 들깻가루 약간
- 채소 익힌 물 2~3큰술

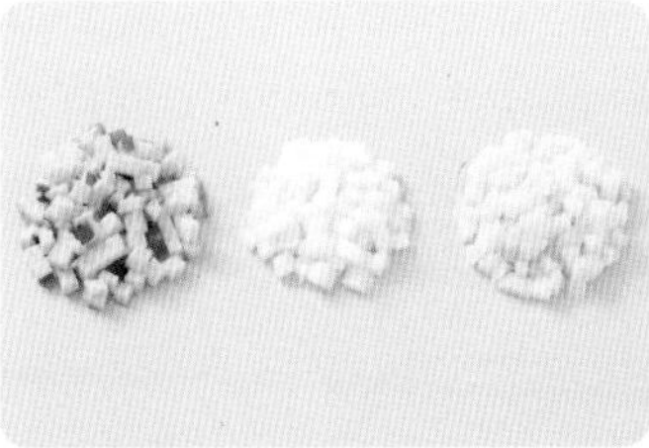

1 애호박, 양파, 감자는 사방 0.7~1cm 크기로 썬다.

2 밥새우는 칼로 다지거나 믹서에 넣어 곱게 간다.

3 끓는 물(3컵)에 애호박, 양파, 감자를 넣고 중간 불에서 3분간 익힌다. 채소 익힌 물 2~3큰술을 덜어두고 체에 밭쳐 물기를 뺀다.

4 달군 팬에 익힌 채소와 밥새우를 넣고 중간 불에서 1분간 볶는다.

5 채소 익힌 물 2~3큰술을 넣고 밥새우가 촉촉해질 때까지 1분간 볶는다.

6 들깻가루를 넣고 약한 불로 줄여 1분간 더 볶는다.

완료기

닭고기 카레볶음

간단하게 만들어 먹이기 좋은 반찬이에요. 닭안심과 카레의 조합은 밥을 부르는 맛이지요. 채소는 집에 있는 자투리 채소를 활용하면 됩니다. 냉장실에서 2~3일간 보관 가능하고, 먹일 땐 덜어서 살짝 데워 먹이면 더 맛있어요.

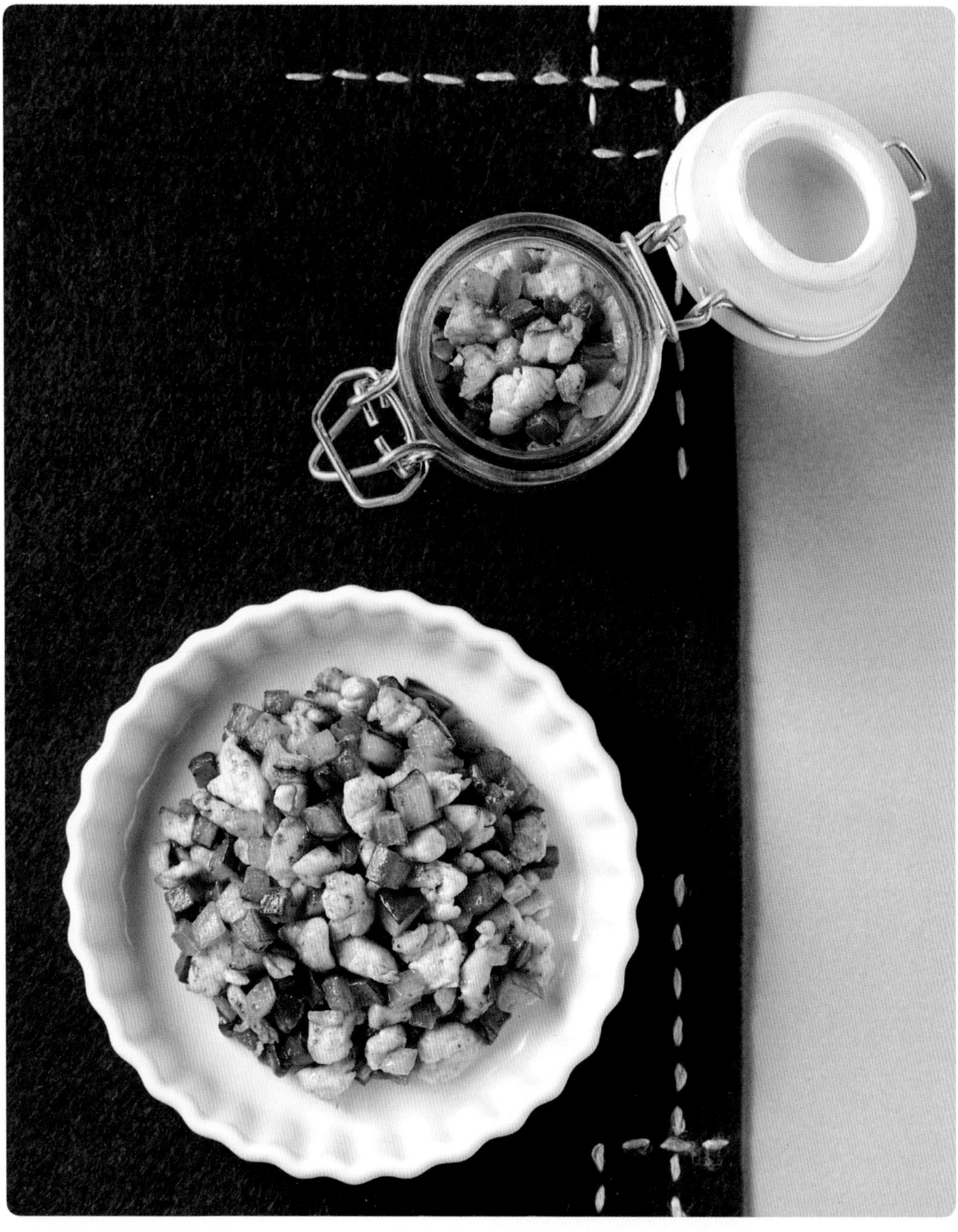

15~25분
2~3회분

- 닭안심 50g(약 2쪽)
- 오이 40g(약 1/5개)
- 양파 15g(약 5×6cm 2장)
- 카레가루 1/2작은술
- 포도씨유 약간
- 아가베시럽 1/2작은술

1 오이는 껍질과 씨를 제거한 후 0.5cm 크기로 다진다. 양파도 0.5cm 크기로 다진다.

2 닭안심은 힘줄을 제거하고 0.5cm 크기로 다진다.

3 달군 팬에 포도씨유를 두르고 오이, 양파를 넣어 중간 불에서 1분 30초, 닭안심을 넣고 2분간 볶는다.

4 닭안심이 어느 정도 익으면 카레가루와 아가베시럽을 넣고 중간 불에서 1분간 더 볶는다.

Tip

카레가루 대신 커리파우더를 사용해도 됩니다.
시판 카레가루에서 조금씩 덜어 쓰기가 불편하다면 시판 커리파우더를 사용해보세요. 다른 향신료처럼 작은 유리병에 들어있어 사용하기 편해요. 볶음밥이나 각종 구이요리에 활용할 수 있어요.

쇠고기 토마토볶음

토마토는 만병통치약에 가까울 정도로 몸에 좋은 채소예요. 생 토마토를 먹는 것보다 익힌 토마토를 먹는 것이 몸에 더 좋습니다. 특히 기름에 볶으면 지용성 비타민의 흡수율이 좋아져요. 이 메뉴는 밥에 비벼 먹어도 좋지만, 월계수잎을 넣고 조린 다음 파스타 면이나 소면을 삶아 파스타로 만들면 맛있는 한 끼 이유식이 됩니다.

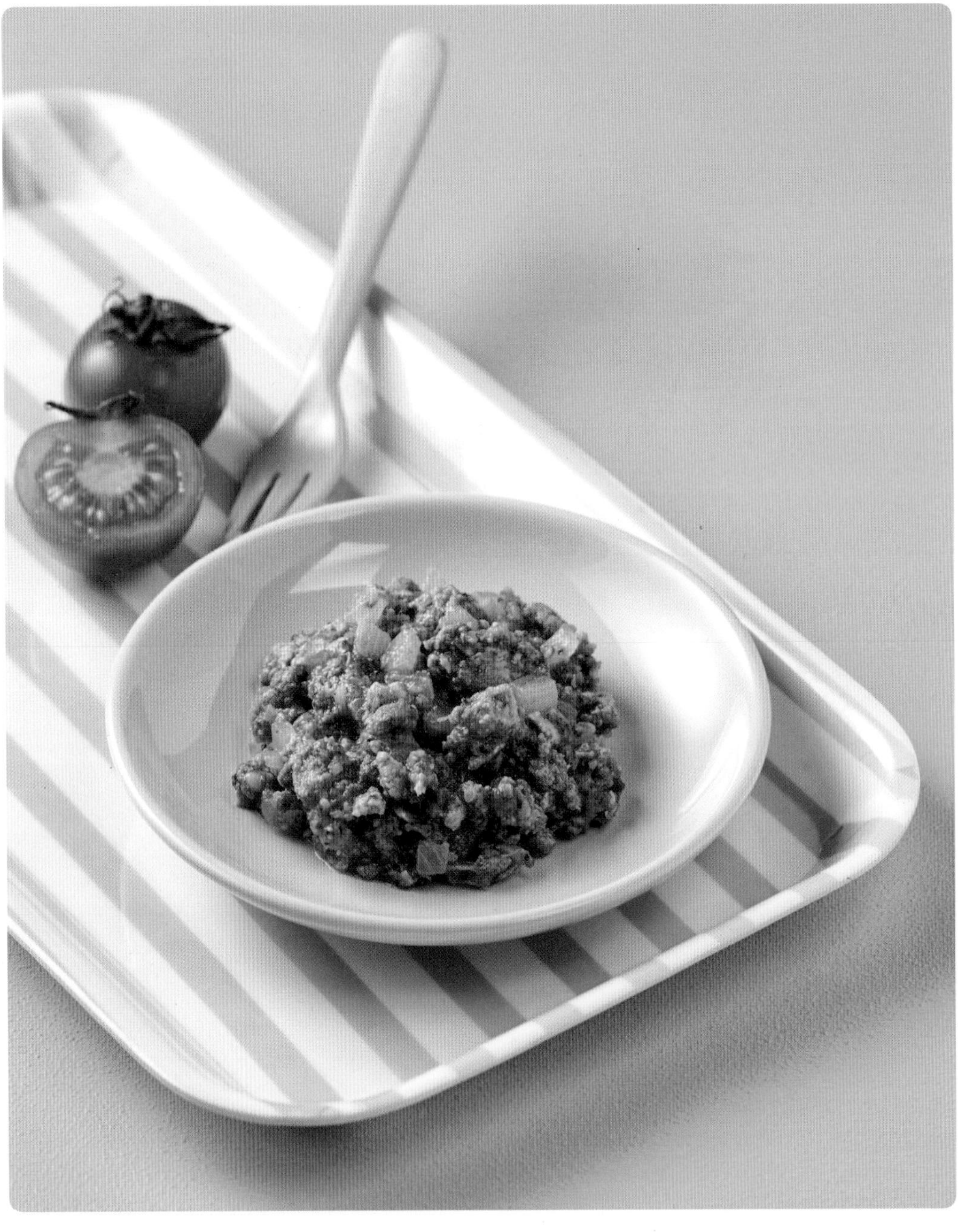

20~30분
약 3회분

- 다진 쇠고기 안심 50g(이유식용, 3과 1/3큰술)
- 토마토 75g(약 1/2개)
- 양파 10g(약 6×7cm)
- 브로콜리 10g(사방 약 4cm)
- 다진 마늘 1/2작은술
- 포도씨유 약간
- 소금 약간
- 아가베시럽 약간

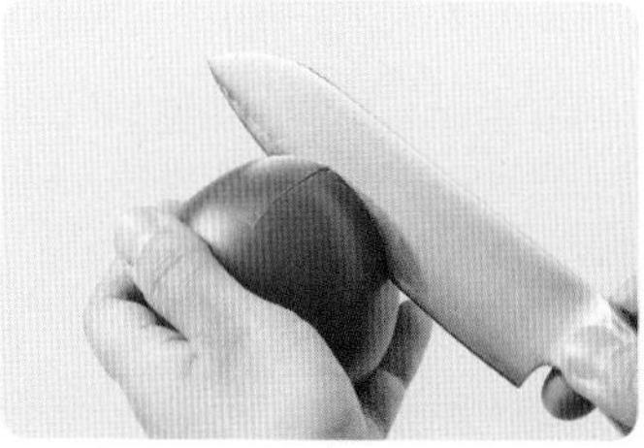

1 토마토는 꼭지 반대쪽에 열십(+)자로 칼집을 낸다.

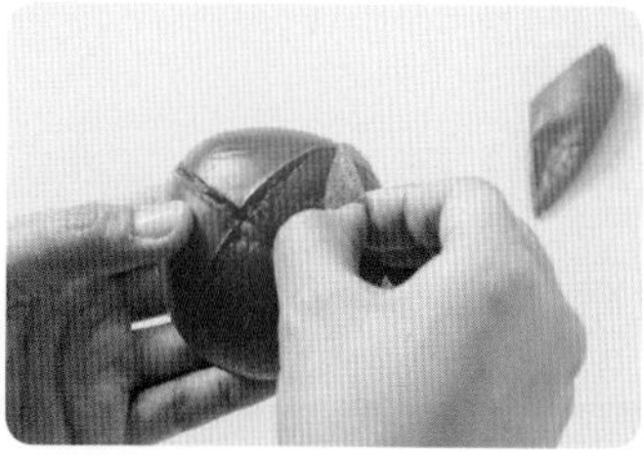

2 끓는 물(3컵)에 토마토를 넣고 30초간 데친 후 건져 바로 찬물에 담가 식힌 후 껍질을 벗긴다.

3 양파, 브로콜리, 데친 토마토는 0.7~1cm 크기로 썬다.

4 달군 팬에 포도씨유를 두르고 다진 마늘을 넣어 중약 불에서 30초, 양파를 넣어 투명해질 때까지 1분간 볶는다.

5 쇠고기, 브로콜리, 토마토를 넣고 중간 불에서 1분 30초간 볶은 후 소금, 아가베시럽을 넣어 섞는다.

6 센 불로 올려 30초간 볶아 토마토에서 나온 수분을 날린다.

Tip

토마토 껍질 쉽게 벗길 수 있어요.
토마토 껍질을 쉽게 벗기려면 토마토에 열십(+)자로 칼집을 넣고 뜨거운 물에 잠시 넣었다가 벗기세요. 물 끓이는 것이 번거로울 때는 토마토 꼭지 부분을 포크로 찔러 가스레인지에 직화로 올려 약한 불에서 돌려가며 잠시 구우면 됩니다.

카레 토마토소스 볶음

카레에 토마토를 넣으면 감칠맛이 살아나 간을 많이 하지 않아도 맛있답니다. 밥 반찬으로 비벼먹일 수 있는 카레 토마토소스 볶음을 소개해드릴게요. 밥과 먹여도 되고 소면을 삶아 비벼 먹여도 잘 먹어요. 달지 않은 빵 위에 올려 간식으로 샌드위치를 만들어 줘도 좋지요.

20~30분
약 3회분

- 토마토 75g(약 1/2개)
- 돼지고기 안심 50g
- 양파 40g(약 1/5개)
- 당근 30g(약 1/6개)
- 사과 30g(약 1/6개)
- 카레가루 1작은술
- 육수(또는 물) 2~3큰술
  ＊ 육수 만들기 38쪽
- 포도씨유 약간
- 소금 약간

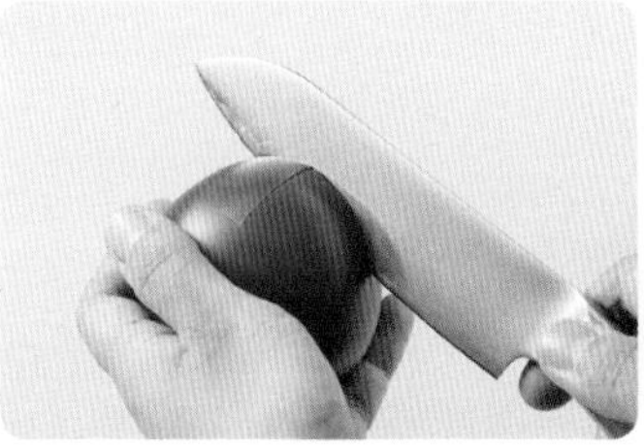

1 토마토는 꼭지 반대쪽에 열십(+)자로 칼집을 낸다.

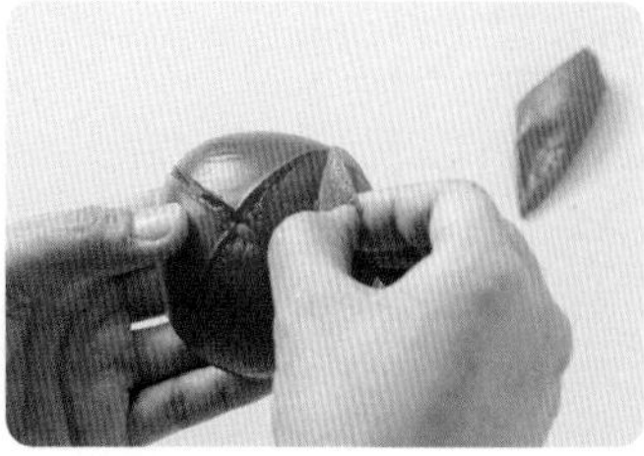

2 끓는 물(3컵)에 토마토를 넣고 30초간 데친 후 건져 바로 찬물에 담가 식힌 후 껍질을 벗긴다.

3 양파, 데친 토마토, 돼지고기는 0.7~1cm 크기로 썬다.

4 당근, 사과는 강판에 간다.

5 팬에 포도씨유를 두르고 양파를 넣어 양파가 투명해질 때까지 중간 불에서 1분, 돼지고기 안심, 당근, 사과, 카레가루를 넣고 1분 30초간 볶는다.

6 토마토를 넣고 1분 30초간 볶은 후 육수를 넣어가며 촉촉한 상태가 되도록 볶은 후 소금으로 간한다.

파프리카 밥비빔이

파프리카는 색도 예쁘고 맛도 좋고 식감도 좋은 재료예요. 색깔 별로 효능이 다른데 빨강 파프리카는 성장 촉진과 면역력 증진에 도움을 주고, 주황과 노랑 파프리카는 감기 예방과 스트레스 해소, 피부미용에 좋아요. 초록색 파프리카는 철분이 풍부해서 빈혈 예방에 좋답니다. 파프리카로 밥비빔이를 만들면 칼슘과 비타민 덩어리 이유식이 됩니다.

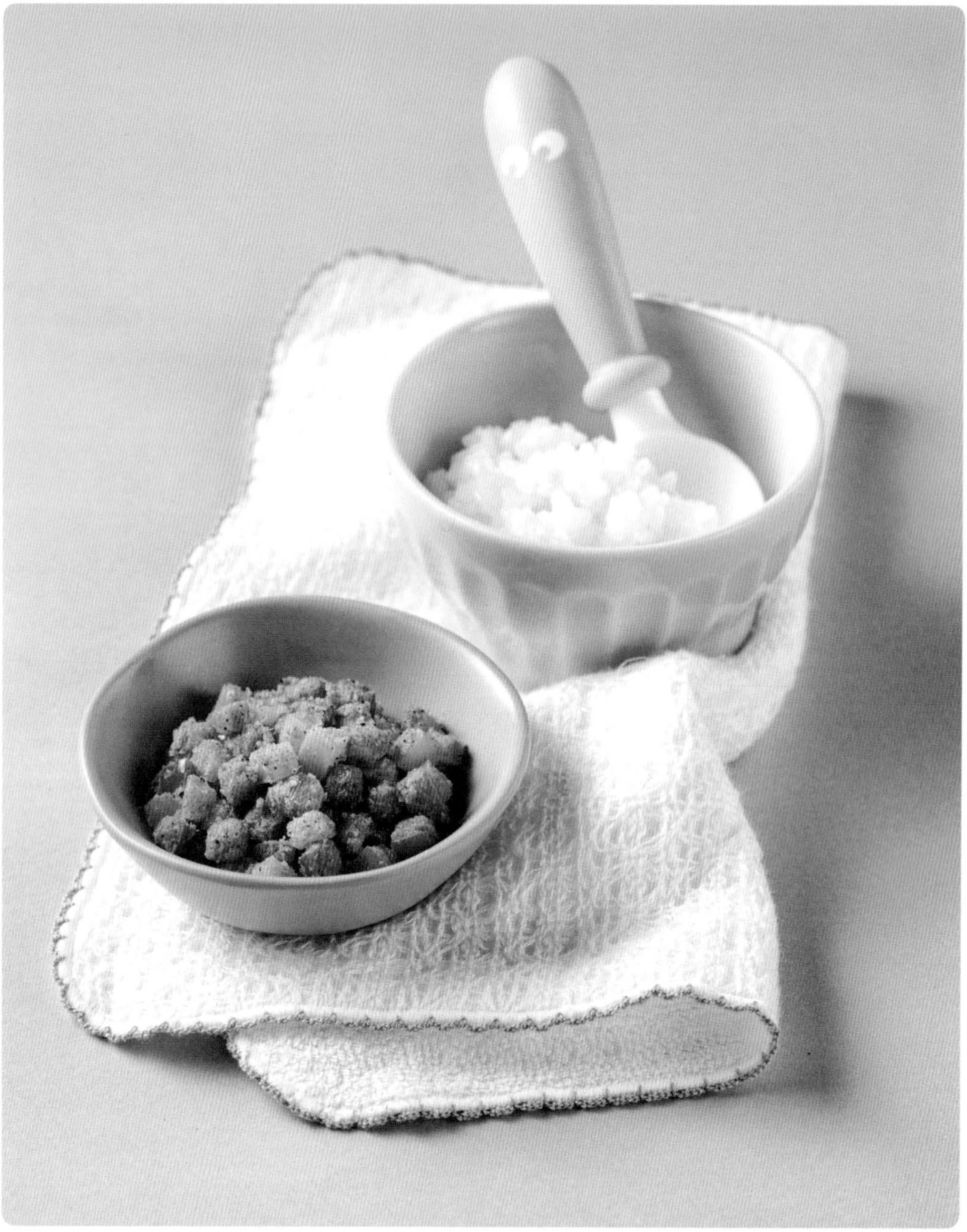

15~25분

약 3회분

- 파프리카 100g(약 1/2개)
- 잔멸치 10g(2큰술)
- 밥새우 5g(1큰술)
- 포도씨유 약간

1 파프리카는 0.7cm 크기로 썬다.

2 기름을 두르지 않은 팬에 잔멸치, 밥새우를 넣고 중간 불에서 2분간 볶은 후 체에 쳐 불순물을 제거한다.

3 믹서에 ②를 넣고 1분간 간다.

4 달군 팬에 포도씨유를 두르고 파프리카를 넣어 숨이 죽을 때까지 중간 불에서 2분간 볶는다.

5 ③을 넣고 중간 불에서 2~3분간 물기가 없어질 때까지 볶는다.

Tip

잔멸치와 밥새우는 너무 곱게 갈지 않아도 돼요.

식감을 좀 더 느끼게 하고 싶다면 잔멸치와 밥새우는 형태가 남아 있도록 조금만 갈아서 넣으세요.

과일양념 돼지고기

입 안에서 살살 녹는 돼지갈비를 떠올리며 만든 이유식이 바로 과일양념 돼지고기예요. 과일즙으로 양념한 돼지고기 안심을 냉장고에 넣어 30분 정도 재운 후 구워요. 과일로 양념한 돼지고기는 육질이 부드러워져서 어금니가 아직 나지 않은 아기들도 잇몸으로 씹어 먹을 수 있답니다. 과일양념 돼지고기를 만들 때 과일즙은 꼭 체에 걸러서 사용하세요. 그래야 고기를 구울 때 잘 타지 않는답니다.

20~30분(+고기 재우기 30분)
완성량 5~6쪽(3~4회분)

- 돼지고기 안심 100g

양념

- 양파 30g(약 1/6개)
- 사과 20g(약 1/10개)
- 다진 마늘 1/2작은술
- 양조간장 1작은술 (기호에 따라 가감)
- 아가베시럽 1작은술
- 참기름 1/2작은술

1 사과, 양파는 강판에 간다.

2 ①을 섞은 후 체에 내린다(약 2큰술).

3 볼에 양념 재료를 넣어 섞는다.

4 돼지고기는 1cm 두께로 썬 후 부드럽게 하기 위해 칼등 또는 고기 망치로 두드린다.

5 ③의 소스에 돼지고기를 넣고 30분간 재운다.

6 달군 팬에 종이 포일을 깔고 돼지고기를 올려 중간 불에서 2~3분간 타지 않게 굽는다.

Tip

돼지고기를 썰고 두들길 때 도마에 종이 포일을 깔면 좋아요.
돼지고기를 썰고 부드럽게 하기 위해 두들길 때 도마에 종이 포일을 깔면 위생적이에요. 그리고 고기 두들길 때 도마가 푹 찍힐 수 있으니 못 쓰는 도마를 사용하는 것이 좋습니다. 고기 두들길 때 사용하는 도구는 '고기 망치'라고 하는데, 고기를 다지거나 연하게 할 때, 돈가스를 집에서 만들 때 아주 유용해요. 양념한 고기를 팬에 구울 때도 종이 포일을 깔면 잘 타지도 않아 편하답니다.

완료기

마늘종 돼지고기볶음

마늘이 몸에 좋기는 하지만 아기에게 먹이기는 쉽지 않죠. 마늘의 꽃줄기인 마늘종 속에는 마늘의 효능이 그대로 들어있어요. 마늘종은 칼슘과 인, 비타민이 많이 들어있고 변비에도 좋은 재료랍니다. 부드럽게 조리해서 반찬으로 만들면 아기들도 잘 먹을 수 있어요.

15~25분

약 2회분

- 다진 돼지고기 50g(3과 1/3큰술)
- 마늘종 20g(약 2줄기)
- 팽이버섯 10g
- 양파즙 1큰술
- 양조간장 1/2작은술
- 아가베시럽 1/2작은술
- 포도씨유 약간

1 볼에 다진 돼지고기, 양파즙, 양조간장, 아가베시럽을 넣어 버무린 후 10분간 둔다.

2 팽이버섯과 마늘종은 1cm 길이로 썬다.

3 끓는 물(3컵)에 마늘종을 넣어 중간 불에서 1분간 삶는다.

4 달군 팬에 포도씨유를 두르고 ①의 돼지고기를 넣어 중간 불에서 1분, 마늘종과 팽이버섯을 넣고 1분 30초간 볶는다.

Tip

마늘종은 볶기 전에 끓는 물에 넣어 한 번 데치세요.

마늘종을 데치면 마늘종 특유의 매운맛이 없어지고 볶았을 때 색과 모양이 더 예뻐져요. 마늘종 윗부분은 질기므로 제거한 후 사용하세요. 마늘종을 데칠 때 소금을 조금 넣으면 초록색이 더 선명해집니다. 돼지고기 외에 닭고기, 마른 새우와 볶아도 좋아요.

닭봉구이

닭봉은 밥 반찬이나 간식으로 좋고 외출할 때 가지고 나가서 먹이기에도 좋아요. 아직 어금니가 나지 않은 아기들도 손으로 잡고 앞니나 송곳니로 잘 먹지요. 오븐에 넣어 구울 때는 아래쪽 받침에 물을 조금 부어주세요. 속까지 촉촉하게 익는답니다. 이 이유식은 아기가 커서도 간식으로 먹이기 좋은 메뉴예요.

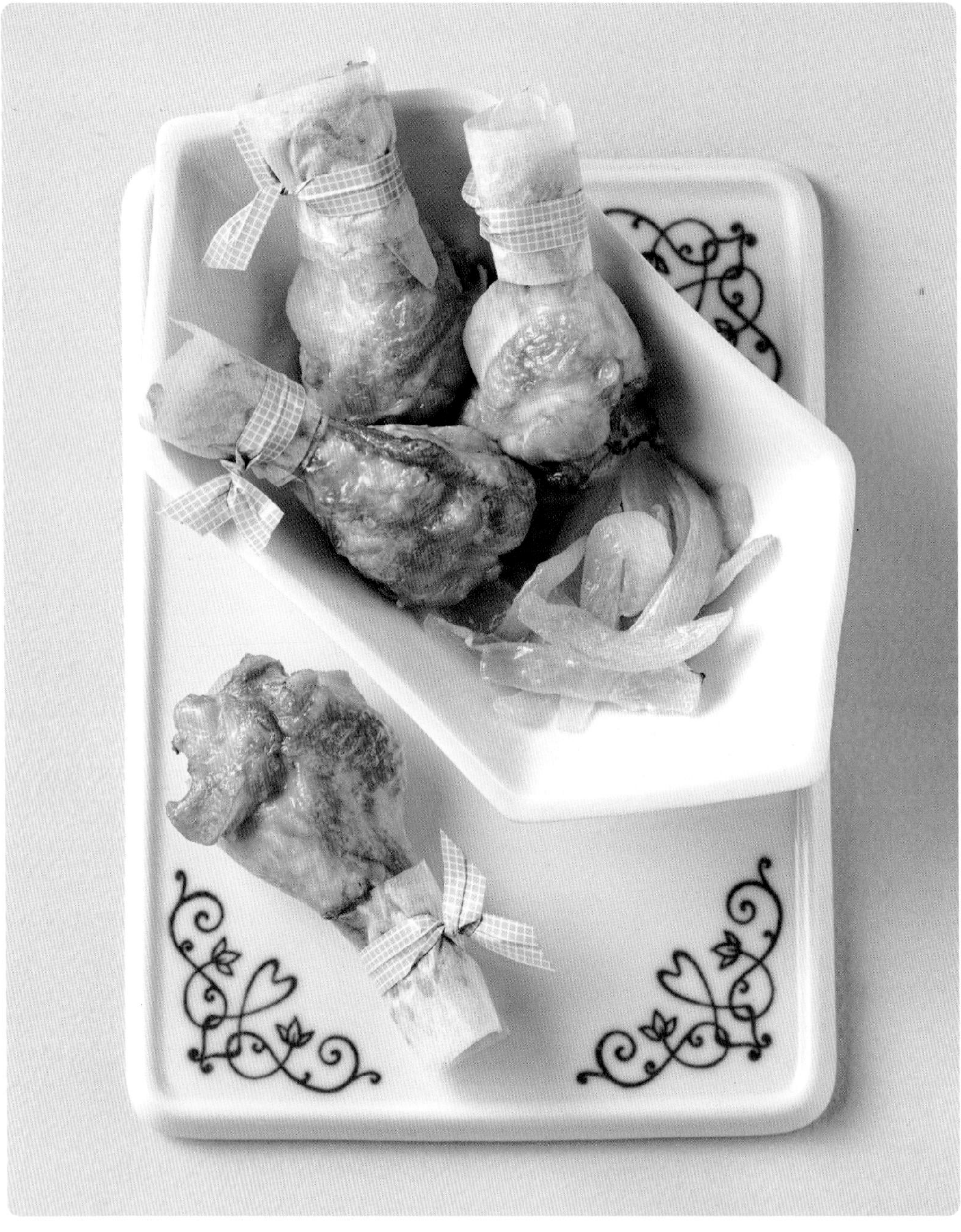

35~45분
(+닭봉 재우기 20분)
2~3회분

- 닭봉 6개(약 300g)
- 양파 1/2개(100g)

소스

- 양조간장 1큰술
- 아가베시럽 1큰술

1 볼에 닭봉과 잠길 만큼의 우유를 넣고 20분간 둔다. * 닭을 우유에 재우면 특유의 누린내를 잡아준다.

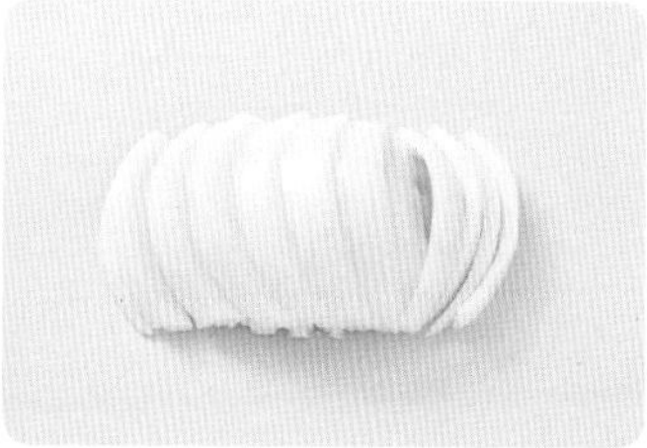

2 양파는 1cm 두께로 채 썬다. 오븐을 200℃(미니 오븐 동일)로 예열한다.

3 오븐 팬에 쿠킹 포일 → 종이 포일 → 양파 → 닭봉 순으로 올린 후 종이 포일 → 쿠킹 포일 순으로 덮는다.

4 볼에 소스 재료를 넣어 섞는다.

5 200℃로 예열한 오븐에 ③을 넣고 15분, 조리용 붓(또는 숟가락)으로 닭봉에 소스를 바른 후 10분간 더 굽는다. 오븐 온도를 230℃로 올려 노릇하게 3~5분간 더 굽는다.

Tip

오븐 대신 프라이팬으로 굽기

1_ 닭봉은 우유에 20분간 담가 특유의 누린내를 없앤다.
2_ 냄비에 대파 1/4대, 양파 1/4개, 마늘 2쪽과 잠길 만큼의 물을 넣고 5분간 삶은 후 닭봉만 건져 프라이팬에 올려 중간 불에서 12분간 노릇하게 굽는다.
3_ 달군 팬에 올려 겉면이 노릇해지면 소스를 발라 센 불에서 1분간 굽는다.

베이비 립구이

베이비립구이는 밥 반찬이나 간식으로 좋고 커서도 계속 간식으로 활용 가능해요. 한 줄 사면 두 번 정도 만들어 먹을 수 있는데요, 어른도 함께 먹으려면 바비큐소스를 발라 오븐에 한 번 더 구워 먹으면 맛있어요.

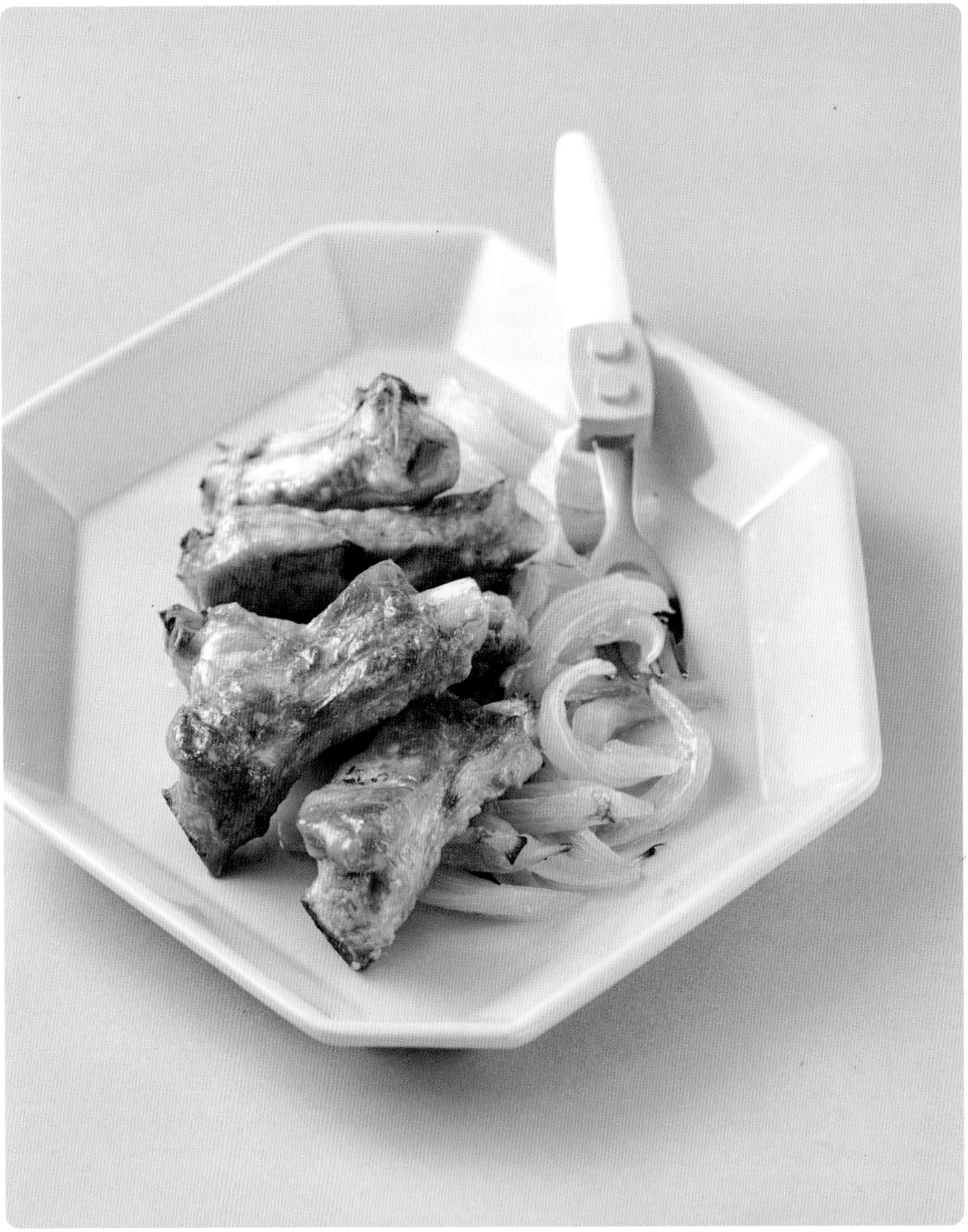

35~45분
(+핏물 빼기 30분)
2~3회분

- 베이비 립 1줄(또는 돼지 등갈비, 약 10대, 300g)
- 양파 1개(200g)
- 소금 약간

1 베이비 립은 갈비 1대씩 썬 후 찬물에 30분간 담가 핏물을 뺀다.

2 체에 밭쳐 물기를 뺀 후 소금 약간을 뿌려 밑간한다.

3 양파는 1cm 두께로 채 썬다. 오븐을 200℃로 예열한다(미니 오븐 동일).

4 오븐 팬에 쿠킹 포일 → 종이 포일 → 양파 → 베이비 립을 올린다.

5 ④를 다시 종이 포일 → 쿠킹 포일 순으로 덮은 후 200℃의 오븐에서 25분간 굽는다.

6 베이비 립을 덮었던 포일을 벗기고 오븐의 온도를 230℃로 올려 노릇하게 5분간 더 굽는다.

Tip

프라이팬에서 구울 경우

1_ 립은 한 대씩 썬 후 찬물에 담가 핏물을 뺀다.
2_ 끓는 물(3컵)에 마늘 1쪽, 양파, 파, 립을 넣어 중간 불에서 뚜껑을 덮고 립은 뼈에서 살이 분리될 정도로 20~30분간 부드럽게 삶는다.
3_ 소금을 살짝 뿌려 달군 팬에 올리고 중약 불에서 5분간 노릇하게 굽는다.

후리가케

후리가케는 일본어로 '밥에 뿌려 먹는다'는 뜻으로 밥이나 죽에 뿌려 먹을 수 있도록 만든 가루예요. 시중에서도 수입품이나 국산품 등을 쉽게 구할 수 있습니다. 하지만 대부분의 후리가케는 너무 짜거나 식품첨가물이 들어있어요. 후리가케는 집에서도 간단히 만들 수 있죠. 한꺼번에 만들어서 밀폐한 후 냉장 보관하면 오래 두고 먹을 수 있고 기호에 맞게 비율을 달리해서 섞으면 다채로운 맛을 느낄 수 있답니다.

15~25분

약 10회분

- 밥새우 10g(또는 보리새우, 2큰술)
- 김밥용 김 2장(A4 용지 크기)
- 가쓰오부시 10g
- 통깨(또는 검은깨) 약간

1 기름을 두르지 않은 팬에 밥새우를 넣고 약한 불에서 2분간 볶는다.

2 체에 ①을 넣고 흔들어가며 불순물을 제거한다. 믹서에 넣어 30~40초간 곱게 갈아 볼에 담는다.

3 팬을 키친타월로 닦고 다시 달궈 김을 올린 후 약한 불에서 앞뒤로 각각 30초씩 굽는다.

4 구운 김을 위생팩에 넣어 잘게 부숴 ②의 볼에 담는다. * 믹서에 넣어 갈아도 좋다.

5 팬을 키친타월로 닦고 다시 달궈 가쓰오부시를 넣고 약한 불에서 1분간 저어가며 굽는다.

6 믹서에 가쓰오부시를 넣어 5~10초간 곱게 간다. ②의 볼에 가쓰오부시, 통깨를 원하는 비율로 넣어 섞은 후 밀폐 용기에 담는다.
* 상온에서 10일간 보관 가능하다.

Tip

후리가케 재료는 다양하게 응용할 수 있어요.
기름 없이 바삭하게 구운 멸치를 믹서에 갈면 멸치 후리가케가 됩니다. 밥에 참기름과 양조간장, 후리가케를 함께 넣어서 비벼주세요. 주먹밥이나 김밥, 유부초밥, 알밥을 만들 때 넣으면 더 맛있어요.

채소 가루는 구입하는 것이 편해요.
채소는 집에서 건조시켜 믹서에 갈기가 쉽지 않으니 시판 채소 가루를 구입하면 편해요.

홍합 토마토소스 소면

홍합은 빈혈을 예방하고 뼈를 튼튼하게 해주는 재료예요. 음식에 넣으면 시원한 맛을 내준답니다. 홍합 토마토소스 소면은 근사한 일품요리예요. 간을 조금 더해서 어른들이 함께 먹어도 맛있답니다. 소면 대신 가는 파스타 면을 넣어서 만들어도 좋아요. 어른들이 먹는 것보다 면을 조금 더 푹 삶아요. 아기가 먹을 홍합은 너무 크지 않은 것을 고르세요.

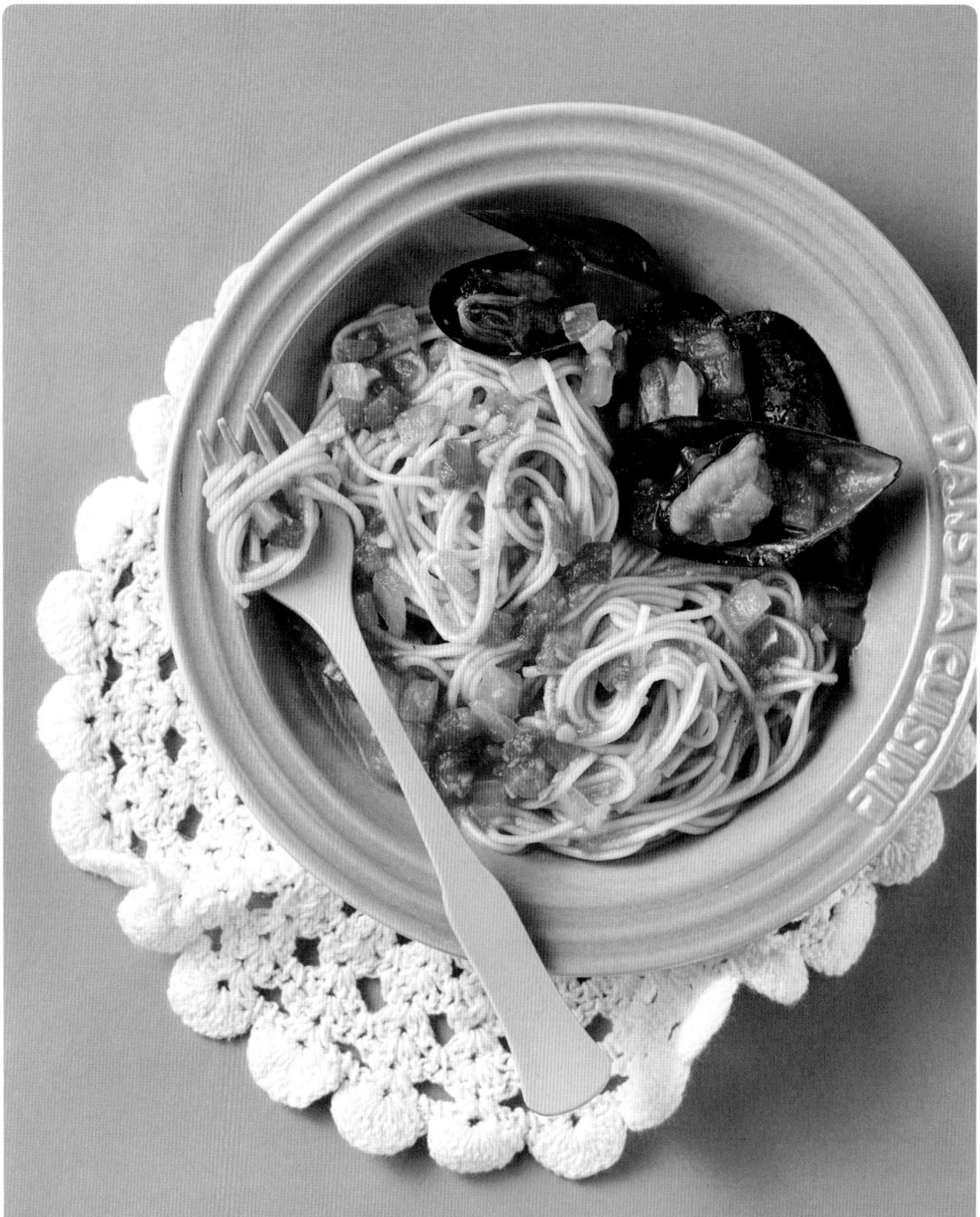

20~30분
약 2회분

- 소면 1/2줌(35g)
- 홍합 200g(약 10개)
- 토마토 150g(약 1개)
- 양파 50g(약 1/4개)
- 파프리카 15g
- 다진 마늘 1작은술
- 아가베시럽 약간
- 포도씨유 약간
- 물 1/4컵(50㎖)

1 홍합은 수염을 손으로 잡아당겨 떼어낸다. 껍데기끼리 비비거나 조리용 솔로 닦아 껍데기에 붙은 불순물을 제거한다.

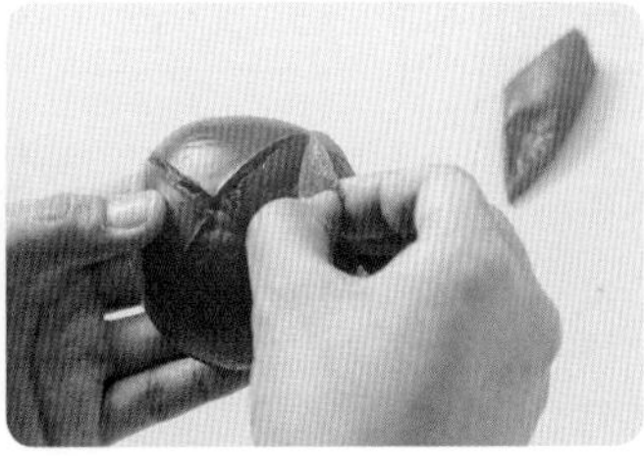

2 끓는 물에 열십(+)자로 칼집낸 토마토를 넣고 30초간 데친 후 건져 바로 찬물에 담가 식힌 후 껍질을 벗긴다.

3 데친 토마토, 양파, 파프리카는 굵게 다진다. 소면은 2등분한다.

4 끓는 물(3컵)에 반으로 자른 소면을 펼쳐 넣고 센 불에서 끓어오르면 찬물(1컵)을 넣어 2분~2분 30초간 삶는다. 체에 밭쳐 찬물에 헹군 후 그대로 물기를 빼 그릇에 담는다.

5 달군 팬에 포도씨유, 다진 마늘을 넣어 중간 불에서 30초, 양파, 파프리카를 넣고 30초, 토마토를 넣고 2분간 볶은 후 국물이 자작해지면 물, 홍합을 넣는다.

6 홍합이 입을 벌릴 때까지 2~3분간 볶은 후 소면을 넣고 살짝 버무린다.
※ 소스는 2회분으로 남은 소스는 식힌 후 냉장실에 넣어 2일간 보관 가능하다.

Tip

소스는 냉동 보관해 두면 좋아요.
홍합을 제외하고 소스를 넉넉히 만들어서 냉동실에 넣어두면 소면, 파스타, 마카로니 등에 다양하게 사용할 수 있어요.
리조또나 밥 비빔용으로도 요긴해요.
소스를 만들 때 월계수잎이나 오레가노를 넣으면 향이 좋아집니다.

{ 홍합 }

뼈를 튼튼하게 만들고 빈혈 예방에 도움을 주므로 성장기 아기들에게 좋은 재료입니다. 비린내나 이취가 없고 신선한 바다 냄새가 나는 것, 껍질이 깨지지 않고 윤기가 나는 것을 고르세요.

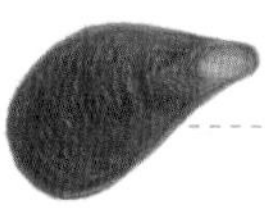

프렌치 토스트 & 토마토 완두콩 스크램블드 에그

주말 아침은 늦잠도 자고 싶고 '누가 밥 좀 차려줬으면 좋겠다' 싶은 맘이 듭니다. 어른들은 한 끼 정도 걸러도 상관없지만 아기는 절대 그럴 수 없잖아요. 프렌치 토스트와 스크램블드 에그, 방울토마토, 우유로 한 끼 식사를 간단하게 만들어 주세요. 주말 오전에 만들어 먹이기 좋답니다.

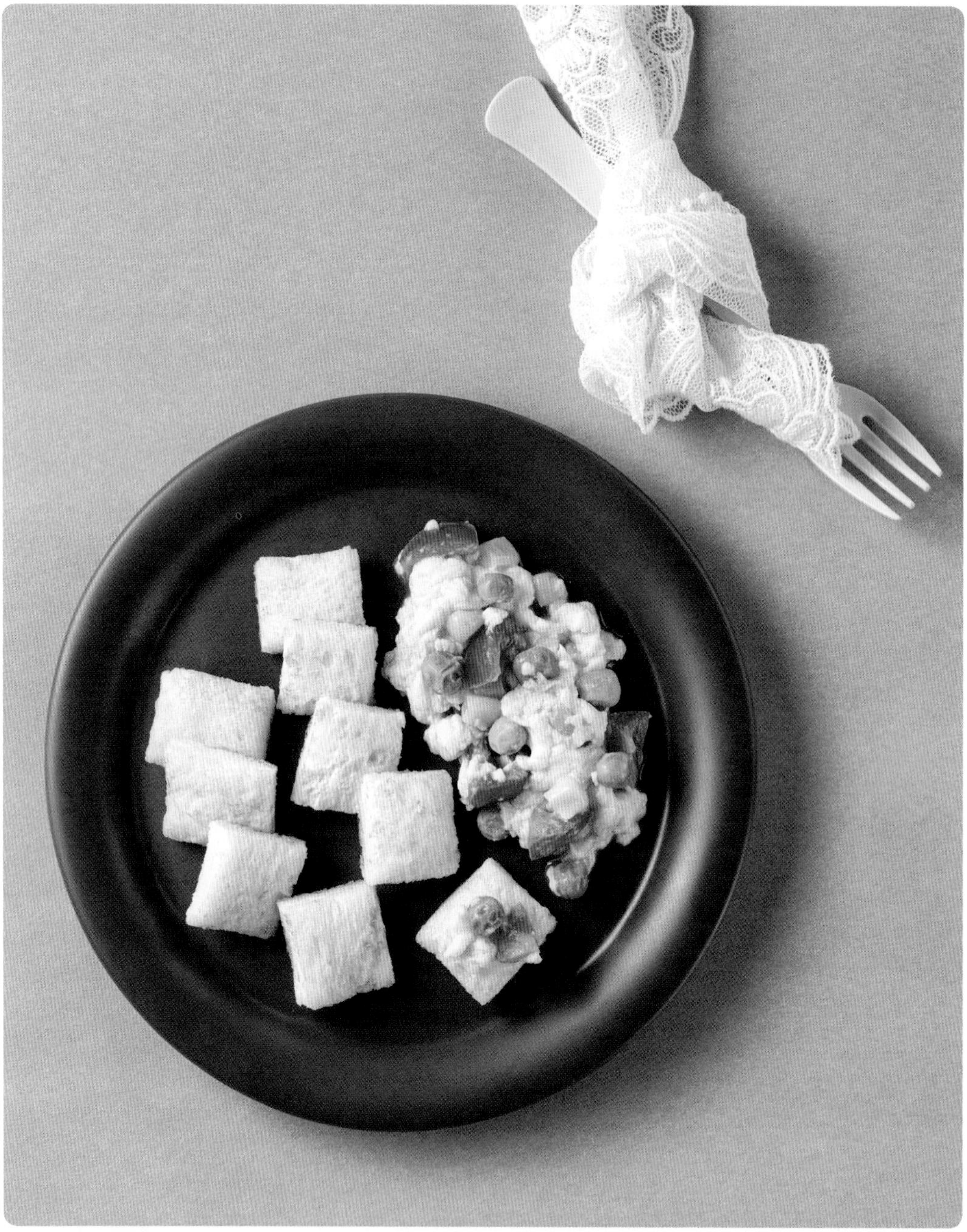

10~20분
약 2회분

- 식빵 1장
- 달걀 1개
- 우유 1/4컵
  (또는 모유 · 분유, 50㎖)
- 소금 약간
- 아가베시럽 약간
- 포도씨유 약간

토마토 완두콩 스크램블드 에그

- 방울토마토 1개
- 냉동 완두콩 5g(1/2큰술)
- 냉동 옥수수알 5g(1/2큰술)

1 볼에 달걀, 우유, 소금, 아가베시럽을 넣고 섞는다.

2 ①의 볼에 식빵을 넣어 충분히 적신다.

3 달군 팬에 포도씨유를 두르고 ②의 식빵을 넣어 중간 불에서 1분 30초, 뒤집어 1분간 노릇하게 굽는다.

4 식빵 테두리를 자른 후 아기가 먹기 좋은 크기로 16등분한다.

5 끓는 물에 완두콩, 옥수수알을 넣어 1분간 데친다. 방울토마토는 8등분한다. 토스트를 만들고 남은 달걀물에 스크램블드 에그 재료를 넣어 섞는다.

6 달군 팬에 ⑤를 넣고 중간 불에서 40초~1분간 볶는다. 토스트에 곁들인다.

Tip

우유 대신 분유나 두유를 넣어도 상관없어요.
아직 모유(또는 분유)만 먹고 우유를 먹기 전이라면 분유나 두유를 넣어서 만드세요.

{ 식빵 }

식빵은 100% 쌀로 만든 것, 우리밀 밀가루로 만든 것을 구입하세요.
쿠르통 만들기_ 식빵이 남았다면 작게 썰어 기름을 두르지 않고 달군 팬에 넣어 약한 불에서 바삭해질 때까지 구워 쿠르통을 만드세요. 수프에 곁들이면 든든하고 식감도 살려주지요.

미니 떡국

어른 음식의 축소판, 미니 떡요리예요. 떡국 떡을 사다가 떡국을 끓여주면 떡의 크기 때문에 가위로 잘라 먹이게 됩니다. 그렇게 하면 크기도 일정하지 않고 모양도 예쁘지 않아요.
쌀 떡볶이 떡을 사다가 얇게 썰어서 냉동실에 넣어두세요. 아기 전용으로 예쁘게 이유식을 만들어 줄 수 있답니다.

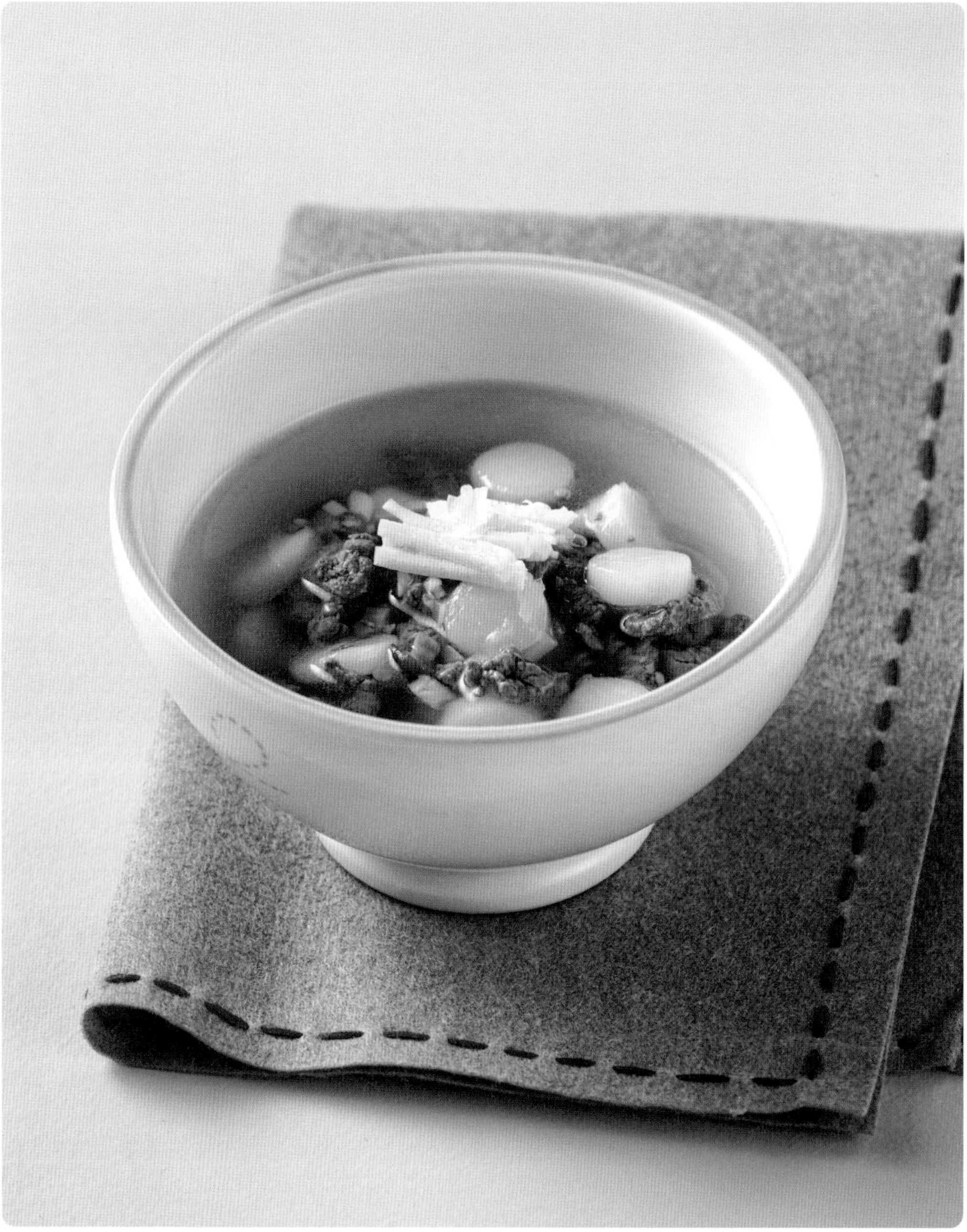

🕒 **25~35분**
약 2회분

- 쌀 떡볶이 떡 3개(약 25g)
- 다진 쇠고기 안심 30g (이유식용, 2큰술)
- 팽이버섯 10g
- 백만송이버섯 5g
- 달걀 1개
- 다진 파 1작은술
- 양조간장 1/3작은술
- 참기름 1/3작은술
- 육수 1컵(200㎖)
  ＊ 육수 만들기 38쪽

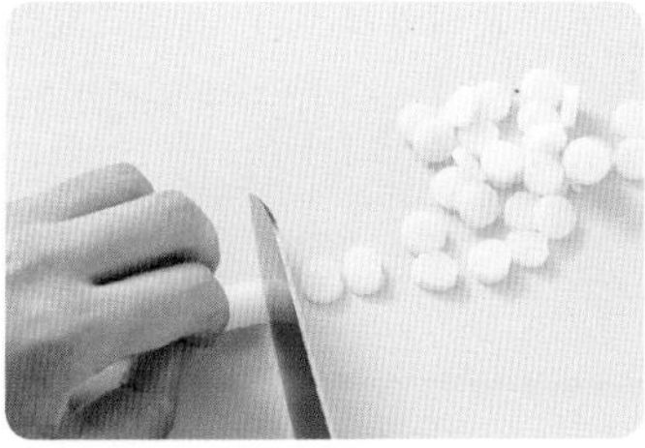

1 떡볶이 떡은 실온에서 살짝 건조시킨 후 둥근 모양을 살려 0.5cm 두께로 썬다. ＊ 어슷 썰면 크기가 너무 커지니 송송 썬다.

2 팽이버섯, 백만송이버섯은 0.4~0.5cm 크기로 다진다.

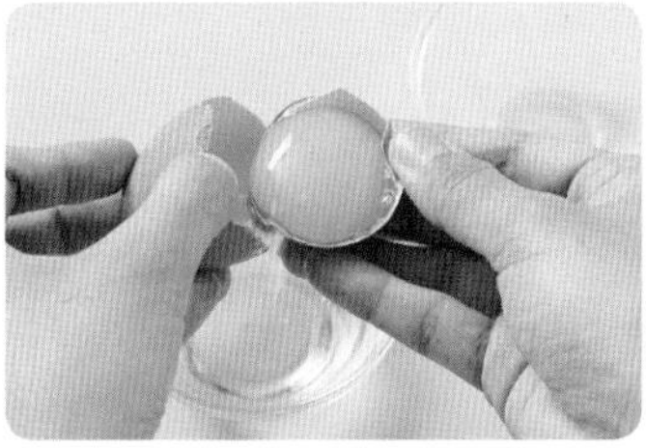

3 두 개의 볼에 달걀흰자와 달걀노른자를 분리해 넣고 푼다.

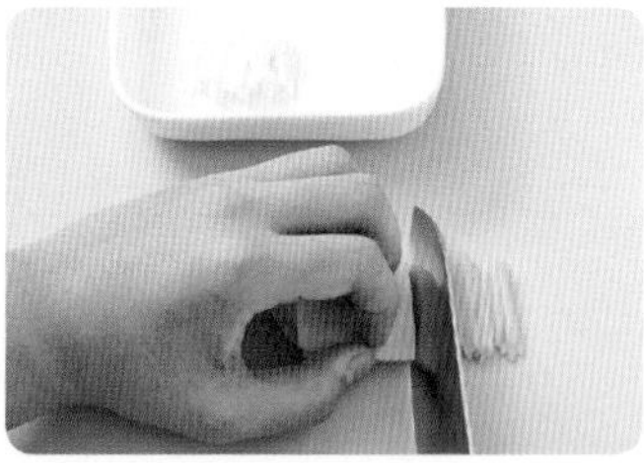

4 달군 팬에 달걀흰자와 노른자를 각각 올려 약한 불에서 2~3분간 익혀 지단을 만든다. 한 김 식혀 가늘게 채 썬다.

5 달군 팬에 쇠고기, 백만송이버섯, 양조간장, 참기름을 넣고 중간 불에서 2분간 볶는다.

6 냄비에 육수, 떡, 팽이버섯, 다진 파, ⑤를 넣고 센 불에서 끓어오르면 중간 불로 줄여 3~4분간 끓인다. 떡이 말랑해지면 그릇에 담고 지단을 올린다.

궁중떡볶이

어른 음식의 축소판, 미니 떡요리 이유식 2탄이에요. 떡은 시판 냉장 떡이 아닌 떡집에서 뽑은 쌀떡으로 만들어야 맛있어요. 궁중떡볶이는 이대로 한 끼 이유식으로 먹여도 좋고 간식으로 줘도 잘 먹어요.

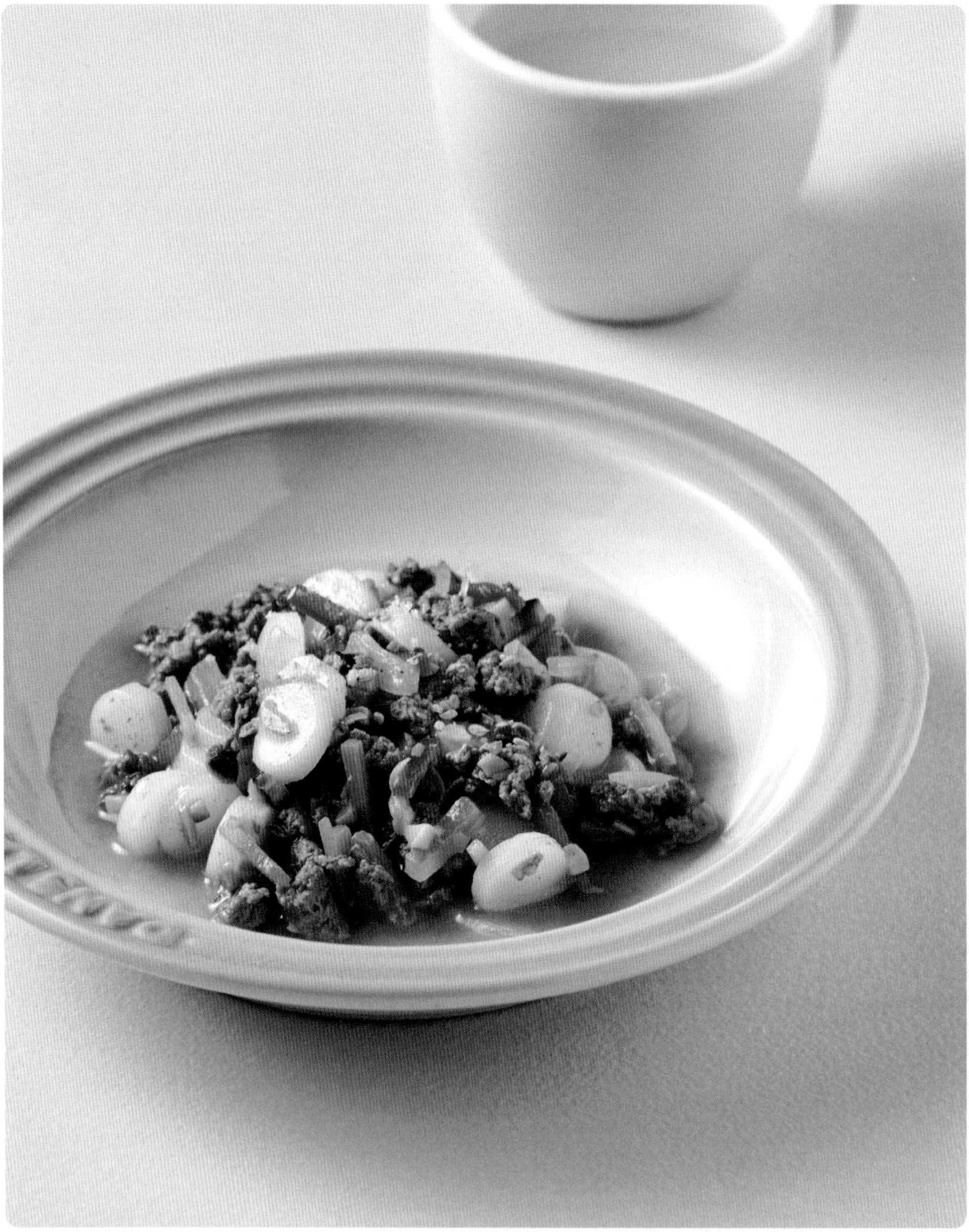

25~35분

약 2회분

- 쌀 떡볶이 떡 4개(약 30g)
- 다진 쇠고기 안심 20g(이유식용, 1과 2/3큰술)
- 양파 10g(약 6×7cm)
- 당근 5g(사방 약 1.5cm)
- 파프리카 5g
- 표고버섯 5g
- 참기름 약간
- 통깨 간 것 약간
- 육수 1/2컵(100㎖)

양념

- 다진 파 1작은술
- 양파즙 1/2작은술
- 양조간장 약간
- 아가베시럽 약간
- 참기름 약간

1 볼에 다진 쇠고기, 양념 재료를 넣고 버무려 10분간 둔다.

2 떡볶이 떡은 실온에서 살짝 건조시킨 후 둥근 모양을 살려 0.5cm 두께로 썬다. * 어슷 썰면 크기가 너무 커지니 송송 썬다.

3 양파, 당근, 파프리카는 길이 1cm, 두께 0.2cm로 채 썰고, 표고버섯은 사방 0.5cm 크기로 다진다.

4 달군 팬에 참기름을 두르고 다진 쇠고기, 양파, 당근, 파프리카, 표고버섯을 넣고 중간 불에서 2분간 볶는다.

5 떡, 육수를 넣고 떡이 말랑해질 때까지 중간 불에서 4~5분간 끓인다. 통깨 간 것을 뿌린다.

완료기

미니 깻잎 미트로프

죽 종류로 이유식을 만들 때는 고기를 꼬박꼬박 챙겨서 많이 먹였는데, 아기가 클수록 고기를 챙겨 먹이기가 쉽지 않더라고요. 이럴 때는 미트로프를 넉넉히 만들어서 냉동실에 넣어두면 고단백 반찬으로 두고두고 먹일 수 있어요. 미트로프는 익힌 다음 냉동 보관하세요. 토마토소스에 넣으면 또 다른 근사한 한 끼가 될 거예요.

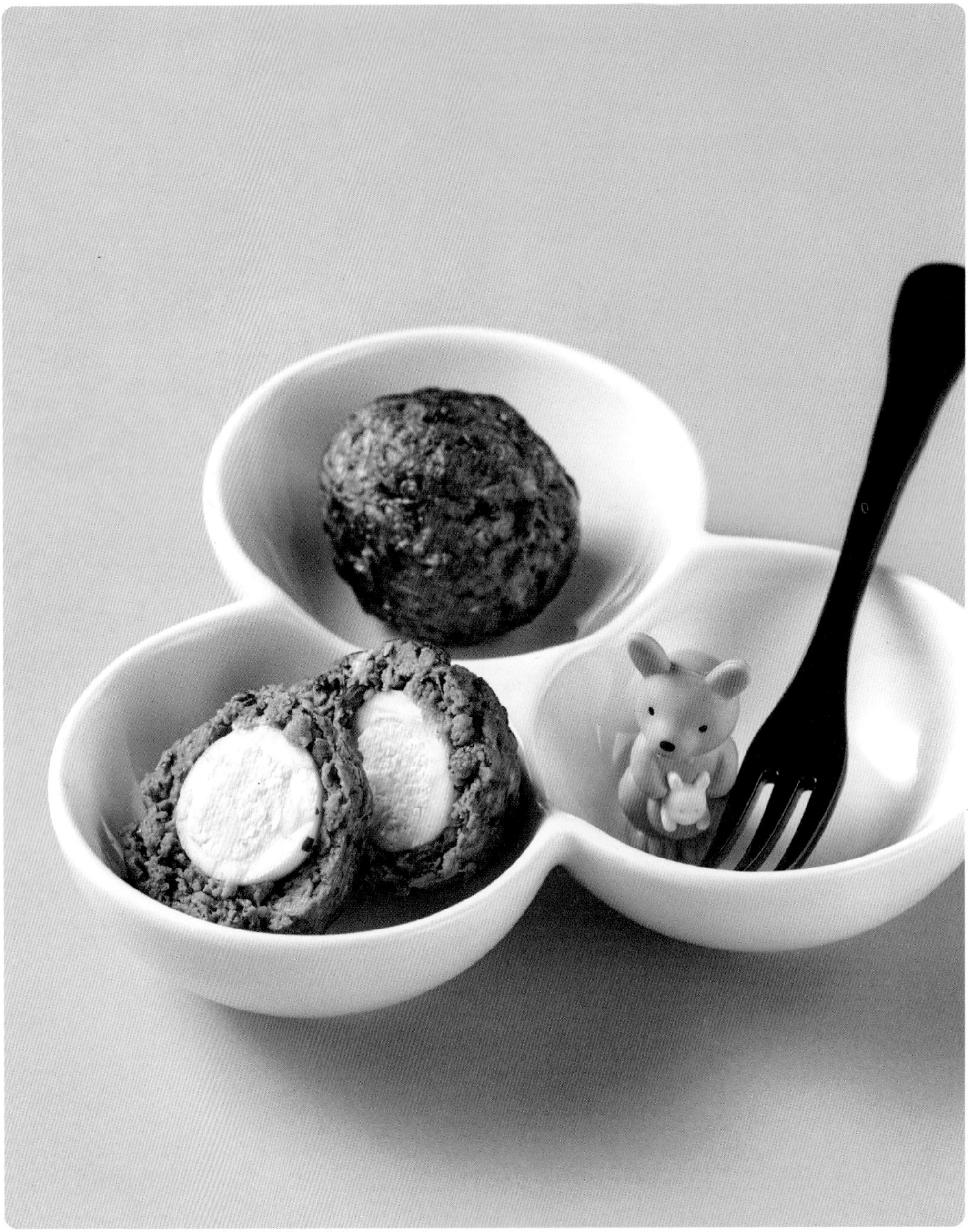

25~35분

완성량 10개분(약 3회분)

- 다진 쇠고기 안심 100g (이유식용, 약 7큰술)
- 삶은 메추리알 10개
- 양파 10g(약 6×7cm)
- 깻잎 2장(4g)
- 다진 파 1작은술
- 다진 마늘 1/2작은술
- 소금 약간
- 맛술 약간
- 밀가루 약간
- 포도씨유 약간

1 양파, 깻잎은 잘게 다진다.

2 볼에 다진 쇠고기, 양파, 깻잎, 다진 파, 다진 마늘, 소금, 맛술을 넣고 섞은 후 10분간 둔다.

3 삶은 메추리알은 껍데기를 벗긴 후 밀가루를 얇게 묻힌다. * 메추리알 삶기 331쪽 참고

4 ②의 고기 반죽을 10등분해 동글납작하게 만든 후 메추리알을 올려 감싼다.

5 달군 팬에 포도씨유를 두른 후 ④를 넣고 굴려가며 약한 불에서 4~5분간 익힌다. 눌렀을 때 겉이 단단하면 잘 익은 것이다.

수제 햄버그 스테이크

매끼 반찬을 새롭게 해 먹이긴 힘들고 고기는 꾸준히 먹여야 하는 이유식 완료기 시기. 수제 햄버그 스테이크는 만들어 냉동실에 넣어두고 꺼내 먹이기 좋은 메뉴입니다. 넉넉하게 빚어서 냉동 보관해둔 후 몇 개씩 꺼내 다시 데워 먹이면 반찬 준비가 편해요. 반죽 상태로 냉동해 두었다가 해동 후 익혀 먹이는 것이 더 맛있지만 번거롭다면 익힌 후 냉동한 것을 프라이팬에 살짝 데워 먹여도 돼요.

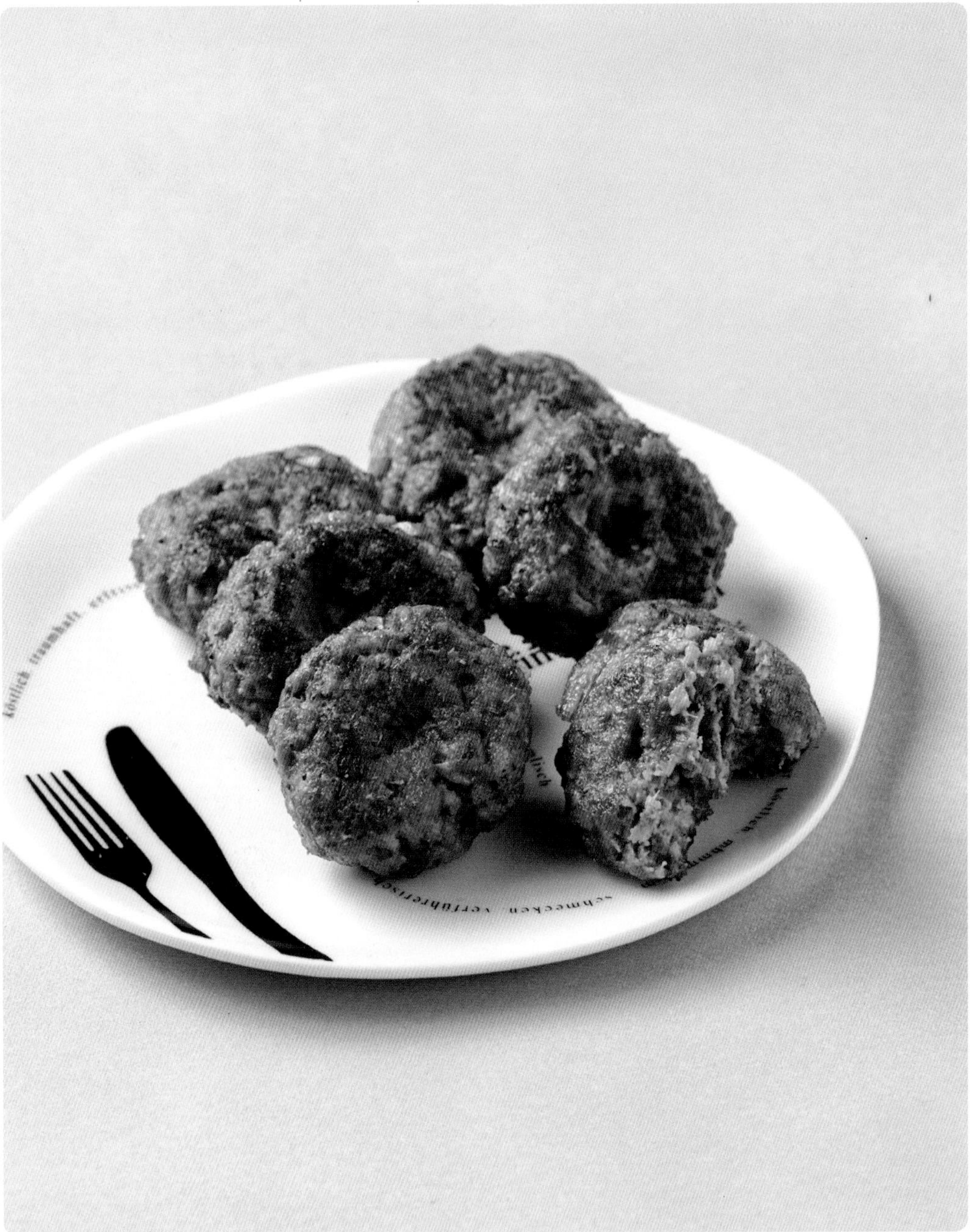

25~35분
(+숙성시키기 1시간)
약 25개(약 6회분)

- 다진 쇠고기 안심 100g (이유식용, 약 7큰술)
- 다진 돼지고기 100g(약 7큰술)
- 양파 30g(약 1/6개)
- 브로콜리 20g(사방 약 6cm)
- 애호박 20g(지름 5cm, 두께 1cm)
- 표고버섯(또는 다른 버섯) 20g
- 파프리카 20g(약 1/10개)
- 당근 10g(사방 약 2cm)
- 달걀 1개
- 빵가루 8~9큰술
- 소금 약간
- 포도씨유 약간

1 모든 채소는 0.1~0.2cm 크기로 다진다. * 크게 다지면 잘 안 뭉쳐지므로 잘게 다진다.

2 볼에 다진 쇠고기, 다진 돼지고기, 다진 채소, 달걀, 소금을 넣고 섞는다.

3 ②에 빵가루를 조금씩 넣어가며 손에 반죽이 달라붙지 않고 한 덩어리가 되도록 반죽한다.

4 5분 이상 치댄 후 랩을 씌워 냉장실에 넣어 1시간 숙성시킨다.

5 반죽을 지름 4cm 크기로 동글납작하게 빚은 후 가운데를 눌러준다.

6 달군 팬에 포도씨유를 두르고 ⑤를 올려 약한 불에서 앞뒤로 4~5분간 노릇하게 굽는다.

Tip

햄버그 스테이크는 냉동 보관하세요.
햄버그 스테이크를 냉동 보관할 때 패티 한 장, 위생팩(또는 종이 포일) 한 장 순서로 쌓아서 얼리면 하나씩 떼어내기 편해요.

다양한 음식을 먹기 시작하는

이유식 완료기 간식

돌이 지나면 뭐든 다 먹을 수 있을 거라는 생각에 이것저것 그냥 막 먹이기도 하는데요. 그동안 정성스럽게 이유식을 먹이며 만들어왔던 아기의 건강한 식습관과 입맛을 해치는 일이 될 수 있습니다. 이 책에 소개된 엄마표 간식을 만들어 주세요. 초·중·후기에 만들었던 간식을 완료기에 먹여도 된답니다.

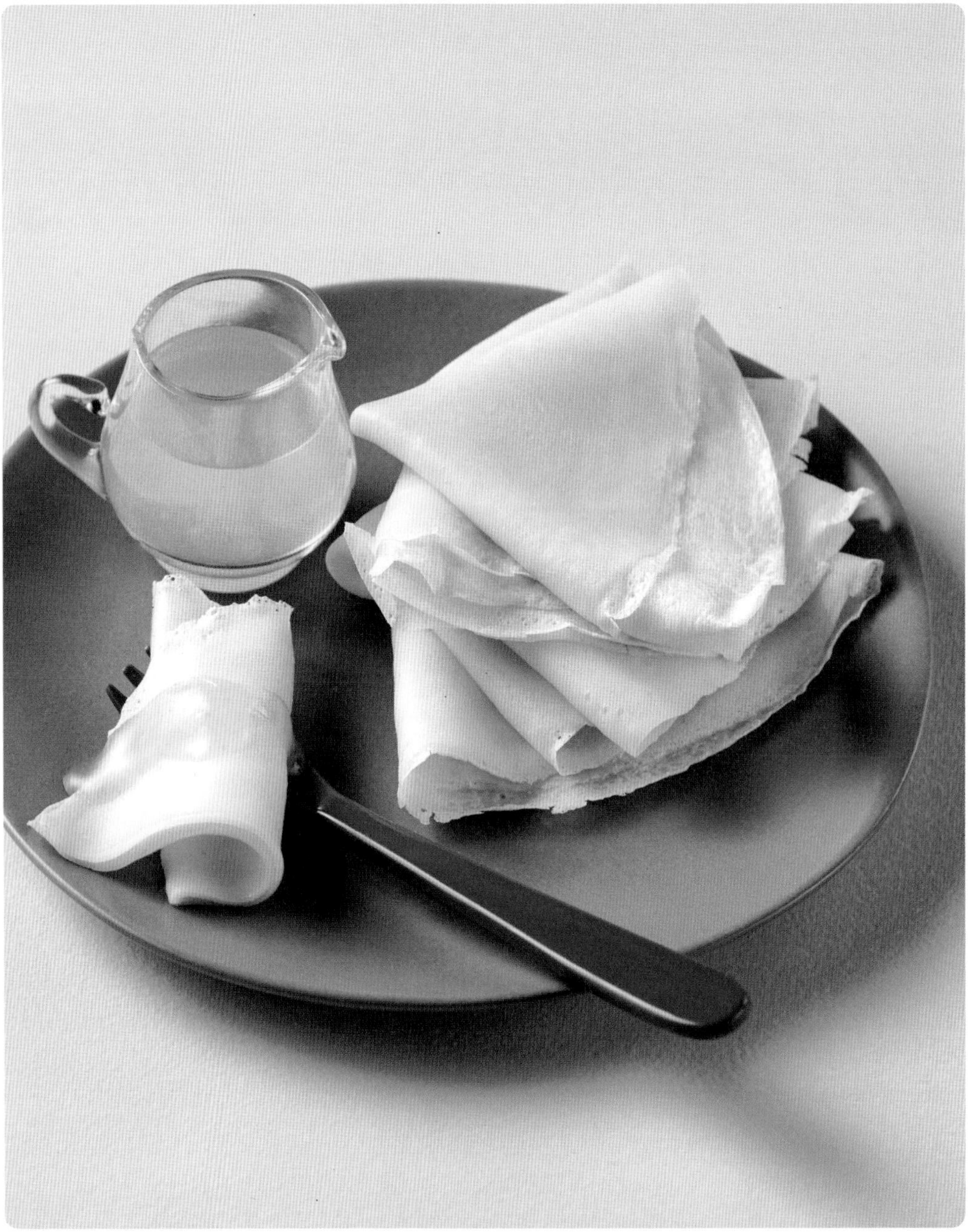

귤소스를 곁들인 크레페

20~30분
5장분

- 밀가루 60g(8과 1/2큰술)
- 우유 3/4컵(150㎖)
- 달걀 1개
- 포도씨유 1/2큰술
  (또는 수제 버터, 약 5g)
  ＊ 수제 버터 만들기 41쪽

소스

- 귤 2개(또는 오렌지, 약 100g)
- 감자전분 1작은술
- 물 1작은술

1 큰 볼에 우유와 달걀을 넣고 거품기로 섞은 후 밀가루를 체에 쳐 넣는다. 날가루가 보이지 않을 때까지 섞은 후 반죽을 다시 한 번 체에 내린다.

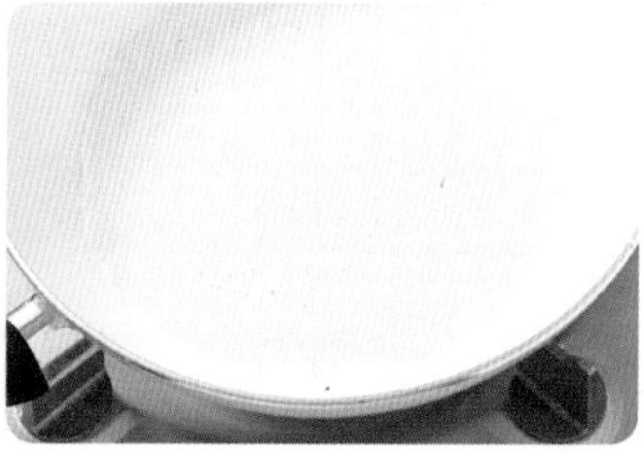

2 달군 팬에 포도씨유를 두르고 키친타월로 펴 바른다. 약한 불에서 반죽 한 국자를 올려 지름 15cm가 되도록 둥글게 돌려가며 얇게 편다. ＊ 팬이 많이 달궈졌다면 불을 끄고 반죽을 올린다.

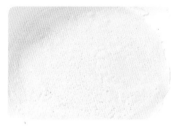

3 약한 불에서 1분간 익혀 가장자리가 일어나면 뒤집어 20~30초간 더 익힌 후 넓은 접시에 겹치지 않게 펼쳐 식힌다. 같은 방법으로 4장 더 굽는다. ＊ 포도씨유가 부족하면 더해가며 굽는다.

4 귤은 2등분해 스퀴저로 즙(약 100㎖)을 낸다. ＊ 스퀴저가 없다면 포크나 컵을 이용해도 좋다.

5 냄비에 소스 재료를 넣고 섞어 센 불에서 30초간 저어가며 끓인 후 크레페에 곁들인다.

완료기 간식

팬케이크

팬케이크는 누구나 좋아하는 간식이죠. 넉넉하게 만들어 엄마 아빠도 같이 드세요. 반죽에 설탕을 첨가하거나, 팬케이크에 아가베시럽을 비롯한 시럽, 잼, 생크림, 콩포트(과일조림) 등을 취향에 따라 곁들인다면 브런치 레스토랑이 부럽지 않을 거예요.

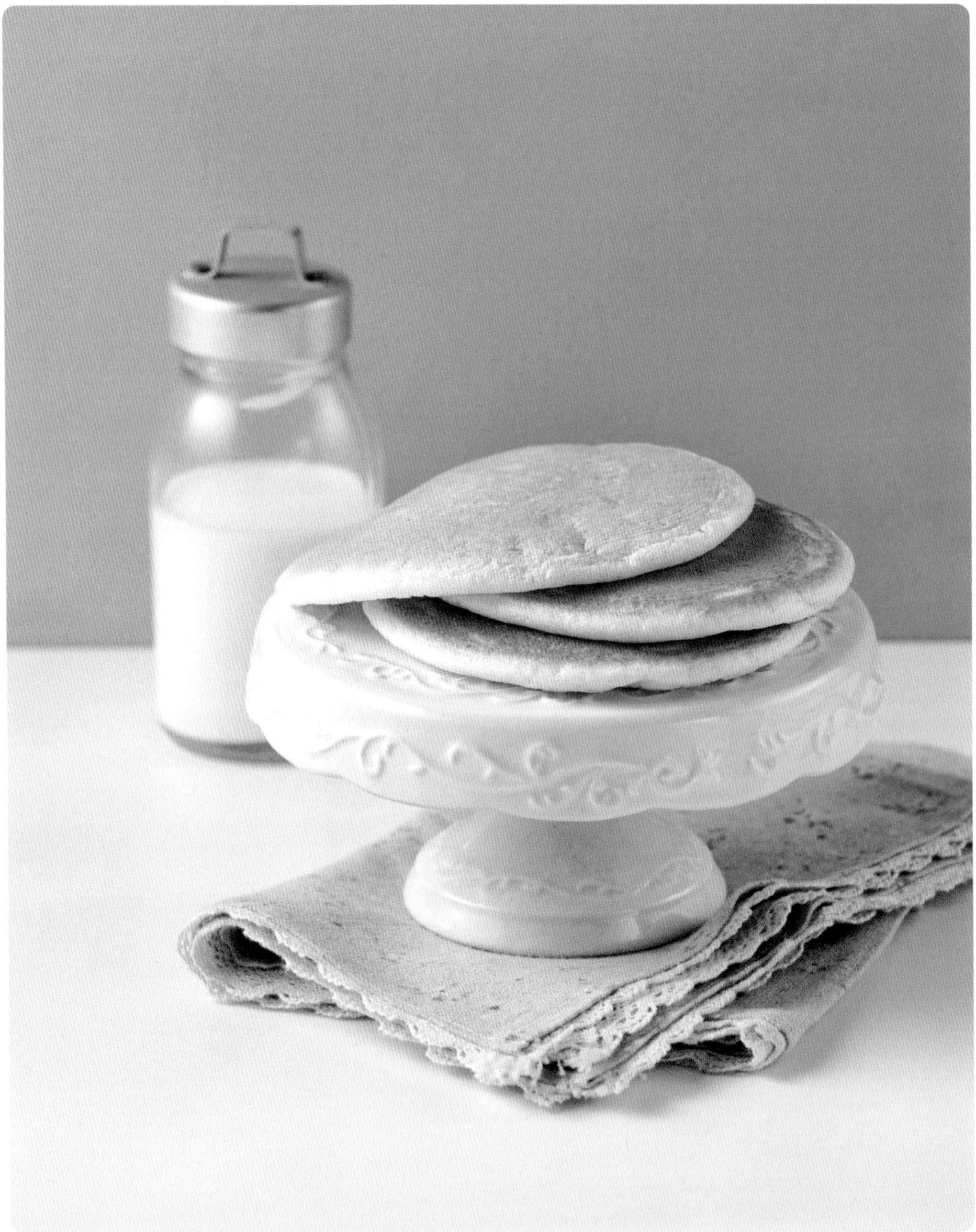

20~30분
5장분

- 밀가루 60g(8과 1/2큰술)
- 달걀 1개
- 우유 1/2컵(100㎖)
- 베이킹파우더 1/2작은술(1g)
- 포도씨유 1작은술

1 두 개의 볼에 달걀흰자와 노른자를 분리해 담는다.

2 큰 볼에 달걀노른자, 우유를 넣어 섞은 후 밀가루와 베이킹파우더를 넣고 날가루가 보이지 않을 때까지 섞은 후 체에 내린다.

3 다른 큰 볼에 달걀흰자를 넣고 거품기로 1~2분간 저어 거품이 완전히 올라올 때까지 휘핑해 머랭을 만든다. * 거품기를 들었을 때 거품이 떨어지지 않으면 머랭이 완성된 것이다.

4 ②의 볼에 ③을 넣고 주걱으로 자르듯 살살 섞는다.

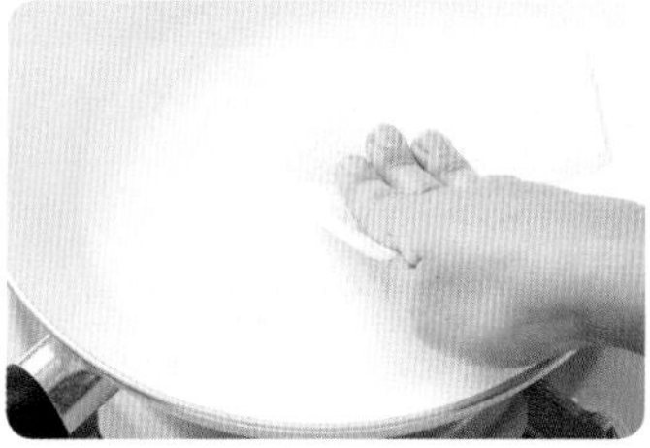

5 달군 팬에 포도씨유를 두르고 키친타월로 펴 바른다.

6 반죽 한 국자를 올려 지름 8cm, 두께 0.3cm가 되도록 편다. 중간 불에서 2분간 굽고 반죽 윗면에 작은 구멍이 나기 시작하면 뒤집어 1분간 더 굽는다. 같은 방법으로 4장 더 굽는다.

Tip

팬케이크 더 맛있게 즐기기

1_ 흰자를 거품 내어 팬케이크를 만들면 식감이 한결 부드러워져요.

2_ 단면을 매끈하게 구우려면 팬에 기름이 코팅될 정도로만 묻어 있어야 하고, 팬이 충분히 달궈진 상태에서 반죽을 한 번에 부어야 합니다.

3_ 기호에 따라 아가베시럽을 조금 뿌리거나 과일을 곁들이세요.

완료기 간식

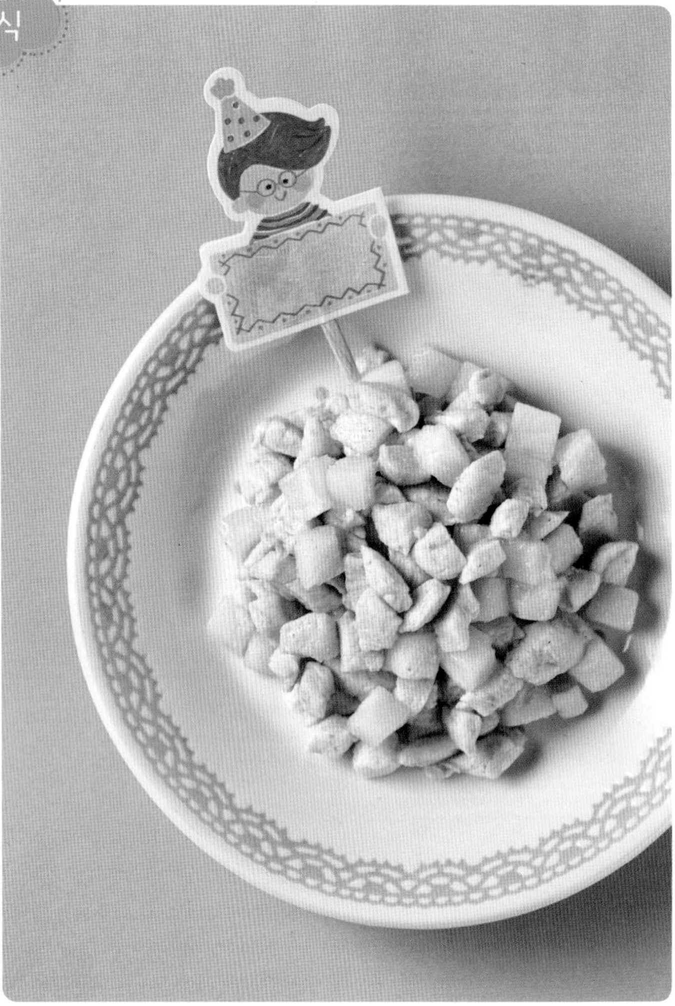

닭가슴살 카레구이

15~25분
1회분

- 닭가슴살 1쪽(또는 닭안심 4쪽, 100g)
- 파인애플 링 1개(100g)
- 수제 버터 1/2큰술(또는 포도씨유, 5g)
  * 수제 버터 만들기 41쪽

밑간
- 포도씨유 1/2큰술
- 카레가루 1작은술

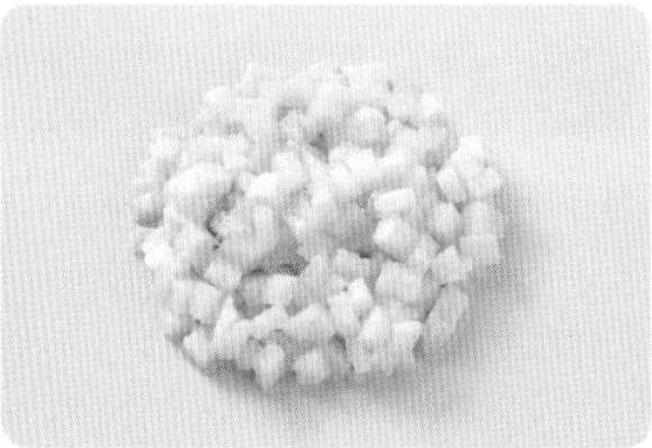

1 닭가슴살은 사방 0.8cm 크기로 썬다. 볼에 밑간 재료와 함께 넣고 버무려 10분간 둔다.

2 파인애플은 사방 1cm 크기로 썬다.

3 달군 팬에 버터를 넣어 녹인 후 닭가슴살을 넣고 약한 불에서 1분 30초, 파인애플을 넣고 1분간 볶는다.

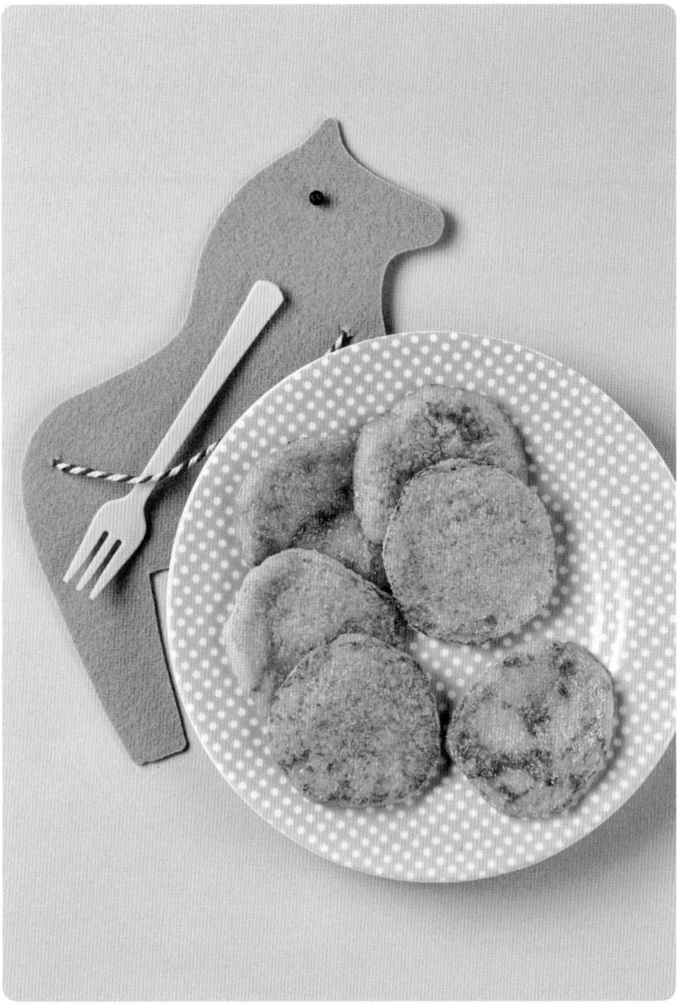

감자전

15~25분
5장분

- 감자 1개(200g)
- 포도씨유 1작은술

Tip

은근한 불에 굽는 것이 포인트!
감자전을 센 불에서 구우면 타기 쉬우니 약한 불에서 은근하게 구우세요. 쪽파나 당근 등 다른 채소를 더해서 구워도 좋아요.

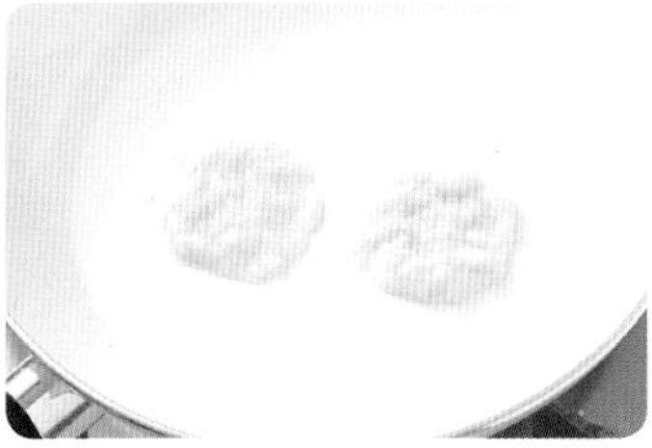

1 감자는 껍질을 벗겨 강판에 간다.

2 달군 팬에 포도씨유를 두르고 키친타월로 골고루 펴 바른 후 반죽을 1큰술씩 올려 동글납작한 모양으로 만든다.

3 약한 불에서 2분, 뒤집어 1분 30초간 뒤집개로 눌러가며 익힌다.
※ 팬의 크기에 따라 나눠 굽고 포도씨유가 부족하면 더한다.

수플레오믈렛

10~15분
1장분

- 달걀 1개
- 설탕 1작은술
- 포도씨유 1작은술

Tip

폭신한 느낌을 잘 살리려면?
원래 달걀흰자와 노른자를 분리해 흰자는 거품을 내고 노른자는 충분히 저은 후 두 반죽을 섞어야 구울 때 더 잘 부풀어 오른답니다. 좀 번거롭겠죠? 그럴 때는 믹서를 활용하세요. 믹서로도 부풀어 오르는 질감을 만들 수 있어요. 구울 때는 절대 뒤집개로 꾹꾹 누르지 마세요. 뒤집어서 바로 불을 꺼도 다 익은 상태랍니다.

1 믹서(또는 푸드 프로세서)에 달걀, 설탕을 넣는다. 거품이 생길 때까지 30~40초간 간다.

2 달군 팬에 포도씨유를 두르고 키친타월로 골고루 펴 바른 후 반죽을 붓는다.

3 약한 불에서 1분간 굽는다.
* 뒤집개로 꾹꾹 누르지 않도록 주의하고 뒤집은 후 불을 끈다. 반을 접어도 좋다.

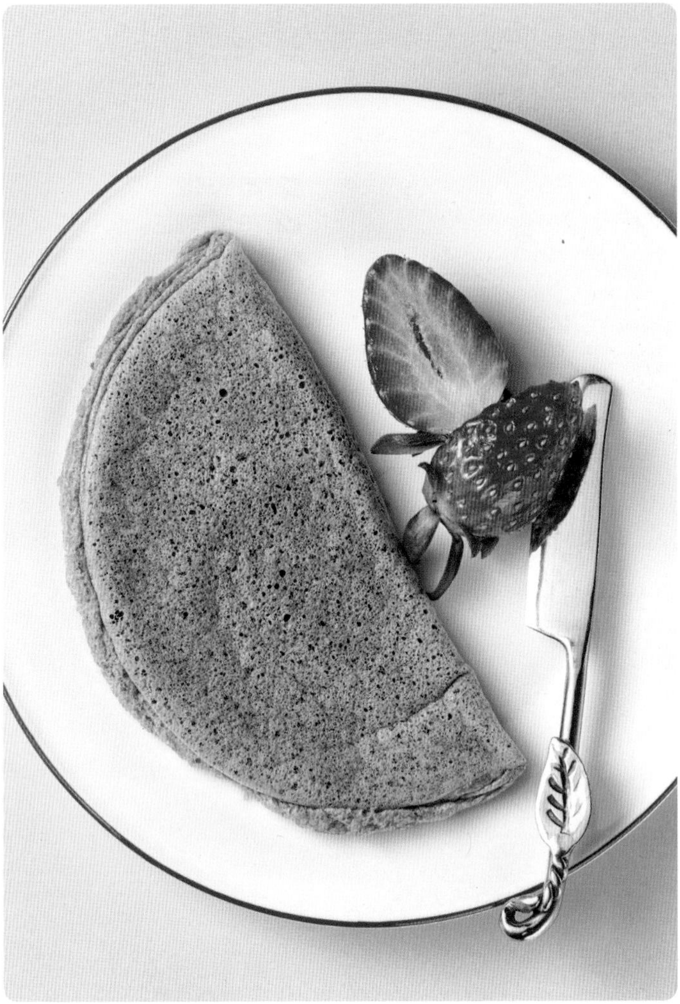

시금치 달걀빵

10~15분
1장분

- 시금치 10g
- 달걀 2개
- 포도씨유 약간
- 아가베시럽 약간
- 소금 약간

1 시금치는 끓는 물(2컵)에 넣고 중간 불에서 1분간 데쳐 물기를 꼭 짠다. 1cm 길이로 썬다.

2 믹서(또는 푸드 프로세서)에 포도씨유를 제외한 모든 재료를 넣고 달걀과 시금치를 넣고 시금치 잎이 보이지 않을 때까지 곱게 간다. 달군 팬에 포도씨유를 두르고 키친타월로 펴 바른다.

3 반죽을 올려 약한 불에서 살짝 부풀어 오를 때까지 1분, 반으로 접어 앞뒤로 30초~2분간 굽는다. * 뒤집개로 꾹꾹 누르지 않도록 주의한다. 달걀을 믹서에 넣고 갈아 반죽에 넣으면 팬에 구울 때 살짝 부풀어 올라 빵 같은 질감이 난다.

완료기 간식

달걀과자

25~35분
70~75개분

- 밀가루 100g(1컵)
- 달걀 1개
- 포도씨유 3큰술
- 베이킹파우더 1/2작은술(1g)

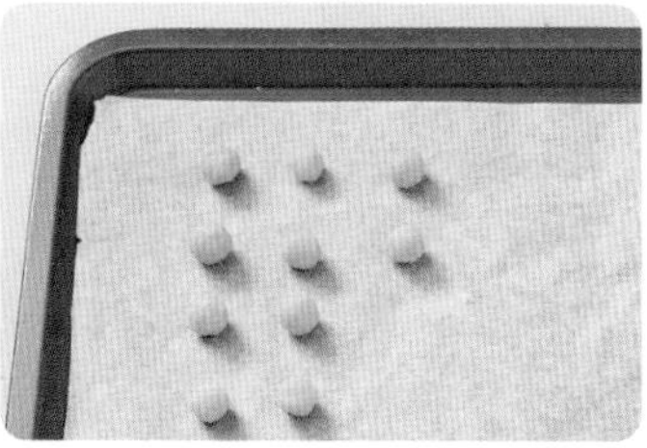

1 오븐은 180℃(미니 오븐 동일)로 예열한다. 볼에 달걀과 포도씨유를 넣고 거품기로 완전히 섞는다.

2 밀가루와 베이킹 파우더를 넣어 한 덩어리로 반죽한 후 지름 1.5cm 크기로 동그랗게 빚는다.

3 종이 포일을 깐 오븐 팬에 ②를 올린다. 180℃로 예열된 오븐의 가운데 칸에서 15분간 노릇하게 굽는다. 식힘망에 올려 식힌다. 오븐 팬의 크기에 따라 나눠 굽는다.

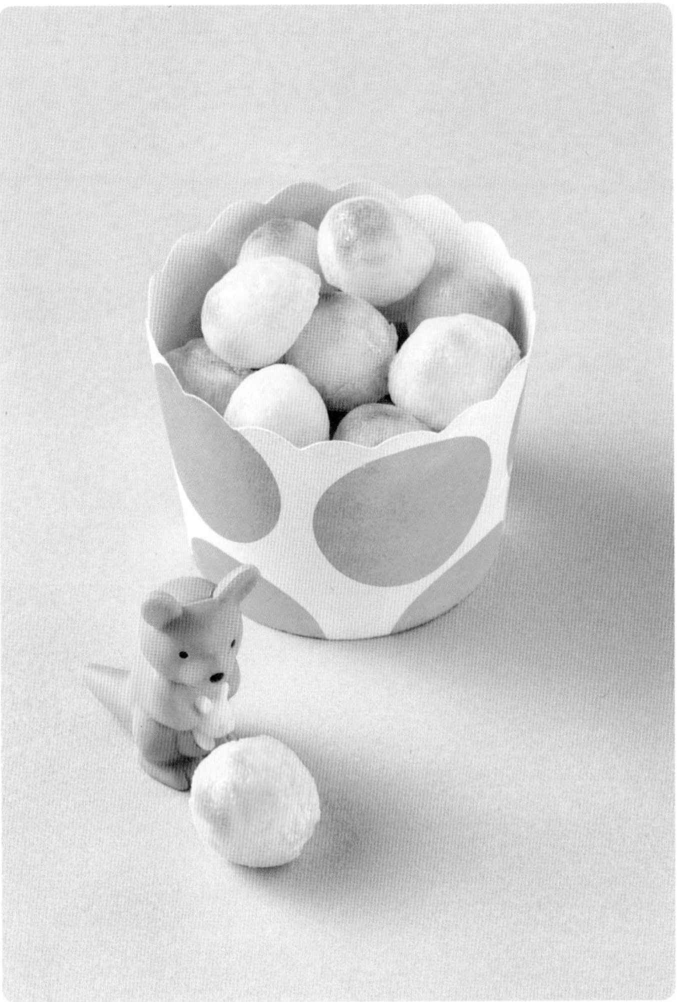

치즈슈(과자)

25~35분
30~35개분

- 삶은 달걀노른자 2개분
- 아기용 저염 슬라이스 치즈 2장(40g)
- 감자전분 1/2작은술

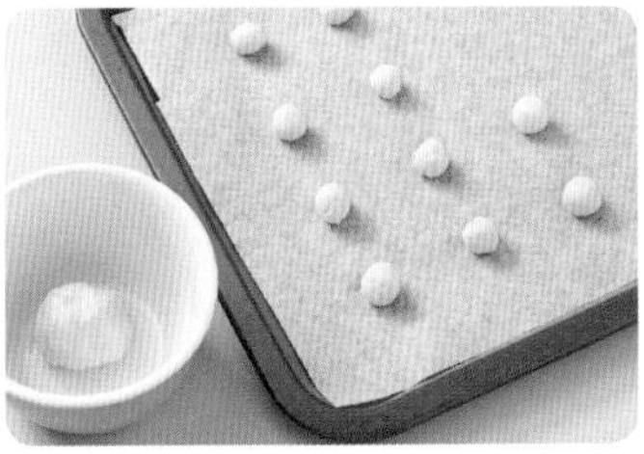

1 오븐은 180℃(미니 오븐 동일)로 예열한다. 볼에 모든 재료를 넣고 섞는다.

2 치즈가 섞일 때까지 한 덩어리로 반죽한 후 지름 1.5cm 크기로 동그랗게 빚는다.

3 종이 포일을 깐 오븐 팬에 ②를 올린다. 180℃로 예열된 오븐의 가운데 칸에서 15분간 노릇하게 굽는다. 식힘망에 올려 식힌다. 오븐 팬의 크기에 따라 나눠 굽는다.

완료기 간식

단호박 아몬드 상투과자

30~40분
약 35개분

- 단호박 100g(약 1/8개)
- 아몬드가루 4큰술(16g)
- 달걀노른자 1개

Tip

아몬드가루 구입처

아몬드가루는 대형 마트의 베이킹 코너에서 구입할 수 있어요. 기호에 따라 잣가루 등 다양한 견과류 가루를 넣어 응용해도 좋습니다.

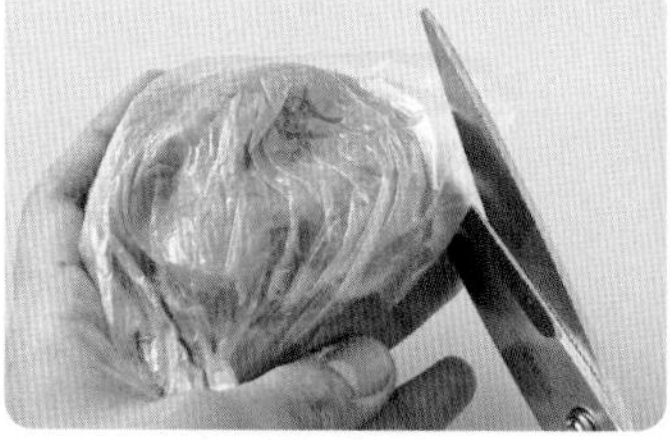

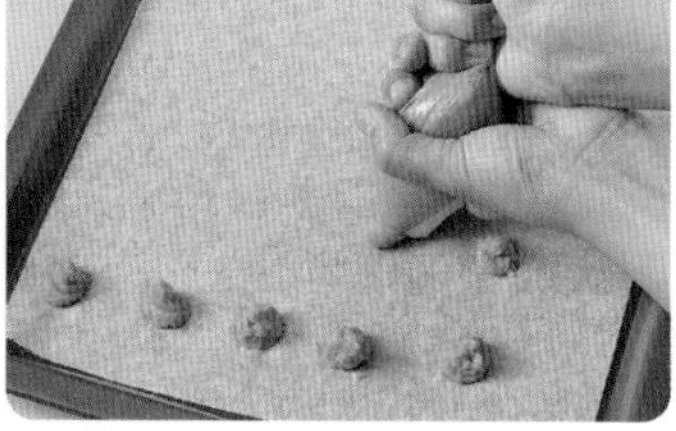

1 단호박을 손질해 삶는다. 오븐은 180℃(미니 오븐 동일)로 예열한다. 볼에 삶은 단호박을 넣고 곱게 으깬 후 완전히 식힌다. 아몬드가루, 달걀노른자를 넣어 섞는다.

2 위생팩에 반죽을 넣고 한쪽 모서리를 0.3cm 정도 자른다.

3 종이 포일을 깐 오븐 팬에 ②를 1cm 높이로 띄우고 수직으로 세워 지름 2cm, 높이 2cm 크기로 짠다. 180℃로 예열된 오븐의 가운데 칸에서 10분간 노릇하게 구워 식힌다.

율란

30~40분
약 30개분

- 밤 200g(20개)
- 아가베시럽 1큰술
- 잣가루 약간

Tip

잣가루 만들기

잣 1~2큰술을 키친타월에 올린 후 다른 키친타월로 덮고 밀대로 밀어요. 키친타월로 비벼 기름기를 제거하여 보슬보슬한 가루를 만들면 됩니다. 잣가루를 다른 견과류 가루로 대체해도 됩니다.

1 밤은 속껍질까지 벗긴 다음 끓는 물(600㎖)에 넣고 중간 불에서 20~25분간 익힌다. 체에 밭쳐 물기를 완전히 제거한다.

2 삶은 밤은 뜨거울 때 체에 내린 후 아가베시럽을 넣고 버무린다.

3 완전히 식힌 후 밤 모양으로 빚고 잣가루를 묻힌다.

콘샐러드

15~25분 2~3회분

냉동 옥수수알 100g(10큰술), 다진 당근·파프리카·양파 각각 1큰술씩, 아기용 저염 슬라이스 치즈 1/2장(10g), 포도씨유 약간, 마요네즈 약간 * 마요네즈 만들기 41쪽

1 달군 팬에 포도씨유, 다진 채소를 넣고 중간 불에서 1분간 볶은 후 넓은 그릇에 펼쳐 식힌다. 끓는 물(2컵)에 옥수수알을 넣고 중간 불에서 1분간 익힌 후 체에 밭쳐 물기를 제거한다. 볼에 채소, 옥수수를 넣어 섞는다.

2 슬라이스 치즈, 마요네즈를 넣고 버무린 후 전자레인지(700W)에 넣어 1분간 돌린다.

채소푸딩

20~30분 약 1회분

당근 15g(사방 약 1.5cm 3개), 양파 20g(약 6×7cm 2장), 우유 1/4컵(또는 모유·분유, 50㎖), 달걀 1개, 소금 약간

1 당근과 양파는 잘게 다진 다음 끓는 물(2컵)에 넣고 중간 불에서 2분간 데친 후 체에 밭쳐 물기를 뺀다. 우유와 달걀, 소금을 넣어 섞은 후 체에 내린다.

2 내열 용기에 넣고 김 오른 찜기(또는 찜통)에 넣어 뚜껑을 덮고 약한 불에서 15분간 찐다.

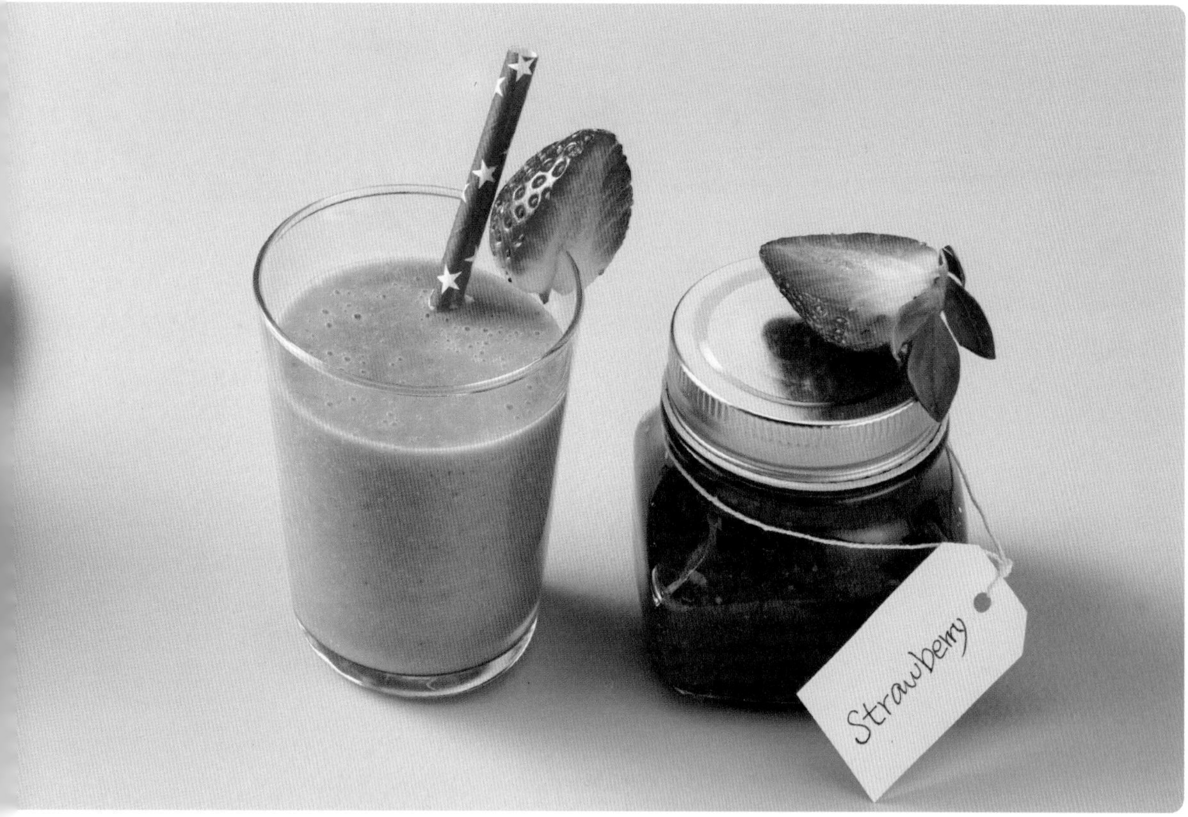

딸기스무디

5~10분 2회분

딸기 250g, 아가베시럽 약간,
떠먹는 플레인 요구르트 40g(1/2통)

1 믹서에 모든 재료를 넣어 곱게 간다.

딸기잼

40~50분 약 350㎖

딸기 500g, 아가베시럽 100g(1/2컵)

1 딸기는 꼭지를 뗀 후 둥근 모양을 살려 얇게 썬다. 깊은 내열 용기에 모든 재료를 넣어 섞는다.

2 전자레인지(700W)에서 30분간 조리하되 10분에 한 번씩 꺼내서 저어준다. * 밀폐 용기에 넣어 냉장 보관한 후 덜어 먹는다. * 물(1컵)을 끓여 밀폐 용기에 담고 흔들어 소독한 후 뒤집어 물기를 완전히 없앤 후 보관한다. 화상의 위험이 있으니 장갑을 끼고 소독한다.

완료기 간식

귤편

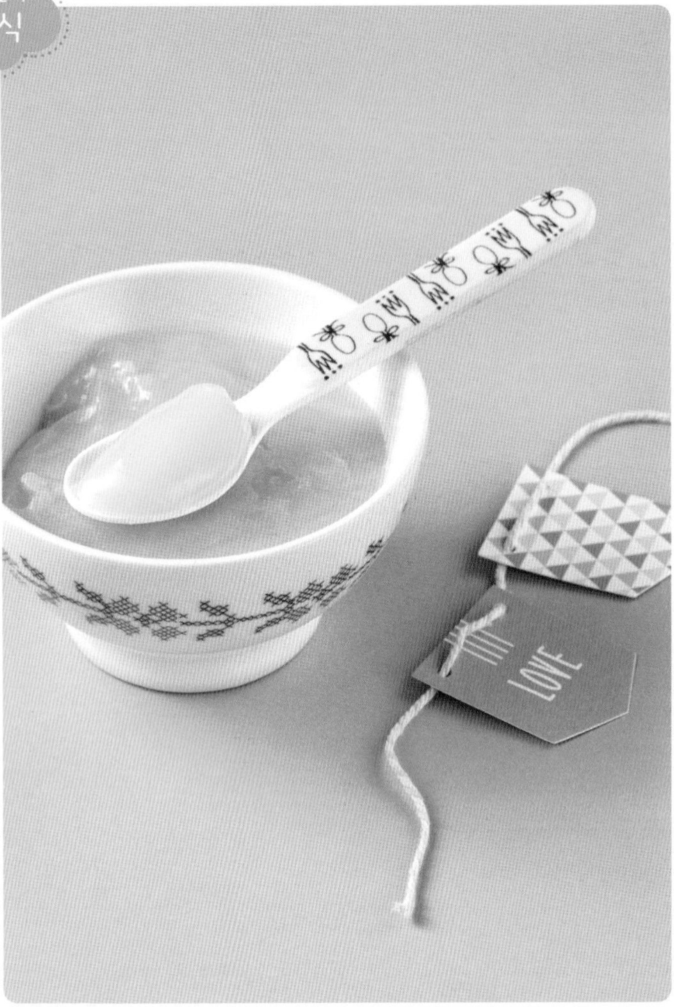

30~40분
2~3회분

- 귤 약 17개(600g)
- 아가베시럽 1/4컵(50㎖)
- 물 2와 1/2컵(500㎖)
- 녹말물 1/2컵
  (감자전분 5큰술 + 물 1/2컵(100㎖))
- 소금 약간

1 귤은 껍질을 제거한다. 냄비에 귤, 물을 넣고 중간 불에서 과육이 물러질 때까지 5분간 끓인다. 체에 밭친 후 숟가락으로 과육을 눌러가며 내린다.

2 냄비에 ①, 아가베시럽, 소금을 넣고 약한 불에서 1/2분량으로 졸아들 때까지 15~17분, 녹말물을 넣고 되직해질 때까지 약한 불에서 3분간 저어가며 끓인다.＊ 녹말물은 넣기 전에 한 번 섞는다.

3 ②를 틀에 붓고 바닥에 쳐서 평평하게 만든 후 식히면서 굳힌다.
＊ 냉장실에서 7일간 보관 가능하다.

밤양갱

35~45분
(+ 굳히기 1시간)
2~3회분

- 밤 150g(15개)
- 물 3/4컵(150㎖)
- 한천가루 1작은술(2g)
- 아가베시럽 1/2작은술
  (또는 유기농 설탕, 생략 가능)

Tip

양갱, 실패 없이 만들려면?
틀을 물로 헹구거나 물을 바른 후 양갱을 넣어 굳히면 굳은 다음 틀에서 빼낼 때 잘 빠져요. 양갱은 넉넉하게 만들어서 어른들께 선물해도 좋은 간식이에요.

1 냄비에 물(5컵), 밤을 넣어 뚜껑을 덮고 중간 불에서 끓어오르면 20~25분간 더 끓인다. 밤은 2등분해 작은 숟가락으로 속을 파낸 후 으깬다.

2 냄비에 물 3/4컵과 한천가루를 넣어 섞고 센 불에서 저어가며 끓인다. 끓어오르면 약한 불로 줄여 30초, 밤과 아가베시럽을 넣고 저어가며 1~2분간 더 끓인다.

3 양갱 굳힐 틀에 물을 골고루 묻힌 후 ②를 붓고 실온에서 1시간 이상 굳힌다. 틀에서 꺼내 먹기 좋게 썬다.

완료기 간식

단호박양갱

30~40분
(+ 굳히기 1시간)
2~3회분

- 단호박 180g(약 1/4개)
- 물 1/2컵(100㎖)
- 모유 1/4컵(또는 분유, 50㎖)
- 한천가루 1작은술(2g)

※ 단호박 당도가 낮을 때는 아가베시럽을 약간 넣는다.

1 단호박은 손질해 찐 후 볼에 넣어 곱게 으깬다.

2 냄비에 물, 한천가루를 넣어 섞은 후 센 불에서 저어가며 끓인다. 끓어오르면 약한 불로 줄여 저어가며 30초, 단호박과 모유(분유)를 넣어 1~2분간 더 저어가며 끓인다.

3 양갱 굳힐 틀에 물을 골고루 묻힌 후 ②를 붓고 1시간 이상 굳힌다. 틀에서 꺼내 먹기 좋게 썬다.

오미자젤리

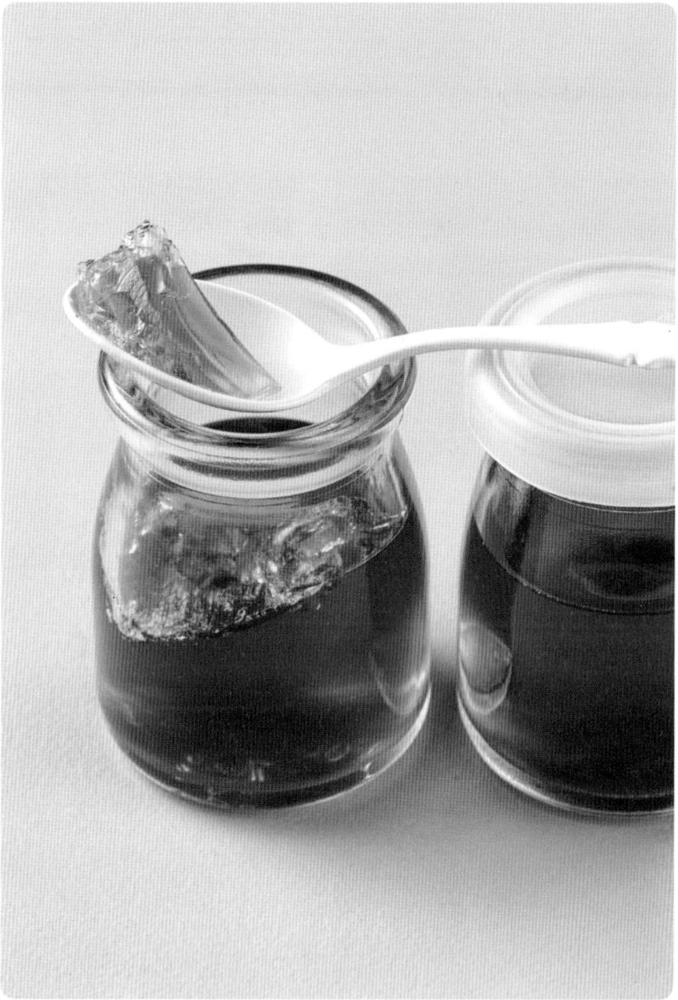

10~20분
(+ 굳히기 1시간)
1~2회분

- 오미자 농축액 2큰술(또는 매실청, 30㎖)
- 생수 3/5컵(120㎖)
- 판 젤라틴 2장(4g)

1 찬물(2컵)에 판 젤라틴을 넣고 부드러워질 때까지 불린 후 물기를 꼭 짠다. ＊ 물이 뜨거우면 녹아버리니 꼭 찬물에 넣어 불린다.

2 냄비에 오미자 농축액, 생수를 넣고 중간 불에서 1분간 데워 따뜻해지면 판 젤라틴을 넣어 완전히 녹을 때까지 저은 후 불을 끈다.

3 틀에 부어 식힌 후 냉장실에서 1시간 이상 굳힌다.

완료기
간식

망고 요구르트 아이스크림

5~15분(+ 얼리기 3시간)
6~8회분

- 떠먹는 플레인 요구르트 160g(2통)
- 망고 50g(또는 복숭아, 블루베리 등)
- 아가베시럽 1큰술(또는 올리고당, 기호에 따라 가감)

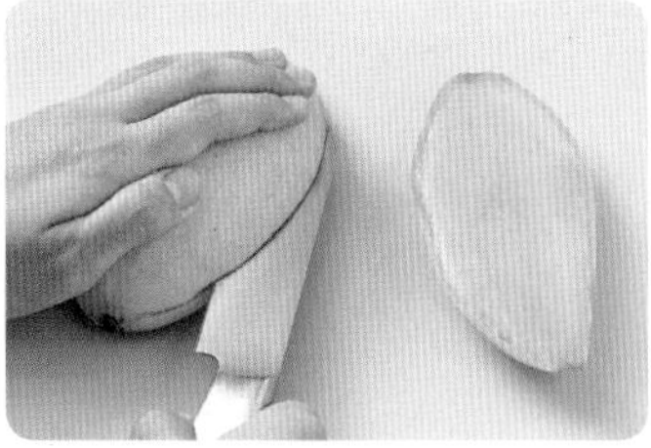

1 망고는 씨를 기준으로 양옆의 과육을 칼로 썬다.

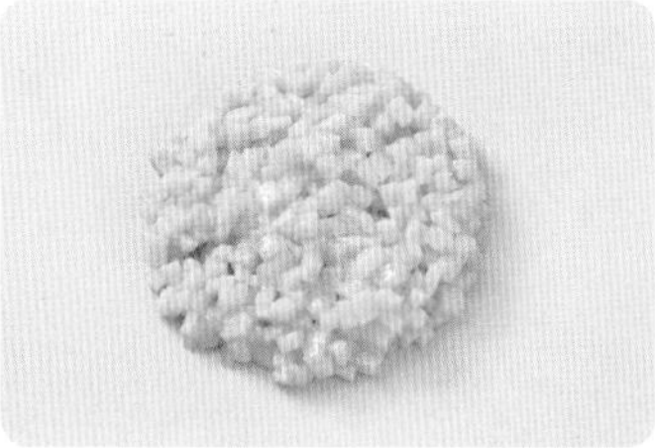

2 껍질을 제거하고 사방 0.3cm 크기로 다진다.

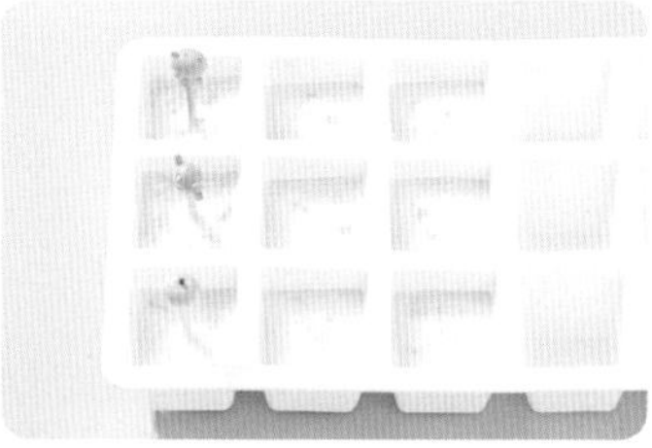

3 볼에 모든 재료를 넣어 섞은 후 틀에 넣고 냉동실에서 3시간 이상 얼린다. * 냉동실에서 10일간 보관 가능하다.

배 대추소르베

5~15분(+얼리기 3시간)
3~4회분

- 배 250g(약 1/2개)
- 말린 대추 20g(5개)

Tip

목감기에 좋은 메뉴예요.
소르베는 감기에 걸려 목이 부은 아기에게 좋습니다. 소르베 재료는 스테인리스 통에 넣어 얼리는 게 좋아요.

1 냄비에 물(2컵)을 끓인다. 대추는 깨끗이 씻은 후 돌려 깎아 씨를 제거한 후 3~4등분해 냄비에 넣고 센 불에서 5분간 물렁해질 때까지 끓인다. 체에 올려 숟가락으로 눌러 과육을 내린다.

2 배는 껍질과 씨를 제거하고 강판에 간다. 스테인리스 밀폐 용기에 배와 대추를 넣어 섞는다. 뚜껑을 닫고 냉동실에서 1시간 30분간 얼린다.

3 냉동실에서 꺼내 포크로 위아래를 골고루 긁고 뚜껑을 닫아 다시 냉동실에서 얼린다. 이 과정을 2~3회 반복한다.
＊ 이 과정을 여러 번 반복할수록 부드러운 식감의 소르베가 완성된다. 냉동실에서 10일간 보관 가능하다.

ㄱ

ㄴ

ㄷ

ㅁ

ㅂ

ㅅ

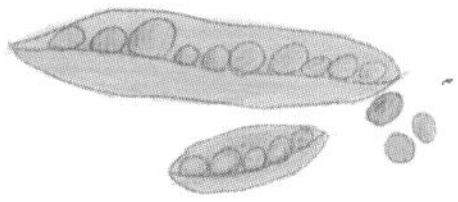

{INDEX · 간식}

홈페이지 : www.recipefactory.co.kr **애독자 카페** : cafe.naver.com/superecipe
카카오톡 · 카카오스토리 · 페이스북 : 레시피팩토리everyday **인스타그램** : @recipefactory, @gamgyul_bookstore
네이버포스트 : 레시피팩토리 **네이버TV · 유튜브** : 레시피팩토리TV

구입 및 문의 1544-7051, 온·오프라인 서점

소중한 당신과 가족에게 꼭 필요한 요리책, 레시피팩토리가 정성껏 만듭니다

이유식 시작한 아이가 있는 집에 추천합니다. 달라진 식탁을 위해 만나보세요

맛집에서 줄 서지 말자!
탐나는 국수 레시피 65가지 수록
〈오늘부터 우리 집은 국수 맛집〉

별미로 참 좋은 국수지만 맛내기가 은근 만만찮은 것도 사실이지요. 쫄깃한 면 삶기부터 진한 맛의 국물, 입에 착 붙는 양념장 만드는 법까지 모두 담았습니다.

엄마 밥상에서 독립한
요리 초보의 첫 요리책
〈진짜 기본 요리책〉 완전 개정판

'요리 교과서'라 불리면서 20만 부 이상 판매된 베스트 & 스테디셀러.
진짜 쉽고, 진짜 맛있고, 진짜 정확한 기본 레시피 320개와 응용 레시피 100개가 담겨 있어요.

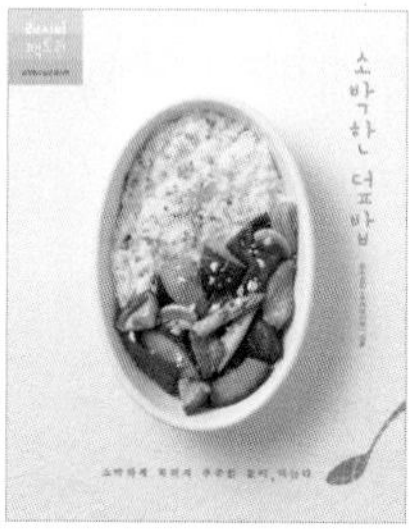

열 반찬 부럽지 않은,
소박해도 부족함 없는 한 그릇 밥
〈소박한 덮밥〉

혼자만을 위한 식사로도, 정성을 담은 요리를 대접하고 싶은 순간에도 참 좋은 덮밥.
일상 재료로 만드는 60여 가지의 정갈하고 맛있는 덮밥을 소개합니다.

이유식이 끝난 후에 뭘 먹여야 하나 고민인 엄마들 주목!
내 아이를 위한 건강한 밥상을 소개합니다

이유식 끝낸 아이가 있는 집에
딱 좋은 기본 요리책

〈2~11세 아이가 있는 집에 딱 좋은 가족밥상〉

이유식이 끝난 후부터는 아이의 식습관이 형성되기에 더욱 신경써야 해요. 영양가 높은 음식을 아이용, 어른용을 한 번에 만들 수 있는 노하우를 담았습니다.

다채로운 제철 반찬을
식단에 맞춰 먹이세요

〈편식 잡는 사계절 아이 식단, 아이 반찬〉

3~10세는 한창 성장할 나이! 한 끼를 먹여도 영양소를 골고루 섭취할 수 있는 식단이 필요합니다. 편식 없는 건강한 식습관을 가질 수 있도록 챙겨주세요.

유아식 성공 전략 &
풍부한 유아식 레시피 216가지

〈이유식 끝나자마자 시작하는 15~50개월 기본 유아식〉

유아식에도 엄마들이 꼭 알아야 할 기본이 있습니다. 유아식 성공을 위한 기본 전략과 풍부한 레시피 216가지를 담은 단 한 권의 책을 만나보세요.

출산 후 늘어난 체중, 부어버린 몸.
건강한 다이어트라면 되돌릴 수 있어요

변화의 시작,
로푸드 스무디면 충분해요

〈한 잔이면 충분해! 로푸드 스무디〉

채소와 과일을 갈아 만드는 로푸드 스무디. 한 잔으로 각종 비타민은 물론 식이섬유와 항산화 물질까지 섭취할 수 있어요. 내몸의 변화를 느껴보세요.

출산 후 늘어난 체중도,
남편의 뱃살도 모두 해결

〈뱃살 잡는 Low GL 다이어트 요리책〉

한국인의 뱃살을 찌우는 것은 바로, 탄수화물! 무조건 줄이는 것이 아니라 똑똑하게 먹으면서 빼는 Low GL 다이어트가 답입니다.

더 맛있고 더 다양한 다이어트 요리?
정답은 에어프라이어!

〈에어프라이어로 시작하는 건강 다이어트 요리〉

1가구 1에어프라이어 시대! 60만 팔로워가 사랑하고 10만 조회수가 증명한, 재료 그대로의 맛과 영양을 살린 에어프라이어 다이어트 요리를 만나보세요.

완전 개정판

아기가 잘 먹는

이유식은 따로 있다

1판 106쇄 펴낸 날 2016년 4월 14일
개정판 15쇄 펴낸 날 2020년 12월 15일

편집장	이소민
책임편집	김유진
레시피 검증	강효은 · 유선아 · 장연희
아트 디렉터	원유경
디자인	변바희 · 송지윤
사진	박건주 · 구은미(프레임스튜디오)
스타일링	김형님(어시스턴드 임수영)
일러스트	원지유 · 원서영
영업 · 마케팅	김은하 · 고서진
고문	조준일
펴낸이	박성주
펴낸곳	(주)레시피팩토리
주소	서울특별시 송파구 올림픽로 212 갤러리아팰리스 A동 1224호
독자센터	1544-7051
팩스	02-534-7019
홈페이지	www.recipefactory.co.kr
독자카페	cafe.naver.com/superecipe
출판신고	2009년 1월 28일 제25100-2009-000038호
제작 · 인쇄	(주)대한프린테크

값 18,800원

ISBN 979-11-85473-27-7

표지 모델 전도윤, 선이안 아기 **소품 협찬** 글라스락 베이비, 세이지스푼풀